为了孩子

育儿宝典

《为了孩子》编辑部 ◎ 编

上海文化出版社

前　言

2012 年，是现代家庭杂志社旗下的《为了孩子》杂志创刊 30 周年！杂志社从 2011 年下半年起，就开始预热对 30 周年的纪念。对于习惯于写字编刊的编辑们来说，再声势浩大锣鼓喧天的庆祝活动，都不如流露于笔端的那些温暖回味。于是，2011 年 7 月刊起，我们刊登了一系列庆祝杂志创刊 30 周年的专题文章——

在《为了孩子》封面秀中，我们为读者展示了 30 年杂志封面风格随着整个社会审美情趣的变化历程，展现了杂志成长中的每一个重要时间点；

为了撰写《为了孩子》创刊花絮，年轻编辑们采访了当年编刊一线的老编辑、老领导，我们欣喜地发现，“为了孩子”这个令每位父母倍感亲切的刊名，正是来自千千万万读者的心声；

《从呱呱坠地到三十而立》，编辑们整理着历年杂志的合订本，描绘出杂志一路走来的足迹；

《创刊 30 年，来自作者的祝福》中，有见证我们成长的老作者，也有近年来活跃于育儿科普事业的新作者。作为编辑，我们深深感恩我们的作者，因为他们乐于贡献他们的专业所长，经由我们普及给广大读者，才使更多的年轻父母和孩子受益；

《来自读者的祝福——生日快乐！》在我们的官方微博上得到了众多网友的支持，让我们感受到被信赖的幸福；

我们还发起了封面宝宝“回娘家”的活动，得到了读者热切的响应，看着封面宝宝当年和现在的成长对比照，我们不得不感慨，孩子一晃就长大了，真的要好好珍惜童年美好的时光……

2012 年，我们策划了读者征文活动：30 年，与《为了孩子》同龄的我们……来信、来邮、来微博，反响热烈。为此，在 2012 年 6 月出版的 30 周年纪念刊中，我们制作了同名专题，向读者娓娓道来 1982 年出生的《为了孩子》的成长故事，1982 年出生的读者的故事，以及编辑部中 1982 年出生的 4 名编辑的成长花絮。在这本纪念刊中，我们策划了 5 大专题，回顾我们的过去，展现我们的思考，三十而立，我们感谢读者们为我们的再次出发而鼓劲！

现在，是 2012 的最后一个月，作为创刊 30 周年系列纪念活动之一，我们为年轻父母们奉上这本养育知识全面、查阅方便的实用育儿宝典！为此，我们特地征集了 100 个送给宝宝的祝福，并挑选出 30 个宝宝的照片登上这本书的封面。在看稿的时候，我们被爸爸妈妈们送给宝贝的祝福深深感动，我们最亲爱的读者，会见证杂志的成长，我们也期待宝贝们健康快乐地长大成人，20 年后，一定会有惊喜等着呢！

最后，感谢江西江中安可科技发展有限公司、永发晶电科技（深圳）有限公司、上海文化出版社支持我们出版了这本具有纪念意义的书。我们期待《为了孩子》杂志的下一个 10 年、20 年、30 年……因为有孩子的世界永远精彩！

《为了孩子》主编　樊　雪

2012 年 12 月

目 录

宝宝出生第一月

宝宝成长第一年

宝宝 1 ~ 3 岁关键期

宝宝常见病防治

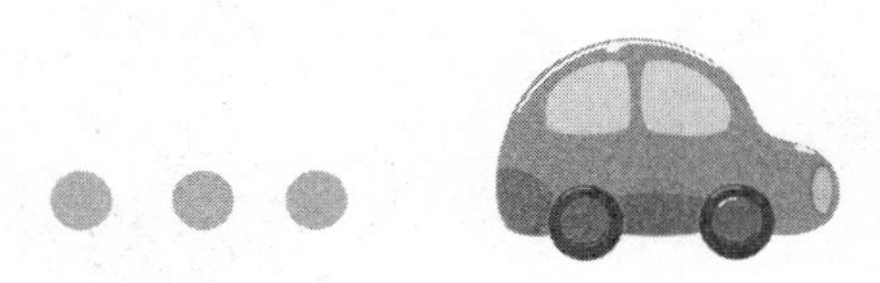

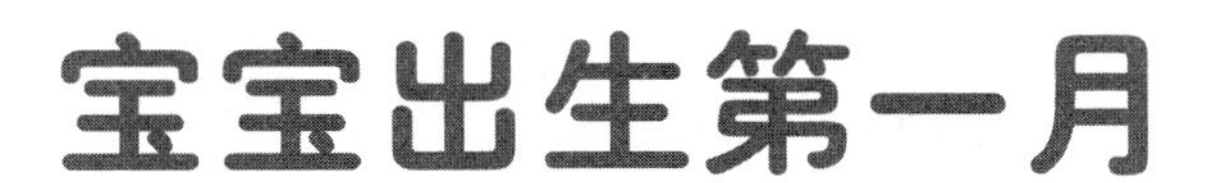

宝宝出生第一月

新生宝宝从妈妈暖和、恒温的子宫来到复杂多变的外部世界，环境发生了翻天覆地的变化。为新生宝宝营造一个安全舒适的家居环境，帮助宝宝逐渐适应生活环境，对宝宝一生的成长都是非常重要的。

宝宝出生第一月

1. 营造安全舒适的婴儿房

新生宝宝从妈妈暖和、恒温的子宫来到复杂多变的外部世界，环境发生了翻天覆地的变化。为新生宝宝营造一个安全舒适的家居环境，帮助宝宝逐渐适应生活环境，对宝宝一生的成长都是非常重要的。

（1）婴儿房的配置

布置婴儿房时，你可根据自己的经济实力来选择相应的家当配置，以下3个购买方案供你参考：

大众型

这是婴儿房所必需的硬装和软饰，具体包括：

硬装：婴儿床一个、小柜子一个（里面可放一些尿布等洗护用品）；

软饰：婴儿床的围栏、床上用品（包括2套枕头、床单、床垫、被子、毯子等，便于换洗）。

中档型

除了大众型所包括的物品以外，还要加入：

游戏毯（宝宝可以坐在上面玩游戏）、小沙发（让宝宝站站、坐坐、玩玩）、餐桌椅（宝宝从小就可以坐着喝奶或吃饭，培养良好的就餐习惯）。

高档型

除了大众型、中档型所涉及的物件外，再增加：

高柜（放宝宝的毛巾、毯子、浴袍，避免与父母的用品放在一起，发生细菌交叉感染）、玩具箱（将所有的玩具收纳其中），如果有条件的话，还可配上套枕、糖果枕，并买些玩具、床边挂袋、尿布挂袋等。

以上3种方案，随着价格的提高，所涉及的家居用品（大件家具、小件家具、床上用品和玩具）逐渐形成一个整体，为宝宝营造一个完整的居家氛围和环境。事实上，这3种方案是根

魏玄昊，魏玄旻

父母寄语@安可双胞胎宝贝：

当你们用生命的奇迹成就了父母的幸福，当你们从懵懂无知到理解了喜怒哀乐，宝贝，祝福你们！过去的每一天，你们感动着身边的每一个人。将来，也请你们不要吝啬璀璨的笑容，让它填充你们未来的每一天吧！

据人们对婴幼儿家居产品或用品3个层次的需要而设计的。第一层次，即基本需求，对婴儿来说安全又实用；第二层次就是在质量好和安全的基础上，使用起来较为方便；第三层次则是在具备前面两个层次优点的基础上，通过家居用品的使用来达到启发孩子智能的作用。

（2）婴儿床

在选择婴儿床时，你可从以下6个方面来观察：

购买时注意查看安全认证标志，正规大公司的产品比较安全可靠。

从外观上看，质地是否光滑。通常光滑的产品质量比较好，不能有毛糙、裂缝和小刺。

结构是否牢固。你可以来回摇动一下床，听一下是否有“吱吱”的响声。如果有，则说明质量不太好。

操作是否方便。

选择硬床垫更安全。柔软的床垫和被褥容易造成宝宝窒息。床垫要平整，床垫和床架之间的缝隙不能大于两指，以确保宝宝的头部和手脚不会陷入其中。

为了安全起见，婴儿床大都有护栏。如果你选择的是单手护栏（单侧护栏可活动）或双手护栏（两侧护栏可活动）的婴儿床，那么要注意床板距离护栏最高处的高度应该在55～65厘米，这样一来可以保证婴儿的安全，一来便于妈妈从床上抱起或放下宝宝。同时，请注意这个细节，就是婴儿床护栏中所相邻的两根木栏杆之间的距离应在6厘米以内才是安全的。

目前市场上的婴儿床有两种规格：60×120厘米，70×140厘米。很多爸妈在为孩子选择婴儿床时，总希望为孩子选择大一点的床，以为这样可以用久一点，其实这是一种误区。婴儿床一般是针对0～3岁的孩子设计的，3岁过后的宝宝由于体能的发展，原先有护栏的婴儿床已经不能适应孩子的运动和身体发展，因此爸爸妈妈应为3岁以后的宝宝重新购置儿童床来满足孩子的需要。建议在选购婴儿床时，不要以床的大小来作为划算与否的标准，同时别忘了为所买的床选择相应的床垫。

（3）橱柜

橱柜属于大件家具，购买时请注意4个细节：

注意光洁度。看表面是否有流挂现象，即可看出此家具质量的高低。

看橱柜的边角处（即两个面或几个面的交接处）结合得是否均匀，看看有无细缝。

看其配件和五金件，比如滑轨、插销、柜子里保持拉伸的五金件等功能是否完好。你可以多试几次，看使用起来是否灵活、有无磨损。一般好的家具不会出现这种问题。

看背板的做工。你可以看看橱的背板或抽屉的反面，其做工是否粗糙，如果做工很好，就说明这家具的质量不错。

（4）床幔

一般家庭会留有一个12～15平方米、有阳光的房间作为婴儿房。但值得注意的是，0～1岁宝宝的视网膜没有发育完善，不能照射到过于强烈的阳光，因此国外很多家庭都使用床幔（我们俗称蚊帐）来阻挡阳光。这一点也要引起国内家庭的注意，如有必要也可添置床幔。

（5）室内的温度和湿度

宝宝房间的温度以18℃～22℃为宜，湿度应保持在50%左右。

冬季，可以借助空调、取暖器等设备来维持房间内的温度。为了保证房间内空气的新鲜和湿度的适宜，一定要注意定时开窗通风换气。保持室内的湿度是父母常常疏忽的，可以在室内挂湿毛巾、使用加湿器等。夏季，新生儿的居室要凉爽通风，但要避免直吹“过堂风”。

（6）环境清洁

新生宝宝对外界病菌的抵抗能力很弱，因而要特别注意室内环境的清洁。

婴儿居室不论春夏秋冬，每天应定时开窗通风，保持空气清新；室内应禁止抽烟。宝宝出生一个月以内，尽量避免太多亲朋好友的来访探视，当心室内空气污染和细菌侵入。家人外出归来，应清洗双手并更换外衣后再接触宝宝。

家具要经常用干净的湿布擦拭；扫地时避免尘土飞扬，最好要用半干半湿的拖把拖地。婴儿的床上用品应 2 ～ 3 天替换清洗一次，并在太阳下晾晒。

家中最好不要养猫、狗、鸟等动物，如果已经养了宠物，应注意不要让它们进入婴儿的房间。

（7）安全要求

宝宝的安全问题是重中之重，所以以下一些问题也需要引起爸爸妈妈的重视：

宝宝出生前后，不装修房间，不添置新的家具和地毯，避免宝宝接触到有害气体；

床上不能有任何包扎带、塑料纸、塑料袋，悬挂玩具的绳子要远离宝宝超过 20 厘米；

不要把松软蓬松的物品靠近宝宝，提防窒息；

婴儿床绝对不能放在窗前，并且窗前不摆放任何家具。宝宝的床、小推车和座椅不要靠近取暖设备。

2. 购买安全的宝宝衣物

（1）衣物安全有规可依

什么是对人体健康、安全的服装？以往人们关注的焦点只局限在纺织品的甲醛含量上，而如今颁布的安全技术规范所涉及的安全内容范围则较为全面、更为细致。《国家纺织产品基本安全技术规范》明确指出 5 项基本安全技术要求指标：

甲醛含量：甲醛被人们称为人类健康的头号杀手。它是一种有刺激性、易挥发的无色气体，是纺织面料在印染过程中所添加的一种助剂，可以使纺织物防皱、防缩、免烫。但如果纺织品中的甲醛超过一定含量，则会对人体产生危害。因此，必须将纺织品中的甲醛含量控制在一定范围之内。

pH：这也是决定纺织品品质不容忽视的一个指标，但这一点不太容易被察觉。

色牢度：主要是指耐水、耐酸汗渍、耐碱汗渍、耐干摩擦、耐唾液这 5 个方面。合格安全的纺织品应具有良好的色牢度。

无异味：纺织品不应散发异味。

可分解芬芳胺染料：这是一种残留在衣物上的化学剂，含有致癌物质，因此纺织成品中不能含有这种染料。

（2）纺织品安全分级

《国家纺织产品基本安全技术规范》主要涉

沈若芯

父母寄语 @_ 趴趴鱼 ：

自从 20 年前你降临到我们中间，你时刻牵动着家里每个人的心。你是幸运的，因为你拥有全身心关爱你的父母和长辈。但我们不会盲目地娇惯你，希望你能成为善良、正直、健康、平和的人，即使遇到坎坷也能坚强、自信、踏实地走好人生的每一步——爱你的爸爸妈妈。

及了3大类的纺织品：

A级——婴幼儿用品。主要是指24个月以内的婴幼儿使用的纺织品，包括尿布、尿裤、内衣、围嘴、睡衣、手套、袜子、外衣、帽子、床上用品等。

B级——直接接触皮肤的产品。主要是指在穿着或使用时，大部分面积直接与人体皮肤接触的纺织品，比如文胸、腹带、背心、短裤、棉毛衣裤、衬衣、裙子、裤子、袜子、床单等。

C级——非直接接触皮肤的产品。比如毛衣、外衣、裙子、裤子、窗帘、床罩、墙布、填充物、衬布等。

A级、B级、C级，是根据安全技术要求指标从高到低来将纺织品进行分类的，也就是说，婴幼儿用品的安全技术要求指标最高，直接接触皮肤的产品次之，非直接接触皮肤的产品相对来说要求最低。对A、B、C三级产品的分类，其目的是使不同种类纺织品的生产安全技术要求更明确、更有针对性。

（3）衣物购买提醒

消费者如何保护自己的合法权益呢？

去正规商店买有品牌的服装。为了避免甲醛问题，一方面可在正规的商店购买有品牌的服装，一方面可将新买的衣物回家洗净后再穿。相对而言，颜色浅的服装，其甲醛含量稍低。

关注店家是否有检测合格报告。《国家纺织产品基本安全技术规范》规定：所有进入全国各大商场的服装或纺织品，都必须得到国家授权的检测中心或权威机构所颁发的检测合格报告。提醒你一下，为了向消费者展示产品的诚信度，很多店家和厂商专卖店常常把这一合格报告悬挂或张贴在橱窗中。如果你在店家中注意到这一点，即可放心购买。

注意产品吊牌上的字样和标牌。婴幼儿肌肤娇嫩，因此婴幼儿服装（A级）的技术要求指数是最高的。在购买时可注意产品上的吊牌和标识：凡是2005年1月1日以后生产的婴幼儿用品都会在使用说明上明确标有“婴幼儿用品”字样（其他两级产品也会在使用说明上标注所符合的安全技术要求类别）。如果没有这一字样，可以拒绝购买或向相关部门投诉。

对产品有疑问，可交相关技术监督部门检测。如果在购买或使用过程中发现产品有质量问题，可以将产品送去当地相关的技术监督部门进行检测，以加强自身的保护意识。

3. 选择合适的衣物和尿布

（1）宝宝衣服的选购原则

面料必须是纯棉的。婴儿皮肤特别细嫩，其衣物一定要选用柔软的纯棉织品，如绒布、棉布和针织品。另外，尽量选择能用洗衣机洗的、不褪色的织品。

色彩要单纯。应选用单色和浅色的，而且应该是不易褪色的。特别是贴身的内衣，尽量选择不含色素的原白色为佳，这样便于大人及时发现污物和异物。

款式简单舒适。衣服大小要适中，偏于宽松，式样简单，容易穿脱。

仔细检查衣服有没有硬的接缝或粗糙的缝缀，以免使宝宝的皮肤受到伤害。特别是新生宝宝的衣物要避免过多的装饰，如领口的花边、纽扣和拉链等。

婴儿的羊毛衫、毛线衫，应避免有孔洞的花型，因为婴儿的手指很容易卡在孔洞里，造成不必要的伤害。

（2）鞋袜的选择

鞋：婴儿不会走路时，应选择柔软、透气、保暖性好的鞋子。如果有可能，最好不穿鞋子，让宝宝的脚能够自由活动。学步时期，鞋子要舒适、合脚、防滑。如果天气温暖，又能确保没有尖锐物划伤脚，不妨让宝宝光脚学走路，有助于培养宝宝的知觉。

袜：应选择质地柔软的纯棉织品，尺寸稍宽大一些。袜口的松紧带不能太紧。

（3）尿布的选择

市场上尿布的样式和规格各异，品种繁多，很容易让没有经验的新手爸妈眼花缭乱、不知所措。其实，尿布基本的差异只是其制作材质的不同。那么，选择一次性的纸质尿裤，还是布制的？

布制尿布

优点：纯棉特有的舒适度和柔软度；耐洗、吸收力强；透气性较强，不易引起皮肤过敏；价格较低，可重复使用，经济环保。

缺点：尿湿一次就必须更换；洗涤、晾晒比较麻烦。

DIY 要点：

最好的材料是细棉纱，吸湿性好而且柔软。可以就地取材，家里半旧不新的被单和棉毛衫裤就是理想的材料。

用旧衣旧被单制作尿布，只要直接撕开或剪开就可以，不必缝边。

宜选用浅色的布制作尿布，可以避免刺激婴儿的皮肤，也便于观察大小便的颜色。

尿布制成后，使用前一定要先清洗干净，开水煮沸，然后在阳光下曝晒。如果是新买的布尿布，使用前也一定要先洗涤、晾晒，因为新布料表面都附有一些化学物质，直接接触宝宝的皮肤可能会引起过敏和其他隐患。

纸质尿裤

优点：干净卫生，可免去洗涤晾晒的麻烦；渗透快，能多次吸收尿液；穿着方便，剪裁合理。

缺点：一次性产品，价格较贵；不能重复使用，不利环保。

选购技巧：

安全卫生是首要条件。购买纸尿裤，特别是试用新品牌前，要检查外包装上的标志和卫生许可证标志。应尽量到正规商场或超市购买知名品牌的纸尿裤，因为纸尿裤是长期使用的贴身物品，劣质产品会导致尿布疹、肛周炎等疾病，对宝宝的生长发育影响很大。

注意材质的性能，尽量选择透气干爽的尿裤。对宝宝娇嫩的皮肤来讲，纸尿裤的透气性太重要了。尿湿以后，如果不能有效地排出湿气，容易患尿布疹。先从外观上查看，如果看起来像是裹着一层塑料纸的尿裤，即使价格便宜也要谨慎购买。

选择合适的尺寸。每个厂商都有其个性化的设计，不同的品牌，其型号的大小是不同的，购买前应仔细观察样品，根据宝宝的月龄、体重选择相应尺寸。到底适不适合自己的宝宝还要勇敢尝试，所以刚开始的时候可以少量购买，看看效果后再决定最终购买的品牌及产品。

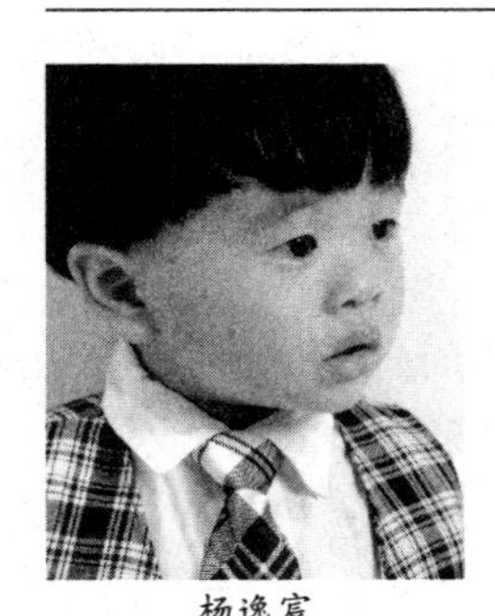
杨逸宸

父母寄语 @_ 小魔怪杨逸宸：

杨逸宸宝贝，愿你像小草一样地成长，不求你大富大贵，只求你健康快乐每一天！

布尿布和纸尿裤，孰优孰劣，父母可以根据经济条件和生活习惯进行自由选择，也可以根据实际情况两者兼用。但是，如果宝宝的臀部发红或出现尿布疹，就应该选择柔软的棉尿布，并注意经常更换尿布。

（4）新生儿衣物的准备清单

衣物用品：

衣服数套，包括上衣、裤子、鞋子、袜子；小被子、床单、垫被、枕头、毛巾毯等若干；布尿布或纸尿裤若干。

食品用具：

大小不等的奶瓶若干个；奶瓶刷一个；蒸汽奶瓶消毒器一个（内附奶瓶夹）；奶瓶清洁剂。

洗浴用品：

洗澡盆、脸盆各一个；毛巾、浴巾1～2块；婴儿用的沐浴露、润肤油、护肤霜、护臀霜、爽身粉等各一瓶；75%酒精（起消毒脐带作用）、婴儿专用的柔和湿巾；棉签一袋，用来清洁宝宝的眼、鼻、口、耳、肚脐等部位；指甲钳一个。

4. 作好准备，学习育儿知识

在迎接宝宝出生时，爸爸妈妈的心理准备也很重要，它有利于日后家庭的和谐与美满。因此，新手爸妈要通过各种途径来学习育儿方面的知识，做到心中有数。

（1）学习内容

阅读相关书籍。宝宝的出生，对于新手爸妈来说，不仅是家里多了一个人，而且面临着如何养育宝宝、了解宝宝的成长阶段等诸多问题。因此，新手爸妈应多阅读相关的书籍和杂志，为如何尽到父母的责任作好充分的心理准备，避免日后遇到问题手足无措。

学习为婴儿做抚触。抚触对于婴儿体能发展的重要性日益引起大家重视。如何给刚出生的婴儿做抚触和按摩，促进其体能发展，也是新手爸妈需要学习的内容。

学习为婴儿洗澡。在医院里，护士会为刚出生的婴儿洗澡，但回到家后如何给宝宝洗澡，是很多父母亲头疼的问题，因此这项内容也必须事先学习。

学习早教。除了关心宝宝的吃喝拉撒以外，如今越来越多的父母开始重视婴幼儿的0～6岁早期教育，可以参加一些辅导班或阅读书籍，来掌握促进宝宝身体、智能、心理等平衡发展的方法。

学习识别婴儿的基本哭声。婴儿不会说话，往往通过哭声来传达喜怒哀乐和生理需求，初为人父、人母者可能一听到孩子的哭声便不知所措：宝宝是饿了还是病了？因此，新手爸妈必须了解婴儿哭声所代表的基本含义，才能与孩子进行交流。

如果宝宝的哭声平而断续，可能是饥饿或感觉热造成的。如果给其喂奶后停止哭声，可判断宝宝是因饥饿而哭。不然，可以摸摸孩子身体是否汗涔涔的，如果是，则可通过减少衣物或降低房间温度的方法帮助孩子散热。

若宝宝在大便时哭吵，可能是其大便干燥或有肛裂。

若大小便时宝宝有一般性的哭吵，可能是大小便刺激臀部所致，请注意是否有红臀症。

若宝宝在出生3个月内有阵发性的剧哭，而且哭吵不能通过抱、拍背等行为制止，如果体格检查无特殊状况的话，则可能为婴儿肠绞痛或佝偻病的表现。

如果宝宝的哭吵平而持续，可能是炎症所致的疼痛，如外耳炎、中耳炎、咽喉部溃疡、舌部溃疡等。

如果婴儿的哭声为高尖叫声，即暴发性突

然哭叫，这就是常说的“脑性尖叫”。婴儿“脑性尖叫”的原因往往是颅内出血、脑水肿，另外，新生儿产伤、窒息也可引起“脑性尖叫”，这是病情凶险的表现。

若宝宝哭叫为暴发性高而尖的叫声，或伴有哭吵回声，并连续不断地哭吵，则可能是疼痛而引起的，比如针刺、烫伤等原因。

(2)新爸爸必读

婴儿出生后，有一个短暂的、跟养育者建立信任关系的敏感期——“共生期”，时间持续6～8周。

“共生期”是指两个生物体在特殊的情况下相互需要和相互信任的时期。新宝宝需要感受母亲的怀抱，这是他新生活开始的安身之处；新妈妈需要新生宝宝生活在她的怀抱中，以补偿腹部的突然失落。而新宝宝需要时刻和妈妈在一起，获得安全感和信任感，直到他建立起对环境的基本信任。

母亲，是一个和宝宝建立“共生关系”的优先人物，也是一个帮助宝宝建立安全感的特殊人物，她应该时时刻刻和新宝宝在一起。有了快乐的妈妈，才有快乐的宝宝。新爸爸千万牢记，对环境的信任，是你和新妈给予宝宝最珍贵的礼物，它将永远伴随着孩子，并且深切地影响其一生。

那么，在这个重要而特殊的“共生期”，新爸爸该做些什么？

做一个成熟、理性、有责任感的新爸爸

从你和妻子决定生孩子开始，你们就是两个人一起开始了一个新的工作和事业——帮助和保护你们的宝宝快乐而健康地长大成人。

形成一个人，需要来自父母亲染色体的遗传，但是，要成为一个完整的人，则需要依靠人类的环境。对宝宝而言，爸爸妈妈构成了他的生长环境。

在宝宝出生后的6～8周的“共生期”里，新妈妈和新宝宝需要通过哺乳建立重要的、亲密的、彼此信任的关系，新妈妈需要花很多时间给宝宝喂奶、照顾宝宝，所以，新爸爸在这个时候的首要角色，就是当好母子的保护者。

给新爸爸的4条建议

第一条：好好疼爱“孩子她妈”。有时候，“孩子她妈”会忙得蓬头垢面，有时候会因为身心疲惫而脾气变坏，你不妨视而不见，心里只装着那个新婚时神采飞扬、风情万种的爱妻。别忘了，一有机会就把你的感情表达出来，随时随地的亲吻和示爱，都是化解新妈妈焦虑、紧张和劳累的灵丹妙药，是新妈妈最需要的。

第二条：给妻儿撑起一片天。努力保持家庭经济来源的稳定，这个时期可别策划跳槽、跟老板对抗之类的事情，暂时的“忍气吞声”也是男子汉顾全大局的表现和需要。努力让新妈妈专心致志地哺育宝宝，不必去操其他闲心。

第三条：做好家庭“门将”。新妈妈刚从产院回家的那一段时间，新的生活作息要建立，

张宥麒

父母寄语@AKIRA-ZHAO：

麒麒，20年后的你会是什么样子呢？爸爸妈妈翘首以待，我们不会为你规定成长的轨迹，但会用尽全力为你能够健康快乐地成长保驾护航，相信你一定会成长成为独立、自主、心中充满爱、可以快乐生活的人。爸爸妈妈永远爱你！

新的家庭关系要适应，她对哺育宝宝还是一个慌慌张张的新手，会感觉特别疲劳。好心又好奇的亲戚朋友可能会在新妈妈忙于照顾宝宝的时候来探望，关心和询问的来电也可能此起彼伏，容易干扰母子“共处”。因此，新爸爸的“把关和守护”，对于创造一个安静温馨的家庭环境来说是十分重要的。

第四条：不做“二手照顾者”。新爸完全能够直接参与宝宝的抚育过程。给宝宝洗澡、拥抱宝宝、摇晃宝宝、对着宝宝唱歌、让宝宝躺在你的胸膛上等，都是爸爸可以做到的。这些不同于女性所带来的触觉、嗅觉、听觉和视觉，能让宝宝获得更为丰富的信息和刺激。

5. 刚出生的宝宝有多重

（1）新生儿的体重特点

在妈妈体内待满 37 ~ 40 周的宝宝，体重在 2812 ~ 4173 克，身长在 48 ~ 53 厘米。早产的宝宝出生时体重不足 2630 克，属于低体重宝宝。万一宝宝的体重、身长不在上述的平均范围之内，应给宝宝做一个全面检查，确保其身体发育健康。

一个健康宝宝在出生几天后会出现体重下降，这是正常的。因为宝宝刚出生时体内有多余的液体，几天后随着液体的流失，体重会下降，两周后体重就恢复正常了。

（2）宝宝体重增加很快

随后的一个月，宝宝的体重以每周至少 141 克的速度增长，身长也会增长 2.54 ~ 3.81 厘米。大多数的新生儿会在 7 天时迎来第一个为期 3 天的快速生长期，在 3 个星期时会迎来长达 20 天的第二个快速生长期。

（3）宝宝“大”不一定好

很多因素会影响宝宝出生时的大小，如怀孕时间的长短、怀孕期间的营养供给、父母体型的大小、一胎多产、出生顺序、性别（一般男孩大、女孩小）等都会影响宝宝的大小。怀孕期间妈妈患有高血压、心脏病或有吸烟、酗酒等不良嗜好甚至使用非法药物的，新生宝宝要偏小一些。妈妈患有糖尿病，新生宝宝可能会偏大一些。

不过，出生时的大小并不能决定宝宝以后的身高。基因遗传、营养供给以及大人的关心呵护，对宝宝的成长是至关重要的。

人们心目中的健康宝宝应该是胖嘟嘟、肉乎乎的。但医学认为，新生宝宝体重过重不是一件好事。超大的新生宝宝，尤其是妈妈患有糖尿病和妊娠期糖尿病的，可能会出现血糖持续升高的情况，需要增加喂奶，甚至静脉注射葡萄糖来防止宝宝的血糖偏低。

（4）早产宝宝体重偏轻

早产宝宝的体重通常要轻一些。预产期提前或推后，很大程度上决定着宝宝出生时的体重。如果宝宝在母体内没有生长充分的话，他就需要在外界弥补这个不足。

早产宝宝一般分为“低体重”和“超低体重”两种。“低体重”指的是出生时体重不足 2630 克的宝宝；“超低体重”指的是出生时体重不足 1587 克的宝宝。大多数低体重或超低体重的宝宝都是因为早产造成的。因此，许多早产儿都必须在早产儿特殊护理中心接受检测，观察他们的喂奶和身体发育状况，施行特殊的医疗保护措施。

（5）新生健康宝宝的特征

新生宝宝可不像图片上那样惹人喜爱，头尖尖的，皮肤皱巴巴、红通通，这些都是正常的。

宝宝头部有一“软块”，这是因为颅骨尚未完全闭合，它使得宝宝在降生过程中，头部有足够的灵活性。随着宝宝的长大，颅骨会慢慢闭合，“软块”就会消失。

宝宝的眼睑、鼻子和后颈背上可能会有暗红色的小块，通常一年内会消失。

出生时结扎的脐带在 5 ~ 10 天内脱落，长好的地方就是宝宝的肚脐眼。

女性宝宝有时会有一些分泌物从阴道内流出，男性宝宝有时会出现一些乳房肿胀的情况。这些都是母亲的激素带来的，没什么关系，很快就会自然消失。

新生宝宝会有一些特有的反射现象，如莫罗反射、觅食反射、抓握反射和踏步反射，一般会保持几个月左右。

6. 新生儿健康体检

（1）常规体格检查

对新生儿通常要进行 3 次常规体格检查，分别在出生时、出生第 2 天和宝宝离院前。

刚出生时，医生对新生儿首次重点观察的项目是：宝宝呼吸是否正常、有无产伤和窒息、有无先天性畸形等。

第二次健康检查时，医生就要对宝宝进行全身性详细检查了，并要查询：宝宝是否排尿了？是否排便了？有呕吐发生吗？哭声是怎样的？

宝宝离院前的体格检查与第二次检查内容是相同的，由于宝宝有断脐的创面，许多宝宝还有生理性黄疸，所以医生会注意脐部情况和皮肤黄疸的程度等，并指导家长离院后如何护理脐部、怎样观察黄疸消退。另外，宝宝出生时接种了疫苗，医生还要嘱咐家长观察宝宝的接种反应。

较理想的状态还应该有保健人员两周后对新生儿进行访视，访视内容包括宝宝的身长、体重、皮肤、体温、面色、口腔、脐带、大小便和喂养方式等；重点检查宝宝的脐带残端是否脱落、黄疸消退情况、预防接种的反应和体重回升等，及时发现新生儿异常黄疸、脐带发炎、鹅口疮、红臀等疾病。

（2）离院前医生的指导

部分孩子会发生生理性黄疸，一般 2 ~ 3 天出现，10 ~ 14 天消退。宝宝没有生理性黄疸是正常的，但仍要观察，如果以后再出现黄疸，那就是病了，要及时就诊。

宝宝的牙床边（医学上称牙龈）或在硬腭的中线有硬黄白色物，这不是宝宝要长牙了，一般称之为“马牙”，这是正常现象，2 ~ 3 周后会逐渐消失，千万不要去刮或挑破它，小宝宝免疫力低，任何小的损伤都有可能引发严重感染。“鹅口疮”也是新生儿的常见病，其病原是一种霉菌（医学上称白色念珠菌），这种霉菌广泛存在于健康人的皮肤、肠道、阴道等部位，对大人不表现出疾病症状，但小宝宝免疫力低，如果奶具消毒不严、母亲奶头不洁或喂奶者手指污染等，就会引发宝宝的“鹅口疮”。

宝宝肚脐在 7 天左右会干掉，这是正常的过程，此时肚脐的形状已经很清楚，脐部皮肤

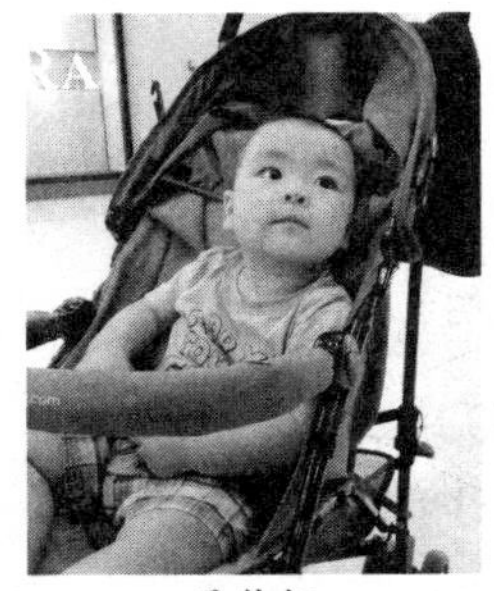

吴仲杨

父母寄语 @artwukai 吴凯 ：

爸爸妈妈有满满的祝福想要送给 20 年后的你，希望你能帅气阳光，聪明健康，真的是想用所有美好的词语都用来形容你。我们同样也希望这样满满的爱不会成为你的负担！

你是自由的、有个性的、我们心中独一无二的亲亲宝贝！长大后的你要往自己向往的世界去大胆翱翔，在你迷茫的时候能想到还有我们永远的支持和鼓励！快快长大吧！和爸爸妈妈一起来分享生活的酸甜苦辣吧！

应无红肿现象。

宝宝刚一出生就能听到声音，但不能分辨声音的性质和位置。因此当听到突然的响声，宝宝就会出现“惊吓”的表现，这是宝宝正常的神经反应，医学上将这种听觉反射称为“惊吓反射”。如果宝宝没有这样的反应，就要观察一下宝宝的听觉是否有问题了。

宝宝的小屁股皮肤发红，还有红疹子，故名“红臀”（医学上称尿布皮疹）。红臀多发生在兜尿布的部位，由于长时间接触潮湿的尿布，皮肤就会发红或肿胀，产生小的红色丘疹或脱皮，皮肤破溃、流水等。如果宝宝已发生红臀，切勿用肥皂水洗小屁股。若皮肤未破，以温水清洗臀部，拭干后涂鞣酸软膏；对皮肤破溃、流水的红臀，则要涂含有0.5%新霉素的炉甘石搽剂，或0.5%新霉素氧化锌糊剂等。

“红臀”预防措施：①选用柔软、吸水性强和透气性好的尿布，最好是细软的纯棉布制品。尿布外面最好不用塑料、橡皮布衬垫等不透气物品。②勤换尿布。换下的尿布要用开水烫洗，并洗净肥皂残沫，在阳光下晒干，阴雨天可用熨斗烫干；不要乱扔或随意放置，以避免细菌感染。③保持皮肤清洁干燥，宝宝大便后一定要用温水洗净屁股，拭干后涂护臀膏或鞣酸软膏。

（3）新妈妈的细心记录

为了让医生的体格检查更加高效和全面，年轻父母尤其是新妈妈，建议将自己宝宝的情况记录下来，使医生检查时能更快地了解宝宝的情况，妈妈在记录时也会发现一些具体问题，正好及时咨询医生。

以下是一位细心的妈妈记录下来的问题：

宝宝生后12小时小便了，尿清，无异常颜色。

宝宝在小便时也大便了，大便很黏，颜色发墨绿，这样的颜色正常吗？

宝宝有时吃完奶，大人拍好背，再放到床上还会发生吐奶现象，有时从鼻子里喷出来。宝宝的胃肠道是否有毛病？

在第二次医生给宝宝进行全身性详细检查后，医生根据记录对这位新妈妈说，目前宝宝是正常足月儿，宝宝的墨绿黏性大便是胎便，等胎便排完后颜色就会变黄的。宝宝吐奶明显，多数属于正常情况，不是胃肠道有毛病。因为婴儿胃的位置呈水平状态，胃入口处（医学上称贲门括约肌）较松弛，胃出口处（医学上称幽门，其肌肉发育较完善）较紧张，加上胃容量很小，奶汁进入胃后，往往容易经松弛的贲门口返流到食管，经口或鼻腔溢出，所以宝宝容易发生吐奶。吐奶不是病，但护理不当容易出现窒息的严重后果，这是因为吐出的奶会进入气管，吐出的奶也会流入耳咽管继发细菌感染而得中耳炎。

这个细心的妈妈已经尝到亲自记录的“甜头”，在2周保健人员访视时，她记录下来的问题是：

宝宝皮肤没有发黄现象，没有生理性黄疸正常吗？

宝宝的牙床边有硬黄白色物，难道宝宝要长牙了？还是宝宝患了书上说的“鹅口疮”？

宝宝的肚脐在7天左右干掉的，肯定不会有问题了吧？

宝宝似乎胆子很小，一听到关门声就像吓一跳，正常吗？

宝宝小屁股的皮肤发红了，还有红疹子，怎样办？

保健人员访视宝宝后，结论是宝宝状态良好，同时回答了妈妈的许多疑问，并对宝宝“红臀”给予了相关指导。

7. 新生宝宝的能力

（1）新生宝宝的运动能力

新生宝宝的反射动作（也称本能反应）

当你把一根手指放在宝宝的手心里时，宝

宝会立刻自然地将手指握紧；当你用手轻轻抚触宝宝的嘴角时，宝宝的小嘴就会做出吮吸的动作。这些行为都是宝宝与生俱来的本能反应，是正常表现。随着宝宝运动量的增加、动作控制力的增强，这些本能反应会逐渐被有目的的行为所代替。

寻找和吮吸反射：宝宝躺在妈妈怀里，小脑袋会向妈妈的胸部转过去；如果妈妈轻轻抚触宝宝小脸的一侧特别是嘴角时，宝宝会本能地将脑袋转向那侧，张开小嘴准备吮吸。妈妈把奶嘴或乳头放进宝宝嘴里，宝宝马上就会用力吮吸。这些都是宝宝天生的能力，获取食物是人的本能需求。

莫洛反射（又称紧抱反射）：宝宝受到惊吓时，如听到很大的声响，或是突然被移动位置，宝宝就会伸展四肢，然后迅速蜷缩起来。

抓握反射：用手指滑过宝宝的手心或脚心，他就会收拢手指或脚趾。

颈紧张反射：宝宝将脑袋转向一方，这一侧的手臂会伸直，但另一侧的手臂会弯曲，像是击剑的动作。

鼓励宝宝运动

给宝宝足够的空间伸展拳脚，以利于骨骼和肌肉的发育。

为宝宝提供锻炼颈部的运动机会，如转头、抬头；做颈部运动时，一定要托住宝宝的头颈。不要将宝宝放在活动的床或桌子上，以免宝宝从高处掉下摔伤。

（2）新生宝宝的感官系统

新生儿在出生后的最初几周，感觉器官就开始工作了，他们的视觉、听觉、嗅觉、味觉和触觉已经具备认知世界的能力。虽然我们还无法精确地了解新生宝宝具体感知到了些什么，但细心的妈妈会发现，宝宝对光线、杂音、触碰已经有反应了，说明他们体内那套复杂的感知系统开始运作了。

视觉：新生宝宝视物的最佳距离在 20 ~ 35 厘米。当父母伸手抱宝宝时，宝宝会盯着父母看。虽然宝宝也能看见距离更远的东西，但很难做到长时间注视，看不了多久就会将视线移开。

你知道宝宝最有兴趣看什么吗？那就是人脸，其次是明亮的、会动的物体。色差大的物体，如黑白图片或玩具，要比颜色接近的物体更能引起宝宝的兴趣。父母可以拿一些有趣的东西给宝宝看，但最好一次只给一个，不要同时拿好几个玩具哄宝宝。白天最好适时地给宝宝调换位置，让他能经常“换个视角看世界”。

听觉：宝宝在妈妈子宫里时，就能听到妈妈的心跳声、消化系统发出的咕噜声，还能听到其他家庭成员的说话声。当宝宝来到这个世界时，这些声音变得更加清晰响亮。对新生宝宝来说，人类发出的声音，尤其是爸爸妈妈的声音是世界上最动听的“音乐”，因为他们能为自己提供温暖、食物和关爱。妈妈应特别留意宝宝对周围声音的反应，观察宝宝哭的时候，

薛晔绮

父母寄语 @candymm 的围脖：

小绮，眨眼间你已然长大，希望 20 年后的你有一个幸福的人生！依旧像现在一样灵动，充满活力！

大人发出怎样的语调能让他们很快安静下来。

味觉和嗅觉：研究发现，新生宝宝都偏好甜味，如果给他们喝带有苦味或酸味的水就会大哭。出生后的6个月，宝宝依靠母乳或配方奶获得营养。6个月后宝宝开始吃固体食物，这时可以根据他们喜欢甜食的天性，尝试着让宝宝吃带甜味的胡萝卜泥和土豆泥之类的食物。随着宝宝一天天长大，你可以慢慢让宝宝接触不同口味的食物。

新生宝宝已有味觉，而味觉和嗅觉是关系最密切的两种感觉系统，由此推测新生宝宝已经具有嗅觉，能闻到花朵的芬芳和母乳的香醇。

触觉：对新生宝宝而言，触觉是他们认识世界最主要的方法。在子宫时，宝宝浸润在带有妈妈体温的羊水中，温暖而舒适。一旦来到这个世界，他们会觉得这个世界有点“冷”：婴儿服的接缝很粗糙，婴儿床很坚硬。因此，他们急切希望得到父母温柔的亲吻和拥抱，让他们觉得自己身处一个温暖安全的世界，这样的亲密接触还能帮助宝宝加深对世界的认识。

（3）自行测试宝宝的感官能力

以下方法，可供你在家自行测验一下宝宝的各项感官能力。如果测试下来有点担心，可以及时跟医生联系，给宝宝做个全面检查，做到早发现、早治疗。

测视觉：距宝宝30厘米左右的地方，放一盏小灯（不要放在宝宝注视的方向），观察宝宝是否会把头转过来看这盏灯。如果只看了一眼就又把头转回去了，你不用担心，只要他能注意到发亮物体，就说明宝宝的视觉系统是正常的。再过4～8周，宝宝的视线就能跟随发光物体的运动而移动了。

测听觉：躲在宝宝身后，故意制造出一些突发的响声，观察宝宝是否会因为受到惊吓而本能地发生身体颤抖。万一宝宝没有反应，也不用担心，有可能是因为宝宝正在关注其他事物而没有注意到声响，可以过一会儿再试。如果宝宝听到妈妈的声音会停止哭闹，或是听到催眠曲安静下来，说明宝宝的听力是正常的。

（4）新生宝宝的沟通能力

宝宝是如何与世界沟通的

哭是宝宝与生俱来的本领，也是他们生命最初时与世界沟通的主要方法。从宝宝第一声啼哭开始，他们就在运用自己特有的语言“哭”与世界进行交流。刚开始，新手妈妈会觉得宝宝的哭声都是一样的，细心辨别后，你就会听出不同的哭声蕴含着的不同意思。

除了啼哭，宝宝还有其他的沟通本领。例如，出生一个月的宝宝就已经会微笑，甚至发出咯咯的笑声。宝宝会逐渐将人的说话声与其他声音区分开来，并对妈妈的声音特别敏感，因为妈妈的声音通常是与食物、温暖和爱抚联系在一起的。妈妈可以试着观察和宝宝说话时，宝宝会有怎样的反应，一定会有很多让人幸福无比的发现。

妈妈该做些什么

宝宝出生后，最先认识的是自己的妈妈，他会盯着妈妈的脸看。宝宝对周围的世界充满好奇，但最感兴趣的是妈妈的说话声。因此，妈妈要尽量多跟宝宝说话，别担心宝宝听不懂，妈妈温柔的语调能让宝宝感到安全和幸福。

如果能够得到妈妈及时的关注，宝宝会觉得自己对妈妈很重要。有时妈妈已经满足了宝宝的所有要求，但宝宝还是不停地哭，这可能是因为宝宝过度兴奋、吃得太饱或精力过剩需要发泄造成的。

许多新手妈妈都有这样的痛苦经历：宝宝半夜不肯睡，哭闹不止。这时你最需要的是耐心。大多数宝宝3个月后就会自动调整过来的。

宝宝也常会因为以下原因长时间哭吵：

生病：宝宝感到不舒服，自然会哭。

眼部感染：角膜划伤或是眼睛里有异物，眼睛充血流泪。

没有被大人发现的疼痛：有时宝宝会被尿布上的别针之类的物体弄伤，宝宝幼嫩的手指被头发缠绕弄伤。妈妈应该仔细检查宝宝的全身，看看是否有异常。

如果宝宝长时间哭闹，而且哭声异常，伴有不爱动、食欲下降、呼吸异常等症状时，最好跟去医院。

（5）新宝宝的学习与游戏

在生命的第一个月，宝宝主要是与妈妈交流。宝宝学会做的第一件事，是将妈妈的音容笑貌与满足自己生理和安全需要联系在一起。这时妈妈应通过适当刺激宝宝感官的方式，如微笑、爱抚等，来帮助和鼓励宝宝学习。

留意宝宝清醒的时间

宝宝睡觉的时间会逐渐缩短，妈妈要留意宝宝清醒的时间。当宝宝表现出神态安静、动作灵活的时候，通常是教宝宝学习的好时机。这个时候他注意力集中，会很有兴趣认识世界。如果宝宝很活跃，不停地扭动身体、拍打手臂或踢腿等，你试图吸引宝宝的注意力，宝宝很有可能哭闹起来。这说明宝宝处于过度兴奋状态，难以集中注意力学习。

鼓励新生宝宝学习

最初的几周，妈妈可以用会发出声音的玩具、毛绒玩具和不会摔碎的镜子等逗宝宝玩。玩具的颜色最好反差大一点，如红色、白色和黑色；选择弯曲和对称的玩具，它们能刺激宝宝的视觉，视觉的发展有利于宝宝今后更好地控制自己的行为，与周围环境产生互动。

8. 母乳是给新生命的最好礼物

母乳是宝宝最适合、最有营养的食物。母乳喂养宝宝是最自然、最可取的养育方法。它使宝宝有一个良好的人生开始，也是作为母亲馈赠给孩子最好的第一份礼物。

母乳是婴儿最理想的天然食物，含有比例合适的蛋白质、脂肪和乳糖，含有足量的维生素和易吸收的铁，还含有足够的水分和适量的盐、钙、磷。

母乳喂养，宝宝能得到全面的营养。因为母乳是一种纯天然的、全面均衡的优质营养素，能满足出生 0 ~ 6 个月内婴儿的营养需求，促进其健康地生长发育。母乳含有配方奶所没有的激素和成长因子以及有助于神经系统发育的特殊脂肪，比配方奶多出了约 400 种营养素，最适合宝宝脑部的成长发育。

母乳对婴儿有以下好处：

有利脑部发育：母乳含有乳糖，乳糖是中

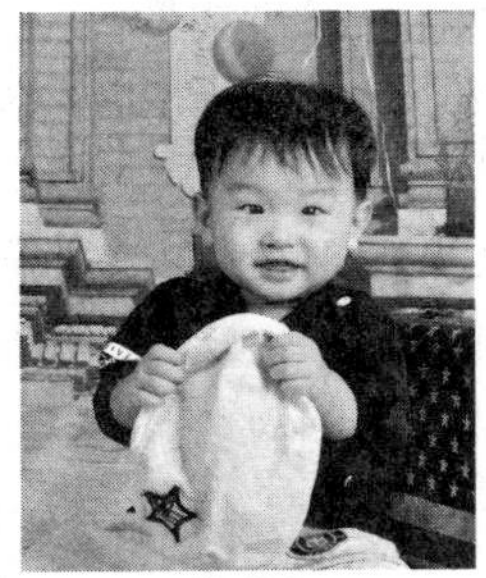
薛晔纬

父母寄语 @candymm 的围脖：

纬儿，希望你可以陪伴着姐姐，开拓你人生的新篇章！一定要和姐姐永远相亲相爱下去！

枢神经系统发育的重要因素。研究发现，乳汁中乳糖含量越高的哺乳动物，脑部就越大。乳糖还能促进钙质吸收，有助宝宝的骨骼发育。

增强免疫力：母乳含有多种抗体及其他物质，能增加婴儿抵抗疾病的能力，使之在生命最初的几个月中免受疾病感染的威胁。

易消化吸收：母乳最容易被婴儿消化吸收，极少引起便秘、腹泻和过敏等。

保护牙齿：吸吮母乳的肌肉运动，有助于宝宝面部的正常发育，预防龋齿。

有利于心理发育：与母亲的肌肤频繁接触，能促进宝宝心理发育，增强社会适应性。

通过母乳喂养，妈妈也能预防产后出血，增加母子感情，减少乳腺癌和卵巢癌的发生，也有利于产后康复。

9. 掌握正确的哺乳方法

（1）正确的哺乳姿势和含住的技巧

母乳喂养，最难的就在开头那几周，新手妈妈需要学会正确的哺乳姿势，宝宝需要学会正确的含住技巧。乳头疼痛、乳汁不足等问题的产生，很大程度都是因为没有掌握正确的技巧。

掌握正确的哺乳姿势和含住的技巧，是成功喂哺母乳的关键。妈妈感觉舒适，乳汁流淌才会顺利。喂哺的姿势，躺着、坐着都可以，觉得怎么舒服就怎么喂，床上、摇椅都能让妈妈轻松哺乳。

正确的姿势让妈妈感觉舒适：

坐在有靠背的椅子上，脚下放一个小凳子，抬高膝盖；

准备3个枕头，后背垫一个，膝盖上放一个，抱宝宝的手臂下再垫一个，这样抱宝宝哺乳就不会弄得腰酸背痛、手酸脚麻。

正确的姿势让宝宝吃奶不费力：

用手臂托住宝宝，将其脖子靠在肘弯处，前臂托住宝宝的背部，手掌托牢小屁股；

把宝宝的小身体整个侧过来，面对着你，肚子贴肚子，让宝宝的头、脖子和身体成一线，吸吮、吞咽就会比较顺当；

把宝宝放在膝盖和枕头上，或用矮凳把脚垫高，让其与你的乳房一样高，用膝盖和枕头支撑宝宝的重量，而不是你的手臂。将宝宝往你乳房的位置抱，让宝宝整个身体靠着你，而不是你的身体往前倾。

帮助宝宝含住乳晕：

用手指或乳头轻触宝宝的嘴唇，他会本能地张大嘴巴，寻找乳头；

用拇指顶住乳晕上方，食指和中指分开夹住乳房，用其他手指以及手掌在乳晕下方托握住乳房；

趁着宝宝张大嘴巴，直接把乳头送进宝宝的嘴巴，一旦确认宝宝含住了乳晕，赶快用手臂抱紧宝宝使之贴着你；

稍稍松开手指，托握着乳房，确认宝宝开始吸吮；

判断宝宝含住乳晕的依据是：宝宝的下颚咬住乳晕周围，而不是乳头；上下口唇分开，齿龈环绕在乳晕周围，你能感觉到他的舌头向上，将乳头压向他的硬颚，两者挤压乳头，乳汁就是这样被挤出来的。

特别提醒：

母乳喂养不会引起乳房、乳头出现持续性疼痛。如有，可能是哺乳的姿势有问题，你可以请教产院护士，或有哺乳经验的妈妈、长辈，请她们看看你的喂奶姿势是否准确。

不要过早给小宝宝吸吮奶瓶和安慰奶嘴。吸吮塑胶奶嘴的宝宝，舌头动作、吸吮和吞咽的动作都和母乳喂养不同。就算宝宝动作不对，奶瓶的乳汁还是会容易地出来，宝宝喝奶是比较方便的。宝宝建立了塑胶奶头的吸吮模式以后，就会用吸吮塑胶奶嘴的方法来吸吮妈妈的乳头，容易发生混淆，使妈妈乳头疼痛、乳汁减少。

美国儿科学会认为，吸吮出现麻烦，最常见于过早使用奶瓶和奶嘴的婴儿。他们可能只是含舔、轻咬或咀嚼乳头，而不是用舌头紧紧含住挤压乳头。这些宝宝的口腔动作不能刺激乳房产生更多的乳汁。

（2）初生宝宝吸奶的特点

宝宝在子宫里，通过吸吮自己的手、手指和脚，已经练习了好一阵子吸吮的技巧。大部分初生宝宝，会轻轻舔几下妈妈的乳头，吸几下，然后再舔几下、吸几下。出生的最初几小时甚至几天里，宝宝吃奶都是吸吸停停的。妈妈尽可放心，你的宝宝现在并不需要大吃大喝。尽管宝宝吸吮没问题，但确实需要妈妈教他们学会怎样正确含住乳晕。

最初几天，宝宝吃奶的次数较多

喂奶的最初几天，宝宝大概 1.5 ~ 2 小时就要喝一次奶，见到宝宝有觅食反射或吸吮嘴唇的样子就应该喂奶了。宝宝会时常转动小脑袋，把小手放在嘴里吸吮，舞动小手臂，还会将小拳头挪向嘴边，用鼻子碰擦妈妈的胸脯等。如果宝宝发出这些信号你仍未理会的话，他就要哇哇大哭了。

快满月的时候，每 2 ~ 3 个小时就要喂一次奶。喂奶时，宝宝会发出柔和的吞咽声。

想吃就吃，想吃多久就多久

哭泣是宝宝饥饿最后的表示，无论如何大人都要密切关注宝宝发出的这些信号，而不是按钟点喂哺。宝宝饿了，妈妈就喂，这样的喂哺方式可以刺激乳房更有效地泌乳。这就要求妈妈尽可能和宝宝在一起，以便对宝宝的饥饿表示立即作出反应。

专家认为，刚开始的几周，妈妈和宝宝正在建立“乳汁供需系统”，在生活方式允许的情况下，尽量让宝宝想吃就吃，想吃多久就多久。经常让宝宝吸吮乳房，能让妈妈体内的母性激素丰富起来，不仅能使乳汁充盈乳房，还会使妈妈的身心充满对宝宝的爱。

多喂奶不会宠坏宝宝，它有助于你对宝宝的需求保持敏感。不应该限定喂奶的次数，妈妈要尽量放松心情，喂奶的数量越多，奶水自然就越多。如果奶水足够，就不要再添加辅助食物或水，否则有可能减少母乳分泌。

如果妈妈觉得自己的奶水不够多，就多喂宝宝几次，每次喂的时间长一些。妈妈自己也应该多吃有营养的食物，多喝开水，喂奶时心情放松。刚开始母乳喂养时，妈妈的乳头会有一点疼痛。如果抱着宝宝喂奶的姿势正确，疼痛就会减轻许多。

宝宝吃饱了也会发信号。这时候他们心满意足，不再用力吸奶，或者干脆不吃了。喂奶后妈妈的乳房会变得柔软。如果宝宝一天有

张明玥

父母寄语 @coco 小毛驴 2007：

宝贝，想对你说的是，你的人生也许平淡无奇，也许光辉灿烂，但不论是哪一种，只要你觉得快乐就好，爸爸妈妈一定不会把自己没有实现的梦想加筑到你的身上，未来的路要你自己决定，爸爸妈妈只会陪在你的身边，给你必要的建议以供参考。人生不只有阳光，也有风雨，风雨来袭时，宝贝你要勇敢地去面对，经过风雨之后你会看到很美丽的彩虹，相信我的宝贝一定会有自己美满的人生！祝福你！

7 ~ 10 次尿布很湿（常规吸水的尿布），有 2 ~ 3 次大便，表明吃得足够了。

每次哺乳，每侧乳房都要让宝宝充分吮吸

哺乳开始时，宝宝吃到的是前奶，这种乳汁多水分而且解渴；然后是后奶，这种乳汁富含脂肪，能满足婴儿生长的需要。因此，每次哺乳，每侧乳房至少要让宝宝吮吸 10 ~ 15 分钟，以保证宝宝获得充分的能量。

帮助宝宝排出吸入的气体

喂奶时宝宝会停下来休息，得让他打个嗝，排出吞下的气体。吞入腹内的气体不排出，宝宝会感到腹胀、腹疼和难受。

喂奶后打个嗝很重要，可防止和减少吐奶。让宝宝靠在你一侧的肩膀，轻拍和轻搓其背部，帮助宝宝打嗝。宝宝打嗝时可能会同时吐出一些奶液来，你最好在肩上垫一块毛巾。

如果半分钟后他仍未打嗝，那就不必勉强。

不要轻易添加奶粉

婴儿吃得愈多，乳房产生的乳汁也愈多。如果添加奶粉，就会破坏这个自然规律。宝宝被奶粉喂饱后，就不再热衷吸吮乳房，而乳房得不到所需的刺激，乳汁的分泌就会受到影响。

（3）乳汁的特点和乳房的护理

前奶与后奶的差别

母乳非常神奇，吃奶的过程就像给宝宝吃一顿套餐，“前奶”比较稀薄，所含的水分较多，可以很好地为宝宝解渴，宝宝吮吸起来也很容易。妈妈会听到宝宝有力的吞咽声，可以满足宝宝吸吮的需要，使其很快爱上吃奶。

通常“前奶”奶质较稀，颜色略淡，因此有的妈妈觉得挤出来的母乳很淡，是不是没有营养。回答却是否定的，只能说与“前奶”相比，营养成分比较高的是后奶。

“后奶”通常奶质浓、颜色略黄，其中含有许多热量，类似于我们吃饭时的正餐。细心的妈妈会发现，吃“后奶”时，宝宝吸吮起来似乎比较费力。

有的妈妈不了解这个情况，会让宝宝吃一侧乳房一分钟，再吃另一侧乳房一分钟，实际上只喂了“前奶”，宝宝撑不了多久就会产生饥饿感。同时，观察宝宝大便颜色是否比较绿，如果较绿就表明没有吃到后奶。所以，妈妈应该尽量让宝宝一侧乳房吃完，再吃另外一侧。

刚出生的宝宝需要多少乳汁

一般刚出生的宝宝需要的乳量为：每 450 克体重，每日需要 50 ~ 80 毫升。以一个 3 千克的宝宝为例，每日需要的乳量在 400 ~ 625 毫升。而母亲的乳房在一次哺乳 3 小时后，再分泌乳汁 40 ~ 50 毫升，每日分泌的乳汁在 720 ~ 950 毫升。

一天给宝宝喂几次奶

刚出生的宝宝，喂奶没有固定的次数，可根据宝宝的需求来哺乳。宝宝饿了就喂，而不是按照钟点喂奶。随着宝宝一天天长大，他的消化系统也会逐渐发育完善，每次喂奶的间隔时间会自然变长，每次进食的量也会增加。

怎样保证分泌足够的乳汁

24 小时与宝宝在一起：经常拥抱孩子，让孩子随时得到你的爱抚和喂哺，这样会刺激乳汁分泌，帮助你尽早地“下奶”。

排空乳房：每次哺乳后挤出多余的奶，也可用吸奶器吸出，这样还可防止乳腺炎的发生。

按需哺乳：不要规定喂奶时间，应根据宝宝的需求，或妈妈自己觉得奶胀时哺乳。乳汁越吸越多，你要坚信这一点。

坚持夜间哺乳：夜间哺乳会促进乳房分泌乳汁。同样的吸吮，夜间你体内的泌乳素会比白天分泌得更多。

照顾好乳母

为了产生乳汁，乳母需要大量的能量，哺乳期不能节食。要根据妈妈的食欲进食，确保从富含维生素的新鲜食物中摄取所需的能量，而不只是依靠碳水化合物。

营养均衡，吃富含蛋白质的优质食物。

补充水分，口渴时就喝饮料，哺乳时准备1杯果汁或菜汁，随时解渴。

注意休息，保证体力。

调节情绪，相信自己有足够的能力喂哺婴儿。

乳房的护理

要穿有保护性的舒适胸衣。胸衣不要太紧，以免束缚乳腺导管。

如果你感到乳房肿胀难受，可以在哺乳前用温热的毛巾敷几分钟，或用温水淋浴。注意不要用肥皂清洁乳房，因为肥皂会使皮肤变干。

你还可以用手轻轻按摩乳房，挤压出一点乳汁，这样可以减轻肿胀；也可以把手放在乳房下面将乳房轻轻上推，这样能使乳头突出，便于宝宝吮吸。

10. 母乳喂养中的常见问题

（1）确认母乳是否足够的 4 种方法

留意宝宝体重的变化

宝宝体重是否正常增长，可以反映母乳的量是否足够，新妈妈可以每隔一周称一下宝宝的体重。宝宝出生 4 ~ 5 天内会有生理性的体重下降，之后如果宝宝一周的体重增长大于 125 克，一个月的体重增长在 500 ~ 1000 克，这种正常的生长发育说明母乳是足够的。如果一周内，宝宝的体重连 100 克都没有增加的话，有可能是母乳不足。

留意宝宝的情绪和睡眠

新妈妈可以通过观察宝宝的情绪好坏以及睡眠时间的长短来判断母乳是否足够。

胎儿期时，宝宝在妈妈肚子里每隔 20 分钟醒一次，且不断反复。出生后，宝宝还会保留一点这样的习性。待宝宝大一点后，若吃完奶后睡眠时间短于 1 小时，有可能是母乳不足。另外，除了衣服过紧、尿布脏了、太热或太冷、生病等原因引起宝宝哭闹外，如果发觉宝宝心情不好，经常睡醒了就哭闹不安，也可能是母乳不足。

留意喂奶的时间长短

喂奶时间很长，但喂奶的间隔时间很短，提示母乳可能不足。

宝宝出生后 1 ~ 2 周内，由于母乳分泌不稳定，且宝宝还没很好地掌握吸奶的方法，所以一次喂奶肯定不能让宝宝喝到足够的奶。这个时期喂奶的频率通常是一天 10 ~ 15 次。等过了调整期，喂奶的频率自然就会缩短到每隔 3 个小时左右一次，这时候宝宝经常会出现一

丁凯玺

父母寄语 @francya：

我的开心，看着你一天天成长，每一天都是惊喜，你的笑能融化我们所有人。20 年后，希望你已经了解人生的意义，懂得去爱去付出，心胸开阔地去面对一切，你一定会成为爸妈的骄傲！

边喝奶一边睡着的情况。如果宝宝一直持续不断地吸乳头却听不到连续吞咽声，或喝完奶没过半个小时又哭闹着要喝奶，就要考虑可能是母乳不足了。

留意乳房的满涨情况

母乳是否足够，妈妈自己也可通过乳房的满涨情况来判断。乳房的满涨有两种情况：

乳房如要撑爆一般地涨，有乳汁从乳头不间断溢出的满涨感；

乳头挺立，乳尖会有触电的感觉，并会有乳汁溢出的满涨感。

两种情况都有，或只有其中一种情况，都说明母乳是足够的。如果两种现象都没有，而且乳房回到了怀孕前的大小，说明母乳已经不足。

（2）避免母乳不足的 6 个方法

如果有母乳不足的问题，尽快咨询医生，以采取相应的措施来改善。此外，还有一些方法可以让母乳充足。

新妈妈要保持良好的情绪，对母乳喂养也要有充分的信心。

适当增加哺乳的次数。

哺乳时姿势要正确，整个乳头和大部分乳晕都要被宝宝含入口中，两侧乳房至少各让宝宝吸 10 ～ 20 分钟。

哺乳时不要给宝宝穿得太多，若见宝宝吸吮几分钟后要睡，应该轻轻将他摇醒，让他继续吮吸。

新妈妈在哺乳前可喝一杯热饮料，平时也要多喝些汤汁，更要补充足够的固体营养品。

新妈妈要休息好，周围的人对她也要给予精神上的鼓励。

母乳喂养中的常见问题和应对方法

常见问题	预防方法	应对方法
乳头干裂、疼痛	①确保乳头及大部分乳晕都含在宝宝的口中。 ②宝宝吃好奶后，用手轻轻压住其下颌，帮助其嘴唇离开乳头。	①将乳汁从疼痛的乳房中挤出来，涂在乳头上，每天 2 ～ 3 次。 ②到中药店买鹿角霜 20 克，研成细粉后，用适量香油拌匀后涂在乳房上。 ③取金银花、黄连各 15 克，加入 300 毫升水浸泡半小时，然后用文火煮 20 分钟左右，待药液冷却后，用来洗乳头，每天 3 ～ 4 次。
乳腺管闭塞	①胸衣不要过紧。 ②哺乳时不要用力挤压乳房。	热敷乳房，并加以按摩，然后让宝宝吃该乳房的乳汁。如果没有效果，应该马上就医。
漏乳	没有特别的预防方法，漏乳证明乳汁充足，有助于预防乳房肿胀。	①胸罩内侧放置乳垫。 ②乳垫应经常换洗，若皮肤潮湿，可能会引起疼痛。 ③如果漏乳过多，可用塑胶的奶套。
乳腺炎	不要突然停止哺乳。如果需要停止哺乳应先请示医生，并逐渐停止。	①轻轻按摩炎症的部位，热敷可促使炎症吸收。 ②健康一侧的乳房应继续坚持喂哺。

11. 哪些母亲不能喂哺宝宝

（1）患哪些病的母亲不能哺乳

患肝炎的母亲，病毒会传染给婴儿，对母子健康均有害处。

患糖尿病的母亲，会诱发糖尿病酮症昏迷。

患慢性肾炎的母亲，哺乳和照顾孩子会因过度劳累而加重病情。

患癫痫病的母亲，药的成分会随乳汁喂给孩子，而且哺乳时病情发作的后果十分危险。

患结核病的母亲，会对宝宝的健康造成很大威胁。

患乳腺炎的母亲，暂时不要哺乳。

母亲患重感冒时不要哺乳。

甲状腺机能亢进的母亲，服药期间不要哺乳。

患严重心脏病的母亲不要哺乳。

（2）服用抗生素、激素类等药物期间，母亲不能哺乳

哺乳期用药应当慎重小心。要严格掌握用药适应证，在医生指导下用药；母乳妈妈在用药治疗期间，如宝宝继续吃奶，应密切观察有无异常反应。如果母乳妈妈因病情需要，必须服用可通过乳汁影响宝宝健康的药物时，应考虑停止哺乳，代之以人工喂养，这样有利于母子健康。

抗生素类药：

母乳妈妈应用抗生素时间较长，可引起乳儿患鹅口疮及霉菌性肠炎而出现顽固性腹泻。

母乳妈妈服用青霉素可触发孩子过敏反应。青霉素虽不易进入乳汁，但乳汁中微量的青霉素仍可使婴儿致敏，引起皮疹。以后宝宝因病情需要用青霉素时，会发生强烈的过敏反应。

母乳妈妈服用四环素，其乳汁中的药物浓度约为血液中的7/10，宝宝吃奶后牙齿会发黄（四环素牙齿），还影响骨骼发育。

母乳妈妈口服或静脉注射红霉素，乳汁中的药物浓度较高，长期使用会使宝宝肝脏受损。

链霉素、卡那霉素、庆大霉素、洁霉素等氨基苷类抗生素，也可通过乳汁影响宝宝听觉，是导致儿童药毒性耳聋的主要药物。我国药毒性耳聋患者占后天聋人的45%～50%，而英、美、日等国家药毒性耳聋只占10%，且有下降趋势。因为这些国家虽大量生产氨基苷类抗生素，却禁止本国人使用，只供出口。

磺胺类及呋喃妥因类药，在先天性红细胞缺乏葡萄糖－6－磷酸脱氢酶的宝宝体内会引起溶血反应，母乳妈妈连续服用含有磺胺增效剂的药物，宝宝会出现恶心、呕吐、白细胞和血小板减少，或导致肝肾疾患，甚而产生过敏。

母乳妈妈使用灭滴灵，会引起宝宝头痛、不眠或肢体麻木。

激素类药物：

母乳妈妈不宜服用类固醇药物，应改用其他避孕方法。有些母乳妈妈连续服用类固醇避孕药，这类避孕药可通过乳汁，引起男婴的乳房增大和女婴的阴道上皮增生；还会抑制乳汁分泌，使母乳妈妈的泌乳量减少。

镇静催眠药：

多数镇静催眠药在一定程度上会对乳儿的中枢神经起到抑制作用，如昏睡、厌食等，应尽量避免使用。

巴比妥类进入乳汁中浓度较高，可使乳儿出现昏睡；长期服用苯巴比妥和苯妥英钠，会使宝宝出现高铁血红蛋白症；苯妥英钠会使宝宝血液缺氧，出现鼻尖、指尖发紫等。

李辰浩

父母寄语 @leolee1976：

浩浩，爸爸希望你能健康快乐地成长：能拥有一段快乐美好的童年时光；能拥有一段激情似火的少年时代；能拥有一段踌躇满志的青年时间；最终，能成长为一名品德高尚、对社会有用的人。爸爸妈妈在此祝福你在以后学习成长的道路上一帆风顺！看想看的世界，做想做的自己！

母乳妈妈服用吗啡类镇静剂，可通过乳汁使新生儿出现呼吸抑制。

母乳妈妈连续使用冬眠灵及安定，或每次使用剂量过大，会使宝宝嗜睡、体重减轻或发生新生儿黄疸。

患颠痫的母乳妈妈服用扑痫酮后，可使宝宝昏昏欲睡。

其他药物：

患哮喘的母乳妈妈服用氨茶碱后，约有10%的氨茶碱进入乳汁，容易引起宝宝兴奋与激动，对宝宝的心脏功能有不利影响。

母乳妈妈使用阿托品，不仅会减少乳汁分泌，而且会使宝宝出现高烧、皮肤干热、瞳孔放大及躁动不安等。

水杨酸钠及保泰松的长期应用，可影响宝宝的血液系统。

母乳妈妈服用异烟肼后，其乙酰代谢物进入乳汁，可导致婴儿的肝脏受损。

母乳妈妈应用奎尼丁、阿斯匹林或复方新诺明等药物，可使先天缺乏6–磷酸葡萄糖脱氢酶的宝宝（尤其6个月以内）发生急性溶血性贫血，严重者甚至危及生命。

12. 配方奶粉是最好的代乳品

（1）配方奶粉的选择

当母乳不足，宝宝需要补充一些奶粉时，有两种方法可选择：

补授喂养：每次喂奶时，先给宝宝喂母乳，有多少吃多少，如果还没吃饱，再添加奶粉。

代授喂养：采取母乳与配方奶粉交替喂养的方法，这一顿完全用母乳喂，下一顿完全用奶粉喂。

配方奶粉是母乳以外最好的代乳品，不得不采用人工喂养时，婴儿配方奶粉是首选。

应该根据宝宝的月份，选择不同的配方奶粉。1～6个月的宝宝，婴儿配方奶粉以牛乳为主要原料、以母乳的构成为依据，根据国内外标准配方进行研制生产的，它能满足1～6个月宝宝正常的营养需要。

使用婴儿配方奶粉喂养时，不需要额外为宝宝补钙、补锌，因为配方奶粉中已经添加了足够的宝宝生长所需的各种微量元素。

虽然母乳和配方奶粉不完全相同，但是它们有营养和易消化这两点还是基本相同的。两种喂养方法都是安全而健康的。

特殊配方奶粉：

早产宝宝要选用降低维生素、脂肪等营养素比例，增加DHA、牛磺酸等营养素的早产儿配方奶粉。

有些宝宝吃一般奶粉会出现过敏等异常现象，对于这些具有特殊生理需求的宝宝，一定先带宝宝去医院请儿科医生诊断后，选择相适应的特殊配方奶粉。

配方奶粉的特点：

配方奶粉喂养最大的缺点是不能提供母乳才有的抗体，宝宝容易感染生病，而且喂养的成本很高，父母也更加辛苦，半夜必须起床给宝宝冲奶。

如果你不能进行母乳喂养，不得不选择配方奶粉喂养，也不用太发愁，你仍然可以得到和母乳喂养相似的亲子情感，你的宝宝也同样能和你亲密接触。这里的关键是你在喂奶时能始终做到摇晃、搂抱、抚摸，对宝宝温柔又亲热地说话，凝视宝宝的眼睛。事实上，你和宝宝的感情跟乳汁的来源没有太大的关系。

配方奶喂养，母亲可以有更多的自由和时间，同时也能给予宝宝爸爸和家人跟宝宝增进感情的机会；另一个好处是父母可以确切地知道给宝宝喂了多少食物。

（2）配方奶粉喂养要注意什么

选择正规大公司的奶粉，购买时注意生产日期和保质期；

配制奶粉的每一样用具清洗干净后，一定要在沸水里消毒；

冲调奶粉的水一定要烧开，然后冷却到需要的温度；

配制好的奶液应放在冰箱并在48小时内用完，没有喝完的奶液，下次不能给宝宝喝；

喂宝宝前，一定滴几滴奶在你的手腕上试试冷热。

13. 人工喂养的方法

如果不得不选择人工喂养，你需要作好充分的心理准备，因为这意味着你还要付出加倍的爱心、耐心和细心。人工喂养会带来不少的琐碎和麻烦，还有另一些担忧：

婴儿缺乏母体的多种抗体和活性物质，再好的人造奶粉也无法与母乳相比。

奶瓶、奶嘴容易受污染，奶粉有过期或质量问题，冲奶水有水质、水温的麻烦。

好的奶粉多为进口，价格昂贵，多数进行人工喂养的家庭每月奶粉开支高达数百元。

（1）不同月龄，需要不同奶量

在最初几周，宝宝每天需要的总奶量大约等于宝宝体重的1/5；

宝宝2～4个月大时，大约等于体重的1/6；

宝宝6个月大时，大约等于体重的1/7；

宝宝7～12个月大时，大约为体重的1/8。

一般来讲，未满月的宝宝应按需喂哺；2个月后可逐渐顺其自然地建立规律，每天喂奶5～7次，每次吸吮时间以15～20分钟为宜。当然，每个宝宝的胃口大小都不一样，就是同一个宝宝每顿的食欲也不完全相同，应根据宝宝的需求适量增减奶量。

（2）奶粉的冲泡方法

需要的用品：

奶瓶——可根据宝宝的月龄选择大小

奶嘴——十字切割型、Y字切口型、圆孔型

上下对合的奶瓶盒——也可用较大的面包形盒子替代

煮沸消毒用的夹瓶器——方便操作

洗瓶刷——奶瓶不容易清洁，有了刷子就很方便

正确清洗奶瓶：

奶汁是细菌的最佳培养基，一旦被细菌污染，宝宝喝了以后会诱发胃肠炎，不仅影响宝宝的生长发育，甚至会威胁生命。你必须时刻遵守一个原则：“凡是用于喂养宝宝的物品，使用前一定要彻底清洁、消毒。”

倒掉瓶中的剩奶，立即用水流冲洗，用餐

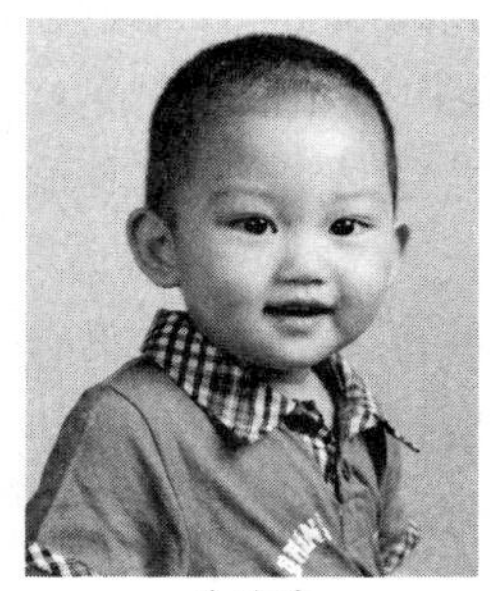

黄峻茂

父母寄语 @liuba529：

亲爱的宝宝，爸爸妈妈为你取名峻茂，就是希望你能健康茁壮成长，希望20年后你已经成为一名健康、独立、自信的男子汉，成为社会栋梁之材！

具的洗涤剂和奶瓶刷彻底清洗奶瓶；

用手揉洗奶嘴，用专用刷清洁奶嘴里面；

奶瓶、瓶盖等器具放入锅里，用水浸没，煮沸7分钟左右，最后放入奶嘴，再煮沸3分钟；

用奶瓶夹将奶瓶、瓶盖等倒置在消毒过的干毛巾上，自然晾干；

奶瓶干燥后，放入消毒过的奶瓶盒里保存。

特别提醒：超过24小时未使用过的奶瓶、瓶盖、奶嘴等应重新煮沸消毒。还可以根据奶瓶的说明书，选择用微波炉消毒或购置婴儿奶具消毒盒进行消毒。家用洗碗机只能起到清洁作用，不能用来对奶具进行消毒。

配制合适的奶汁：

清洗双手，把开水倒入消毒过的奶瓶里；

按奶粉说明书上标明的量，用汤匙正确测量，倒入奶瓶；

装上奶嘴，盖紧瓶盖，摇匀奶粉；

边摇晃边冷却，适宜的温度约40℃，你可滴几滴在自己的手腕内侧，感觉稍有点温就行了。

奶粉罐或奶粉袋，一旦打开，应保存在干燥、防潮之处。宝宝没有喝完的奶汁最好倒掉，不要再喂，特别是在炎热的季节。

（3）人工喂养的喂奶方式

喂奶的姿势：

找一个安静的地方，让自己坐得舒服、自然，必要时可用靠垫或枕头支撑手臂。把宝宝放在膝部，让宝宝的头靠在你的臂弯里，用一只手的前臂扶托着其背部，另一手持奶瓶喂奶。最好由母亲亲自喂哺，注视宝宝，多和宝宝说话，这样有利于宝宝的心理发展。

不要把奶嘴推放得太深入，避免宝宝呕吐或窒息；

注意奶瓶的倾斜度，奶汁要充满整个奶嘴，以免宝宝吸入空气而吐奶；

喂奶结束后，轻拍或轻抚宝宝的背部，帮助打嗝、排气，预防吐奶。

喂哺过量：

人工喂养的宝宝喂食过量而导致肥胖比较多见。主要有以下原因：

妈妈怕宝宝吃不饱，不按说明书的比例，而是超量、过浓地配制奶粉，致使宝宝摄入过多的热量；

由于看得见宝宝每次进食的奶量，妈妈常常会鼓励宝宝吃完瓶中所有的奶。其实宝宝每次需要的奶量都会有变化，不必强迫宝宝每次都吃完，应让宝宝自己决定是否吃饱了；

过早或过多地给予宝宝含糖的饮料、甜食，包括水果。

喂哺不足：

喂哺不足在人工喂养的宝宝中比较少见。但是4个月以内的宝宝如果过早添加辅助食品，则会影响宝宝的奶量，应以奶为主食。

如果宝宝频频要求喂哺，但摄入的奶量并不多，应该检查一下奶嘴的孔是否太小、太紧。

人工喂养的建议：

仔细按照配比说明冲调奶液，奶粉的耐饥程度比母乳要高；决不能使用过期的产品。

要采用方便洗涤消毒的塑料瓶或玻璃瓶。凡宝宝使用的器具都要先用消毒水或洗洁精洗涤，后用清水冲洗干净，再放在锅子或消毒器中用沸水消毒。

冲奶粉的水一定要烧开后冷却。

将奶瓶放在热水中隔水加热，不要用微波炉加热，以防加热过头。每次喂奶前，要滴几滴奶水在手腕上试试冷热，温暖但不烫才是适宜的。

喂奶时稍稍抬起宝宝的头，让奶水浸没奶瓶的吸嘴，保证宝宝不会吸进空气，引起吐奶。如果奶水倾倒得太快，宝宝会噎着。多余的奶液不能再用。

喂奶的次数可稍稍多于宝宝感到饿的次数。

辨别奶粉优劣的诀窍：

试手感：用手指捏住奶粉包装袋来回摩擦。优质奶粉质地细腻，会发出“吱吱”声；而劣质奶粉由于掺有绵白糖、葡萄糖等成分，颗粒较粗，会发出“沙沙”的流动声。

辨颜色：优质奶粉呈天然乳黄色；劣质奶粉颜色较白，呈漂白色或其他不自然的颜色，细看有结晶和光泽。

闻气味：打开包装，优质奶粉有牛奶特有的乳香味；劣质奶粉乳香微弱，甚至没有乳香味。

尝味道：优质奶粉细腻发黏，易粘在牙齿、舌头和上颚部，溶解较快，且无糖的甜味；劣质奶粉放入口中很快溶解，不粘牙，甜味浓。

看溶解速度：用冷开水冲调，优质奶粉需经搅拌才能溶解成乳白色奶液，劣质奶粉不经搅拌即能自动溶解或发生沉淀；用热开水冲时，优质奶粉会形成悬漂物上浮，搅拌之初会粘住调羹匙勺，劣质奶粉溶解迅速，没有天然乳汁的香味和颜色。

（4）鲜牛奶能喂养宝宝吗

出生后2个月内的宝宝体内尚无淀粉酶，不能将淀粉分解、消化。因此，这个阶段的宝宝还是以奶为主，不要过早添加和选用代乳品。

鲜牛奶对2周岁以下的婴儿并不十分合适，因为牛奶中的蛋白质含量比母乳高，脂肪球较大，而碳水化合物却比母乳少。因此，2周岁内的宝宝应尽量避免用鲜牛奶喂养，而应选择配方奶粉。

如果环境条件只能为宝宝提供鲜牛奶，没有配方奶粉，那么哺喂时必须进行适当配制，使鲜奶比较适合宝宝的营养需要。

鲜奶配制方法：加水→加糖→煮沸

加水——冲淡鲜牛奶，使其所含蛋白质的量与母乳近似。

刚出生的新生儿食用要按1 ∶ 1的比例，加等量的水；

1 ～ 2周后，可调整为2 ∶ 1（2份奶＋1份水），再逐渐增加至4 ∶ 1；

至1 ～ 2月后逐渐改为全奶。

加糖：这是为了给宝宝提供适当的热量。

每100毫升鲜奶加糖5 ～ 8克，即1茶匙。

煮沸：这样做是为了改变蛋白质的性质，便于宝宝消化，同时也对牛奶进行消毒、杀菌。

直接放在奶锅里煮5 ～ 8分钟。

14. 宝宝吐奶的解决方法

宝宝吐奶的现象很普遍，大概有近一半的健康宝宝在1岁前每天会有2次或多次吐奶。

汪煜杰

父母寄语@MISS庄YY：

作为男子汉，要记住“宽容”与“责任”。学习和工作虽然辛苦，但期望的目标如果能实现，你自然会体会到其中的喜悦。健康快乐地成长是我们的祝福。

婴儿的消化器官肌肉仍然处于发育阶段，很不完善，一个轻轻的打嗝也会导致胃里的东西吐出来。如果宝宝一天到晚无精打采或体重过轻，就要对吐奶多加关注。

爸爸妈妈要搞清宝宝吐奶的原因，要知道哪些原因是有危险的，哪些原因是不必过分担心的。出现下列情况应带宝宝去看医生：呕吐、腹泻、呼吸不畅、体重下降、胃口不开。

（1）宝宝吐奶的三种可能

生理原因

在新生儿期，吐奶现象非常多见，常与婴儿的发育特点有关。婴儿的胃不像幼儿和成人那样垂向下方，而是呈水平位，胃容量小，存放的食物量少。奶水通过口腔后，先经过食管，然后进入胃内。

人的胃有两个“大门”：贲门和幽门。与食管相连接的叫贲门，即胃的入口，另一个是与肠道相接的叫幽门，即胃的出口。宝宝的幽门一般关闭较紧，容易受食物的刺激而发生痉挛，使出口阻力更大，食物通过缓慢或难以通过，于是，食物由幽门处反流到贲门处，由于宝宝的贲门比较松弛，食物便很容易“破门而出”。

以上的生理原因导致宝宝吐奶属于正常现象。多数宝宝在喂奶后，有一两口奶水从口角流出，有些宝宝则是由于喂奶过多或过早地被翻动而引起呕吐。只要宝宝体重增长良好，生长发育正常，就不需特殊治疗。随着月龄的增加，宝宝的胃会垂向下方，肠道蠕动的神经调节功能和内分泌胃酸及蛋白分解酶的功能也会渐渐增强，出生后6个月内，此类的吐奶情况会逐渐消失。

病理原因

呕吐也可能是全身性疾病的一种反应。胃肠道炎症可引起消化道功能紊乱，呕吐物有奶，也有绿色胆汁。当宝宝患肺炎、脑膜炎等疾病时，中毒性反应也会引起呕吐，呕吐轻重不等，呕吐物内无奶。还有其他疾病可能导致宝宝呕吐：

感冒：由于咳嗽，腹压升高，也常常会有呕吐的症状。

感染：流行性腹泻、肝炎、中耳炎、肺炎、败血症、脑膜炎也是引起新生儿呕吐的原因。

便秘：如果宝宝排便极少或胎便排出时间延长，也可出现腹胀、吐奶。

幽门狭窄：常见于刚出生3星期至2个月之间的小宝宝，通常在1个月时，宝宝的症状开始明显。宝宝往往是边喂边吐，吐完后因饥饿又吵嚷着想吃。宝宝会越来越瘦、营养不良。

食管闭锁：如果婴儿出生后唾液较多，吞一两口奶后即有呕吐、呛奶、青紫甚至窒息，多为食管闭锁所致。

肠闭锁：出生后1天内，出现持续性呕吐，吐奶后症状常有所缓解，但吃奶后几小时又开始呕吐，呕吐物常伴有奶、胆汁和粪便样的液体。

肠扭转：出生后数日内，常出现间隔性呕吐，时轻时重，呕吐物可为奶汁或胆汁。

先天性巨结肠：出生后不排胎便或量少，1～2天后会出现肠梗阻症状，频繁呕吐，呕吐物中含有胆汁或呕吐物为粪样液，经直肠指检或灌肠后排出大量大便。

当宝宝出现频繁的喷水样呕吐时，多数是由于肠道发育畸形所致，呕吐物中可有奶汁、胆汁、粪便，应到医院请医生诊治。

喂养护理不当

喂奶姿势不当：宝宝吃奶后，若立即让其平卧，奶汁容易冲开贲门，造成吐奶；宝宝刚喝完奶后哭、咳嗽，或被摇晃得太厉害，也会造成吐奶。

喂养不当：喂奶过快、奶量过多或两餐的间隔时间太短；喂奶时翻动宝宝过多。

过早添加辅食：以奶瓶喂食时，奶嘴的洞口过大，造成奶汁流出过快，宝宝来不及吞咽。

吸入空气：用奶瓶喂宝宝时，没有让奶汁完全充满奶嘴，而是使宝宝吸进了空气；喂奶时，没有让宝宝的嘴裹住整个奶头，空气乘虚而入。

（2）吐奶解决方法

母乳喂养：宝宝吐奶量较大，但我们无法调整奶的成分，能做的仅仅是下一顿早点喂，避免宝宝因饥饿而哭闹。另外，在宝宝吃完一侧奶（即中途）后，先竖着抱起宝宝，轻轻拍背，让宝宝排出多余的气体，过一会儿再喂另一侧。

人工喂养：检查奶嘴孔是否太大：如果奶瓶倒置时，瓶中的奶呈线状流出，可能孔太大了，要换一个型号合适的奶嘴。观察宝宝是否吃得过多，适当减少奶的摄入量，宝宝或许就不吐了。

千万不要让宝宝吐奶后仰卧，因为仰卧可能会使吐出的奶水流入耳朵中。

有人说奶水流进耳朵里会造成中耳炎，其实问题出在对这些奶水的处理上。用消过毒的布轻轻捻干宝宝耳中的奶水是不会感染的，但使用不干净的布或棉签使劲地擦，则可能损伤宝宝的外耳道，造成感染。

喂奶后，竖抱宝宝拍背的时间要适当延长，一定要等宝宝打嗝，排出吞入的空气后，才可让宝宝侧卧。对于习惯性吐奶的宝宝，侧卧是为了避免宝宝吐奶时呛奶造成窒息，因为这种吐奶很突然，量也较大，容易造成误吸。奶水经气管入肺，还有可能形成吸入性肺炎，这种危害比吐奶本身更大。

在你判断不出宝宝属于哪一种吐奶时，最好还是到医院请医生帮助诊断。爸爸妈妈不能轻易把吐奶归入到喂养不当这一类，因为有些经常性的吐奶是病态的，比如幽门痉挛、幽门狭窄等。严重的病理性吐奶会影响宝宝的生长发育，因此还需外科手术。

15. 宝宝五官护理

刚出生的宝宝，一切都是那么柔弱，需要你的精心呵护。在羊水中生活了 9 个月，来到新环境，宝宝五官不免会受到污染。尤其是经过产道分娩的宝宝，在娩出过程中很可能受到妈妈阴道内分泌物（会有细菌）的感染。因此，新生宝宝的五官护理显得特别重要。

新生宝宝的五官护理用品要专物专用，尽量选用一次性物品，以免交叉感染。

有重复使用的物品一定要消毒后再用，如脸盆、小毛巾、小水壶等。脸盆、小毛巾可用“婴幼儿专用消毒剂”浸泡消毒。

每做一个器官的护理前，都应洗净你的双手。

准备用物：

宝宝专用脸盆一个；

护理篮——内放干净柔软的消毒棉纱布数条，消毒棉签一盒，医用消毒棉花一包，一次性茶杯若干，小水壶一个；

胡宇曦

父母寄语 @Neal_Caffrey_曦：

七仔，你就像天使一样降临在爸爸妈妈的身边，我们只希望你健康快乐地成长，选择自己喜欢的生活，少一点束缚！

3%双氧水或生理盐水一瓶；

“婴幼儿专用”消毒剂；

盛污物的小盘一个。

（1）脸部的一般护理（一天至少早晚两次）

新生宝宝皮肤幼嫩，且油脂分泌旺盛，擦脸时，既要动作轻柔，又要擦得仔细干净。

操作步骤：

第一步：用左手托住宝宝的头颈部，拇指和中指压住宝宝的双耳，使耳郭盖住外耳道，防止洗脸水进入耳道引起炎症；

第二步：右手将一条干净的消毒棉纱布沾湿后稍挤干，先洗双眼，棉纱布从内眦（眼角）轻轻擦到外眦，擦过一只眼睛后棉纱布要换一面，再擦另一只眼睛；

第三步：将棉纱布在38℃～43℃的温水中清洗一下，再擦前额、面颊部、耳后及嘴角，最后拧干棉纱布轻轻吸干面部水分。

新生宝宝的皮肤特别娇嫩，其体内免疫机制的建立尚不完善，皮肤稍有破损就会感染。如果处理不当，严重的可能导致败血症，因此用棉纱布擦宝宝脸时，动作一定要轻柔。

所使用的物品都要消毒。

洗脸后不要使用护肤霜，以防引起过敏。

有的新生宝宝脸上有湿疹（俗称奶癣），可以在洗脸后涂擦（医生特配的）药膏。

（2）眼部护理（通常每天一次）

新生宝宝出生时，眼睛可能会被产道中的细菌污染，导致新生儿眼结膜炎。另外，新生宝宝脸部的皮下脂肪较多，往往使眼睑肥厚引起倒睫（即睫毛倒插到眼睛上），导致眼睛总是流泪。因此大多数新生宝宝有眼泪多和眼睛分泌物（眼屎）多的症状。宝宝出生后，要注意眼睛及周围皮肤的清洁。

操作步骤：

第一步：手托住宝宝头、颈部，用消毒棉球（不可用棉签，以免把握不住轻重弄伤宝宝）浸温开水替宝宝拭洗眼角，由里向外，一次一个棉球，切不可反复擦拭，更不能用手拭抹；

第二步：新生宝宝患眼病时，眼屎往往很多，在点眼药前要先把眼屎擦干净。如果发现眼睛被眼屎粘住睁不开，可用消毒棉球在温开水中浸湿，在眼睛上敷一会儿，然后轻轻地由眼角内向外侧擦洗，待揩净后滴0.25%氯霉素眼药水，每天3～4次，每次1滴；

第三步：滴眼药水时要拨开上下眼睑，将眼药水滴入眼内。如双眼发炎，则先滴患病较轻的眼睛。点眼药时不要距离眼球太近，动作要快，以防刺伤眼睛。

如果经过护理，宝宝的眼部没有康复，就要送医院检查了。

在宝宝两三岁之前，由于眼睫毛尚软，倒睫现象造成的刺激症状大多并不明显，而且可以通过经常牵拉眼睑，使内翻的眼睑逐渐正常。3岁之后，眼睫毛变硬，常会刺激角膜导致点状角膜炎。如果宝宝3岁后仍有下眼睑内翻，应尽早手术治疗。

（3）鼻部护理（鼻痂多的宝宝可每天一次）

新生宝宝的鼻腔较狭窄，鼻黏膜柔软而富有血管，遇到轻微刺激就容易充血、水肿，使原来较狭窄的鼻腔更加狭窄而致呼吸不畅。另外，鼻腔分泌物（俗称鼻屎、鼻痂）也是造成新生宝宝鼻塞的重要原因。

给新生宝宝鼻腔滴药水，不是直接将药水滴入鼻腔，而是先将药液滴在棉签上，然后将棉签伸进鼻腔内涂药。

操作步骤：

第一步：清理湿性鼻腔分泌物时，用消毒干棉签伸进鼻腔里吸卷即可；

第二步：清理干性鼻腔分泌物时，切勿用手指甲去抠或用镊子强力夹出。要用消毒棉签吸足温开水后轻轻涂抹鼻腔内壁，经 1 ~ 2 分钟待鼻痂软化后，再用干棉棒将其卷出，或用棉球捻成絮状刺激鼻黏膜引起喷嚏，鼻腔的分泌物即可随之排出，从而使鼻腔通畅。

（4）耳部护理（有水或污物流入耳朵应及时护理，平时不必）

新生宝宝的外耳道相对较狭窄，一旦污水流入耳道深处，极易引起发炎。宝宝会因此哭闹不安，夜间也难安睡。因此，无论是给新生宝宝洗头、洗澡、滴眼药还是新生儿呕吐后，一定要注意观察其耳道，及时用棉签将外耳道的污水吸干。一旦发生外耳道炎症，应及时去医院就诊。

操作步骤：

第一步：用消毒棉棒轻擦外耳道分泌物；

第二步：必要时用生理盐水或 3%双氧水清洗外耳道，左手牵引耳壳，右手以滴瓶或滴管将药液滴入耳道后壁 2 ~ 3 滴，轻压耳屏，使药液沿耳道壁缓缓流入耳内，让宝宝保持原位 5 分钟左右，然后用干棉签吸干耳道；

第三步：滴药时一手拉住耳壳向后下方牵引，使外耳道成垂直方向，药液能顺利进入外耳道深部。动作一定要轻柔，棉棒不可深入耳道深处，只在外围处理一下即可。

（5）口腔护理

喂奶后喂几口水，就是最好的护理。通常新生宝宝无需特别做口腔护理，只需喂奶后擦净口唇、嘴角、颌下的奶渍，保持皮肤黏膜干净清爽即可。

操作步骤：

第一步：新生宝宝喂奶后，要喂几口温开水，以清洗口腔。无论母乳喂养或人工喂养，于喂奶后、喂奶间，均应养成规律的吮水习惯，特别是当宝宝发烧、感染时更应勤喂温开水；

第二步：如患了口腔炎或其他口腔疾病需要做口腔护理，将宝宝侧卧，用毛巾围在领下及枕上，防止沾湿衣服及枕头；

第三步：用温开水蘸湿棉签，先擦两颊内部及齿龈外面，再擦齿龈内面及舌部，每擦一个部位更换一个棉签。勿触及咽部，以免引起宝宝恶心；

第四步：擦洗之后用毛巾擦净面部及嘴角，给口唇干燥的宝宝涂些食用植物油，口腔内按需涂药。

操作时动作要轻，不可用棉球，防止棉球掉到口腔后部，堵住咽喉部造成窒息。

口腔护理的使用物品一定要清洁卫生，经过消毒才可使用。

新生宝宝常见的口腔疾病主要有鹅口疮、口腔炎等。宝宝往往会表现为吃奶少、拒乳等，有时还会发烧。如新生宝宝不愿意吃奶、哭吵，

陈小麦

父母寄语 @neil_young ：

六六，相信看到这句话时，你已出落成个亭亭玉立的大姑娘了；而在爸爸写下这段话时，身旁的你还是那个清晨扰我好梦、时而咯咯欢笑时而哭得稀里哗啦的小妞，下辈子我们还做父女。

不要忘了看看口腔内有否白斑、充血，如有需要应及时就诊。

16. 给宝宝换尿布

宝宝出生的最初几周，选择合适的尿布、换尿布，这看起来简单易行的事情，却往往成为许多新手爸妈最头疼的事情。

中国人传统方法是用尿布，而如今越来越多的爸爸妈妈接受纸尿裤这一安全简便的方式。对于刚出生的婴儿来说，一天排尿有数十次，这个时期可以24小时使用纸尿裤。从经济角度考虑，或担心宝宝长期使用纸尿裤会形成依赖性，则可以考虑适量使用，当宝宝长到6～7个月时，交替使用尿布和纸尿裤。比如白天宝宝有人照顾时，可以使用尿布，而晚上或带宝宝外出时，则使用纸尿裤。

你可以在家里找一些浅色的旧床单、旧T恤做尿布，反复使用，但须清净、煮沸、消毒，经日晒后再使用。

（1）怎样给宝宝换尿布

一开始，动作难免不熟练，但手忙脚乱是可以避免的。换尿布前，要确保这些东西都在手边：

一块干净的尿布，另备一块尿布，以防宝宝在换尿布途中突然撒尿；

一盆清水；

一块洗小屁股用的毛巾；

一块吸水分的干毛巾；

宝宝大一点时可以准备一盒湿纸巾；

尿布疹药膏；

一块可以垫在宝宝身下的大浴巾或小毛毯；

宝宝的换洗衣物；

一盒纸巾。

换尿布前要仔细作好准备，一旦动手就应该全神贯注，防止宝宝动弹身体，发生碰撞或坠落事故。

仔细洗净双手，去除所有饰物；

让宝宝躺在床上或宽大的桌子上，身下垫一条毯子或浴巾，干净、防滑还保暖；

抽出脏尿布，用纱布或小毛巾蘸清洁的温水，轻轻擦洗小屁股，从上到下；

用酒精棉签轻轻擦洗脐带扎结处；

包上干净的尿布，注意不要把尿布覆盖在宝宝的肚脐上，以免粪便污染肚脐引起炎症。

（2）给男宝宝清洗小屁屁的要领

先用湿纸巾擦去小屁屁上残留的粪便渍；

将包皮轻轻翻开，用纱布蘸水清洗龟头，动作要轻柔；

由上往下清洗小鸡鸡，清洗反面时，可用手指轻轻提起小鸡鸡，不可用力拉扯；

用手轻轻将宝宝的睾丸托起再清洗；

举起宝宝的双腿，清洗屁股及肛门处；

用另一块干净的干纱布轻轻拭干小鸡鸡和睾丸处的水渍，再拭干大腿褶皱处、肛门处和小屁屁表面的水渍。

让小屁屁暴露在空气中1～2分钟，再换上干净的尿布。

（3）给女宝宝清洗小屁屁的要领

先用湿纸巾擦去小屁屁上残留的粪便渍；

举起宝宝的双腿，用一块纱布清洗大腿褶皱处；

清洗尿道口和外阴，注意一定要由前往后擦，即从外阴到肛门的方向，否则很容易将肛门处的细菌带入尿道口或阴道口，引起炎症；

清洗大腿根部，往里清洗至肛门处；

用另一块干净的干纱布由前往后拭干小屁屁；

让小屁屁暴露在空气中1～2分钟，再换上干净的尿布。

（4）纸尿裤使用方法

穿上纸尿裤，尿液被“锁住”后，宝宝屁股皮肤的温度升高1℃。经研究发现，宝宝一个晚上（也就是晚上8点到次日早上7点）的尿液排出量大致上是200～250毫升。一般来说，一片好的纸尿裤一晚上足够了。纸尿裤适用于从新生儿到3岁各个年龄段的宝宝。

更换纸尿裤：如果宝宝是24小时使用纸尿裤，一般来说是5～6小时更换一次。但是爸爸妈妈也不用过分机械地更换，还需要根据孩子每天的喝水量、排汗量、季节以及天气冷热等实际情况灵活而定。

宝宝的皮肤十分敏感，纸尿裤会不会对其屁股造成刺激呢？教你一个观察测试的方法：打开宝宝使用一晚上的纸尿裤，用手或干纸巾摸一摸宝宝的小屁股，先看湿不湿，再看红不红。如果没有出现以上状况，就说明这个品牌的纸尿裤可以继续使用，不然则可以考虑更换其他品牌的纸尿裤。

大小便后的皮肤护理：宝宝基本的皮肤护理，应该从大小便后的护理开始。每次大便后，最好先用温水将宝宝的屁股洗干净（如果是小便后换尿布，可先用湿纸巾蘸净尿液），然后再用干纸巾吸干水分，切忌来回地擦，以免破坏宝宝皮肤表面的保护层，最后别忘记涂上一些婴儿润肤产品就可以了。宝宝的小屁股可马虎不得。小屁股干爽，宝宝整夜就能睡得好，生长发育自然就好。

换尿布时要和宝宝亲昵地说说话，委婉的语气会使宝宝感到安全。千万不要大声训斥，那样的语气和情绪会使宝宝哭闹得更厉害。应把换尿布看成是与宝宝玩耍的机会，做做游戏、逗逗乐，换尿布就会变成你和宝宝之间的一种默契、一种趣事。

（5）正确使用纸尿裤的4个学问

① 为宝宝更换纸尿裤前，应将手清洗干净，避免手中细菌接触宝宝的皮肤。

② 每次给宝宝换纸尿裤后，都要彻底清洁宝宝的皮肤，减少其皮肤受刺激的可能。

③ 纸尿裤湿了或脏了时，应当及时更换，一般来说，超过4小时就应更换纸尿裤，有大便时一定要更换。

④ 将纸尿裤保存在干燥通风、不受阳光直射的室内，不得与有污染或有毒的化学品一起存放。

（6）预防尿布疹，多让宝宝“光屁股”

出现尿布疹最常见的原因：长时间不更换尿液浸透的尿布，潮湿使宝宝娇嫩的皮肤变得容易受损；尿液发生分解，形成的化学物质会进一步损伤宝宝皮肤；大便中的消化物质会侵蚀皮肤，使皮肤出疹。一旦皮肤表面受损，接触到粪便和尿液后，就会遭受进一步的刺激。要减少尿布疹的出现，最好遵循以下原则：

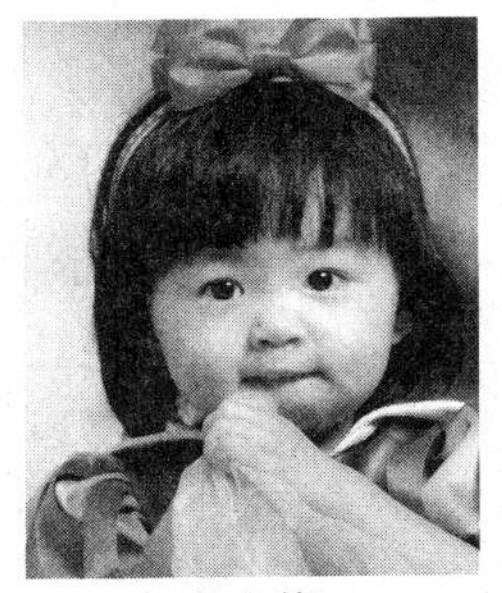

王知悟

父母寄语 @sophia1399：

20年后，你已经是一个大学生了吧，想想都为你高兴，去实现你的理想吧，爸爸妈妈永远是你的港湾。

宝宝排便后尽可能快地更换尿布，减少皮肤潮湿的时间；

每次大小便后都用软布和清水洗小屁股；

让宝宝的小屁股多接触空气，多晒太阳。

如果你已按上述方法做了，宝宝屁股还是出现尿布疹，可以试着涂抹婴儿乳液，依然无效，就需要涂抹尿布疹软膏（48 ～ 72 小时内，尿布疹会有明显改善），或去医院就诊。

患了尿布疹，就像被成百上千个蚊子咬了，再给闷着捂着，宝宝简直无法忍受，睡不稳吃不香，烦躁易怒，时间长了还会影响宝宝的脾气和性格。

专家有个好建议：每天安排一些时间，让宝宝光屁股。这好比给宝宝的小屁股做空气浴和阳光浴，是防治尿布疹的良药秘方。

17. 给宝宝洗澡

经常给宝宝洗澡不仅可以清洁皮肤，减少病菌繁殖，而且洗澡时对皮肤的轻轻摩擦，还能帮助皮肤呼吸，加速血液循环，促进婴儿的生长发育。洗澡也给了我们一个全面检查宝宝身体皮肤的机会，可以及时发现，及时采取措施。

（1）洗澡前准备

准备好宝宝的洗澡用品：洗澡盆；大浴巾，两条柔软的小毛巾；婴儿香皂或沐浴露；棉签；润肤油，护臀膏；干净的尿巾和衣服等。

喂完奶不能马上洗澡，至少要隔 1 个小时后再洗。在炎热的季节给宝宝洗完澡，应给他喂 20 ～ 30 毫升的温开水。

选择合适的洗澡场所：不必非在浴室里给宝宝洗澡不可，可以选择温暖的房间，有足够的空间可以摆放洗澡用品就行。洗澡盆可以放置在稳固的桌子上，这样你操作起来会比较省力、顺手；洗澡的必需品一般摆放在你操作方便的位置，避免手忙脚乱。

注意门窗的关闭，不要在通风或有穿堂风的地方给宝宝洗澡，以免着凉生病。冬天，尤其不要在宝宝洗澡时频繁开启房门，以免影响室内温度，导致宝宝受凉。

给宝宝洗澡的注意点：宝宝容易出汗，大小便的次数也比较多，最好每天给他洗澡；冬季每周至少要洗 2 ～ 3 次。洗澡时间一般以 5 ～ 10 分钟为宜，不要超过 15 分钟。室内温度以 26℃ ～ 28℃为佳，不要低于 22℃ ；水温保持在 40℃ ～ 42℃。

洗澡前应把手上的首饰取下，检查手指甲，以免划伤宝宝；用肥皂和水洗净双手。先在盆里倒入冷水，然后再加热水调匀，使水温恰到好处。如果没有水温计，可用手肘或手腕的内侧试一下水温。洗澡盆内的水不要太多，水面离盆底保持在 8 ～ 10 厘米的高度就可以了。

（2）洗澡步骤

第一步：脱衣。把宝宝放在大浴巾上，脱去宝宝的衣服，留下内衣和尿布，用浴巾裹住他的身体。

第二步：洗脸。把洗脸专用的小毛巾对折再对折。一只手扶稳宝宝的头部，另一只手用小毛巾一角轻轻擦拭宝宝一侧眼睛，从眼角由内向外擦。擦拭另一侧眼睛时，要换用毛巾干净的另一角。用同样的方法，清洁宝宝的鼻子、嘴巴以及整个脸部。

第三步：洗头。将左臂放在宝宝的后背，用左手的拇指和食指将宝宝的左右耳朵向内盖住耳孔，防止水流入。用左手掌支撑住头部，把宝宝夹紧在左面的腋窝里，头部后倾，轻轻靠在浴盆上，这样可以避免水流到他的眼部和颈部。用小毛巾弄湿他的头，涂香皂和洗发精时，不要直接涂在宝宝的头部，应先涂在妈妈自己的手上，然后再抹在宝宝的头发上，轻轻地揉匀，洗净整个头部后，用毛巾擦干。洗头时不要按压宝宝头顶部那块柔软的部位。如果宝宝有头痂，可往头皮上涂少许油（医院里用的石蜡油或家用橄榄油），保留24小时，使其软化，头痂便会自行脱落。

第四步：洗身体。解开尿布，用尿布擦掉污物，用湿巾纸擦拭干净。拿掉浴巾，把左手臂放在宝宝颈部或肩部后面，并握住其左臂，平稳地支撑住宝宝；将右臂插入宝宝的右腿下面，握着其左腿，轻轻把宝宝放进浴盆，让其肩部露出水面，下半身浸入水中，姿势为半坐状。不要急于动手清洗，待宝宝全身放松后，再用你空出的右手给其洗澡；先洗双手、肩膀，然后是前胸和腿；用托宝宝背部的左手轻轻托起其身子，右手扶住前胸，然后清洗其背部。

第五步：护理。将宝宝放在浴巾上，用干毛巾吸干全身的水珠，尤其是皮肤褶皱处；涂上护臀油，防止尿液直接刺激皮肤产生尿布疹。围上尿布，穿上衣服。如果担心宝宝皮肤干燥，可用婴儿润肤乳涂抹，或买纯甘油兑水后使用。

给未满月的新生儿洗澡时，时间不要太久，因为新生儿的体温调节功能还不完善，不能有效地控制体温，皮肤　露时间太长，会着凉生病。

给不到6周大的小婴儿洗澡时，不必每次都使用沐浴液或香皂。即使是婴儿专用香皂也含有脱脂剂，频繁使用会损伤婴儿皮肤外面天然的脂质层，不利于皮肤的保护。

给女婴洗澡时，要注意清洗她的会阴部，防止阴道和尿道被粪便污染，但不要拨开阴唇去清洗里面。

经男婴洗澡时，要注意清洗阴茎及左右阴囊表面，但不要将阴茎的包皮拉上去清洗。

洗澡半途需加热水时，千万不能把宝宝单独留在澡盆内；应在另一个盆内把冷热水混合好，把宝宝抱离澡盆，将温水倒入盆中搅动调匀，再把宝宝放入。

（3）浴后护理

脐部：新生儿的脐带未脱落时，应避免碰到水。如脐部有渗出液，可用棉签蘸取75%的酒精清洁消毒；如脐部发红、化脓或有难闻的气味，应该及时找医生处理。平时应注意保持宝宝脐部的干燥和清洁。勤换尿布，注意不要让尿布碰触脐部，应将其折叠在脐部以下，防止粪尿渗出弄脏脐带。

头发：为防止头皮上的皮脂淤积，应每天用软毛刷梳理宝宝的头发，即使头发稀少，也应仔细将宝宝的头发梳开。如果头皮上已有皮脂淤积，可用棉球浸蘸婴儿油蘸在头皮上，保持一定的时间，软化淤积的皮脂，然后用婴儿洗发精清洗。如果一次效果不佳，可以第二天再清洗。千万不要用手指将皮脂抠下来，这样会损伤宝宝的头皮。

林庭仪

父母寄语 @xuyuan3311：

亲爱的宝贝，你的出生给全家带来了太多的欢乐，妈妈也希望你一生快乐平安。人生有乐也有苦，宝贝，爸爸妈妈不可能为你遮挡所有的风雨，希望你坚强、乐观、自信、豁达，勇敢地面对人生的每一次风雨。无论身处何等逆境，记住：雨过总会有天晴！勇敢迈开你的脚步，爸爸妈妈永远是你坚强的后盾！

鼻子和耳朵：如果鼻孔里有鼻屎，可以用干棉签轻轻卷入，然后将鼻屎轻轻牵引出来。不要从婴儿的耳朵里往外掏耳垢，耳垢是外耳道里皮肤的天然分泌物，具有抗菌作用，还能防止灰尘和细小的沙石靠近耳鼓。除非有医生的指导，否则绝不要往宝宝的耳朵或者鼻子里点药。

指甲：出生3～4周内不用剪指甲，除非宝宝挠破了自己的皮肤。最好选用婴儿专用的指甲钳，这样最安全。

（4）擦澡（干浴）

如果由于种种原因，宝宝不能洗澡，可以选择擦澡。事先准备好温水、毛巾等洗澡物品。

第一步：先脱去婴儿的上半身衣服，用小毛巾蘸温水，轻轻挤干，擦洗婴儿的颈部，然后用干毛巾擦干；

第二步：用小毛巾蘸温水，挤干，擦洗胸腹部各处，然后再用干毛巾擦干；

第三步：抬起婴儿的手臂，擦洗他的腋下部分，那里最容易积有汗液、污垢等，洗完后擦干，接着洗他的前臂。如果宝宝乐意，可以把他的手放在水中清洗一下，然后擦干；

第四步：让宝宝身体前倾，俯靠在你的手臂上，洗背部和肩膀，然后擦干；

第五步：给宝宝穿上内衣，然后脱掉裤子及袜子，接着洗他的脚与腿，最后拿掉他的尿布，清洗小腹、外阴和臂部，再擦干包上尿布，穿上裤子、袜子。

（5）冬天给宝宝洗个暖暖澡

冬天给宝宝洗澡的一大要点是保暖，如何做好保暖工作呢？

室温：室内温度宜在24℃～26℃。准备给宝宝洗澡的房间可以是有浴霸、暖气的浴室或温暖的卧室，事先打开取暖设备，预热半小时后，再给宝宝脱衣准备洗澡。使用浴霸时，要避免宝宝眼睛受浴霸强光的刺激。

水温：水温应略高于手的温度，38℃～40℃为宜，可用手先试一下。先放冷水，再放热水调节水温，如果在洗澡途中要加热水，要将干大毛巾裹住宝宝然后抱离澡盆。

穿、脱衣服：先放好水，再慢慢给宝宝脱衣服。洗头时，婴儿尿布可先不脱，大一些的宝宝只需脱去上半身的衣服。洗完澡后，迅速给宝宝穿好衣服，穿衣时裸露部位要包上大毛巾。

（6）不适宜洗澡的情况

饱食或空腹：洗澡会影响消化功能，饭后立刻洗澡会妨碍食物的消化吸收，日久会引起胃肠道疾病；空腹入浴会发生低血糖，容易疲劳、头晕、心慌甚至虚脱。

打预防针后：打过预防针后，宝宝皮肤上会暂时留有肉眼难见的针孔，这时洗澡容易使针孔受到污染。

频繁呕吐、腹泻时：洗澡时难免要移动宝宝，这样会加剧呕吐，不注意时还会造成呕吐物误吸。

发热或烧退48小时以内：给发热的宝宝洗澡，很容易使宝宝出现寒战，甚至有的还会发生惊厥。发热后宝宝的抵抗力极差，马上洗澡容易遭受风寒再次发热，建议热退48小时后再给宝宝洗澡。

发生皮肤损害时：宝宝有皮肤损害，诸如脓疱疮、疖肿、烫伤、外伤等，这时不宜洗澡。因为皮肤损害的局部会有创面，洗澡会使创面扩散或受污染。

低体重儿：通常指出生体重小于2500克的宝宝。这类宝宝大多为早产儿，由于发育不成熟，皮下脂肪薄，体温调节功能差，容易受环境温度的变化而出现体温波动。给这类宝宝洗澡要慎重，请遵医嘱。

18. 给宝宝穿衣

新生儿常常会因为出汗、大小便渗漏和吐奶等原因弄脏衣服，一天换几套衣服是难免的，所以妈妈给新生儿穿脱衣服的手法相当重要。现在，我们就来上一堂为宝宝穿衣脱衣的必修课吧。

（1）新生儿的衣服特点

新生儿的衣服通常由基本的三件套组成。

短汗衫：新生儿容易出汗，贴身短汗衫的作用就是吸汗。新生儿出汗后，妈妈应该马上替他换一件。衣服对襟，不用纽扣，用系带。

长汗衫：长汗衫一直包裹到脚的地方，不会使下身着凉。只要把衣摆往上一翻，就能换尿布了，相当方便。

长外套：新生儿活动较少，可以给他穿裤腿分开型的、带按扣的长外套，妈妈在给宝宝换尿布时也会比较轻松。

（2）给新生儿穿衣的手法

按照先穿汗衫、后穿外套的顺序把衣服摊在床上，事先通好每件衣服的袖子，内衣、外套上的带子和按扣也要事先解开；

把宝宝轻轻地放在摊开的衣服上。这时候如果有必要的话，给宝宝换一下尿布，仔细地擦一下身体；

妈妈要一边支撑宝宝的手肘和手腕的关节，一边拉着衣袖让宝宝的小手穿过去，动作要轻柔；

穿好短汗衫，将带子系好。短汗衫的带子要尽量往腋窝的方向系，系一个结实合身的蝴蝶结即可；

妈妈在扣外套上的按扣时，按扣的两个部分要分别用两只手拿稳、摁住，靠内侧的扣子不要压在宝宝身上。

（3）给新生儿脱衣的手法

把外套的按扣和汗衫的带子全部解开，三件重叠着将胸前部分敞开，这样就可以一次性全部脱掉了；

妈妈用一只手支撑宝宝的手肘，用另一只手把三件衣服的衣袖合在一起拉出来，然后轻轻地弯曲宝宝的手肘，将衣袖脱掉。注意不要硬拉宝宝的手；

对付衣物的下摆也一样，要一边支撑着宝宝的脚踝一边脱。要慢慢地脱，动作要轻柔。秘诀是动衣服而不动宝宝的身体。

（4）宝宝穿衣知多少

怎么知道宝宝不冷不热穿得正合适：不时地用手伸到宝宝的领口和脖子之间，检查一下有没有出汗，有没有潮气；如果发现脖子处有潮气，就应该给宝宝解开衣服或脱去一件。

不要让宝宝穿得太多：犯这个错误的爸爸妈妈非常普遍，因为都担心宝宝受凉感冒，其

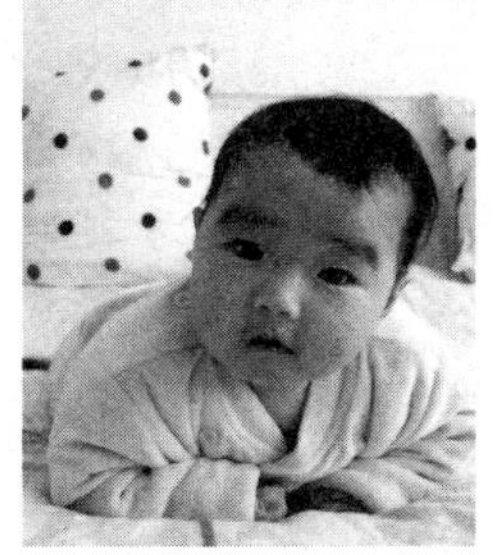
钟舒钰

父母寄语 @zhong_shuyu ：

宝宝，20 年后的你，该是个大美女了吧。妈妈不期望你有多大的成就，有多大的名利，只希望你健康、快乐、开心、幸福，世上所有美好的词语都用在你身上，妈妈都觉得不够。希望 20 年后的你回望经历的 20 年，能够充满感谢，感谢爸爸妈妈对你的爱护，感谢老师对你的栽培，感谢朋友与你的陪伴，感谢在你身边出现的所有人对你的帮助，拥有这么多感谢的你，以后继续开创一个又一个美丽而广阔的 20 年。

实穿得太多一样会受凉感冒。孩子好动，新陈代谢旺盛，本来就很容易出汗。穿多了，稍一动就要出汗，湿漉漉的衣服贴在宝宝身上，没有及时换掉，就会着凉感冒。大人看见宝宝受凉感冒，不认为是衣服穿多的缘故，反而给他穿更多的衣服，结果造成恶性循环。

穿适合的衣服：夏天，宝宝在太阳底下活动，穿不露肩背的、全棉的、有袖的T恤更合适，可以防晒伤；带宝宝去看病、检查身体，尽量穿式样简单、较为宽松的衣服，方便穿脱；带宝宝参加户外活动，最好穿宽松的、能遮住膝盖的裤子，耐脏经磨，防护性能好。

(5)清洗衣服有讲究

婴儿衣服不应与大人衣服混洗。

内衣和外衣最好不要混洗，要先洗内衣，再洗外衣。

应用儿童专用的洗衣液，洗涤成分中不要含有磷、铝、荧光增白剂等有害物质。

婴儿衣服买回后，一定要先清洗。

婴儿内衣不光要勤换勤洗，而且要多用清水漂洗几遍，尽量将衣物中残留的洗涤成分清除干净；用开水烫一下，一方面避免白色内衣变黄，另一方面可去奶味、杀菌，恢复衣物的柔软度。

应在阳光下晒干。

樟脑丸等防蛀产品对人体有毒害，婴儿衣服存放时切忌用樟脑丸防蛀。过季存放的衣服，取出后应清洗、晒干后，再给婴儿穿。

(6)处理婴儿衣服污渍的妙法

牛奶渍：先用冷水洗涤，然后用加酶洗衣粉洗涤，便可轻松除去。

果汁：用醋滴在污渍处，浸泡几分钟，然后按照正常的程序清洗。

蛋黄渍：把衣服浸泡在冷水中，不要搅动，一个小时以后，再按照正常方法洗涤。

呕吐物：先擦去污物，再用加酶洗衣粉洗涤。

油渍：用牙膏抹在污处，停留一段时间，然后搓洗。

西瓜渍、番茄或草莓渍：用苏打水浸泡一段时间，用手搓至污渍消除，再按正常的方法洗涤。

19. 给宝宝爱的抚触

上世纪90年代，史卡菲帝、惠邓、费德等人分别针对不同的婴幼儿进行抚触研究，包括健康儿、早产儿、自闭儿、患早发性风湿性关节炎的宝宝等，每次抚触15分钟，每天3次。与没接受抚触的婴幼儿相比，这些接受抚触的宝宝有如下积极的反应：

容易入睡，睡得更香甜；进食顺利，排泄顺畅；体重和身高增长更快。

哭闹减少，情绪容易被安抚。

体内的肾上腺皮质素（压力荷尔蒙）含量明显降低，血清素（快乐荷尔蒙）分泌增加。

头颈肌肉张力得到增强，肢体动作发展较快。

注意力、反应力、人际互动等心智发展较好。

疼痛因抚摸而减轻，对止痛药的需求降低。

需住院治疗的孩子，住院时间缩短……

婴儿抚触是对宝宝皮肤各部位进行有次序的、有手法技巧的按摩，让大量温和的良好刺激通过皮肤感受器传到中枢神经系统，从而促进宝宝身体发育，改善宝宝血液循环，提高宝宝免疫力。安眠、助消化、长高、舒缓疼痛、安抚情绪等，这些都是抚触的短期成效，其长期成效是为宝宝的体能、智能和情绪的发展奠定了一个好基础。

抚触是一种适合0～1岁宝宝的科学育儿新方法。抚触是对宝宝肌肤的爱抚和触摸，属于非语言的交流方式，它是传递亲情的开始，能在爸爸妈妈和宝宝之间产生心与心的交流。

每天坚持为宝宝做抚触，花不了多长时间，却能让他健康、快乐地成长。所以，从现在开始，每天为宝宝做一次抚触吧！

（1）抚触和按摩不一样

抚触与中医所说的按摩是有区别的。首先，抚触的对象是小宝宝，按摩的适用人群则要广得多；其次，婴儿抚触是保健性的，相当于每天的“营养”，中医按摩则偏重于治疗，好比治病的“良药”；另外，两者的目的不同，手法、力度、时间也有所差异，较常用的抚触手法有：上下抚摸、划圈抚操、指腹轻揉等。

（2）抚触环境

温暖：室温在 25℃左右，或适当调高 1℃～2℃。注意通风换气，避免空气污染。

宁静：室内应比较安静，光线柔和不刺眼。可播放一些舒缓的音乐，有利于母婴彼此放松。

（3）抚触最佳时间

宝宝出生后就可以进行抚触了，一天 2 次左右，一次 10～15 分钟。

抚触的时间可以选在沐浴前后、午睡前、晚上睡觉前、两次进食中间。要在宝宝不疲倦、不饥饿、不烦躁的时候进行。

（4）抚触用品准备

毛巾被：毛巾要柔软保暖，适合肌肤娇嫩的新生儿。

防水垫：在毛巾下要铺一层防水垫，以免抚触中宝宝突然尿尿或便便。

尿片：有备无患，以免给宝宝换上干净衣服时手忙脚乱。

婴儿润肤油：宝宝肌肤娇嫩，爸爸妈妈要选成分纯正温和的优质矿物油。

护肤柔湿巾：抚触时如果宝宝大小便，可以快速处理，尽量选择纯正温和、含有润肤露配方的柔湿巾。

婴儿润肤露：抚触时，宝宝可能突然大小便，有些油脂性排泄物无法用清水清除，水包油配方的婴儿润肤露能彻底清洁，同时保护皮肤免受尿液等的刺激。

换洗衣物：抚触后要尽快给宝宝换上干净温暖的衣物，以免着凉感冒。

（5）抚触注意点

抚触前，洗净双手，剪短指甲，摘除戒指、手表和手镯等，搓热双手。爸爸妈妈可以把润肤油抹在手上，使推滑顺利，宝宝肌肤感觉更舒适。抚触时，要防止润肤油进入宝宝的眼睛。

抚触力度宜轻不宜重，抚触时须自上而下、由轻至重。要时刻留意宝宝的反应，如有呼吸困难、皮肤青紫、腹部过度膨胀、呕吐等，应立即停止抚触。

不要强迫宝宝保持固定姿势。如果宝宝哭闹，先设法让他安静，然后再继续，宝宝哭得厉害的话就停止抚触。一边抚触，一边跟宝宝

程科超

父母寄语 @ 宝爱妈 0：

20 岁的你应该还在大学的校园，过着无忧无虑的校园生活，希望平安健康伴随你成长的每一天。妈妈不需要你有多大的成就，不需要你有多么的优秀、多么的光彩……健康开心快乐第一！

说话，把爱传递给宝宝。

若为保健，每个手法做5次；若为解除微恙，可多至30次。

抚触后，及时给宝宝换上干净温暖的衣物，别着凉了。

（6）宝宝6大部位的抚触

在家里怎样为宝宝做抚触呢？下面的方法融合了中西医的特点，操作简单，不妨一试。

头、脸部位

轻抚囟门：双掌搓揉生热，以微热的手掌，由宝宝的头顶往额头方向抚摸。可以提升宝宝机体的免疫功能，促进脑部高级中枢的发育。

推天门：以双手的拇指交替着从两眉间的眉心位置向上，往发际的方向轻推。可以安抚情绪。

指揉太阳：用指揉法，在太阳穴轻轻划圈，单侧轻揉，交替进行。可以舒缓醒脑。

揉推迎香：用双手食指，从鼻翼旁往颧骨下凹处的迎香穴（鼻翼两侧）揉推。可以改善鼻塞。

胸部

轻抚胸部：滴些润肤油在手上，将手掌搓热后，双掌并排放在宝宝的胸前，双手各自往外划圈抚揉，到两侧后回到原位，重复进行。可以放松胸腔、增加皮肤及肌肉的活力；增加摄氧量，改善肺功能；提升宝宝的免疫功能。

腹部

抚揉腹部：手掌搓热后，以宝宝的肚脐为中心，用手掌沿顺时针方向抚揉，划的圈由小到大，手法从轻到重。排除胀气、促进消化；加强肠蠕动，使排泄更顺畅。

背部

轻扣背部：手掌拱成杯状形成空掌，以脊椎为中线，轻拍脊椎两侧的足太阳膀胱经，由上背部往下背部扣拍，左右各5遍。促进背部气血通畅、强健背部肌肉，并缓解紧张。

手臂

滑拉手臂：搓热双手，左手握住宝宝的右手腕，右手由宝宝手臂上端环住手臂，由上而下滑拉到手部。然后换右手握住宝宝的左手腕，左手由宝宝手臂上端环住手臂，由上而下滑拉到手部。如此反复，交替进行。促进上肢气血的流通，协调肌肉和神经的功能。

腿部

滑拉腿部：双手搓热，左手握住宝宝的右脚踝，右手由大腿上端环住腿部，由上而下拉滑到脚踝处。然后换成右手握住宝宝的左脚踝，左手由大腿上端环住腿部，由上而下拉滑到脚踝处。如此反复，交替进行。促进下肢气血的流通，协调肌肉和神经的功能。

20. 给宝宝良好的睡眠

新生宝宝的大脑皮层兴奋性低，易于疲劳，所以在新生宝宝期（出生至28天），除了饿了才醒来要吃奶、哭闹一会儿以外，几乎所有的时间都在睡觉。睡眠可以使大脑皮层得到休息而恢复其功能，对宝宝的健康十分重要。

可别小看了新生宝宝的睡眠，其实学问可大着呢！

（1）新生宝宝的睡眠特点

一般新生宝宝一昼夜的睡眠时间为20个小时左右。美国和荷兰各有一位心理学家，仔细观察和研究了新生宝宝的行为表现，按照其睡眠的不同程度分为两种睡眠状态：深睡眠和浅睡眠；介于睡眠和觉醒之间的过渡形式，就叫瞌睡状态。

深睡眠：宝宝的面部肌肉放松，双眼闭合，呼吸很均匀。全身除偶尔的惊跳和极轻微的嘴动外，没有其他的活动。宝宝处于完全休息状态。

浅睡眠：眼睛通常是闭合的，仅偶然短暂地睁一下，眼睑有时颤动，经常会看到宝宝眼球在眼睑下快速运动。呼吸不规则，比安静睡眠时稍快。手臂、腿和整个身体偶尔有些活动。脸上常显出可笑的表情，如做怪相、微笑和皱眉，有时出现吸吮动作或咀嚼运动。在觉醒前，通常处于这种浅睡眠。

瞌睡状态：通常处于刚醒后或入睡前。眼睛半睁半闭，眼睑出现闪动，眼睛闭合前眼球可能向上滚动。目光呆滞，反应迟钝，有时微笑、皱眉或撅起嘴唇，常伴有轻度惊跳。当宝宝处于这种状态时，要尽量保持安静，千万不要因为误以为“宝宝醒了”、“需要喂奶了”而去打扰他。

（2）睡眠姿势有讲究

新生宝宝无法调整睡眠姿势，其睡眠姿势要由父母选择。一般睡眠姿势可以分为仰卧、俯卧、侧卧。

仰卧：有两个缺点，一个是宝宝溢奶后，奶块易吸入气管而造成窒息；另一个是仰卧总是朝一个方向睡，会引起头颅变形，影响头型美观。

俯卧睡（趴着睡）：欧美人认为，俯卧睡这种姿势便于肠道内的气体排出，不易引起腹部绞痛。在新生宝宝吐奶时，也不用担心引起窒息，同时头的后部（枕部）也不会因仰卧而变得扁平等。但是刚出生不久的宝宝，颈部肌肉还不结实，自己还不能抬头，很容易让被褥堵住口鼻而导致窒息。这种卧姿在新生宝宝阶段也不宜采取。

侧卧：宝宝初生时保持着胎内的姿势，四肢仍屈曲着。为了使在产道咽进的羊水和黏液流出，出生后 24 小时内，可让宝宝侧卧，在宝宝颈下垫块小手巾，并定时把宝宝换至另一侧，防止头颅变形。如果宝宝经常溢奶，刚喂完奶后要让其右侧卧，以减少溢奶。

不论采取什么睡眠姿势，新生宝宝的头部都应朝向一侧，因为此阶段宝宝的胃呈水平位置，宝宝吃奶后容易溢奶。溢奶是新生宝宝时期特殊的生理特点，家长们不必惊慌，宝宝吃饱后让其趴在大人背上轻拍、嗳气，睡下时将头偏向一侧，就可防止宝宝溢奶后，奶块吸入气管而造成窒息。

一般每 3 小时左右，要给新生宝宝喂奶、换尿布、调换卧姿。由于新生宝宝不会翻身，颅骨又软，若任其长期采用一种姿势睡觉，则可能引起扁头、铲刀头、不对称等头部畸形，因此妈妈要经常给宝宝翻身，变换睡姿。让宝宝侧卧时，同时注意用手把宝宝耳朵抚平，勿使耳郭压向前方，以免久压变形，长成“招风耳”。

如果宝宝吐奶比较严重，体重又不升，就

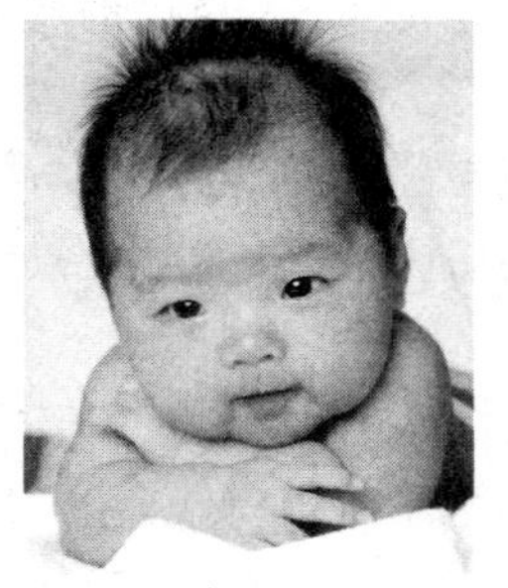

陈思怡

父母寄语 @ 宝贝思思 2012：

希望思思宝宝每一天健康快乐地成长，幸福围绕着你。20 年后的今天，你已经是个大闺女了，但是依然是妈妈的小宝贝，要记住哦，妈妈不仅是你的妈妈，还是你的知心好朋友哦。

要带宝宝到医院去看病了。如果没有其他疾病，为了防止比较严重的吐奶，可让宝宝采取斜坡卧位，即将小床整个倾斜（不能倾斜的床可用棉被将上半身垫高），使头高足低，倾斜角度由医生根据吐奶的程度进行指导。

（3）新生宝宝的睡眠问题

睡前吃饱：新生宝宝除哺乳时间外，几乎完全处于睡眠状态，睡眠的数量和质量从某种程度上决定了这一时期宝宝的发育是否良好。因此，要保证宝宝有充足的睡眠，睡眠时不能处于饥饿状态。将换尿布、喂奶、调换睡姿、擦洗等放在一起完成，然后就可以让宝宝美美地睡觉了。

不要含着奶头睡：宝宝含着奶头睡觉是一个非常不好的习惯。奶头含在嘴里睡觉，宝宝醒了就吮吸，这种没有规律的进食方式，容易导致宝宝胃肠功能紊乱而发生消化不良。含着奶头睡觉，还会影响宝宝的呼吸，可能会因为呼吸不畅而导致睡眠不安，如果溢奶还会引发中耳炎。母乳喂养的宝宝，含着奶头睡觉，如果妈妈一个疏忽，乳房压住宝宝的脸，有可能导致宝宝窒息。

不要摇晃睡觉：宝宝哭闹不睡时，一些性急的妈妈往往会把宝宝抱起来摇一摇晃一晃，或放在摇篮里摇来晃去，其实这样入睡有一种潜在的危险。宝宝大脑尚未发育完全，就像嫩豆腐一样，摇晃会使大脑在颅骨内不断晃动，造成脑部小血管破裂、颅内出血，轻者智力减低，严重者肢体瘫痪，甚至死亡。即便没有发生以上情况，也会让宝宝养成不摇晃就不入睡的坏习惯。宝宝一哭就抱，时间一长就放不下了，许多家长干脆让宝宝抱在自己的手上睡觉，其实这对宝宝的生长发育是不利的，特别是对宝宝脊柱的发育有害。这种影响当时不一定察觉，时间一久可能会影响宝宝的发育，而且也培养了宝宝要抱就哭的坏习惯。

不垫枕：不能给稚嫩的新生宝宝用枕头。此阶段的宝宝头围大于胸围，若睡觉时再加枕头，会使头部前倾或偏向一侧，影响其呼吸或使之睡不舒适，日子一久可能造成头颈部畸形。新生宝宝头下垫一块毛巾即可，当宝宝长到3～4个月，颈部脊柱开始向前弯曲，这时睡觉可枕1厘米高的枕头。

21. 安抚哭闹宝宝

调查发现，约有一半的新生儿一天之中哭闹的时间超过2小时，1/5的新生儿会有无休止的号啕大哭反复发作。这是初为父母者最束手无策的事情之一，而且很容易使新手妈妈产生疲劳感和绝望感，成为产后忧郁症的一大诱因，还会导致一系列连锁反应，比如母乳喂养失败、家庭关系紧张……

如何安全、轻松、有效地安抚哭闹的新生宝宝成了一个典型课题。美国卡普博士通过总结多年临床经验和5000多例婴儿实际安抚案例，交出的这份答卷得到了广泛的认可。

（1）启动宝宝安抚反射的5个步骤：包、侧、嘘、摇、吮（简称“5S”）

襁褓法——裹紧带来的真实感

千百年来，很多母亲都用襁褓来包裹宝宝，让宝宝感觉像是重回子宫，仿佛又被紧紧地裹在子宫壁内，获得被保护的安全感。所以襁褓法是让宝宝镇静下来的基石。有人认为紧紧包裹起来会让宝宝哭得更厉害，但实践证明，与手脚没有束缚地乱动乱踢相比，宝宝更喜欢被束缚。

必学技巧：绝不能让宝宝有过热的感觉，也不能让其趴着睡觉；要把胳膊裹得紧紧的，否则不久就会松开，这样就起不了作用；要让宝宝的腿有一定的活动空间，可以微微地弯曲。绝不能把宝宝的腿拉直，再把双腿紧紧地裹在一起（跟我们传统的“蜡烛包”不同）。要严格按照“下、上、下、上”的顺序包裹，练习 5 ～ 10 次后，你就能够变得驾轻就熟。

侧卧或者俯卧法——让宝宝感觉安全的姿势

平躺向上是宝宝的最好睡姿。但要安抚宝宝，让宝宝侧卧是最有效的。大多数宝宝在心情愉快时并不介意自己怎么躺，可一旦哭闹起来，如果父母还让宝宝平躺，会刺激宝宝的“莫洛生理反射”（一种重要的残留反射，当婴儿感觉被摔下或在下落时，就会发生），从而手舞足蹈地发出尖叫。侧卧或俯卧的姿势能够迅速关闭莫洛生理反射，消除宝宝被摔下来的恐慌感。

必学技巧：将宝宝脸朝外侧卧抱起，用一只手托住宝宝的头部，头部比身体稍高一些。

嘘声法——宝宝最喜欢的声音

对成人来说，大声地发出嘘声可能很粗鲁，但在宝宝的语言里，发嘘声表示“我爱你”、“不用担心，我一切都很好”。你可能想不到吧，世界上有很多种噪声能够安抚坏脾气的宝宝。收音机频道间电波干扰的噪音，吸尘器或吹风机带来的噪声，你可能认为这些声音都太大，但你宝宝在子宫里听到的声音比吸尘器发出的声音还大。而且新生儿的中耳充满液体，耳道吸收的声音被胎儿皮脂挡住，同时耳膜发育还不完善，所以短期内宝宝的听觉会很差。

必学技巧：在宝宝耳边不断地发出嘘声，宝宝哭声越大，嘘声也就越大，这同样能使宝宝安静下来。

摇晃法——根据宝宝的需要有节奏地晃动

有节奏的晃动对新生宝宝也非常管用。保持宝宝的头不受束缚，小幅度地轻微摇晃他，就像宝宝 24 小时在子宫里感觉到的，可以启动宝宝耳中的“运动感官”，从而激活安抚反射。即使轻微地晃动一整天，也不会伤害你的宝宝，还会让宝宝感觉非常舒服和放松。

必学技巧：摇晃的力度要轻，幅度要小，因为过度剧烈的动作会引发“头部受伤综合征”；摇晃时，播放柔缓的音乐非常有用。晃动的方法也需要反复练习。

吮吸法——最后的甜蜜奶油

宝宝在预产期前 3 个月就开始练习吮手指了。吮吸不仅能够缓解宝宝的饥饿感，还会激活大脑深处的镇静神经，启动宝宝的安抚反射，使大脑释放出某些化学成分，几分钟之内就会产生松弛感，并且迅速蔓延开来，将宝宝带入深层次的松弛状态。

必学技巧：如果你的手指非常清洁，可以直接把你的手指放在宝宝嘴巴里，或给他一个奶嘴。

高润泽

父母寄语 @ ···月满西楼··· ：

涵宝，转眼间你长大了，妈妈希望你拥有健康和快乐这两笔最大的财富，希望你做一个阳光、坚强、勇敢、乐观的男子汉！

"5S"安抚法对95%以上的婴儿都适用。如果从婴儿出生的第一周便开始使用5S技巧，并使用正确的"工具"(一大块方形薄毯、噪音CD、秋千和奶嘴)，婴儿通常可在几分钟内平息下来，养成夜间6～8小时的睡眠习惯，且中途只需喂奶一次。爸爸一旦开始实践5S技巧，他通常会成为家中最棒的婴儿安抚人，这样可以大大地帮妈妈一把。

(2)"5S"背后的科学原理

"遗失的第四季"

小马生下来的第一天就能够站立甚至奔跑，否则就无法生存。我们的宝宝其实是提早降临到这个世界的，因为他们的头部太大了，所以在头部还未完全发育成熟之前，就不得不先出来。从很多方面来说，我们的新生宝宝更像"胎儿"，而不是"婴儿"。

刚出生的宝宝是如此稚嫩，他们需要很多关爱和帮助，才能慢慢适应一个全新的环境。因此，几乎所有哄宝宝的方法，都是在尽量模拟宝宝在子宫里的感觉。

安抚反射

研究发现，新生宝宝也拥有与生俱来的安抚反射，激活这种反射就好比启动了止哭开关。就像人人都能做膝跳反射一样，我们每个人都能开启宝宝与生俱来的安抚反射。当然，激活这种反射需要特定的方法，就是模拟宝宝在子宫里的种种感觉。我们用5种不同的方法去激活宝宝的安抚反射，只要做对了，就能立刻产生效果。

(3)哄儿的古传妙方

抱着裸露的宝宝，让其皮肤与父母的皮肤亲密接触。这种皮肤之间无阻碍的接触，可使宝宝得到极大的放松，也能让父母感觉很棒，将成为父母珍藏一生的美好记忆。

给宝宝按摩也是一种非常古老且有用的方法，有安抚宝宝的功效。

把宝宝放在布兜里、背在身上，同样可以安抚其情绪，对父母来说也是一个操作容易且心情愉快的方法，同时父母还可顺带做点家务。

22. 新生宝宝黄疸

宝宝出生几天后，皮肤变得黄黄的，甚至眼白也有点黄，这是60%新生儿都会出现的新生儿黄疸。绝大多数宝宝属于生理性黄疸，但也有疾病导致的恶性黄疸。年轻父母还需细细分辨，不可掉以轻心。

(1)良性黄疸安然无恙

良性黄疸，属于生理性黄疸。大多数新生儿在出生2～3天后，面部、头颈及躯干等处的皮肤开始发黄，一般持续7～10天便会自行消失。

宝宝出现黄疸，主要是由于新生儿血清中的白蛋白较少，肝脏发育和肝功能不完善，对胆红素的摄取和结合能力较差，同时肠壁对胆红素的吸收增加，使血液中的胆红素增多而染黄巩膜(白眼珠)和皮肤。50%以上新生的成熟儿、80%的早产儿会出现黄疸。所以说宝宝出现生理性黄疸是正常的，也是不可避免的。

应对黄疸小策略：新妈妈应尽早母乳喂养，按需喂哺；适当喂点葡萄糖水，防止宝宝发生低血糖；冬春季节特别要注意给新生儿防寒保暖。这样可使宝宝安然度过黄疸期，不影响健康及智力发育。

(2)恶性黄疸来者不善

如果某些疾病或其他原因导致宝宝血液中的大量红细胞被破坏，胆红素会大大超过生理性黄疸的水平。当新生儿血中的胆红素超过220～255微摩/升，就会出现病理性黄疸，即新生儿高胆红素血症。宝宝在出生24小时后，出现颜色较深的黄疸，进展迅速，全身皮肤呈金黄色，眼泪、尿液也是黄的，黄疸持续超过2周，有的患儿甚至延迟2～3个月，并伴有不同程度的症状。

病理性黄疸的常见原因

新生儿溶血病：主要原因是母子血型不合，如果是ABO血型不合，称为ABO溶血病，我国的发生率为2%～2.5%，是新生儿高胆红素血症的主要病因之一。如果是Rh血型不合，则称Rh溶血病，我国汉族发病较少，少数民族如维吾尔族、塔吉克族发病率稍高。这种病会引起多次死胎，或引发早产、胎儿水肿，严重的可发生新生儿核黄疸而夭亡。

红细胞酶缺陷病：最常见的是红细胞葡萄糖6－磷酸脱氢酶(G6PD)缺陷症，又称蚕豆病，是一种遗传病。由于体内缺乏这种酶，红细胞就易遭到某些氧化物破坏，发生黄疸合并贫血。此病在我国南方发病率可高达6%～10%，主要是广东、广西、云贵、海南、四川、香港及台湾等地。

围产期因素：如早产、钳产或吸引产等，造成婴儿损伤、胎儿窒息、胎儿头颅血肿；产前使用催产素、新生儿硬肿症、低血糖及吸入性肺炎等，都可能导致新生儿高胆红素血症。

感染引发：主要因新生儿肺炎、败血症等导致黄疸发生。

核黄疸：病理性黄疸中最凶险的一类。由于新生儿的血脑屏障发育还不完善，有害物质较易穿过。新生儿胆红素产生得又多又快，加上肝功能未成熟，没有足够的蛋白与胆红素结合，没有结合的胆红素(或称间接胆红素)就会穿过血脑屏障进入脑组织，尤其是侵入脑组织的基底核，毒害脑神经细胞，造成不可逆的损害，引起胆红素脑病。患儿会出现全身发黄、嗜睡、不肯吃奶、烦躁不安、尖叫、气急、抽搐，严重者会引起死亡。存活的患儿会留下呆傻、智力低下、语言构音障碍、变形性肌张力障碍、手足徐动等不自主运动，斜视、听力减退、牙齿发育不良、流涎，甚至造成四肢强直、肌肉萎缩、抽搐等一系列后遗症。

(3)早防早治是关键

对新生儿核黄疸，应做到早防早治，从消除和避免高胆红素血症入手。夫妇一方有遗传性蚕豆病的，在怀孕前一定要进行遗传咨询和检查，以确定遗传风险的大小。

检查方法

取脐血检查，看看胎儿是否有红细胞酶缺陷；对出生后4～10天的新生儿，密切观察黄疸的进展，随时检测血胆红素的浓度；每天将新生儿抱在窗前自然光下，用手按压额头、胸部和手脚心1～2秒钟，然后将手迅速放开，这样可以避开皮肤颜色影响而看到皮肤真实的黄疸情况；看看宝宝的眼白、眼泪、小便是否有黄染。

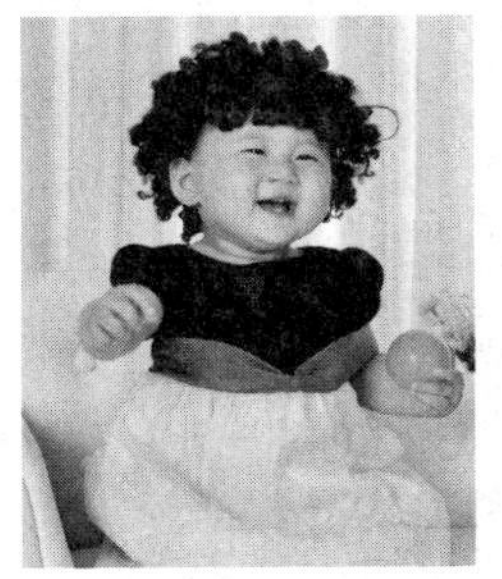
李思娴

父母寄语@布丁嘟嘟2011：

亲爱的嘟嘟，感谢你来到爸爸和妈妈的身边，让我们的生活更加丰富多彩。新鲜的东西你总是一学就会；你非常活跃，总是爱上窜下跳；你敢于探索，总是喜欢问为什么并努力去尝试各种新奇的事物；你很勇敢，摔倒的时候会自己爬起，打针也不哭；你的笑容很美，充满阳光、纯真无邪，你给我们增添了无限欢乐，感谢你的到来！你永远是爸爸和妈妈的骄傲。

预防要诀

孕妇从妊娠28～30周开始，每晚口服苯巴比妥0.03～0.06克直至分娩，可减少或防止高胆红素血症的发生；妈妈和宝宝血型不合造成的溶血性黄疸，或患有地中海贫血，应及早治疗；预防新生儿感染性疾病，如急性脐炎、新生儿肺炎、败血症等；分娩过程中要保护好孩子，防止发生新生儿头颅血肿、颅内出血、缺氧、窒息等；对异常分娩的新生儿，如钳产、剖宫产、胎膜早破及过期产的新生儿，以及早产体重过低的新生儿，要加强保健护理。

及早治疗

将病理性黄疸的患儿裸体放在恒温箱中，给予红光或蓝光照射，可改变血中胆红素的结构和性质，促使间接胆红素氧化成一种水溶性产物，通过胆汁和尿液排出体外；在医生指导下，给患儿静脉滴注葡萄糖液、肾上腺皮质激素、白蛋白等，口服或肌注苯巴比妥，以促进胆红素代谢，尽快排出去；对极重度患儿可采用换血疗法，以挽救生命；经治疗后留下后遗症的患儿，可采取营养神经细胞的药物与康复训练相结合的治疗方法，提高患儿的生存质量和生活自理能力。

23. 新生宝宝肺炎

新生儿肺炎，是新生宝宝除了黄疸外发病率最高的疾病。尤其在季节交替时，新生宝宝很容易受到外来病毒和病菌的侵扰。虽然目前新生儿肺炎的治疗技术已经很成熟，但是新生宝宝特别稚嫩，得了肺炎表现也不明显，因此年轻的爸爸妈妈一定不能大意。

（1）新生宝宝是这样得肺炎的

病毒、细菌、支原体感染：这些感染往往与大人有关，如果感冒（或带有感冒病毒但没表现出症状）的大人零距离接触了宝宝，由于新生宝宝气道短，病菌会直接通过上呼吸道到达肺部。尤其是早期新生儿（2周内），绝大多数的肺炎是大人传染给宝宝的。

乳汁吸入性肺炎：新生宝宝的消化系统发育不完善，贲门（胃的开口处）松，幽门（胃的出口处）较紧，而且胃处于水平状态，因此吃奶后很容易返流、引起呕吐。呕吐时乳汁不小心被吸入肺内，就会引起肺炎，轻的呛咳、青紫，重的甚至发生窒息。

合胞病毒性肺炎：这种肺炎往往病程较长，病情重，过敏体质的宝宝特别容易患病。宝宝接近满月时，感染合胞病毒的概率较高，会表现出支气管痉挛、气喘、发热。

如果肺炎不是成人传染给宝宝的，那么2周内的宝宝感染了肺炎，一定要小心，宝宝往往合并有其他全身症状的疾病，如败血症等，仅仅治疗肺炎是不够的，需要全身治疗。

（2）避免新生宝宝得肺炎

做好肺炎的预防措施

换季时，如果照顾宝宝的成人感冒了，一定要隔离；如果妈妈感冒了，也要与宝宝分开，喂奶时带好口罩。

探望妈妈和宝宝，往往成了人来客往的礼节。为了新生宝宝的健康，尽量不要让过多的人前来探望，尤其不要很多人集中在宝宝床前或抱宝宝。成人感冒表现不一，在潜伏期的感冒也会传染给新生宝宝。

注意喂养，尽量别让宝宝呛咳，喂完奶后要将宝宝竖抱，轻拍15～30分钟，直到宝宝打嗝，即便宝宝没有打嗝，奶也可以下去些。如果实在没有时间抱宝宝，让宝宝躺下时上半身抬高30度，防止因呕吐引起窒息。

患肺炎的宝宝会出现哪些情况

没有其他影响，正常情况下，宝宝吃奶呛

咳——必须马上到医院；

宝宝表现烦躁、哭吵、不爱吃奶；

安静时呼吸每分钟大于 60 次；

气急。

宝宝睡觉时呼吸急促是否得了肺炎

新生宝宝和成人一样有深睡眠和浅睡眠，浅睡眠时会出现呼吸不规则，妈妈不必过于担心，只要宝宝脸色不错（气急、气喘的宝宝往往会伴有青紫）、吃奶好，就不必担心。这种不规则的呼吸，很可能是宝宝中枢神经发育不完善造成的。

母乳妈妈一旦感冒了，一定要注意用药，最好吃副作用相对少的中（成）药；抗生素会从乳汁中带给宝宝，如果乳母必须服用，应停止给宝宝喂哺。暂停哺乳时，乳妈妈要注意吸空乳汁，保持乳汁的正常分泌，停药后可以及时恢复哺乳。

（3）新生宝宝患了肺炎怎么办

知道新生宝宝得了肺炎，有的妈妈非常紧张，急忙送到医院，最好宝宝立刻住院治疗；有的妈妈则相反，生怕宝宝住院自己不能照看，竭力反对住院。其实是否要住院，医生会根据宝宝病情作出判断，妈妈应遵医嘱。

单纯、轻度的肺炎，宝宝吃奶好，只是打喷嚏，可以在门诊治疗。除了按时服用药物以外，妈妈在家里要经常抱抱宝宝，使其呼吸道通畅，宝宝鼻塞时可以用滴鼻剂。

如果宝宝吃奶时有呛奶，要及时把奶头拔出，拍背。

宝宝咳嗽，可以通过拍背的手法，使痰排出来。

注意观察宝宝，如果症状没有明显加重，3 ~ 5 天后到医院复查；如果呛奶、咳嗽加重，应及时上医院就诊。

如果宝宝呼吸道分泌物多，有呛奶，必须住院。除了对症治疗，医院里还有相应的仪器，对宝宝加强呼吸道管理，用超雾吸痰。

24. 新生宝宝腹泻

在门急诊中，新生宝宝最常见的疾病就是腹泻，为什么会这样呢？这是因为宝宝在胎内靠孕妈妈直接供给营养，无需过多动用自己的消化系统，消化功能发育尚不完善。出生后却要独立摄取、消化、吸收营养，消化道的负担一下子加重了，如果有些不适或其他病因，消化道首先受到影响，很容易引起腹泻。

正常新生宝宝因饮食不同，大便性状及次数会有差异。

牛奶喂养的宝宝，大便偏干，每日 1 ~ 2 次；

母乳喂养的宝宝，每天大便可达 2 ~ 6 次，较稀薄。

如果宝宝吃奶和生长发育均正常，不是腹泻，不需要治疗。

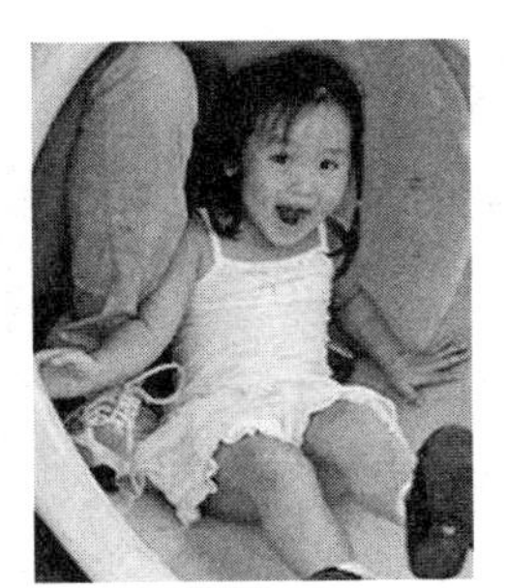

蔡晨曦

父母寄语 @ 蔡蔡小妮子 ：

我想对你说，在我的心中，无论你有多大，仍然是那个头上扎着一束马尾辫、爱跳舞的小女孩。作为父亲，我会尽力跑在你的前面，力所能及地给你铺路。无论成功还是失败，明天都会是新的一天！

（1）新生宝宝腹泻的原因

喂养不当：如果奶量加得过快，或突然改变饮食习惯，比如改喂另一品牌的配方奶、牛奶改成代乳品、在奶内加糖过多、不能定时喂养等，都会使新生宝宝消化道功能紊乱。

牛奶过敏：少数新生宝宝对牛奶过敏，吃奶后引起变态反应，进食牛奶不久即发生荨麻疹，还会出现口腔黏膜水肿、呕吐及腹泻呈水样，严重的会脱水、休克。牛奶过敏还会引起肠黏膜出血，长期如此会引起营养不良和贫血。

肠道感染：新生宝宝免疫功能差，尤其是肠道的免疫力更低。因为胎宝宝是在子宫的无菌温室中生长的，出生后立即暴露在众多病菌和病毒的环境中，消化功能和各系统功能的调节机能较差，易患感染性腹泻。俗话说"病从口入"，尤其是人工喂养的新生宝宝，若不注意奶头及奶瓶消毒，就可能被病菌污染引起腹泻。在产房、婴儿室及新生儿病房内，也可能会因为消毒隔离不严格，发生新生儿流行性腹泻（多由沙门氏菌引起，严重的可致死亡）。致病性大肠杆菌、轮状病毒等也是引起新生宝宝腹泻的病原。

肠外疾病：有些新生宝宝患了肺炎、败血症，其病原菌分泌的毒素也可引起腹泻，如果腹泻严重还会掩盖主要疾病，导致误诊。

一些外科疾病也可引起腹泻，如先天性胆道阻塞，大便多呈灰白色；如肠套叠，大便往往呈果酱色并带血。

（2）新生宝宝腹泻的饮食和治疗

在宝宝刚开始腹泻时，不能吃过多的奶水，如果母乳不足可添加稀释牛奶，水和牛奶的比例为1：1。

为减轻胃肠负担，适当口服一些淡盐水、胃酶合剂、肠道益生菌制剂等，可以帮助恢复消化功能。

感染性腹泻，可适当选择抗生素，妈妈不能随意给宝宝服用，须由医生决定。

中药藿香正气散、小儿泄泻停等对腹泻也很有效，副作用小。如果经治疗后大便次数仍多，应到医院复诊。

宝宝成长第一年

宝宝出生后第一年，生长发育速度最快。妈妈应该及时对宝宝身体各部位的生长发育指标进行“盘点”，这样才能及时发现问题，解决问题。

宝宝成长第一年

25. 1～12个月发育状况

宝宝出生后第一年，生长发育速度最快。妈妈应该及时对宝宝身体各部位的生长发育指标进行“盘点”，这样才能及时发现问题，解决问题。

（1）体重增长指标

正常足月的宝宝出生时体重为2000～4000克。喂养得当，宝宝的体重就会增加，否则就会下降，生病时体重下降，恢复后又上升。因此，测体重观察宝宝的生长发育，既方便又灵敏。

最初3个月，宝宝每周体重增长180～200克，4～6个月时每周增长150～180克，6～9个月时每周增长90～120克，9～12个月时每周增长60～90克。按体重增长倍数来算，宝宝在6个月时体重是出生时的2倍，1岁时大约是3倍，2岁时大约是4倍，3岁时大约是4.6倍。

不同阶段宝宝标准体重计算公式：

6个月以内体重＝出生体重＋月龄×600克

7～12个月体重＝出生体重＋月龄×500克

（2）囟门发育指标

人的颅骨是由6块骨头组成的。宝宝出生时，由于颅骨还没有发育完全，所以各颅骨的相互衔接处还存在一定缝隙。因此，新生宝宝的头顶部会有一片没有骨头、只有头皮覆盖的特殊区域，医学上称为前囟门。正常情况下，宝宝的前囟门大小约为1.5×2厘米。一般来说，宝宝的前囟门从外表上看较为平坦，或稍微有一点凹陷。

宝宝的囟门虽然很小，但是妈妈一定要多多关注。囟门不仅可反映宝宝的发育状况，透过它还能发现某些疾病。在宝宝1岁之内，囟门是反应体内有无疾病的窗口，通常10～15个月时关闭。

给宝宝清洗前囟门时，妈妈把手指平放于

应雨航

父母寄语@陈媛媛001：

20年后妈妈希望应雨航可以身体健康，每天快快乐乐地生活，可以做自己想做的事，过自己开心的生活，妈妈不奢望你学习有多好，妈妈只希望你快乐就好。

囟门处，然后轻轻地揉洗，不要过于用力压迫或搔抓囟门。

由于囟门只有一层头皮覆盖，平时要注意保护宝宝的囟门，以免被尖锐的东西扎伤，引发不良结果。

个别宝宝在5～6个月时，囟门仅剩指尖大小,似乎关闭,但实际上并不一定完全骨化了。前囟门是否完全骨化，需请医生确定。

如果宝宝16个月大后囟门还未关闭，多见于佝偻病或脑积水，应及时就医。

（3）乳牙发育指标

宝宝的牙齿是什么时候形成的？应该从什么时候萌出？是怎样萌出的？这一切还需要妈妈来了解，因为乳牙萌出的早晚可以反映出宝宝的身体是否健康。

3岁前长出的牙齿是乳牙，一般来讲，宝宝在4～10个月时萌出第一只乳牙。乳牙的下颌牙比上颌牙先萌出，并是成双成对地萌出，即左右两侧同名的乳牙同时长出。宝宝最先萌出4颗下切牙（下门牙），随后长出4颗上切牙。大多在1岁时长出4颗上切牙和4颗下切牙，然后长出上下4颗第一乳磨牙（俗称板牙），它们的位置离前面的切牙稍远，这是为即将长出的乳尖牙（虎牙）留下生长空隙。生长稍停顿，随后4颗尖牙从留下的空隙中萌出。宝宝在1岁半时萌出14～16颗乳牙，最后萌出的4颗乳牙是第二乳磨牙，紧紧地靠在第一乳磨牙之后。到了2岁～2岁半时,20只小乳牙全部萌出。

宝宝出牙情况反映身体骨骼发育状况，出牙过于推迟，可能患佝偻病或存在甲状腺功能异常。

宝宝还未到乳牙萌出的时间，却在一出生或出生后不久就萌出了乳牙。过早萌出的乳牙，通常没有牙根，很不牢固，极易脱落。如果落入气管，很容易造成窒息。

（4）1～12个月的发育和发展

第1个月

身高约增加2.5厘米；

体重增加0.8～1千克；

头围33～38厘米；

胸围比头围小1～2厘米；

奶量平均每天700毫升；大便每天2～3次，颜色淡黄；一昼夜睡16～20小时。

皮肤饱满、红润；视觉很模糊，有光感，喜欢注视人脸，能注视红球，但持续时间很短，能看到20～30厘米远的物体；有不同的哭声，对大人的说话声很敏感，尤其是高音；对1～2种味道无意识地作出不同的反应。

有很强的吸吮、拱头和握拳的本能反应；会很有力地踢脚和进行四肢活动；俯卧时要尝试着抬头；被大人搂抱时表现安静，像小猫一样紧贴、蜷曲；新生儿期的生理反射开始消失。

2～3个月

平均身高：男孩为63.51厘米，女孩为61.88厘米；

平均体重：男孩为7.23千克，女孩为6.55千克；

平均头围：男孩为41.32厘米，女孩为40.30厘米；

平均胸围：男孩为42.07厘米，女孩为40.74厘米；

大多数婴儿后半夜不用喂奶，整晚睡觉；大便每天1～3次；乳牙开始萌出；血色素不小于11克。

眼睛能立刻注意到大玩具，会注视自己的手，头还可跟随视线内的物品或听到的声音转动180度，能看约75厘米远的物体；开始将声音和形象联系起来，会试图找出声音的来源；成人逗引时会发出“咕咕”声和a、o、e音，有动嘴巴、伸舌头、微笑和摆动身体等情绪反应，能辨别不同人的说话声音和同一个人的不同情感语调。

头从勉强转动发展为转动自如，俯卧时可抬头45度，仰卧能翻转为侧卧位；手指开始放开，会用手摸东西，拉扯衣服，还能两手碰触；自发微笑迎人，手足舞动表示欢乐，还会笑出声来；哭的时间减少，哭声分化；能靠物稳坐，独坐时身体稍前倾；慢慢习惯大人用小勺喂食；唾液流得很多。

4～6个月

平均身高：男孩为69.66厘米，女孩为68.17厘米；

平均体重：男孩为8.77千克，女孩为8.27千克；

平均头围：男孩为44.44厘米，女孩为43.31厘米；

平均胸围：男孩为44.35厘米，女孩为43.57厘米；

上下颌长出乳旁切牙，能自己拿着饼干咀嚼吞咽，会喝稀粥；需要大小便时会有表情反应；一昼夜睡15小时左右。

会很长时间审视物体和图形，手中玩具掉了会用目光找寻；咿呀作语，开始发辅音d、n、m、b等，看见熟人和喜欢的玩具能发出愉悦的声音，叫他名字会转头看，会对着镜子中的自己微笑、发声，高兴时会大笑；能辨认生熟人，见看护者会伸出两手期望搂抱，见陌生人会盯着看、躲避、哭或笑；开始怕羞，会害羞地转开脸和身体。

握其双腕能站立，腰、髋、膝关节挺直，能短时间支撑身体；会用四肢支撑着爬行；能双手拿玩具玩，会稍显笨拙地把玩具从一只手换到另一只手，会有意识地摇动拨浪鼓、小铃等，会双手拿两物对敲；会将拳头放在嘴里，喜欢把东西往嘴里塞；会撕纸；会因为看护者情绪的变化而改变自己的情绪；当将其独处或拿走他的玩具时会表示反对。

7～9个月

平均身高：男孩为72.85厘米，女孩为71.20厘米；

平均体重：男孩为9.52千克，女孩为8.90千克；

平均头围：男孩为45.43厘米，女孩为44.38厘米；

平均胸围：男孩为45.52厘米，女孩为44.56厘米；

会审视某个物体，并不厌其烦地观察其特点和变化；试着模仿大人说话，能机械重复地发出某些元音和辅音，如“Ma-Ma、Ba-Ba”，但不懂其意义；喜欢照镜子，会注视、伸手接触另一个宝宝，观察和模仿大人行动；会寻找隐藏起来的东西，如拿掉玩具上的盖布；亲近家庭人员，对熟悉和欢喜的成人会伸出手臂要求搂抱；对陌生人表现出怕羞表情，如转身、垂头、哭叫、拒绝玩等。

懂得成人面部表情，对成人说“不”有反应，受责骂会哭；手里东西被拿走时，会遭遇

高渤恩

父母寄语@初夏的朵拉：

宝贝，不要求你20年后有什么大作为，只想要你学会两样东西，一是阅读，二是烹饪——学会了这两样，你随时能满足自己的心和胃，精神和物质的食粮便都有了，人生也因此丰满如意。

——爱你的，妈妈。

到强烈的反抗；听到表扬会高兴，重复做过的动作；喜欢玩“躲猫猫”一类的小游戏；懂得几个词义，如拍手、再见等，会表示挥手再见、招手欢迎，玩拍手游戏等。

10～12个月

平均身高：男孩为78.02厘米，女孩为76.36厘米；

平均体重：男孩为10.42千克，女孩为9.64千克；

平均头围：男孩为46.93厘米，女孩为45.64厘米；

平均胸围：男孩为46.80厘米，女孩为45.43厘米；

大便形成了时间规律，每天1～2次；血色素不小于11克；上、下颌长出第一乳磨牙，流涎现象减少；一昼夜睡14小时左右。

喜欢看图画，能懂得一些词语的意义，被问“灯在哪儿呢”时会转向看灯；能按要求指向自己的耳朵、眼睛和鼻子；能说出最基本的语言，如“爸爸”、“妈妈”；出现难懂的话时，会自创词语来指称事物；用动作表示“同意”(点头)，或“不同意”(摇头、摇手)；会模仿大人的手势，面部有表情地发出声音；以哭引人注意，听从劝阻。

会四肢爬行，腹部不贴地面；会自己坐下，扶物站立，蹲下取物；会扶物行走，但独走几步即扑向大人；手指协调能力更好，会用手指向感兴趣的东西，会打开糖的包装纸；故意把东西扔掉又捡起，把球滚向别人，会大圆圈套在木棍上，会杯子中取物、放物(如积木、勺子)；喜欢玩重复的简单游戏，例如“再见”、拍手、躲猫猫等；显示出更强的独立性，不喜欢被大人搀扶和搂抱，更喜欢情感交流活动，准确地表示愤怒、害怕、嫉妒、焦急、同情、倔强等。

26. 抚育第2个月的宝宝

2个月的宝宝开始注意周围事物，积极与外界交流。宝宝颈部和肩膀的力量增强了，眼力也更好了，能微微抬起头，看见面前移动的人或物。宝宝注意力增强了，对他人也有了更多的反应，对周围的世界也更感兴趣了。

宝宝开始发出一些新的声音，听上去是“啊”或“哦”，还会发出吱吱咕咕的声音，高兴时会微笑和咯咯大笑。手里拿到一只拨浪鼓，就不肯把手松开了。白天醒来的次数增多了，但要小睡几次。会摆动手和脚，激动时会两脚“蹬自行车”。如果是一个活跃的宝宝，醒的时候会不停地动。

把宝宝竖抱起来，头有点摇晃，需要大人用手托住宝宝的头颈部。俯卧时可抬头几秒钟。宝宝会盯着人和东西看，能辨别不同人的声音。宝宝能够摸到更多的东西，触摸柔软的东西就很高兴。吮吸手指、奶瓶或橡皮奶嘴时，宝宝会安静下来。

(1)宝宝的喂养

每个宝宝都有自己的吃奶规律。一般说来，2～3小时喂一次。如果宝宝几个小时没有喂奶，刚刚喂了几分钟又沉沉睡过去了，不妨轻轻弄醒，让其继续吃奶。让宝宝把每只乳房的奶水吸干净，每只乳房至少吸15分钟。只要宝宝想吃了就可喂奶，喂得越多，奶水也就越多，出奶量是根据宝宝的需求变化的。

调制配方奶的时候，要精确地按照包装袋上的说明去做，加入适量纯水，不能太多或太少。用奶瓶喂奶时要抱着宝宝，不要把奶瓶塞在宝宝嘴里后离开。

怎么样才知道宝宝饿了呢？

初步饥饿迹象：张开嘴，头朝着声音的方向移动；咂嘴，探出舌头；小拳头挪向嘴边。

深度饥饿迹象：紧皱双眉；张大嘴巴，头迅速地移来移去；紧握小拳头挪向嘴边；宝宝哭了。

（2）定期咨询医生

抚育一个健康宝宝，需要定期咨询医生。如果宝宝生病了，要用温度计测量热度，把温度计夹在宝宝腋窝下四分钟，轻轻抱着宝宝。3个月以下的宝宝有了热度就要去就诊，出现下列症状要马上去医院：

颈部僵硬，头无法朝任何一个方位移动；

呼吸急促，发出呼哧呼哧的声音；

用手拉扯耳朵，似乎耳朵疼痛；

咳嗽剧烈，咽喉红肿；

各种情况下发高烧。

（3）宝宝的睡眠习惯

此阶段的宝宝大多养成了有规则的睡眠和饮食习惯。两顿奶之间相隔约3个小时。晚上临睡前，把宝宝放到床上，即使没有睡着也要这么做。大人可以坐在宝宝身旁，轻轻拍着，低声哼曲，帮助活跃的宝宝安静下来。每个宝宝都有自己的睡眠习惯，有的宝宝入睡时会吸橡皮奶头或手指头，帮助自己入睡。

（4）注意宝宝的头型

2～3个月的宝宝，脑袋常常会有一点歪。这是因为宝宝在通过母亲产道时受到压迫，或者老是朝一个方向睡觉所致。经常仰睡的孩子，后脑勺可能会变得扁平；经常向着一边侧睡，头可能会是歪歪的。从出生到4个月左右，是宝宝头骨最软的时候，需要妈妈特别注意宝宝睡觉的姿势：

经常改变宝宝的睡姿，仰、俯、趴交替；

体位要经常变化，小床要经常移动，你和宝宝的接触也不要固定在同一个方向，避免宝宝习惯把头转向同一个方向。

（5）宝宝的大小便习惯

许多母乳喂养的宝宝，大小便习惯与以往不同了。大便次数从一天数次减少到每日1～2次，这种变化可早可晚。母乳容易消化，宝宝的大便比较柔软，也不易发生便秘。

人工喂养的宝宝，大小便习惯与母乳喂养的宝宝相似，起初也是一天几次大便，随后减少到每日大约一次。宝宝经常把尿布尿湿，说明获得的水分足够了。

（6）怎样和2个月的宝宝说话

妈妈要经常对宝宝说话，不必担心宝宝能听懂多少话。妈妈要用简单的词语和句子，发音要清楚，并且时常变化音调，可以睁大眼睛张开嘴来引起宝宝的注意。这是宝宝在人际交往中学到的第一课。

对宝宝说话时，眼睛看着宝宝；

经常呼唤宝宝的名字；

说话用简单的字，如“乖乖宝宝”、“妈妈”、“爸爸”；

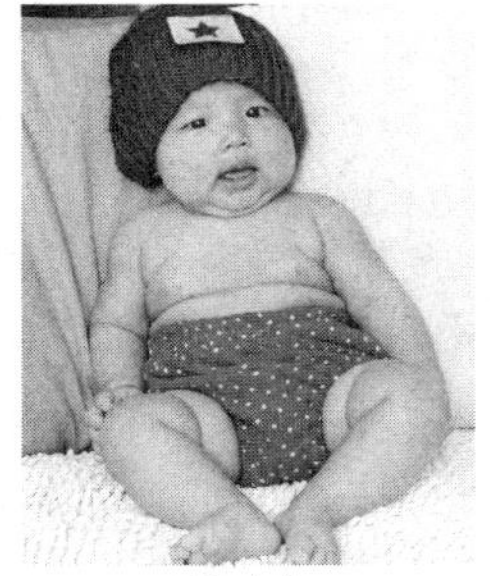

周欣念

父母寄语@丢丢爱小妞：

欣念小妞，20年后你就是个大姑娘了哟。妈妈希望你拥有一个健康的身体，上理想的大学，学喜欢的专业，有称心的事业，认真对待感情，有一个幸福的归宿。

注意宝宝的表情，认真倾听宝宝发出的声音；

说话时多用肢体动作，比如一边对狗挥手，一边说“小狗再见”；

多用自问自答，如“宝宝现在想喝牛奶吗？好吧，我们来喝一点”；

说出你正在做的事，如穿衣、洗澡和给宝宝换尿布等；

尽早给宝宝念儿歌，声音要活泼，还可以读一读你喜欢的书；

经常给宝宝唱歌，这对于宝宝学习语言很重要；

交谈时要注意宝宝发出的信号，如果宝宝微笑或用眼睛看着你，是希望你继续说下去。

（7）换尿布——亲子时刻

换尿布时，亲热地和宝宝说话，温柔地抚触宝宝的身体，这会让宝宝发现，“妈妈多么喜欢我，和妈妈在一起多么快乐”。原本纯粹的生理照顾，被转换成一种人际交往的社会经验。

不断地和宝宝说话，说什么都可以，念儿歌，说闲话，妈妈的说话声让宝宝感到愉快和安全。宝宝需要练习听母语，这有助于语言和良好情绪的发展。

拍拍小屁股，摸摸小肚子，挠挠脚底心，告诉宝宝这些身体部位的名字。你的触摸不光让宝宝感到放松和惬意，宝宝认识自我也是从这里开始的。

松开尿布，让宝宝自由地动弹，光着屁股玩一玩。哼哼歌，扶着宝宝站一站，跳一跳，做一做婴儿体操，玩一玩游戏。一个性格开朗、体格健壮的孩子就是这样慢慢长大的。

（8）宝宝哭了该怎么办

哭，正是宝宝和你交流的一个方法。宝宝的哭声里面包含许多意思：

我饿了；我受到伤害（闻到刺激的气味，腹痛）；我不舒服；我的尿布需要换了；我害怕；我要抱抱；我厌倦了；我累了；我很孤独……

一听到宝宝哭，妈妈心里就不好受，自然会设法安抚宝宝。以下一些方法可以满足宝宝的需要：

把宝宝抱起来；摇一摇宝宝，抱着宝宝走一圈；给宝宝喂奶；拍拍宝宝的背，帮助打嗝；检查宝宝的尿布；让宝宝仰睡；把宝宝放在看得见人活动的地方；和宝宝说话；给宝宝一只橡皮奶嘴。

不要让宝宝独自一人哭。有人会告诉你，宝宝哭了就将其抱起来会宠坏宝宝。科学实验告诉我们，如果宝宝的需要得到了满足，就会哭得少一些。宝宝明白大人是可信的，会来照顾她。安抚宝宝最好的方法，就是将其抱起来拥在怀里。

如果宝宝不明原因地哭了很长一段时间，怎样安抚都不起作用，那就要考虑去看医生。

（9）保证宝宝的安全

无论生气还是逗宝宝玩，都绝对不要用力摇宝宝。摇晃宝宝会引起婴儿脑损伤或死亡。

让宝宝远离吸烟者。被动吸烟会引起许多疾病，并使疾病恶化，如哮瑞、耳朵感染和鼻窦炎。

让宝宝仰睡。除非宝宝生病时，医生让你给宝宝采用其他睡姿，否则就坚持让宝宝仰睡。保证宝宝的床垫平坦，不会移动。

保证宝宝的小床坚固安全。不要在床上留下小的硬物。

当宝宝在童车、座位、桌子和摇篮上时，别忘了系安全带。

根据说明书使用婴儿汽车安全座位。

绝对不要把宝宝独自留在车里，几分钟也不行。

不要让其他年幼的孩子或动物单独与宝宝呆在屋里。即使是很友好、训练有素的孩子和动物也可能对宝宝造成意外伤害。

（10）给宝宝早做规矩

我们要为出生才几天或几星期的幼小生命做怎样的规矩呢？其实这个规矩很简单，就是建立“吃—玩—睡”有节律的日常生活。这三段活动是密切关联的，为方便起见，下面分开来说明。

吃

无论是母乳喂养还是人工配方奶喂养（如果是母乳喂养，有规律的哺乳还能帮助母体产乳规律化），都要尽快建立每日有规律的喂养。一般来说，在刚出生的前8周，每天的喂奶次数为7～9次，每次间隔为2.5～3小时。这个间隔时间包括一次的喂奶过程所用的时间。

从第5周开始渐渐拉长夜间的喂养间隔，如果是人工喂养，可以让孩子睡到自然醒；如果是母乳喂养，夜间间隔不要超过5个小时，到了7周后再渐渐拉长夜间哺乳间隔。

睡

成功地建立喂奶规律，是宝宝良好睡眠的重要前提。在对520名婴儿的调查中发现，无论是母乳还是人工喂养，超过80%的宝宝能在7～9周时一觉睡到天亮（夜间睡眠7～8小时不间断）。到了第12周，超过96%的宝宝就能一觉睡到天亮了。

玩

宝宝醒着的时候，要和宝宝有一些肢体和语言上的交流。一般来说，出生一周以后，宝宝清醒的时间会越来越有规律。随着喂养间隔的增长，和孩子玩的时间也要慢慢增加。不要担心对孩子过早地唱歌和讲故事，愉快充分的交流不仅能够帮助宝宝发展情感、语言和智力，对睡眠也有很大的好处。当然，不要让宝宝在临睡时过分兴奋。

27. 抚育第3个月的宝宝

3个月大的宝宝越来越讨人喜爱了，会睁大眼睛关心周围的动静，会清楚而明确地朝你绽露微笑，出现我们期待已久的“社会性微笑”。这种真诚的微笑对你和宝宝都具有划时代的意义。

宝宝的头不太摇晃了，能俯卧抬头十几秒钟，仰卧翻成侧卧；可以像模像样地抓握手中的玩具，双手会在胸前碰触玩弄，还会摸到自己的脸；大人对他说话，他会发出“嗯嗯啊啊”的声音；哭声减少了，有时会笑出声，能区别父母和别人的声音；开始表现自己的情绪，用微笑表示开心，噘嘴表示生气或伤心等。

（1）宝宝笑，你也笑

笑，也是宝宝表达需求的一种方式，能使他学会怎样控制环境。宝宝发现，开口一笑会

张越雯

父母寄语@给力圆宝贝：

亲爱的圆圆，20年后的你，已是个亭亭玉立的女孩，无论你是否仍在学业上深造，或是有了自己事业的追求，甚至在开展一段轰轰烈烈的爱情，爸爸妈妈希望你：正直、善良、思想独立；有主见、有个性、有国际视野；会为了自己的目标去努力，为了自己享受生活；而健康、快乐、自由自在地成长，是爸爸妈妈对你一直以来的最简单的祝福。爸爸妈妈爱你！

得到更多的关注，动动嘴唇就可以进行交流，于是看到天天照料他的母亲，他会发出喜悦的笑声。

这种发自内心的、主动热切的、无所保留的笑容，成为宝宝与妈妈建立亲密关系的一种手段。这是一种社会性微笑，充满着智慧。

你应该对宝宝的微笑给予快速而热烈的反应，使他热衷于微笑，热衷于这样“对话和交流”。它可以帮助宝宝建立积极健康的人际关系。一个从小生活在充满愉快和亲情气氛中的孩子，将来一定是个自信开朗、信任他人并且具有较高情商的人。

(2) 坚持母乳喂养

对这个月的宝宝来说，母乳仍然是最好的食物。现在还不需要给宝宝喂水(在特别干燥的环境，可加喂少量水)、果汁、牛奶和固体食品。

人体受到阳光照射，皮肤会自动合成维生素 D。如果在生活环境中得不到充足的阳光，宝宝需要补充适量的维生素 D。

不要给 3 个月以内的宝宝添加淀粉类谷粉，以免加重肠胃负担，因为这个月龄的宝宝还不具备消化淀粉类食物的能力。

(3) 上班妈妈如何继续喂奶

满 3 个月，不少妈妈要上班了，该怎样继续喂奶呢?

第一种方法，就是把母乳吸出来装入奶瓶。可以用吸奶器把母乳吸干净，妈妈不在家时，其他照顾宝宝的人依然可以喂奶。母乳可在冰箱存放 48 个小时。

第二种办法，有些妈妈可能无法挤母乳，可以改用人工喂养，同时在上下班前后喂母乳。

如果妈妈准备上班，一定要让白天照顾宝宝的人知道如何调制配方奶。奶粉里要兑水，水必须烧开，喂奶的器皿一定要消毒，奶粉和水的比例完全按照说明书做。配方奶粉都有保质期，不要用过期的食物，否则宝宝吃了不安全，喂完后奶瓶里剩下的奶液都要倒掉。

一般来说，每隔 3 ~ 4 个小时给宝宝喂食。不要在宝宝的食物中添加蜂蜜、糖或其他，以免使宝宝生病，也不要给宝宝喂鲜牛奶、羊奶或炼乳。

(4) 夜间睡眠时间更长

宝宝醒着的时候，妈妈也可以把他放回床上。尽量让宝宝养成独自入睡的习惯，这样即使宝宝夜间醒来了也会自己慢慢重新入睡。

现阶段的宝宝大都养成了一定的睡眠规律。有些宝宝几个月大就通宵不醒，还有些宝宝要到一两岁甚至更大了才能睡一整夜。3 个月的宝宝白天约睡 5 小时，夜里睡眠的时间更长。宝宝可能会在夜间醒来要求喂奶，但没必要把宝宝弄醒喂奶。如果宝宝整晚没醒，白天通常会吃得更多。

(5) 尿布湿 7 ~ 10 次

宝宝的尿布如果一天湿 7 ~ 10 次，说明获得的水分足够了。可以用布尿布，也可使用普通的一次性尿布。宝宝每天大便的次数因人而异，有的宝宝两三天都不排大便，只要大便是柔软的，排便没有困难，就不是便秘。

(6) 动作发育

滚动身体和俯卧抬头，是 3 个月宝宝主要的锻炼动作。俯卧时，宝宝会努力抬起头，用胳膊支撑起身体或转动脑袋，环顾四周。宝宝经常伸腿踢腿，这个动作会使宝宝腿部的肌肉变得强壮，长到 4 ~ 6 个月大时可以顺利地学会翻身。

让孩子睡在大人的肚子上是个好主意，可以帮助宝宝练习抬头、转动脖子，锻炼胳膊和肩部的肌肉。

也可以让宝宝坐在大人的腿上，逗引他用手去抓拿玩具，或伸手去抓挂在床架上的彩色小物件，提高其手眼协调能力。

如果发现宝宝3个月时不会做以下动作，是动作发育迟缓的表现，必须及时咨询医生：

不会张开或握紧小手；

不会抓起或握住手中的物体；

不能支撑自己的头部；

俯卧时不会抬头挺胸。

（7）感知觉发展

3个月宝宝的沟通能力大有进展，他认出爸爸妈妈了，会欢笑、尖叫和自发微笑。宝宝已经成为积极和机灵的家庭一员了。各个宝宝沟通能力的发展是有不同的，就像身体发育的速度不同一样，通常都不需要太担心。如果父母有所疑惑，须请教儿科医生。

视觉：新生宝宝只能看到模糊的形状，视距极短。随着宝宝的成长，视觉能力会不断改善。妈妈一进入房间，3个月的宝宝就能认出妈妈的脸。人脸是宝宝最喜欢看的，特别是父母的和宝宝自己的。

给妈妈的建议：抱着宝宝一起观望窗外的景物，或在屋子里看图片、照镜子；在宝宝房间里悬挂色彩明快的挂饰或玩具，帮助宝宝发展颜色和形状的区分能力；在宝宝床上悬挂可以移动的物件，让宝宝观察移动的物体，还可逗引宝宝伸手去抓那个物体，锻炼宝宝的手眼协调能力。

听觉：啼哭仍然是宝宝的主要沟通方式，宝宝会用各种各样的声音与妈妈“讲话”了。妈妈已经可以分辨宝宝不同的哭声，明白宝宝是饿了、累了、尿布湿了，还是想要人抱。

给妈妈的建议：拥抱宝宝，柔声细语地对宝宝说话，唱歌、讲故事，热情回应宝宝的声音和笑容，让宝宝明白语言的重要性；给宝宝解释看到的东西，告诉宝宝你正在做的事情，给宝宝熟悉物品的名称或把它们拿给他；在宝宝“讲话”时，不要打断他，或移开你的视线和脸，要让宝宝觉得你对“讲话”很感兴趣，这样能帮助你得到宝宝的信任；宝宝喜欢听音乐，也会对日常生活中的各种声音着迷。让宝宝听听锅碗瓢盆的叮当声，以及手摇铃和音乐手机的声音，也是刺激宝宝听觉的好方法。

味觉和嗅觉：研究表明，宝宝从出生开始就偏爱甜味，如果给他有苦味或酸味的水，他就会避开或哭闹。宝宝可以通过品尝分辨不同的味道，所以推测他也有嗅觉，因为这是最密切相关的两种感觉。母乳或配方奶粉都能很好地符合宝宝的味觉要求。

给妈妈的建议：尽量让宝宝感受和接触日常生活中的各种气味，比如妈妈身上的气味、炉灶上煮的饭菜味、花园里的花草香等。

触觉：1～3个月的宝宝要依靠大人的帮助才可以接触到各种东西。搂抱、爱抚和亲吻，不仅让宝宝能感受到爱与关怀，同时还会辨别出父母的触摸。研究表明，没有经常被触摸和

张孟沅

父母寄语@乖乖yuanzi：

亲爱的女儿，无法想象20年后你的样子，你的宝贝“小芝麻”还在吗？也许你还在继续学业，也许你已迈上工作岗位，也许你已开始甜蜜的恋爱，也许你还在享受一个人的自由。不管怎样，爸爸妈妈都希望你拥有足够强大的内心，像5岁的你一样拥有简单的快乐。你的快乐就是我们最大的幸福。有一句话送给20年后的你：禁得起诱惑，耐得住寂寞。

爱抚的宝宝，可能得不到良好而全面的发展。有关早产宝宝的研究也证明，与父母的接触对宝宝的成长健康有着非常积极的作用。

给妈妈的建议：经常跟宝宝玩触摸游戏，如轻轻触碰宝宝的手指、脚趾和身体；让宝宝置身于不同温度和质感的环境里，感受羽毛的柔软、木板的坚硬及冬天户外的寒冷。

关于宝宝视觉和听觉的简单测试

以下是关于宝宝视觉和听觉的一个简单测试，如果你有所担忧，请及时咨询医生，便于及早发现问题，及时治疗。

8 ～ 10 周时，宝宝的视线是否能跟随你的移动？你把手电筒从宝宝脸的一侧移到另外一侧，宝宝的视线会跟随光线移动吗？

第 3 个月后期，宝宝看见妈妈时是否会微笑？这时的宝宝应该可以认出妈妈的面容了。

在看不见妈妈的情况下，宝宝是否对妈妈的声音有所反应？正常的反应是停止哭泣、微笑或高兴地挥动胳膊和腿。这时的宝宝应该可以辨别出妈妈的声音了。

3 个月大时，宝宝是否可以根据声音来转动他的头？宝宝会对身后突发的声音表示震惊吗？可以在宝宝身后拍手，观察他的反应。如果宝宝没有任何反应，过一会儿再试一次，因为宝宝也有可能分心了。

（8）怎样哄哭不停的宝宝

有时候，明明已经满足了宝宝所有的需求，宝宝还是啼哭。不要发愁，可能是宝宝需要安静、胃不舒服，或多余精力需要宣泄一下。

宝宝在夜里的某一段时间变得很挑剔，这是一个普遍现象，通常是在傍晚和午夜之间。这个时期是短暂的，可以试着轻轻摇晃宝宝，或抱着宝宝在屋子里来回踱步。某些声音也能哄宝宝，比如轻柔的音乐、吸尘器的嗡嗡声。

所有的妈妈都需要花些时间才能找到哄宝宝的恰当方法，使宝宝感到放松和舒适。宝宝哭的时间不正常，或哭的声音有些奇怪，不妨让儿科医生帮助你消除顾虑或检查宝宝不舒服的原因，或许一切都没问题。

28. 抚育第4个月的宝宝

4 个月宝宝的视力增强了，对房间里的一切都感兴趣。宝宝喜欢让人抱着看东西，可以多让宝宝看明亮、鲜艳的东西，慢慢移动物品，帮助宝宝保持对东西的兴趣。

宝宝已经能够把说话和声音的概念联系在一起了，对宝宝说话，宝宝会微笑，发出尖叫声和“咕咕”声；学习发音对宝宝来说是种乐趣，听到自己发出的声音宝宝会觉得很有趣。经常和宝宝说话，宝宝能记住语音语调，还能记住一首歌的声音。

宝宝趴着时，可以从一边翻滚到另一边，甚至还可以翻身仰卧，有支撑的话能坐起来；会抬起头，把头从一边转向另一边；会用两只小手抓玩具，心爱的玩具被拿走时宝宝会哭。喜欢在镜子里看自己，有时会对着自己笑。喜欢在浴缸里扑腾，让水花溅起；喜欢别人的触摸和拥抱，看到熟人宝宝会激动，身边没人会紧张不安，感到烦躁。

（1）喂奶与添加辅食

4 个月大的宝宝是否可以开始添加辅食，这要视其发育情况和营养需要而定，添加辅食前最好请教儿科医生。如果宝宝对添加的辅食不感兴趣，就推迟几天或几个星期再尝试。辅食只是一种营养补充，母乳和配方奶粉依然是宝宝的主食，可以满足基本的营养需求。

如何判断宝宝作好了接受辅食的准备？主要看以下三点：

吐舌头的动作消失或减少了吗？这个动作有利于宝宝不被食物噎着，但也容易使宝宝把食物吐出来。

能坐起来，头部也能竖挺了吗？吃固体辅食时，需要宝宝坐起来，并能控制头颈。

宝宝对食物感兴趣吗？大人就餐时，宝宝盯着食物并用手抓，就表明他已做好了尝试辅食的准备。

练习使用小勺：你可先用小勺给宝宝喂1～2勺水或果汁，剩下的再用奶瓶喂，果汁要选用宝宝熟悉和喜欢的。有的宝宝可能不喜欢小勺，可以下次再试，胜利属于有耐心的妈妈。

品尝食物：品尝各种食物的味道，对宝宝的味觉发育意义重大，宝宝长大后不会偏食。可以在宝宝情绪好的时候，喂1～2勺压碎的鱼肉或稀饭之类的食物，或尝一尝菜汁汤水。

让宝宝练习咀嚼，比吃下什么东西更重要。可以让宝宝开始练习啃饼干，饼干的形状应该是宝宝的小手可以拿的，大小要刚好放进嘴里，市售的手指饼干正合适。

学习吞咽：4～6个月是宝宝学习咀嚼和吞咽的起步阶段。从4个月开始，妈妈就可以用小勺给宝宝喂半流质食物，如米糊、蛋黄泥等。一开始，宝宝会将食物顶出或吐出。妈妈不要轻易放弃，这并不代表宝宝不喜欢，只是因为宝宝尚未形成与吞咽动作有关的条件反射。妈妈可将食物放到宝宝舌头后方，以便宝宝通过舌头的前后蠕动作出吸吮和吞咽的动作。

(2)帮助宝宝入睡

许多4个月的宝宝可以一觉睡到天亮，每晚有几次交替的深睡眠和浅睡眠。

每晚在同一时间上床，会帮助宝宝安静下来。让屋里保持安静，电视或音乐的声音太响会让宝宝睡不着。

给宝宝洗个温水澡，按摩他或摇摇他，给他读书或唱歌，会使宝宝放松并安静下来。

宝宝刚开始哭时不要马上跑过去，几分钟后他可能会静下来自己睡着。如果宝宝不停地哭，就把他抱起来。

在宝宝完全睡着之前把他放到床上，然后轻轻地拍拍他，这样会帮助宝宝养成良好的睡眠习惯。

宝宝白天做的事对晚上入睡会有影响。白天如果太激动，晚上可能睡不好。

(3)动作发育

此阶段的宝宝俯卧时，能用手支撑着抬头挺胸，这个动作可以帮助宝宝锻炼胸部及背部的肌肉。宝宝开始有意识地控制双腿，慢慢转动身体，这表示宝宝将要学习翻滚和爬行了。现在的宝宝很容易从床上或沙发上掉下来，妈妈一定要看好宝宝哦。

要让宝宝多练习趴，为“坐起来”作准备。学会坐，能方便宝宝观察周围环境。学会坐之前，宝宝需要通过“趴”的练习，来锻炼背部和颈部的肌肉力量，锻炼头颈部和躯干的平衡能力。让宝宝趴着、抬头、胳膊朝前，并且保持这个

李沁熙

父母寄语 @ 郭艳芬 Grace：

熙熙宝贝，你是上天送给爸爸妈妈的小天使小精灵，你出生后妈妈放弃了漂亮衣服、高跟鞋、化妆品，甚至放弃了工作，只希望在你成长的每一刻都有妈妈的陪伴。在未来的日子里，妈妈要尽最大的努力呵护你，优秀和出类拔萃不是我们的期盼，你健康快乐才是爸爸妈妈最大的心愿。爸爸妈妈永远是你坚实的后盾，我们永远爱你！

姿势；用玩具逗引他，使他头部向上注视你，这也是检查宝宝听力和视力的好办法。

（4）抚触宝宝

抚触是人类的基本需要。婴儿期得到充分抚触的宝宝，会感觉到安全和自信，这种感觉将陪伴他的一生。得到充分抚触的宝宝，长大后更独立，更能应对情绪上的挫折。对上班的妈妈来说，高质量的亲子时间十分重要，而抚触宝宝正是一种特别优质的亲子时间。

促进生长：经常被触摸的宝宝长得好，触摸能刺激生长激素的分泌。

促进脑部发育：皮肤抚触能促进神经系统发育，加快神经脉冲传导的速度。

促进消化：经常抚触能增加宝宝消化酶的分泌，使消化系统更好地工作，改善腹部胀气、疼痛和便秘。

改善宝宝的行为：经常被抚触的宝宝，夜里睡眠安稳，白天吵闹较少，和父母互动明显。当妈妈用手轻拍、抚摸宝宝时，烦躁哭泣的宝宝会放松下来，变得安静。

增加安全感和自信：搂抱、轻拍和抚摸都传递了爱的信号，温柔的抚触让宝宝深深感受到来自父母的关爱，这能增进亲子感情，有利于宝宝情商和交际能力的发展。

（5）适合 4 个月宝宝的游戏

你只要多花时间同宝宝做游戏，宝宝就会学得更快。和 4 个月的宝宝可以玩以下几种游戏：

跟宝宝躲猫猫，把被单或是婴儿毯子蒙在自己头上，掀开它时轻声说“嘘！”宝宝会非常开心。

给宝宝唱简单的歌，你自己编的歌也行。

让宝宝仰卧，一边给他唱歌，一边轻轻地拉着他的手臂或腿划个大圈。

用一条彩色围巾穿着塑料环，将围巾套住椅子的扶手，把宝宝放在塑料环边上。宝宝会抓住环，让围巾绕着椅子扶手转。

给宝宝穿上色彩鲜艳的袜子，宝宝会伸出小手去抓。帮宝宝把手伸到袜子上，将袜子拉掉。

把玩具放在宝宝够不着的地方，宝宝会伸手去抓玩具。宝宝会知道要动一下才够得着玩具。如果几秒钟后宝宝还拿不到玩具，就把玩具放到他够得着的地方，这样宝宝不会有挫败感。

把一块布铺在草地上，让宝宝俯卧在布的边缘上。轻轻拉起布的边缘，这样宝宝就能翻过身来。拥抱一下或亲亲他，以资鼓励。

创造一种固定而特别的亲热方式，如每天与宝宝问候或道别时，亲亲额头或捏捏小鼻子，让宝宝心底存储起只属于你们的“爱的密码”。

适合 4 ～ 7 个月宝宝的玩具是：能绑在宝宝床上、不易破碎的镜子；软球，能发出声音的小球；捏了会发声的绒毛玩具；小铃铛、小手鼓等音乐玩具；图像鲜明、线条简洁的彩色图片。

玩具不要太多，就 1 ～ 2 样；不妨反复和宝宝玩某样玩具，直到他彻底体验了、不感兴趣了为止。

29. 抚育第5个月的宝宝

5 个月的宝宝看见东西会伸出手，能抓住它们；爱看别人的脸，喜欢对着镜子微笑和自言自语；可以借助支撑坐起来；俯卧时，会撑着手臂抬起身子，还能转过头看四周；仰面躺着可以摸到脚，还会玩自己的脚趾；如果托住宝宝的胳膊，宝宝喜欢站起来，上下摆动身体。

知道别人叫自己的名字，会区别陌生人和家里人，认识熟悉的东西，比如自己的玩具；看到人会微笑，发出吵闹声；对宝宝平静、温柔地说话，宝宝会停止哭闹。离开宝宝或把东西从宝宝身边拿走，宝宝会哭；喜欢看着别人发音，也尝试着自己发新的声音，如“啊”、“哦”、

"噢"，会咿呀说话以引起别人的注意。

（1）学吃辅食

这个时期，宝宝每天需要喝入 750 ～ 900 毫升的奶，母乳或配方奶粉不能全部满足宝宝的基本热能和营养素需要，所以妈妈必须在宝宝的日常饮食中逐渐添加辅食。因为辅食不仅能补充母乳营养的不足，还能帮助宝宝逐渐增强肠胃道的消化功能，为断乳作好准备。对于纯母乳喂养的宝宝来说，辅食添加可以从满 6 个月开始。

现在，宝宝要开始学习用小勺或杯子来吃喝了。辅食可以安排在两餐奶之间。首先添加的辅食是含铁的米粉，可以用母乳或配方奶调配，从 1 ～ 2 勺开始。学会喝苹果汁后，还可用苹果汁调配米粉。水果汁应在蔬菜汁之后添加，先加水果的宝宝可能会不爱吃蔬菜。

喂果汁：买一只有柄有盖的婴儿杯，从喂水开始，教宝宝使用杯子。宝宝 6 个月后才可添加橙汁，只能添加兑水的纯鲜橙汁，而不是橙汁饮料或粉末冲泡饮品。不要用奶瓶给宝宝喂食果汁。

喂果汁需要限量，每天以少于 120 毫升为宜。过量果汁会增加额外的热量，造成婴儿肥胖或腹泻。

喂蛋黄泥：4 个月宝宝学会吃米粉、蔬菜及水果后，到了 5 个月时就可以添加煮熟的鸡蛋黄。鸡蛋黄的添加步骤：四分之一个→三分之一个→二分之一个→整个蛋黄。

完成上述过程，大概需要 3 周左右的时间。宝宝的胃口有大有小，可以根据孩子的具体情况来决定时间的长短。建议每天最多吃一个鸡蛋黄，不必刻意选用鸽蛋或鹌鹑蛋。

鸡蛋黄外面颜色深的部分（即蛋白与蛋黄之间的一层"衣"）是黏蛋白，容易引起过敏，最好避免给孩子食用。

（2）培养良好睡眠习惯

这个月，宝宝将学会翻身，并形成自己的睡觉姿势。现在是培养宝宝良好睡眠习惯的时候了。

宝宝正逐渐养成一种睡眠模式：一天至少 2 次小睡和 7 ～ 8 个小时的夜间睡眠，每天睡眠时间平均是 14 个小时。个体差异比较大，有些宝宝只睡 9 个小时，有的多达 18 个小时。

白天的睡眠时间可由宝宝自己决定，睡够了自己醒来。大多数宝宝喜欢上午小睡一会儿，午饭后再小睡一会儿。但如果宝宝白天太累，晚上也睡不好。

（3）亲吻宝宝——最温柔的母爱

1 岁前宝宝还不会说话，亲子之间如何沟通呢？不用担心，生命自有神奇之处。一种神秘的母婴语言"亲吻"，悄悄地为妈妈和宝宝搭起默契交流的桥梁。亲吻时，妈妈是温柔细心的，还会轻晃、抚摸宝宝，于是还不会用语言沟通

赵紫好

父母寄语 @ 禾田小屋：

20 年后，你变成了一个漂亮的大姑娘，有了自己的生活和思想，如果你遇到了像我们一样爱你疼你的男孩，你也要像爱我们一样爱他和他的家人，因为他会陪你走过以后的每一天，有美好有苦涩，但一定是幸福的。

的宝宝，与妈妈建立起了一种新的对话方式。

亲吻的甜蜜作用

“妈妈的吻，甜蜜的吻，让我思念到如今……”据说，亲吻起源于远古时期人类的喂养方式——妈妈把咀嚼过的食物送到孩子嘴里；也有人说，亲吻是由婴儿吸吮母亲乳头的行为演化而来的。无论如何，自有人类以来，亲吻就是每个人难以忘却的记忆。

2岁前，妈妈经常亲吻宝宝的腹部、手指和脚趾等，能刺激宝宝的触觉发育，也是让宝宝认识自己身体部位的好方法。经常享受到妈妈亲吻的宝宝较有安全感，也会以相似的亲密行为去回馈生命中重要的人，所以心理学家说，“正是母亲的第一个吻，教会了孩子如何去爱”。

亲吻不仅对宝宝好处多多，对妈妈们也必不可少、胜过良药。亲吻诱发人体分泌一种名为安多芬的激素类物质，具有良好的止痛作用，有利于妈妈的产后恢复。新手妈妈容易紧张不安，和宝宝的亲密接触可以催发减压的荷尔蒙，调整紧张焦虑的情绪，让妈妈身体放松、心情愉快。经常亲吻宝宝，还能促进血液循环，增加肺活量，让人精神焕发，充满旺盛的生命力。

亲吻含义解读

问候吻：给早晨刚睡醒的宝宝一个香吻，仿佛在说，“早上好，我的宝贝，迎接美好一天的到来”。

告别吻：睡觉时，轻柔地抚摸孩子的肚子、手臂和腿，然后用唇亲吻宝贝，意思是“明天见，宝贝，妈妈一直在你身边呢”。

想念吻：短暂的分离后，给宝宝一个深情的亲吻，“宝贝，妈妈一直都想着你呢”。

欣赏吻：经常亲吻宝宝的小肚子、小手和小脚丫，告诉宝宝“你的身体是那么可爱、完美”。

快乐吻：对着宝宝一边唱歌或说话时，一边亲吻他，就像在说，“妈妈和你在一起真高兴啊”。

保护吻：当宝宝紧张害怕时，及时地温柔亲吻，“别怕，妈妈会保护你的”。

鼓励吻：当宝宝探索和尝试时，用亲吻来鼓励他，“宝贝，你真棒，你真勇敢，真聪明”。

治疗吻：宝宝调皮好动，容易受伤，这时的吻代表“没关系，会好起来的”。

妈妈伤风、感冒时，请避免亲吻宝宝。宝宝身体不适或很疲倦时，亲吻的强度和频率也要减少，以免过度刺激宝宝。

（4）适合5个月宝宝的游戏

妈妈可以做下面的事，帮助宝宝发现和探索周围的世界：

抱着宝宝站到镜子前，指给他看镜子里的妈妈和宝宝。

先把玩具塞进宝宝的一只手里，然后移到另一只手上。宝宝很快就学会把玩具从一只手传递到另一只手。

拍打一只大球，让球上下跳动，宝宝的目光很快就会跟着球走。把球朝墙滚过去，碰到墙后球会弹回来，宝宝会看着球弹回来。

给宝宝穿衣或洗澡时哼唱歌曲，或编一些有关眼睛、鼻子和嘴的顺口溜。

和宝宝一起坐在地上玩，有时把玩具放得远一点，使宝宝不得不伸手去抓，或把玩具的一部分用毯子盖起来，看宝宝能不能找到。

和宝宝说话，重复宝宝发出的声音。宝宝说“吧”，你也说“吧”，宝宝就会微笑，甚至笑出声来，还会试着发出同样的声音。

每天给宝宝读书，即使是同一本书也行。

让宝宝坐在你的膝盖上，给他看杂志里的彩色图片。

把宝宝抱在手上，跟着音乐跳舞。

把宝宝放在婴儿手推车里去散步，跟他说说你看见的东西。

当宝宝玩厌了或想说话时，拥抱他，让宝

宝知道你爱他、关心他。

给宝宝置办玩具

5个月的宝宝对于能用脚推动东西感到高兴，他乐于探索自己的身体，伸手抓东西也越来越老练了。宝宝喜欢探索和感受每一个玩具，喜欢抓、拧、摇、吸吮玩具，喜欢用玩具敲打其他东西，也很乐意和妈妈一起玩。你可以用玩具帮助宝宝了解自己和周围的世界：

给宝宝一个推倒后又会站起来的不倒翁。

在宝宝的小床、童车或卧室墙上挂些色彩鲜艳的图片，要挂在宝宝抓不到的地方。

给宝宝一些干净的塑料玩具，玩具必须是打不破的，而且不能有碎片掉下来。

给宝宝色彩鲜艳的玩具，比如红的、绿的；玩具应该用安全材料制成，因为宝宝会把它们塞进嘴里；玩具一定要大到宝宝吞不下去，不会让宝宝噎着。

给宝宝会发出声音的玩具，比如会吱吱响的绒毛动物，或一个里面有铃铛的球。

玩玩安全物品，比如罐子、盘子，宝宝也会很开心。

30. 抚育第6个月的宝宝

人生的头一年，宝宝已过了一半。宝宝发出的声音和面部表情越来越丰富，会发音含糊地“说话”，兴奋地尖叫，微笑和大笑。呵呵，宝宝哭的时间越来越少了。

相比前几个月，宝宝视力有明显进步，但仍是近视的，不过他的颜色辨别能力已经相当于成人水平。宝宝会将视线集中于手中的玩具或专心地研究镜中的自己。

随着颈部和躯干力量的增强，在外力的帮助下宝宝开始学习坐和立了。宝宝手撑身体、向前倾，然后依靠自己的力量能坐起来了。随着宝宝腿部力量的不断加强，他还会努力学习站立。你帮助他站立时，宝宝会主动练习用脚去承受身体的重量。大多数宝宝到7个月的时候都很喜欢站立与双脚弹跳。

这个月，宝宝通过倾听大人的语言来理解人们相互交流的基本要素。此前，宝宝是通过别人的语调来理解意思的，譬如缓和的语调表达了安静和抚慰，宝宝会停止哭泣；激动的语调会让宝宝察觉到出现了异样，可能会紧张和害怕。宝宝虽然还不会说话，但他已经能分辨句子，区分不同的声音，理解话语中的一些单词。

（1）半岁宝宝需要做一次体检

医生通常会检查宝宝的发育状况，这次体检要查这几件事：控制头的能力；伸手抓东西的能力；翻身的能力；发音的能力；抓住人站起来的能力。

医生还会检查宝宝的身高、体重、头围大小以及是否贫血等，检测时也许从脚趾上采血。宝宝还需要打预防针。

蔡书宜

父母寄语@胡小璐：

你是世界给我们的礼物——我们带着爱意看你，那般柔软、无邪、美好；20年以后，希望你成为给这个世界的礼物——你带着爱意看这个世界，依然善良、正直、温暖。到那个时候，回首今日，愿你与我们都能够幸运地感受到：赤子之心仍在。

(2)保护好宝宝的牙床

牙齿的保护越早越好，你可以为宝宝做的是：

不要让宝宝入睡时含着奶嘴。

用干净柔软的湿布轻轻擦洗宝宝的牙床，每天一次，宝宝长牙之前就可以这么做。

有些宝宝4～5个月就长牙了，大多数的宝宝在6～8个月长牙。宝宝长牙后，你可以用柔软的婴儿牙刷给他清洗，也可以继续用布清洁他的牙齿。

给宝宝刷牙，用清水就可以了。

(3)辅食添加

母乳和配方奶仍然是宝宝最重要的食品，但是宝宝应该添加各种辅食了。6～8个月的宝宝，除了吃谷类食物和蛋黄之外，还应该吃糊状的水果与蔬菜。

父母应注意不断扩大蔬菜、水果及其他辅食的品种，如香蕉泥、苹果泥、胡萝卜泥、豆腐糊、蛋黄泥、鱼肉糊、营养米糊、牛奶粥、水果藕粉等。要弄清孩子能吃的食物和过敏不能吃的食物，为下一阶段吃混合食物打基础。

宝宝习惯接受蛋黄后，在吃整个鸡蛋之前，可以先尝试吃动物性的食品，添加步骤是：鱼泥→鸡肉茸和鸭肉茸→猪肉糜等。此阶段不建议吃动物肝脏。建议选用鸡胸肉或鸭腿肉，肉质较嫩。

掌握原则，适时添加

① 辅食添加是一个循序渐进的过程，你要掌握以下7个原则：

② 量从少到多；

③ 身体健康时添加；

④ 所有辅食均要用小匙喂食，训练宝宝咀嚼和吞咽的能力；

⑤ 辅食要清淡，吃菜粥时方可加少量盐；

⑥ 每次只试用一种新食物，只给宝宝吃1～2茶匙，每加一样食物要尝试4～5天后再换另一种新食物。如发现宝宝对某种食物过敏或不消化，就要停吃，隔7～10天后再次少量尝试。

⑦ 给宝宝尝试新的食物，应该选择单一的而不是混合的，这样可以方便你发现宝宝对哪些食品不适应、不习惯或不喜欢。

宝宝不喜欢的食品，不要强迫他吃，过1～2周后再试。对一种新食物，宝宝可能要尝试6～8次才会接受，所以妈妈要有耐心。

(4)动作发育

此时的宝宝会更加频繁地使用小手去抓取想要的东西，知道手可以传递和转动物体，这很重要。妈妈可以提供大量的有声玩具和织物，逗引宝宝捡、摇和触摸。

俯卧、坐起来和站立的动作能锻炼宝宝的肌肉，并为宝宝下一阶段的动作发展做好准备。妈妈要鼓励宝宝多做俯卧的动作，锻炼胸部及背部的肌肉。可制造一些声音，让俯卧的宝宝左右转动脑袋，四处张望。用手扶住宝宝，或在宝宝背后垫个枕头，让宝宝坐着，腾出双手，自由地拿取玩具。当宝宝想努力站立时，妈妈可以出手帮他一把，宝宝站立时，可扶着宝宝弹跳几次。

宝宝动作发育的速度和掌握某一动作技能所需的时间是各不相同的，如果宝宝学习上述动作的速度较慢，妈妈不用太担心。如果发现宝宝的动作有异常，须及时请教儿科医生。

(5)感知觉发展

视觉：经常让宝宝运动，使他的视力能适应移动并能追视。宝宝可以看到身边小球的滚动、哥哥姐姐玩耍时的快动作。宝宝会练习协调手眼，他会先盯着一样东西看一会儿，然后伸手去够。宝宝开始喜欢更复杂的设计，他能分辨颜色了。妈妈可以给宝宝读一些图画书，带有色彩明亮的大图片。你会发现，宝宝很喜欢盯着看。另一个刺激宝宝视觉的好方法，是把宝宝带到户外，草地、超市、动物园这些都是让宝宝观看新鲜事物的好机会。

听觉：听觉发育对宝宝以后说话能力的发展尤为重要，妈妈别忘记经常抚摸宝宝，温柔地亲吻和拥抱宝宝，叫他的名字，让宝宝感到安全与爱抚，这些是语言学习的基础。

味觉与嗅觉：宝宝能吃一点固体食物了。一定要仔细选择适合宝宝的食物，而且每次只能尝试一种新食物，这样能确定哪种食物会造成宝宝过敏，并且了解宝宝喜欢哪种味道。不少宝宝不喜欢吃蔬菜或水果，常常会让妈妈犯愁。刚开始，不妨先将胡萝卜或甜薯作为给宝宝添加的辅食，过段时间再给宝宝吃其他蔬菜，然后再吃香蕉泥和苹果泥。

触觉：这阶段，要锻炼宝宝的触觉。让宝宝在粗糙的草坪上翻滚、玩耍，让他抚摸平滑的婴儿毯和粗糙的地毯，边玩边告诉他，“这是柔软的”、“这是粗糙的”，帮助宝宝了解周围环境。

宝宝与环境的互动不断增多，对周围事物的反应逐渐灵敏。如果妈妈发现宝宝出现下列情况，应及时去看医生，及早治疗，许多视觉和听觉问题都是可以治愈和改善的：

眼睛看着妈妈，但好像认不出来或根本不知道妈妈在哪里。

看新书、玩具和图片时好像没兴趣。

不能很好地控制眼睛转动。

一只或两只眼睛一直向内或向外。

一只或两只眼睛有液体排泄物或一直流泪。

对光线极其敏感。

对声音毫无反应。

只对一些声音有反应，只能听到某种音调，或只有一只耳朵能听到声音。

不会大声笑。

还没有咿呀学语，不会发出各种不同的声音，只能发出喉咙的振动声音而并非模仿听到的声音。

（6）言语沟通

此阶段，宝宝开始尝试发声或咿呀学语，这可是宝宝尝试跟你说话哦。如果你仔细听，就会发现宝宝发出的声音是抑扬起伏的，好像在提问或诉说。当宝宝意识到，妈妈会对他的声音作出积极回应，就会更加喜欢玩这样的游戏。

妈妈要尽可能地鼓励宝宝说话，并对宝宝发出的声音给予反馈，并等待宝宝的回答。这种早期的相互对话能为宝宝今后的准确发声作好准备。

和宝宝说话时，要放慢语速，清晰地突出每一个单词，然后等待宝宝的反应和回答。这能鼓励宝宝尽早开口说话，使他明白对话是要双方轮流进行的。

向宝宝介绍生活中简单常用的单词，宝宝虽然不会说话，但能理解单词。

多给宝宝读图画书，帮助宝宝形成良好的语言习惯和阅读习惯。

张馨予

父母寄语 @ 虎宝甜甜妈：

甜甜，真不敢想象20年后的你会是什么样子，一定是个亭亭玉立的大姑娘，也许已经大学毕业，已经参加工作，可在妈妈心里你永远是长不大的小宝贝，不希望你有大的成就，希望你能平安健康地长大。

（7）适合6个月宝宝的游戏

6个月的宝宝白天大都醒着，他很想玩。父母应该经常和宝宝做游戏，下面的建议也许能帮到你：

和宝宝玩指点游戏，指着宝宝鼻子说“鼻子”，指着眼睛说“眼睛”。

和宝宝玩拍手游戏。

把一个玩具半掩半藏在毯子或布下面，让宝宝找，鼓励他把毯子拉开。

将一些大小不同的空塑料杯放进盒子，每次把手伸进去拿出一只杯子。做了几次后，宝宝会模仿你。

把爸爸妈妈的大照片放在宝宝小床附近，当他说“妈妈”或“爸爸”时，你就指着照片说，“这是妈妈”、“这是爸爸”。

这个月的宝宝需要常在地板上玩，给学习爬行创造条件。如果宝宝不喜欢自己在地板上，那你就和他一起在地板上玩。

（8）注意宝宝的安全

6个月的宝宝比以往更活跃了，大人需要关注宝宝的安全问题。下面几件事情是父母应该做到的：

把所有的清洁用品、药物、有毒和尖锐的物品都放到宝宝拿不到的地方。

一定要让每个照看宝宝的人都知道如何保证宝宝的安全。

让宝宝知道有些事是不允许做的，要用温和但坚定的口气阻止他；可以轻轻地拉开宝宝的手，另外给他一个玩具。宝宝离热炉子太近了，或想抓易碎物品，你得轻轻抱起宝宝，让他离开那些危险的东西。

31. 抚育第7个月的宝宝

7个月的宝宝进步很快，几周前还不会做的各种事情，现在都能做了。譬如，他可以坐一会儿，不马上倒下去，当然，他坐的方式很不一般，是用双手撑着、身子向前倾的样子。扶站时，宝宝的双腿可以支撑自身体重；如果有妈妈扶抱，站立的宝宝会上下跳动。宝宝会在地板上爬来爬去，试着自己吃东西，喜欢拍手，用手拉、敲、捅或是抓东西。宝宝还会有目的地发出声音了。

宝宝做了想做的事，就会微笑，还会笑出声来，并且在你脸上寻找赞扬的微笑。宝宝尝试新的事物，你一定要对他微笑，给他拥抱。一旦事情不成功，宝宝也会感到懊恼，会哭。宝宝可能会怕陌生人。如果妈妈离开房间，宝宝会因为害怕而哭。

宝宝的视力很好了。他喜欢发短音，“吧”、“么”或“嘀”，有时候会一连串发几个音。宝宝只希望自己喜欢的人抱。宝宝可以找到半掩藏的东西。别人在宝宝面前拍球，宝宝会希望球一次一次地弹起来。

（1）喂养建议

现阶段，辅食依然没有母乳那么重要。如果宝宝对玩食物更感兴趣，而不是吃它们，不必担忧，更不能强迫宝宝吃。奶已满足了宝宝对食物的大部分需要。有的宝宝吃奶时会用新牙齿咬妈妈的奶头，他不知道这会伤害妈妈。发生这种事，把你的手指塞到宝宝牙床之间，轻声说“不要”；如果他又咬了，再把手指塞到他牙床之间轻轻说“不”。

喂饭时，宝宝可能会要求自己动手，喝水时，可能会要求自己拿杯子。不要拒绝他。为了避免食物被撒翻，你可以在塑料杯里放一点点汤水，再给他一只小勺，让他拿着玩，你用另外的杯子和小勺来喂他。宝宝不一定想吃，或许对玩调羹或食物更感兴趣。让宝宝探索吧，学习新技巧也很重要。

（2）让宝宝爬行

7个月的宝宝越来越厉害了，不用别人扶

就能坐稳了；而且想坐起来就坐起来，想躺下去就躺下去。最重要的是，宝宝开始四肢着地"爬"到自己想去的地方。大人们总是逗引宝宝不断地爬，宝宝也非常兴奋，终于可以移动自己了。爬行，成为7个月宝宝最重要的运动。当然，宝宝爬行时，需要家人在旁边看护。

爬行是一种极好的全身运动。宝宝在爬行时，头颈抬起，胸腹离地，用肢体支撑身体，锻炼了胸腹背与四肢的肌肉，为今后的站立与行走打下了基础。此外，爬行消耗的能量比坐着、躺着都多，有助于孩子吃得多、睡得好，促进身体的生长发育。

爬行对宝宝的心理与智力发展也有促进作用。宝宝爬行时，接触的范围扩大了，由所躺的地方扩大到整个床，以至整个房间，使婴儿的空间位置发生了变化；宝宝主动接触和认识事物，增加了接触的声音刺激和事物刺激，有利于听觉、视觉、平衡器官以及神经系统的发育。

现代医学研究认为，爬行训练是预防宝宝感觉统合失调的重要手段。感觉统合失调是指外部的感觉刺激信号无法在大脑神经系统进行有效组合，这将会在不同程度上削弱认知能力与适应能力，使机体不能和谐地运作。而爬行训练对控制眼、手、脚的协调有极大的益处。

（3）适合7个月宝宝的游戏

宝宝活跃了很多，喜欢自己走动，喜欢玩，想探索每件事。可以跟宝宝玩以下一些游戏：

捏一下玩具，让它发出吱吱声，然后在宝宝的视线下，把玩具藏到毯子下面，让宝宝找玩具。

当着宝宝的面，敲碰一下玩具或物品，然后让宝宝也试试。

把毛巾或围巾的一端递给宝宝，你拿着另一端，轻轻地在自己这端拉一下。

从杂志上剪下色彩鲜艳的大幅图片，把图片粘在纸上，给宝宝制作一本书。让宝宝坐在膝盖上，给他说说每一幅画。

宝宝做了想做的事，就对他微笑，拍拍手；宝宝因为受挫折而懊恼，就抱抱他，安抚她。

让宝宝玩带声音的玩具，如铃铛、小鼓。

把一只柔软的球朝宝宝滚去，让他把球捡起来。

和宝宝玩躲猫猫。

和宝宝玩拍手游戏。

（4）确保宝宝的安全

宝宝会把各种东西塞进嘴里，会用手指去捅每一件东西。别忘了给不用的电源插头罩上盖子，把药品和清洁用品放在宝宝拿不到的地方。以下是保证宝宝安全的几条建议：

把宝宝放进浴缸前，一定要检查洗澡水的温度。

不要把宝宝单独放在水中，即使只有一桶水或一盆水也不行。

不要摇晃或碰撞宝宝。

不要在宝宝身边抽烟。

抱着宝宝时，不要喝热饮料。

潘登

父母寄语 @ 花开了滴答：

25岁的你应该刚刚走向社会。想起来，25岁时的我常常陷入各种彷徨、焦躁、较真、哀怨中，如今看来都是成长的烦恼。我希望你能飞快地越过这道坎，任何时候都要让自己快乐，做最好的自己；面对他人平和豁达，做善良的人。

抱着宝宝时，不要在热炉子边烧饭。

塑料袋之类的东西不要罩在宝宝的床垫上。

不要把宝宝放在汽车的前座，不要把宝宝单独留在汽车里。

不要让宝宝单独和宠物在一起，即使是温和的宠物也不行。

32. 抚育第8个月的宝宝

8个月的宝宝对一切充满好奇，热衷于探索自己的世界。宝宝越来越好动，现在的活动能力常常会让妈妈感到惊讶。让宝宝尽兴探索吧，你要做的就是保证他的安全。

宝宝每天都兴致勃勃地贴着肚皮挪过来爬过去，他总想把东西抓到手，又想把它扔掉或塞进嘴里，对着桌子乒乒乓乓敲东西，发出的声音越大，他似乎越高兴。他试着自己站起来，又常常摔倒。他尝试发新的声音，如“哒哒”、“拜拜”。宝宝每天都在练习新的技能。

周围的世界令宝宝感到兴奋，但也有些经历会吓着她。看见陌生人靠近，宝宝会哭，把脸藏起来，会缠住妈妈。

（1）宝宝的体检

医生要给宝宝测量体重、身高、头围和以下一些项目：宝宝能不能自己坐；宝宝伸手抓东西的能力如何；宝宝的目光会不会跟随物品移动；宝宝会发什么音。

此外，可能还要查一下是否有贫血和肺结核。尽早把你想要问医生的问题记下来。

（2）宝宝进餐

奶对于宝宝来说依然很重要，每日的奶量最好维持在500毫升左右。要建立“一日三餐三点”的模式，一天需要进食6次左右：早晚2次奶，辅食添加4次左右。

试着让宝宝自己进食，如手抓东西吃，自己拿勺子、杯子、奶瓶等，培养良好的进食习惯。进餐要有固定的位置和专用的餐具。

不要只给宝宝吃糊状食物，应及时添加固体食物，锻炼宝宝的咀嚼能力，逐渐向成人饮食过渡。

每天定时让宝宝进餐，不要强迫宝宝吃东西。吃饭时要安静快乐，把电视关掉，不要有太多的活动。

现阶段宝宝能吃的食物有：稀软的肉末，煮熟捣碎的豆子、蔬菜和水果，面条，稀饭。

不要给宝宝吃这些食物：牛奶，鸡蛋清，蜂蜜或糖浆，麦片。

（3）鼓励宝宝多运动

此时的宝宝需要练习匍匐、爬行和快速挪动。宝宝将学会用手和膝盖做俯卧动作，来回翻滚身体。这个小小的运动能使手臂和腿部肌肉得到锻炼。为了保持平衡，宝宝会抓着沙发、茶几或其他的工具移动身体，这就是所谓的“尝试迈步”。可以充分利用家里的地板，使宝宝活动起来舒畅、安全、有趣。

妈妈也许会发现，有些宝宝比你的宝宝更善于爬行。不用着急，如果你的宝宝已经会做一些随意运动，如滚动身体，依靠臀部或腹部慢慢蠕动，很慢地爬行，只要他经常使用胳膊和腿，并对周围事物显示出兴趣，你通常是没必要担心的。宝宝早期的动作发展，需要的时间跨度较宽，动作发展迟缓的现象很可能是暂时的。

如果发现宝宝有以下的情况，需向专业人士咨询：不会到处爬；有支撑也不会站起来；不能平衡协调地使用双手和双脚；不能很好地控制双手。

鼓励宝宝经常做腿部运动。宝宝想行走的时候，你可以牵着他的双手，让他尝试迈步。

鼓励宝宝捡起包括米粒在内的细小东西。

刚开始宝宝的动作很笨拙，而且不稳定，但是通过慢慢练习，很快就会发展出一种精准的指尖运动能力。

给宝宝一个安全的运动空间，老让宝宝呆在推车、婴儿床里，会限制活动能力的发展。

（4）感知觉发展

随着动作技能的成熟，宝宝将通过视觉、听觉、味觉、嗅觉、触觉等方面继续发展自己了解世界的能力。所以，在确保宝宝安全的同时，应该给他提供更多的探索世界的方式。

视觉：现在宝宝的视力已经成熟了，视物很清晰，可以注意快速移动的物体。宝宝还能把运动技能与视觉联系起来：看到房间对面的玩具，朝它爬过去，捡起它，然后把它翻转过来。宝宝仍然喜欢看自己熟悉的、慈爱的面孔；喜欢一遍一遍地看同一本图画书，并将注意力集中在某些图片上；宝宝喜欢那些可移动的或连接起来的零散物体，花大量时间盯着它们看。妈妈要多带宝宝去新鲜有趣的地方，一边指着景物，一边说出它们的名字，增进宝宝对周围世界的兴趣。

如果发现宝宝视力异常的任何一项情况，务必联系医生：眼神一直飘忽不定；无法看到或认出远处的物体或人；持续流泪，眼角有眼屎，眼睛发红；两只眼睛转动不同步；经常眯眼或对阳光敏感；眼睑下垂；两个瞳孔大小不一致；频繁眨眼或揉眼睛。

听觉：这段期间，宝宝将发出越来越多可识别的音节。宝宝能认真倾听你发音已经很长时间了。当你问宝宝“爸爸在哪里啊”，他会朝爸爸看，说明宝宝能够理解这句话的意思。当你说“去把球找来”，他就会直接爬向球。宝宝对自己的名字也会作出明显的反应，这是很重要的。在日常生活中，应该让宝宝知道，一切事物都有自己的名字，这对语言学习很重要。宝宝正在认识熟悉物体的名字，并储存这些信息，直到能够说出这些单词。

这个阶段是宝宝语言发展的重要时期，所以听力显得特别重要。只要发现任何异样，比如宝宝不再牙牙学语或对你的言语没有反应，要及时告诉医生。有时，慢性耳部感染会使宝宝的耳朵里积液过多而干扰正常的听力。有专门的测验能够检验这个年龄段（甚至更小）的听力损失状况。

味觉和嗅觉：这个年龄的宝宝能够辨别喜欢的和厌恶的味道。如果宝宝看起来只喜欢1～2种食品，请不要着急，因为他慢慢就能从各种味道和气味的食品中找到自己偏爱的，而且你会惊讶于宝宝竟然决定尝试一些新味道。宝宝的嗅觉现在也成熟了。散步和旅行可以提供各种各样独特的气味，帮助宝宝进一步探索世界。

触觉：当宝宝会爬行和行走的时候，他就能更加自由随意地移动了，这意味着宝宝可以

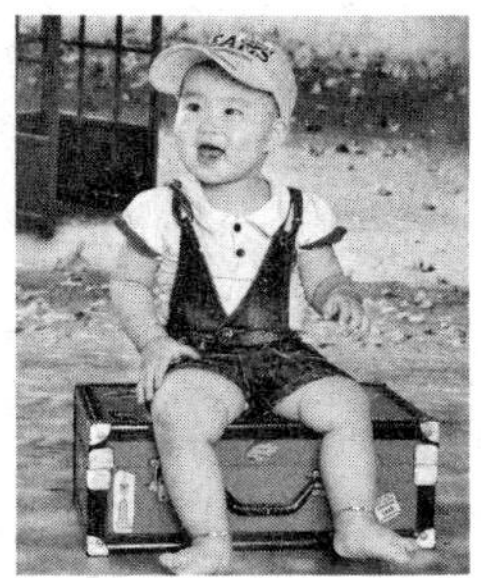

李沁恬

父母寄语@嘉妈2012：

孩子，你已经成人，以后无论遇到什么事都要事先考虑好了，想好的事就要勇敢去做，妈妈永远支持你，家永远是你坚强的后盾！

去触摸自己想触摸的东西。在确保不会造成伤害的情况下，可以让宝宝自由地探索家里的一切事物。让宝宝观察香蕉怎样变成糊状，发现冰块是坚硬而寒冷的。找一些砂纸，让宝宝的手在其粗糙的表面上轻轻抚摸，再将他的手移到平滑冰冷的不锈钢水槽上，让他感受不同物体的质地。

（5）适合8个月宝宝的游戏

给宝宝一个球，让他观看球在地板上弹跳和滚来滚去。

让宝宝玩一种发声玩具，比如揿一下按钮，铃铛就会响，或拉一下绳子，小动物就会发出声音。

给宝宝玩不易打破的盆、盘或调羹，宝宝会发现，让这些东西相互碰撞，能发出许多声音。

让宝宝把灯打开、关闭，看到房间一亮一暗，宝宝会很开心，别忘了对宝宝说“亮了”和“灭了”。

给宝宝提供安全的玩具，发积木、套叠玩具。

经常玩“寻找”游戏，让宝宝看着你把东西藏到毛巾或毯子下，问他“在哪儿”，找到了就表扬他。

给宝宝一个装大物件的盒子，鼓励他把东西和玩具拿出来、放进去。

（6）让宝宝变得更聪明

每个宝宝的智力发展都有自己特别的方式。开发宝宝大脑的潜力，以下的方法也许能帮助你：

每天花些时间给宝宝读书。给宝宝看一些色彩鲜艳、有大图片的书，每次反复念一些给他听，帮助宝宝熟悉它们。宝宝喜欢一遍又一遍地读同一本书。

宝宝喜欢触摸东西。收集各种不同的织物，如灯芯绒、缎子、粗麻布和人造毛皮等，剪成一块块粘在书页上，你和宝宝一起用手翻书，同时用词来描述这些织物，如粗糙、光滑的、柔软的。

多和宝宝说话，告诉宝宝身体各部位的名称。比如，给宝宝洗澡的时候，说说他的腿、脚和脚趾。

把眼前的物品描述给宝宝听。指着橡皮玩具，对宝宝说，“瞧，这是黄色的小鸭子”；指着毯子对宝宝说，“外婆喜欢你，特意为你缝了这条毯子”。

和宝宝说你正在做的事。外出时说“我们要到商店去买尿布了”，洗脸时说“把宝宝的小脸擦干净”。

和宝宝玩手指游戏和手的游戏。

把枕头或是柔软的大毯子放在地板上，逗引宝宝爬上去。

每天都和宝宝一起玩，而且告诉宝宝玩具的名称和怎么玩。

33. 抚育第9个月的宝宝

9个月的宝宝喜欢打量身边的人、动物、东西和各种事物；摸到的东西都想尝尝；喜欢用嘴弄出声音，模仿听到的声音；喜欢儿歌和押韵的诗，会随着音乐跳跃。

平衡感挺不错，能自己坐起来；爬行时手与膝盖并用，还试着在楼梯上爬上爬下；自己能摇摇晃晃站起来了，但还需要抓扶坚实的东西；可以用手指捡起玩具、食物和其他小东西；知道如何使用杯子和毛刷等，还喜欢做给别人看；喜欢玩“躲猫猫”和其他找东西的游戏。

知道自己的名字，有人叫宝宝的名字，宝宝会微笑；认识家里人，喜欢和他们在一起；有时怕陌生人，不喜欢离开父母。

（1）喂养建议

母乳仍然是宝宝营养的主要来源。妈妈需要吃健康食品来维持自己的能量和母乳供应。吃辅食的宝宝，喝奶的量可能会减少，妈妈的出奶量也会因此减小。喂奶可以满足宝宝身体和情感两方面的需要，有时宝宝想寻求安慰而不是真的想吃奶，这时候不妨让宝宝坐在膝盖上，给他讲故事、唱歌。

9个月的宝宝会手抓食物，把它塞进嘴里。手抓食物是这个月宝宝主食的一部分。煮熟的蔬菜是很好的手抓食物，可经常给宝宝吃一点煮熟的南瓜、白薯、豆子和胡萝卜。宝宝自己吃东西时，一定要仔细照看，避免噎着。

适合9个月宝宝的手抓食品：薄脆饼干、烤面包片、小方块奶酪、桃片或梨片。

宝宝的就餐用具

高椅：确保椅子的稳固，同时要有安全带；选择有大托盘的高椅，能方便摆放食物和餐具。

塑料布或报纸：在宝宝吃饭时垫几张，方便清扫。

围兜：塑料隔水的最好。

碗碟：底部有防滑设计的碗碟比较适宜，它们不会在托盘和台面上滑动。

杯子：双柄、带盖和吸孔的杯子比较理想，方便宝宝学习喝水，帮助宝宝从吸吮转向啜饮。

（2）保护宝宝的牙齿

有的宝宝可能已经长出了几颗牙齿。乳牙保护很重要，乳牙是否健康会影响到恒牙的生长。现在要避免吃生蔬菜，宝宝的牙齿还没有长足，不能咀嚼生硬食物。如果宝宝的牙齿上有白斑点，要去看牙科医生，白斑点是龋齿的迹象。常规牙科护理从一周岁开始。

宝宝是通过观察妈妈来学习各种好习惯的，因此妈妈要给宝宝做个好榜样，每次饭后要刷牙，少吃甜食。

宝宝入睡前，奶瓶喝完后，再喂几口清水。

临睡时不要给宝宝喂任何含糖的液态物，以免使糖整晚留在宝宝的牙齿上，造成龋齿。

用干净柔软的湿布，每天晚上给宝宝擦洗牙齿和牙床。

（3）宝宝的大小便习惯

现在，宝宝吃固体食物的种类和数量更多了，固体食物在肠道中的蠕动较慢，大便变得厚重起来，次数也减少了。不少宝宝每天排便1～2次，如果你的宝宝隔天才排便1次，这也是正常的。如果大便很硬，宝宝排大便时显得有点痛苦，不妨请教一下医生。

现在让宝宝学习使用抽水马桶为时过早，要等下列两种情况出现时才能进行：一是宝宝自己能感觉到“要大便”；二是宝宝的身体能够坐上抽水马桶。这通常要到宝宝两岁或再大一些才可以学习，太早学坐马桶会让你和宝宝都感觉懊恼。

当然，现在可以为上厕所作一些适当准备。比如，给宝宝换尿布时对他说，“宝宝的尿布湿湿的，真不舒服啊，赶快把它换了；宝宝的小屁屁又干干的，清爽了”。这会帮助宝宝学习词汇“干”和“湿”，还能让宝宝把干燥与舒适联系在一起。

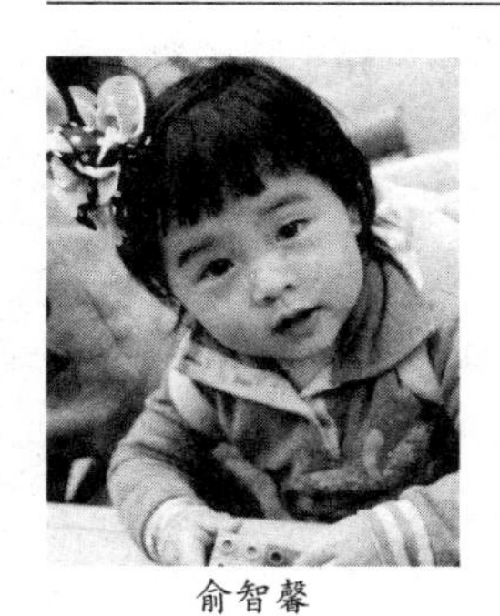
俞智馨

父母寄语 @ 锦儿的宝贝：

小馨，20年后你已是个大人了，要记得常回家吃饭哦！妈妈爱你，永远爱你！

（4）培养睡眠习惯

每天你都要和宝宝一起做很多事情，上床睡觉、换尿布、洗澡和喂饭。开开心心地完成这些日常琐事，会让宝宝感受到你的爱，同时也是宝宝学习的好机会。

9个月的宝宝，大多数每天要睡13个小时。晚上大约能睡10小时，上午睡个短觉，下午睡个午觉。如果宝宝到了睡觉时间却不肯睡，可能是情绪过分激动了，比如参加了某种活动，或不想离开妈妈等。

养成有规律的生活习惯，可以帮助宝宝顺利地从活跃的状态转入安静的睡眠。调暗灯光，减轻电视或音乐的音量，全家人都转入安静的状态，这会让宝宝认为不会错过什么开心的事，可能比较乐意上床。另外，洗个舒适的热水澡，睡觉前讲故事，和家里人亲吻道晚安，一个绒毛动物，一条特别的毯子或其他温暖舒适的东西，这些也能帮助宝宝尽快入眠。

宝宝不能马上入睡，你也不必焦虑。重要的是让他形成自己的睡眠习惯，坚持按时上床。宝宝哭了要给他安慰，但一定要让他知道，你是认真的，因为“睡觉的时候到了”。

（5）适合9个月宝宝的游戏

收集各种大小不一的空罐空盒，教宝宝把各种杂物放进去，再倒出来。

和宝宝一起玩布娃娃，指着娃娃说“眼睛”、“鼻子”、“嘴”、“耳朵”、“肚子”、“腿”，再让宝宝看看自己相同的部位在哪里，“这是娃娃的耳朵。宝宝耳朵在哪里？”

宝宝可能会在地板上爬或急速移动。在地板上用枕头堆一座小山让宝宝爬，帮助他增强肌肉力量，提高平衡力。

选择节奏明快的音乐，和宝宝一起跳舞唱歌，配着歌词做手指和手臂的运动。

鼓励宝宝在镜子里打量自己，说说他的模样，“你看镜子里的宝宝，在笑呢。宝宝的头发黑黑的。”

9个月的宝宝热衷于咿呀学语，喜欢模仿大人的声音。要经常和宝宝说话，同时留一点时间给宝宝，好让他重复你的声音。他发了一个音之后，你再说一遍。

宝宝开始明白，有些东西即使看不见也是存在的。他会在另一个房间追随声音找到你，他会爬着找到滚到椅子下面的球。

（6）安全第一

宝宝越来越好动，非常好奇，每件事都想参与其中。但是宝宝不知道什么会伤害自己，这要靠父母来保证安全。

关上通向楼梯的安全门。

锁上通向阳台和露天平台的门。

把电风扇移到宝宝碰不到的地方。

加热器周围要安装保护栏。

经常检查玩具，发现有松动或破损，立即修好或马上拿开。

提防绳子，避免拉扯和绊倒。百叶窗和窗帘的绳索要收短，不能让宝宝抓到。

用塑料防护盖将电源插座罩住。

搬开轻型家具。宝宝可以抓着家具站起来，轻薄型家具可能会倒下来压着他。

34. 抚育第10个月的宝宝

10个月的宝宝表现出来的新技能，常常让妈妈感到惊讶。他能叫“爸爸”、“妈妈”了，吃奶或吃东西时想自己动手了，用杯子喝水变得稳当起来了；他很努力地让自己站稳站好，喜欢扶着沙发学习迈步。宝宝变得性急起来，甚至胆子也比以前小了。

宝宝变得爱“捣蛋”了，喜欢探究、倒腾各种东西。从抽屉里拿出瓶瓶罐罐、日用杂物，从洗衣筐里拖出衣服，把大人的书报翻乱。似乎什么东西都是他的玩具。要准备一个“百宝箱”，装入宝宝喜欢的各种小玩具，满足他喜欢倒腾、探索的欲望。

这个月龄的宝宝会出现许多新问题，需要父母认真对待。如果只对宝宝说“不许这样、不许那样”已经不管用了。想让宝宝不玩电视遥控器，很困难，因为遥控器太吸引人了，宝宝实在难以割舍，你最好用替代品满足他。

宝宝会说“不”并用摇头表示，喜欢模仿大人的手势和音调，有时说某些词语妈妈能听懂；害怕刺耳的声音，像雷电声或吸尘器的轰鸣声；开始长牙了，喜欢自己动手吃食物；宝宝爬上爬下忙个不停，累了会发脾气，有时候也会睡不着；身体不舒服时，把喜爱的玩具给宝宝，能起安慰作用；宝宝不喜欢离开妈妈，知道什么事情会让妈妈高兴，什么事情会惹妈妈不高兴。

（1）注意饮食习惯

蛋白质是宝宝日常食谱中不可缺少的营养素，像鸡肉、鱼肉、牛肉和豆制品都是蛋白质和铁的极好来源。选择瘦肉，剔除肥肉，切成小块，煮熟煮透。

这时候，你会注意到宝宝好像吃得少起来了，生长速度也放慢了。他忙着对付一些新鲜有趣的活动，暂时忘记了食物。不必过于担心，一如既往地给宝宝提供优质健康的食品，并且坚信“宝宝饿了就会想吃的”。喂食时，双方都要有愉快的心境和一定的规矩，这是很重要的。细小易碎的食物有利于宝宝增加食欲、学习咀嚼、方便喂食。应该给这个月的宝宝提供柔软的面食、菜泥、水果泥或面包片等食物。

让宝宝自己吃食物：喂食时，也给宝宝一个调羹，给他看怎样拿调羹取食、怎样将食物送进嘴里。宝宝需要不断练习才能学会自己吃饭。开始时，可让宝宝自己吃苹果酱、土豆泥、麦粥和米糊等，这些东西用调羹取食比较容易。另外，还要提供宝宝能用手抓着吃的食物，有利于锻炼宝宝的动作控制和手眼协调能力。

当心食物过敏：在宝宝添加新的食物时，每次只能加一样，确信宝宝几天以内没有过敏或其他不适反应时，才可继续添加新的食物。奶酪等食品要定量控制、逐步添加，因为这些蛋白质含量丰富的食品容易引起过敏反应。你可以给宝宝吃一些富含铁质的蛋黄，但不要给宝宝吃整个鸡蛋或只吃蛋白，因为蛋白很容易引起过敏反应。1 岁以后才可以吃完整的蛋。不要给 1 岁以前的宝宝吃蜂蜜，因为蜂蜜中的细菌可能会使宝宝得病。

（2）早一点护牙

10 个月的宝宝还不会自己刷牙，但是爱护牙齿的习惯现在就可以开始培养了。宝宝是从模仿中学习的，你要以身作则，每天坚持刷牙，刷牙时示范给宝宝看。平时每次饭后，都要用柔软的湿毛巾擦洗宝宝的牙齿，清除细菌。这时候还不需要用牙膏。

这里有一个让宝宝喜欢刷牙的办法：在一

莫睿哲

父母寄语 @ 蓝心 52 ：

亲爱的睿宝，20 年后你就是一个顶天立地的大男子汉了，20 年后你可能还在校园，也可能已经踏入社会，老妈对你只有一个要求，就是健康快乐地生活，这就足够了。

个干净、柔软的旧袜子上画眼睛和嘴巴，然后将袜子套在手上，假装给袜子玩偶刷牙，让宝宝也试试，边刷边唱歌："刷牙好，牙刷软，早上起来就刷牙，晚上睡前也刷牙，从小养成好习惯，宝宝牙齿亮又白。"如果宝宝觉得学习刷牙是一个愉快有趣的体验，那么，他就会努力学会自己刷牙。

宝宝的牙齿出现白斑，那是蛀牙的信号，要带他去看牙医。

（3）适合 10 个月宝宝的游戏

宝宝很喜欢模仿你。你可以趴在地板上与宝宝一起爬，玩"跟我学"的游戏。你把一个木勺子丢到空箱子里，再请宝宝学着做。

帮助宝宝感受成就感，不时鼓励宝宝，称赞他越来越结实，越来越聪明。例如，宝宝听见电话铃时会爬过去，你可以说："哇，宝宝真聪明，知道电话铃声响了。"

帮助宝宝认识物品的大小。给他看一些空盒空罐，跟他讲最小的是哪一个，最大的是哪一个，最高的是哪一个，最矮的又是哪一个。

给宝宝做个好榜样，展示轻柔而文雅地与人接触的样子。例如，当他抓你的头发时，你要对宝宝说，"你把妈妈弄痛了，宝宝小手应该轻轻地摸摸妈妈的头发"，边说边将宝宝的小手轻轻地在你的头发上抚摸。

做"回音"游戏。你发出"啦……啦……啦"、"吧……吧……吧"的声音，鼓励宝宝重复。如果宝宝能这样做，你也要以同样的声音来回应。这对宝宝准备学说话很有好处。

多与宝宝说话。你经常对宝宝说话，他会慢慢听懂好多语词。保持宝宝的兴趣，鼓励他多模仿你说话。学会某些技能，反复多次练习是十分必要的。

欣赏你的宝宝，并且用语言表达出来。宝宝学会做新的事情，有了新本领，你应该拍掌欢呼、面露笑容地说："宝宝真能干，学会自己拿调羹了，真了不起呀！"

与宝宝一起读书。读书看画时，要让宝宝坐在你的膝盖上。每晚临睡前，给宝宝讲几个故事，念几首儿歌。

给宝宝喜欢的安慰物。可以是一条毯子、一个玩具，也可以是一块安抚巾，能使宝宝感到安全和舒适。安慰物实际上是妈妈的化身——忠诚、慈爱和宽厚。宝宝通常在 9 ～ 12 个月时选择自己的安慰物。一旦选定，这个爱物就会伴随他好长时间。

（4）当心化学品中毒

宝宝越来越好奇，什么都要碰碰摸摸，要注意收藏好各种日用化学品：

厨房清洗剂、洗涤剂和消毒剂；卫生间的清洗剂和洗涤用品，如洗衣粉、柔软剂和除污剂；松节油、煤油、家具上光剂、油漆去除剂、油漆稀释剂、油漆和清漆等，还有车用汽油、防冻液；化妆品、指甲油和香水；各种除虫剂、灭鼠药；各种常用药剂，如阿司匹林、安眠药、避孕药、咳嗽糖浆、维生素、补铁剂和其他食品添加剂。

35. 抚育第11个月的宝宝

宝宝头部的囟门几乎闭合；坐的时候，平衡能力已经不错了；站立时腿弯弯的，脚底平平的；差不多能够独自走了。喜欢成为关注的中心，也喜欢逗人开心。

宝宝喜欢用手拿小玩具、小食物等，能够堆叠 2 ～ 3 块积木，然后把它推倒；喜欢模仿不同的声音；叫宝宝名字时，他会转头四处找你；能向别人指明自己想要的东西，就算它们离宝宝很远；知道自己必须穿衣服，还会配合大人给宝宝穿衣服；会脱帽子、鞋子和袜子，但不会穿；

（1）开开心心地吃

父母通常很在意宝宝吃什么、吃多少、什

么时候吃。要尽量避免把吃饭变成一种硬性规定。此时，宝宝正在慢慢形成独立性，他努力想以自己的方式做事，而不是完全用你的方式。宝宝喜欢吃什么、吃多少，你不必太在意。他心情愉快的时候，可能更容易接受你的指导。

不要硬性规定宝宝吃什么

不要非得按照规定的顺序来吃东西。例如，甜点不一定在最后吃。重要的是食品营养和膳食平衡,宝宝先吃什么后吃什么,不是最主要的。

不要严格限制宝宝的“混吃”。有的宝宝喜欢胡乱搭配食物，例如在面包上加布丁或在米饭上加菜泥，你就让他去好了，这无伤大雅。他不过是想尝试新的口味，你不妨尊重宝宝的个人喜好。

不要强迫宝宝吃什么。胡萝卜是一种不错的营养食物，但不应该强迫宝宝吃。最好提供多种有营养的食物，看看宝宝喜欢吃什么。

不必担心宝宝吃得太少

妈妈常常觉得宝宝吃得太少了，实际上大可不必，只要按时给宝宝喂有营养的食物就可以了，宝宝是不会把自己饿坏的。不妨对照以下几条：

宝宝的生长发育情况。到医院定期检查，看看宝宝的身高和体重是否合乎常规。如果答案是肯定的话，说明宝宝吃的东西是够的。

宝宝的精力是否旺盛。如果宝宝一天到晚，快快乐乐忙个不停，吃得香、睡得好，对什么事情都有兴趣，那就证明宝宝健康活泼，吃得足够。

宝宝喝奶的量。如果宝宝一天的奶量是足够的，表明其营养也是足够的。

练习断奶，先学用杯子

宝宝要适应从奶瓶喝奶过渡到（大约是1周岁时）用杯子喝奶的过程，因此断奶之前要学会使用杯子。

杯子应选用有两个手柄的，以适应宝宝的动作协调能力。刚开始，最好先在午餐喝奶时使用杯子，等宝宝慢慢适应后，可在早餐时用杯子喝奶，最后，晚上睡前的一餐奶也用杯子。

一般来说，宝宝很喜欢晚上临睡前喝了奶，再心满意足地睡觉，所以他轻易不肯放弃奶瓶。可以先让宝宝临睡前用奶瓶喝水，然后慢慢换成用杯子喝水。

（2）检查牙齿

1岁前后，父母要领宝宝去医院检查一下牙齿。医生会检查牙齿是否出得好、是否有蛀牙以及牙床的发育情况等。如果牙齿有什么问题，可及时处理，越早越好。一般来说，每6个月到医院作一次检查为好。到医院检查时，不要让宝宝留下恐惧感，你可以安慰、鼓励宝宝。

平时要注意不让宝宝吃很多甜食，坚持母乳喂养，每天清洗宝宝的牙齿。

林小涵

父母寄语 @ 乐乐的小宇宙：

乐乐，20年后的今天，妈妈还是想对你说：“无论什么时候、无论在什么地方，妈妈永远爱你！”

（3）欢迎宝宝说“不”

1岁前，宝宝已经学会说“不”。他经常摇头说“不要这样”、“不要那样”，即使他的本意是赞成的。这会使父母感到不可理解，但这种情况恰恰说明宝宝长大了，他正在“闹独立”。一些你不赞成的事情，只要没有什么大碍，不妨随了他，宝宝正是从不断犯错中吸取教训，慢慢长大懂事的。

有时候，宝宝会存心去做你不允许的事情，比如将收音机的旋钮调到最大音量，把东西扔在地上，乱按电话的按钮，揪宠物的耳朵，咬人等。

宝宝正在试探你的底线。你可能会发现，他在乱弄电话时，会悄悄回头观察你。实际上宝宝也有一种心虚感，他希望你立即给予反应，用表情、手势或语言表示“我正在注意你呢，宝宝，这样做妈妈不喜欢，不要乱弄电话”。

你没必要做出过分的反应，大张旗鼓地去制止，这正是宝宝想得到的，他巴不得重复做这些事情来引起你的反应。你应该认真考虑宝宝为什么会有这样的行为，是不是宝宝一个人呆得太久了，是不是玩累了，是不是他需要妈妈的搂抱。只要你能给宝宝足够的关注，他就不太会去做你不赞成的事情。

（4）适合11个月宝宝的游戏

父母都很关心宝宝的智力发育，你可以通过各种活动使宝宝大脑得到更好的发育：

搂抱宝宝，轻拍和抚摸宝宝的皮肤，可以增加大脑活力。

支持和尊重宝宝独特的个性。宝宝喜欢什么、不喜欢什么，你应该保持敏感，在他会说话之前你应该充分了解宝宝的肢体语言。

多给宝宝讲故事和唱歌，语言活动能够增加宝宝的大脑活力。

让宝宝了解物体和动作之间的关系，如拍球、走路、洗手等。

保持环境的安静祥和，避免情绪紧张。音乐和电视机声音太响，宝宝就很难集中注意力。

帮助宝宝用五官探索世界，把宝宝看到、听到、嗅到、摸到和尝到的事物的名称告诉他。

宝宝集中注意力玩的时候，避免打断他。宝宝需要有玩耍的时间，探索和学习是通过游戏实现的。你应该站在宝宝身后观看，努力理解宝宝正在做的事情。

用几个大纸盒子拼接起来做一个“隧道”，鼓励宝宝慢慢爬过“隧道”；也可以在沙发上放一个玩具，让宝宝尝试着去够到它。

剪些动物的图片，告诉宝宝每一个动物的名字，如“这是小鸟，它会飞，羽毛很漂亮”；教给宝宝一些常见动物的叫声，鼓励宝宝重复这些声音。

找一些不同颜色的帽子、塑料碗等戴在头上，在镜子里看宝宝的反应。通过这种“时装秀”，和宝宝分享快乐的情绪。

可以给宝宝一些罐子、碗、调羹等，让宝宝模仿你烧饭。

给宝宝一个空罐子，里面放一些网球大小的球。你示范给宝宝看，怎么放球、拿球，鼓励宝宝将球从一个空罐子放到另一个空罐子。

（5）这个年龄段的安全问题

当心学步车

父母很急切地想让宝宝早点学会走路，以为学步车是个好帮手。实际上，学步车反而会帮倒忙。它有利于增强小腿肌肉力量，但对发展大腿肌肉和上身力量却不见得有利，而后者恰恰是学走路更需要的。更糟糕的是，学步车还会带来安全隐患，容易倾翻或从楼梯上滚下来。

不如买一个宝宝小推车，让宝宝边推边扶边学走路，这有利于宝宝协调能力的发展。

远离被动吸烟

吸烟者嘴中吐出的烟雾中至少有40种致癌

物质，对宝宝特别有害，容易引起肺炎、支气管炎和哮喘等。为了宝宝的健康，请远离被动吸烟，要做到：

不允许任何人在房间里抽烟；

尽量不去那些可能有人抽烟的地方。

家庭防火防烫

吸烟：大多数家庭失火是由于吸烟不当引起的，不能让人在家里吸烟。

暖气管：床、衣服和窗帘等要远离暖气管，以免着火；寒冷时最好添加衣服，而不是凑近暖气管；告诉宝宝不要玩弄暖气管。

电路电器：电炉、洗衣机和其他大容量电器应该配专用的插口；不要将许多电器设备都集中在少数几个插口上，超载会引起失火；选择正确的保险丝；保险丝反复烧断，一定要请人修理；发现有轻微漏电的现象，也要请专业人士来检查；外出时，要确定所有的家用电器都已关闭。

厨房：易燃的东西要远离灶具；炉子上烧东西时不能离开厨房；使宝宝远离炉灶；万一炉灶着火了，用大的盖子或平底锅盖在火苗上，千万不要用水去泼，以免酿成大祸。

储藏室：煤油、油漆罐和其他易燃的物品用后就要丢弃；使用时应该妥善保管，远离高温，尽量通风；不要将汽油放在室内；明火状态下不能使用汽油。

36. 抚育第12个月的宝宝

宝宝现在的体重是出生时的3倍，身高是66 ~ 76厘米。宝宝精力十足，总在不停地动。

宝宝会从小床里爬出来了；宝宝开始学走路，但如果想迅速到达什么地方，仍然是爬着过去的；宝宝会揭开容器的盖子，打开橱柜的门；喜欢推拉玩具；吃东西时经常坚持自己抓调羹，但动作不太正确，会把许多食物撒出来。

宝宝喜欢看书和杂志里的图片；听得懂许多话，尤其喜欢和妈妈说话；喜欢模仿熟悉的声音，会说几句单字句，不过只有妈妈听得懂；妈妈在一旁，宝宝可以自己玩一会儿；不顺心、疲劳或者遭到挫败的时候宝宝会感到懊恼。

（1）把握断奶的好时机

婴幼儿专家认为，断奶是婴儿生活中的一大转折。断奶不仅仅是食物品种、喂养方式的改变，更重要的是对宝宝的心理发育有着重要影响。一些心理学家甚至将断奶过程称为第二次母婴分离。因此，妈妈需要温柔对待断奶。

众所周知，宝宝在吸吮乳汁时，也在不断地与妈妈进行感情交流，这样的交流对宝宝的身心发育极为重要。断奶时，如果妈妈采取的方法不恰当，如在乳头上涂辣椒、黄连等，这些强硬的手段虽然可以很快地解决一时困扰，可遗留下来的“祸患”却是无穷的：宝宝会因为强行断奶而哭闹，进而产生心理上的恐惧

李怡萱

父母寄语 @ 李怡萱 DINGDING ：

亲爱的怡萱宝贝：从知道你存在的那一刻起，爸爸妈妈对你只有一个心愿：希望我们的宝贝健康快乐地成长。20年后，我们的心愿依旧，希望宝贝快乐地生活，快乐地学习，快乐地追求梦想，快乐地实现价值。生命因你而感动，世界因你而精彩！孩子，我们永远爱你！

和不安，以吸吮手帕、被子及衣物等来获得安慰，严重的还会形成日后难以纠正的儿童异常行为。

什么月龄断奶最好

母乳是婴儿的最佳食品。但是随着宝宝的生长发育，4 ～ 6 个月后，母乳中的营养已经不能完全满足宝宝的需要了，必须添加适当的辅食。在添加初期，辅食提供的热量约占全部食物热量的 10%；等到宝宝 8 ～ 9 个月的时候，辅食提供的热量占到了全部食物热量的 50%；而对于 1 岁左右的宝宝，辅食提供的热量已经达到全部食物热量的 60% 以上，给宝宝断奶提供了合适的条件。

什么季节断奶最好

决定给宝宝断奶，最好放在春秋两季。夏天气温比较高，宝宝的肠胃消化能力较差，稍有不慎，很容易引起消化道疾病；冬天太冷，宝宝因为断奶而晚上睡眠不安，容易感冒生病。

特殊情况的处理

准备断奶期间，如果碰上宝宝生病，最好推迟一段时间，等宝宝身体复原后再考虑断奶；如果在哺乳期间，妈妈患重病或再度怀孕，则应立即给宝宝断奶。

切莫错过断奶良机

如果在恰当的时机，没有及时给宝宝断奶，很容易养成宝宝“吊奶头”的习惯。有些宝宝还会因为有母乳提供而不肯吃粥、饭和其他辅食，造成营养摄入不足、生长发育迟缓。专家告诫，即便妈妈的奶水充足，断奶的时间也最好不要超过 1 岁半。

（2）断奶后的辅食安排

断奶后，宝宝（1 岁左右）每日仍需要摄入食物热量 1100 ～ 1200 千卡，蛋白质 35 ～ 40 克。而此时，婴幼儿的消化功能有限，不宜直接进食固体食物。所以应在原有辅食的基础上，逐渐增添新品种，逐渐由流质、半流质饮食改为固体食物——首选质地软、易消化的固体食物，包括乳制品、谷类等。为宝宝烹调时，建议将食物切碎、烧烂，可用煮、炖、烧、蒸等方法，不宜油炸，不宜使用刺激性配料。

宝宝断乳后不能全部食用谷类食品，可适当摄入成人的饭菜。其主食应为稠粥、烂饭、面条、馄饨、包子等，副食可为鱼、瘦肉、肝类、蛋类、虾皮、豆制品及蔬菜等。具体来说，就是主粮为大米、面粉，每日约需 100 克，随着年龄增长而逐渐增加；豆制品每日 25 克左右，以豆腐和豆干为主；鸡蛋每日 1 个，蒸、炖、煮、炒都可以；肉、鱼每日 50 ～ 75 克，逐渐增加到 100 克；豆浆或牛奶，每日 500 毫升，1 岁以后逐渐减少到 250 毫升；水果可根据具体情况适当供应。

断奶后宝宝进食的次数，一般为每日 4 ～ 5 餐，分早、中、晚餐及午前点、午后点。早餐可提供牛奶或豆浆、蛋或肉包等；中餐可为烂饭、鱼肉、青菜，再加鸡蛋虾皮汤等；晚餐可进食瘦肉、碎菜面等；午前点可给些水果，如香蕉、苹果片、鸭梨片等；午后点为面包或蛋糕、配方奶等。

断奶后宝宝怎样喝代乳品

请妈妈注意，宝宝断奶后还要坚持喝其他的代乳品。专家建议，配方奶要吃到 2 岁，之后可以开始喝鲜牛奶，3 岁后可以全部喝鲜牛奶。

其他奶制品如酸奶，原则上是宝宝 2 岁后才能喝。因为 2 岁内的孩子对酪蛋白的吸收、利用较差。而宝宝是否要加奶量，主要看孩子身高、体重达标与否。

乳酸饮料和酸奶是有区别的。乳酸饮料不建议给孩子喝，因为它是饮料，不能提供给孩子足够的营养。

其他进餐建议

吃饭前洗手。宝宝四处爬动，手会沾上细菌，要用肥皂和温水清洗。

使用不易破碎、稳固的盘碟。塑料盘子不易打破，用宽底浅口的碗杯装食物不易溢出来，用边朝上的盘子盛食物不易漏出来。

给宝宝的食物少一点，1 ～ 2 调羹就够了，吃完了再添。宝宝喜欢表现独立性，想多吃的时候让他自己要。

如果宝宝开始玩食物，不再吃了，就把食物拿开。

饭后洗手洗脸，换掉弄脏的衣服。

（3）养成早睡早起的睡眠习惯

睡眠对于宝宝的成长很重要，12 个月宝宝一天的睡眠时间不能少于 14 小时。因此，爸妈要特别注意调整宝宝的生物钟，如果白天睡眠时间过长，晚上宝宝就会睡不着，隔天又会睡到很晚起来。

建议白天让宝宝多做一些游戏活动，晚上准时上床，睡前和宝宝做一些安静的游戏，如画图、讲故事等。舒适的睡眠环境很重要，宝宝独睡的小床最好摆放在空气充足的朝阳房间，所用的睡具、物品都放在固定的位置。这样做的目的是为宝宝营造一个温馨熟悉的环境，一躺到小床上，他就很容易入睡。

（4）学会简单的自我服务

12 个月宝宝的参与意识增强了。吃饭时，他会要求自己拿小勺吃饭；口渴了，自己会捧杯子喝水。尽管有时他的参与会把事情弄得一团糟，但你仍要给他这种自我服务的机会，主动参与会让这种生活学习变得更加轻松快乐。

（5）及时给宝宝注射疫苗

接种疫苗能预防疾病。带宝宝去做常规检查时，医生会给宝宝接种疫苗。

有些疫苗需要接种 2 ～ 3 次。大部分疫苗要在第一年接种。有些疫苗要求以后补充注射强化剂量。你的宝宝必须按时接种疫苗，今后报名进托儿所时才不会遇到麻烦。

（6）宝宝理想的玩具

好的玩具能帮助宝宝成长和学习。玩具要结实，边缘光滑，不易破碎、裂开或爆开，便于清洗。所有的宝宝都喜欢用嘴探索，所以一定要保证玩具放到嘴里是安全的。不要给宝宝玩泡沫玩具。定期检查所有的玩具，以保证没有松动的零件。

书：买塑料或纸板的书，选择印有日常物品的图片。

娃娃：柔软、简单，带彩绘面孔的。

绒毛动物：柔软、缝制的，带彩绘面孔的。

移动玩具：结实，非拼装的各种汽车；宝宝能拿起来、会移动的玩具。

手抓玩具：构造有趣、有各种零件可探索的，如塑料拼插玩具、堆叠环、不同形状的模型分类玩具。

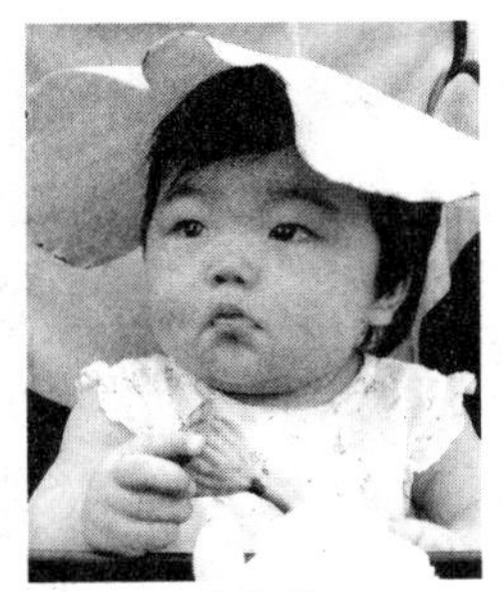
陆天琳

父母寄语 @ 陆海佳：

过去的每一天，你用哭笑玩闹感动着身边的每一个人；未来的每一天，勇气、智慧和幸福、美丽将加持你身。爸爸妈妈外加一个珍贵的承诺：永远给你指点，但绝不指指点点。

沙器和玩水玩具：不会打破的杯子、调羹、漏斗和过滤器等。

建筑玩具：结实的积木。

智力玩具：简单的，只有 2 ～ 4 块的木制嵌入式智力玩具。

镜子：不会打破的手提小镜子。

套叠和构造玩具：收集各种大小不一的杯子和盒子，能将一个套在另一个上。

球：大小和质地不同的球，让宝宝滚和抛。

纸和笔：无毒的大水彩笔和硬质纸。

乐器：各种可摇动的玩具乐器，如拨浪鼓。

有声资料：歌曲、儿歌的 CD 或录音。

（7）认知的发展

学习生活技能

宝宝的大脑迅速发展，现在他已经能自己解决一些简单的问题。例如，宝宝递给你一个机械玩具，请求帮助。他在开动脑子了，知道转动钥匙玩具会动，但自己还不会，所以他让你转动钥匙。这是宝宝在解决问题。其他还有——

他会拉着绳子把玩具移近；

他明白用锤子敲罐子比敲地板发出的响声更大；

他会堆盒子，拉掉鞋袜，推着椅子去攀高，会用几分钟时间打开盒盖等。

宝宝掌握了一项技能，妈妈要鼓励她，宝宝则会更积极地尝试解决新的问题，发展新的技能。学习生活技能，能让宝宝变得更独立、更自信。不要期望宝宝很快就能掌握这些技能，学习这些技能需要经常练习。你要给予宝宝支持和耐心。

吃饭时，鼓励宝宝用调羹或用手抓；

刷牙时，让他握着牙刷试着自己刷；

在水槽边放张凳子，可使宝宝洗手更方便；

穿脱衣服时，让他自己拉裤子、脱鞋袜；

和宝宝一起把玩具放回到储藏架上。

用哪只手

多数宝宝喜欢用右手做大部分的事，用右手握调羹，用右手捡玩具，用右手翻书。但是，有的宝宝似乎经常用左手。用哪只手都没关系，复杂的大脑构成决定了一个人喜欢用哪只手。如果你的宝宝喜欢用左手，那就让他用吧。有妈妈的支持，用左手吃饭、绘画的宝宝也会像用右手的宝宝一样成功。

和他人的互动

宝宝什么都想玩。宝宝从玩具、书本和家用物品中学习，也从跟他人的互动中学到很多东西。

如果宝宝和另一个同龄宝宝在一起，他会观察别人，有时会模仿别人玩。宝宝在与妈妈的互动中学到的最多。妈妈的耐心支持教他学会独立；妈妈的积极鼓励使宝宝明白他是独特的；妈妈的持之以恒还会给宝宝带来安全感。

在语言上花工夫

即使许多话不会说，宝宝也能听懂了。你叫他递给你一个玩具或指点书中的画，他会照你说的做。但要注意，宝宝只能按照简单的要求行事。如果你们一起看书，不要问他“农场里的动物在哪儿”，而要说“指一指，牛在哪里”，你说的话要具体，同时给宝宝思考和反应的时间，然后再移到下一个动物。

宝宝会很努力地跟你交谈，比如发出响声，跟上你的说话节奏。宝宝可能会清楚地说几个字，也会指指点点打手势，帮助你明白他发音模糊的话。这时候，你要清楚地把他想用的话说出来，让他模仿。

请记住，宝宝同时在练习多种技能，如果他把许多精力花在学走路上，语言发展可能就会慢一些；如果他正在适应托儿所的生活，那么身体和交际技能的发展可能会暂停。

（8）宝宝能直立行走了

从受精卵到新生儿，再到 1 岁的孩子，这个过程就像一部浓缩的“进化史”：从单细胞分裂为多细胞，从水生到陆生，从游动到爬行，最后到直立行走。短短一年，一个生命完成了物种数亿年的“进化”，这是不是奇迹呢？

10～12个月的宝宝，用“直立行走”向世界骄傲地宣告：“我‘成人’了！”

“直立行走”一直是人类引以为傲的，因为“直立”开阔了我们的视野，让我们的上肢从移动身体的动作中分离出来，我们可以边走边看，用双手做自己想做的。1岁左右的宝宝学会了“直立”以后，独立性不断扩张——他们更喜欢自己活动，不喜欢被大人搀扶或搂抱，他们希望更大范围地与世界“联结”，构建自己的活动网络。

如果大人执意阻止他们单独活动，久而久之，他们就不再喜欢“直立”。你会发现，经常被人抱的孩子，往往独立性不够。“直立”与“独立”之间的微妙关系，爸爸妈妈一定要十分留意。

让宝宝练习行走

创设安全的“直立”环境。这个时候的宝宝还处在蹒跚学步阶段，有点像“醉汉”行走。好好检查家中的物件、桌椅等是否影响孩子的安全。

不要害怕宝宝摔倒，敢于放开你的手。鼓励宝宝的直立与学步，让宝宝双脚刚刚迈出第一步，内心就充满“我能行”的自信与热情。

当宝宝会扶着站立时，你拿玩具吸引他，诱导他走路。刚开始，可以让宝宝沿着桌子或小床移步，注意保护。

当宝宝能扶物稳步移动时，你可以将两把椅子分开摆放，训练宝宝扶着第一把椅子走向第二把椅子。也许宝宝会爬着过去，慢慢地就能跨出第一步了。

当宝宝扶走熟练后，你可以让他由一个人走向另一个人，慢慢拉长距离。

你还可以用学步带或绳子拴于宝宝腰间，拉着带子让宝宝独走，只要在宝宝快摔跤时拉住宝宝就可以了。

该给宝宝穿什么鞋

保证鞋的大小适宜，检查时要让宝宝脚着地站立；

选择能保护脚的鞋子，宝宝的鞋不需要有特殊功能；

穿轻巧、柔韧、鞋底不会打滑的鞋，宝宝学走路更容易；

一年中宝宝的鞋可能会换好几次，要选择价格实惠的鞋；

定期检查鞋是否合脚；

不要穿别人穿过的鞋。

37. 抓住宝宝0～12个月关键期

每个孩子在出生时，区别并不是很大，但随着后天生活环境和父母教养方式的不同，孩

印裕卿

父母寄语@毛豆豆是帅哥：

20年后，你已经是个高大帅气的大男孩了，但仍是爸爸妈妈心中最可爱的儿子！走向社会的你要记得爸爸妈妈教的，先做人再做事，要做个像爸爸一样有责任心的男人！

子之间就会显现出令人惊讶的差异。很多父母也许会感到疑惑，我们很爱孩子啊，我们为孩子提供了很好的环境，为什么我们的孩子……这类问题看似很难回答，其实原因并不复杂：爸爸妈妈，你们没有抓住宝宝成长的关键期啊！做任何事情，只有看准时机，采取有针对性的方法，才能取得事半功倍的效果。

（1）关键期的来历

最早发现“关键期”现象的是奥地利习性学家、诺贝尔奖获得者劳伦斯。他认为，0～3岁是孩子成长的关键期，很多能力都是在这一时期得到发展的。如果在这一时期，孩子没能得到很好的培养，那么可能以后都会失去获得这种能力的机会。

在劳伦斯“关键期”的概念基础上，美国学者盖塞尔提出了婴幼儿发展的8个关键年龄段，婴幼儿会有一些其他年龄段所不具有的特殊的跳跃式进步。

这里我们先讲前五个关键期，后面三个关键期，留到宝宝1～3岁那部分再讲。

“关键期”时间表

关键期	宝宝年龄	培养能力
第一个关键期	出生后的第一个月	建立安全感
第二个关键期	1～3个月	建立有效沟通
第三个关键期	3～6个月	建立良好游戏习惯
第四个关键期	7～9个月	培养良好性格
第五个关键期	9～12个月	自我意识萌芽
第六个关键期	1岁到1岁半	学习走路
第七个关键期	1岁半到2岁	展现自我
第八个关键期	2岁到3岁	好奇心高涨

（2）第一个关键期（出生后的第一个月）：建立安全感

宝宝出生后，面对一个完全陌生的世界，在好奇之余，难免会无所适从。他感到不安和害怕，所以常常整夜哭闹。这时候宝宝最需要的就是安全感，新手爸妈应该做什么，才能给宝宝安全感呢？

妈妈把宝宝抱在怀里，亲切地呼唤宝宝。在出生后的2个小时内，妈妈的拥抱对宝宝来说很重要。让宝宝靠近妈妈的心脏，重温妈妈芬芳的体味和熟悉的心跳。很快，宝宝就会感受到他所熟悉的声音和气味，认为周围是安全的，从而安静下来。

宝宝饿了及时喂，尿湿了及时换尿布，烦了马上抱，哭了立刻哄。爸爸妈妈在生活上无微不至的照顾，能给孩子带来安全感，宝宝会觉得爸爸妈妈很关注他。

多和宝宝进行目光交流，用温柔的声音说话，轻轻地抚摩宝宝的身体。妈妈温柔的目光充满魅力，宝宝醒着的时候，看到妈妈的微笑会减轻不安的感觉。

妈妈可以在宝宝周围挂一些可爱的小玩偶。宝宝会把玩偶当成陪伴自己的小伙伴，不再孤独，而且还有安全感。

给宝宝听柔和的音乐，妈妈还可以编唱一些摇篮曲，以及刻意制造一些悦耳的声音，比如摇铃铛、晃动风铃等。宝宝对悦耳的声音很敏感，本来可能正在哭呢，音乐一起就忘了哭，开始陶醉地感受音乐。听音乐还能让宝宝建立最初的听觉，以及抬头寻找声源的能力。

活动一下宝宝的关节和四肢。妈妈可以每天在适当的时候，让宝宝短时间在床上趴一趴，拉着他的小胳膊小腿轻轻摇动，做健康操。宝宝会很开心，觉得妈妈和他一起做游戏呢。

（3）第二个关键期（1～3个月）：建立有效沟通

这时候宝宝还没有语言能力，哭是他们唯一的表达方式。这3个月是爸爸妈妈和宝宝建立有效沟通的关键期。爸爸妈妈可不能偷懒，一定得做个生活的有心人，仔细分辨和理解宝宝发出的各种信号。宝宝的哭声、眼神、表情、动作幅度和频率，其实都是在对你说话，如果爸爸妈妈能够读懂它，并合理满足宝宝的要求，恰当地引导宝宝，就能帮助宝宝从容地应对生活，这就是智力发展的开端。

不要把精力全集中在喂奶和哄睡觉这两件事上。这个阶段，多数爸爸妈妈在喂奶和哄睡觉这两件事上花费了很多精力，而忽视了跟宝宝的交流。有时候你会发现，越是想让宝宝多吃、多喝、多睡，宝宝就越是不肯听从。别看宝宝还小，他绝不会亏待自己，饿了知道吃，饱了会想办法躲，不舒服了就大哭大闹；你要是不跟他玩耍，他就延长吃奶的时间，跟你边吃边玩……

细心观察宝宝。宝宝通过哭和笑、脸部的表情和身体的动作，来表达自己的需要和感受。爸爸妈妈可得时常注意观察宝宝的举动，仔细分辨宝宝发出的各种信号，才能及时理解宝宝的想法，让宝宝真切地感受到父母的关爱。

爸爸妈妈可以竖着抱宝宝，他们很乐意被竖着抱起。这时候，如果爸爸妈妈积极引导宝宝，用手去触碰他感兴趣的东西，比如看见妈妈笑了，就伸手去摸妈妈的脸，对宝宝的控制力和视觉追踪能力都是一种很好的训练。

爸爸妈妈可以带宝宝到处走动，接触新鲜的事物。

随着视力的不断发展，宝宝的视野开阔了，对周围事物的兴趣也增加了。在这段时间里，宝宝的体重和身高不仅有了明显增长，活动能力也显著加强了，他已不满足于趴在床上自由抓扑了。

让宝宝多看看家人的脸。细心的爸爸妈妈会发现宝宝的表情比以前丰富多了，而且对人脸和面部的丰富表情最感兴趣。

（4）第三个关键期（3～6个月）：建立良好游戏习惯

父母最头疼的还是宝宝的吃睡问题。日常生活的照顾固然重要，但也不能忽略宝宝其他方面的培养。这个阶段是爸爸妈妈跟宝宝建立良好游戏习惯的关键期，也是开发宝宝智力的有利时期。

不要刻意去想玩什么游戏，只要吸引宝宝的兴趣即可。玩什么不重要，关键是要建立良好的游戏习惯。3个月的宝宝似乎一下子长大了许多，精力也更加充沛了，可以让他快乐地随便玩，他才能学到本领。如果过多地强调玩什么和怎么玩，可能会给孩子过多的压力，反倒令他不喜欢游戏了。

尽量多陪孩子玩。尽管宝宝一个人也可以玩一会儿，但他更喜欢有人陪着一起玩，喜欢看别人游戏并且进行模仿。爸爸妈妈最好每天都能在一定的时间内，有意识地陪宝宝一起玩，帮助宝宝建立良好的游戏习惯。和宝宝一起游戏的过程，也是爸爸妈妈训练宝宝视听觉能力的有利时机。

不同个性的宝宝自然有不同的游戏喜好，要尊重孩子的选择，让他选择玩什么和怎么玩。

邓欣悦

父母寄语＠萌宝悦儿的小世界：

20年后，你23岁，正值绝好年华！20年后，妈妈已经满头白发，不能像现在这样把你高高举起，不能再跟在你屁股后跑个不停！可是妈妈依然爱你如昔！你是我永远的宝贝！

有的宝宝喜欢运动类的游戏，比如被家长举起来蹦蹦跳；有的宝宝喜欢玩人际交流的游戏，听大人说话、跟大人对话；少数宝宝喜欢专注地摆弄小积木，或闷头撕纸，独自玩很长时间。

可以跟宝宝进行简单的交流。爸爸妈妈需要注意的是，跟宝宝说话时，句子要尽量短，吐字要清楚，音调可以偏高，口形最好夸张一点。说话的内容可以和宝宝看到的、摸到的事物，或正在从事的活动相联系，帮助宝宝发展视听觉的分辨能力。

为宝宝提供一些适合小手抓握的玩具，如摇铃、积木或可牵拉的玩具。把玩具摆到宝宝眼前，引导他主动伸手抓握，这就是手眼协调力训练的开始。

不要阻止宝宝啃咬的欲望。很多宝宝热衷于把玩具送到嘴里去咬。其实在这个阶段，宝宝咬玩具的行为是正常的，爸爸妈妈不要强制拿走宝宝的玩具，可以试着转移宝宝的注意力。当然，爸爸妈妈还要经常把玩具洗净、消毒，让宝宝时不时满足一下啃咬的欲望。

安排好宝宝饮食起居的节奏。宝宝的吃、睡、玩、大便、洗澡、外出等都应遵循一定的规律，引导宝宝自觉配合，培养宝宝良好的生活规律，对其智力和个性发展都有着积极的意义。

（5）第四个关键期（7～9个月）：培养良好性格

这个阶段，是爸爸妈妈发现和积极适应宝宝个性特点的关键期，也是开始训练宝宝语言能力的有效期。

要有意识地观察和记录宝宝的行为。怎样尽快发现宝宝的气质特点呢？其实这并不是一件很难的事情，只要爸爸妈妈平时有意识地观察和记录宝宝的行为，不明白的地方可以参看书籍或请教专家。

选择适合宝宝个性特点的游戏。在了解了宝宝的气质特点之后，要积极适应宝宝的个性特点，在生活和游戏中帮助宝宝发挥自身的气质特点。在进行游戏时，要抓准时机进行鼓励或限制，引导宝宝逐渐调整自己的行为模式。在游戏中，宝宝的个性得到展示，将有利于宝宝树立自信心。

对待宝宝要耐心，培养孩子是个长期的过程。良好的性格是在健康的心理环境下培养出来的，爸爸妈妈要摆正自己的心态，尊重孩子，在日常生活中以身作则、树立榜样，让宝宝通过不断的模仿来建立更好的行为模式。

重点训练宝宝的爬行能力。“七坐八爬”，爸爸妈妈在提高宝宝坐位平衡能力的同时，要重点训练宝宝的爬行能力。爬行这个动作看似简单，但它对提高宝宝全身的协调性具有重大意义。

给宝宝爬行创造环境。在宝宝爬行前，爸爸妈妈要创造一个广阔安全的活动空间。比如，你可以拿一个玩具吸引宝宝爬，可以带宝宝到花园爬，垫上户外野餐用的防水垫，宝宝还可以边爬边晒太阳呢。

宝宝学习爬行要循序渐进。可以先让宝宝贴着地面爬，逐渐用软枕等物品给宝宝设置一些小障碍，使宝宝跨越障碍变换方位爬，循序渐进地把宝宝培养成一个真正的爬行能手。

积极引导宝宝运用双手。这个时期也是训练宝宝双手配合以及手指动作能力的关键期。爸爸妈妈要训练宝宝用双手抓玩具、用手指拿捏小物件、鼓励宝宝拿着两个玩具对敲。宝宝不可避免会把到手的东西送到嘴里尝尝，爸爸妈妈一定要做好监督工作，不要让宝宝把小物件吞进肚里。

和宝宝玩躲猫猫游戏。视线之外的东西依然存在，宝宝却不知道。躲猫猫游戏让宝宝对这个世界充满好奇，帮助宝宝加深对这个世界的理解，是宝宝认知能力发展的重要基础。

爸爸妈妈要训练宝宝的语言能力。从咿呀学语开始，宝宝想要说话的愿望日益强烈。半岁之后，妈妈可以鼓励宝宝学习和模仿大人正确的发音。先教宝宝说一些简单的字词，用图片、实物对比的指认法来教宝宝，让宝宝把字词和概念联系起来，懂得每件实物都有名称。当宝宝向妈妈表达索要实物时，就可以鼓励宝宝将要求用语言表达出来。

（6）第五个关键期（9～12个月）：自我意识萌芽

宝宝的独立性增强了，教他“学习”也有些困难了……因为这个时期，宝宝的自我意识开始萌芽，他会用心寻找自己感兴趣的、不在眼前的东西，并用自己的双手让东西改变位置。

让宝宝在跌跌撞撞中学习站立和行走。学习过程中难免会有一些磕磕碰碰，爸爸妈妈要敢于放手让宝宝“独自闯荡”，过度保护宝宝其实等于限制了他的发展。在战胜困难的过程中，宝宝的运动能力和解决问题能力都可以得到增强，还增强了宝宝的自信心。

想方设法激发宝宝做游戏的兴趣。细心的爸爸妈妈会发现，表面看来宝宝在各方面的进步比以前慢。其实并不是宝宝散漫了，而是这个阶段要学习的本领比从前难度大了。这时不能再单纯让宝宝自由选择游戏了，而是要激发宝宝做游戏的兴趣。

让宝宝多跟小伙伴在一起玩。尽管这个年龄的宝宝即使呆在一起，也很少相互配合，大都是自顾自地玩，但是宝宝之间的观察和模仿，特别是伙伴们聚集在一起的氛围，是任何家庭游戏所无法代替的。

锻炼宝宝双手操作的能力。在这个关键期，进一步发展宝宝手眼协调的能力是不可忽视的重要任务。爸爸妈妈可以让宝宝练习双手搭积木，或把小物件准确地装入小口容器，或握着笔在纸上涂涂画画，这些都能让宝宝的小手灵活起来。

进一步提高宝宝的爬行能力。爬得远、爬得快是一方面。更重要的是，要培养宝宝灵活改变方向、轻松跨越障碍的能力。站立和行走也是如此，宝宝不仅要会站、会走，还要站稳、走好，敢于变换身体的姿态。确保姿势和动作模式的正确至关重要，爸爸妈妈必须仔细观察，正确引导。

38. 1～12个月宝宝的前庭觉成长游戏

（1）什么是前庭觉

前庭器官，是人体平衡系统中的主要末梢感受器官。前庭是内耳器官之一，与耳蜗紧密相连，总称为听器官。前庭器官在儿童发育发展中起着至关重要的作用。

前庭觉掌管着人的平衡感。当人体做出俯仰、加减速等动作时，前庭器官能感知到身体位置的变化，帮助人体保持平衡，避免人体在移动和运动时失衡跌倒。我们能否保持良好的平衡感，能否协调地做出各种动作，主要取决于前庭器官是否良好。

蒙蒙

父母寄语 @ 蒙爸不用蒙妈用：

嘿，臭小子。20年后，你已经24岁了，精彩的人生才刚刚开始，我们希望你健康平安快乐地生活，有想要实现的理想，有喜欢做的事，有喜欢的人。人生是一个漫长的过程，不管遇到什么，不抛弃，不放弃，不要害怕失败，做一个有责任心和上进心的男人。我们永远是你坚强的后盾。

（2）宝宝前庭觉的发展

前庭觉的发展与儿童各方面的发展都有密切关系。前庭觉的发展会影响到其他感觉系统的发展，比如：眼球的追视能力、专注力、阅读能力、音乐感受能力、触觉等；肌肉的张力，进而影响到身体姿势和活动能力；语言发展牵涉到舌、喉部、声带、腹部等的肌肉动作，这些动作也都与前庭的平衡反射相关。

前庭器官的训练，可以帮助宝宝建立良好的平衡感。宝宝1岁前，前庭系统和大脑的可塑性极高，如果我们能针对不同月龄宝宝的特点和发展水平，经常让宝宝参与前庭觉发展相关的活动，增加前庭感觉经验，会对宝宝的身心发展产生积极作用。

（3）前庭觉成长游戏

儿童的发展是连续的，表现在1岁以内宝宝身上，就像爬楼梯，呈阶梯式上升，而且比其他年龄段来得明显。同样的游戏，在宝宝成长的12个月里，玩的方法和目的也有所差异。在此，我们设计了这一组阶梯式成长游戏，每个主题有12个月龄的游戏内容，全年共有12个主题。

第1个月：上上下下

活动准备：为宝宝穿上适合运动的衣服

游戏方法：将宝宝轻轻抱入怀中，一手托住宝宝脖子，一手从上至下搂住宝宝大腿；慢慢地将宝宝托高并停留一会儿；再将宝宝慢慢地放低，并稍作停留；如此反复几次。

亲言亲语：宝宝，我们上上下下、飞啊飞。

游戏补丁：注意控制上升和下降的速度，动作要缓慢，不能剧烈摇晃宝宝，别让宝宝感觉害怕和不适。

第2个月：摇摆船

活动准备：为宝宝穿上合适运动的衣服

适合地点：干净舒适的床上或地毯上

游戏方法：大人坐，双腿向前伸直；宝宝平躺在大人腿上，大人双手托住宝宝的头颈部；通过腿部的交替抖动，让宝宝向两边轻轻摆动。

亲言亲语：宝宝，我们一起玩摇摆船喽。摇摆船，飘呀飘，飘呀飘在大海上。摇摆船，摇啊摇，摇来摇去在海上。

游戏补丁：特别注意把握好双手的力度，这个月龄的宝宝头颈部是最需要保护的。紧紧注视宝宝的眼睛，引导宝宝也注视你的眼睛，这能给宝宝带来安全感。

第3个月：摇摇床

活动准备：一条干净、结实且足够大的浴巾

适合地点：干净宽敞的床上

游戏方法：浴巾平铺在床上，将宝宝放在浴巾中间；爸爸妈妈握紧浴巾一端，连宝宝带浴巾轻轻提起，慢慢摇晃；宝宝熟悉游戏后，可引导他看看天花板上的灯和其他物件。

亲言亲语：宝宝躺在摇摇床上，宝宝喜欢摇摇床。爸爸在，妈妈在，摇来摇去不害怕。宝宝开心，爸爸妈妈也开心。

游戏补丁：注意安全，浴巾的高度离床不能超过10厘米；控制摇晃的幅度。这个游戏可以提高宝宝的平衡能力。

第4个月：跷跷板

活动准备：为宝宝穿上宽松的运动服

游戏方法：爸爸坐在椅子上，一条腿搁在另一条腿上（跷二郎腿状），宝宝趴坐在跷起的那条腿的脚背上；爸爸双手扶住宝宝腋下，单脚慢慢抬起，空中停留3秒，慢慢放下；反复几次。

亲言亲语：跷跷板，抬起来，我家宝宝也起来。跷跷板，压下去，我家宝宝也下去。

游戏补丁：也可以改成爸爸躺在床上，让宝宝坐在爸爸膝盖上。爸爸双手扶着宝宝的手臂，双脚屈膝向上提，再平放双脚。注意不要过度拉扯宝宝的胳膊，以免受伤。

第 5 个月：宝宝擀面杖

活动准备：给宝宝穿柔软、无装饰物的衣服

游戏方法：宝宝躺在毯子上或床上；把宝宝喜欢的玩具放在一侧，逗引宝宝拿，同时用手轻推，帮助宝宝翻身；反复几次，换个方向翻身。

亲言亲语：宝宝来当擀面杖，妈妈来当大厨师。擀过来，擀过去，擀张“宝宝饼”。宝宝饼，香喷喷，爸爸妈妈好欢喜！

游戏补丁：注意宝宝的情绪，如果他很喜欢，发出快乐的“啊”、“咿”声，可以适当延长游戏时间。如果宝宝紧张，表明他不喜欢这个游戏，要安抚他，或情绪好点再玩。

第 6 个月：哈哈镜

活动准备：镜子

适合地点：镜子前

游戏方法：抱宝宝坐到镜子前；指着镜子里的宝宝告诉他，“这是宝宝啊”，提示他关注镜子里的“自己”；抱着宝宝，一边注视镜子，一边后仰前倾，反复多次。

亲言亲语：镜子里的宝宝是谁？原来是我家宝宝，宝宝、宝宝那是你呀。我和宝宝亲一个。

游戏补丁：通过前后平行移动，让宝宝观察和感受位置的变化、空间的转化，这是培养平衡感的良好方式。

第 7 个月：小小不倒翁

活动准备：不倒翁玩具

活动地点：室内地板

游戏方法：宝宝坐地板上，把不倒翁放在宝宝面前；大人推动几下不倒翁，再引导宝宝动手推不倒翁；扶宝宝双臂，引导宝宝学不倒翁左右摇摆的样子。

亲言亲语：宝宝看，这是不倒翁。嘟，不倒翁倒了；咦，不倒翁又站起来了。我们换个方向来推它，看看会怎么样啊？嘟，嘟……宝宝来学学不倒翁，嘟，倒下了，嘟，坐起来了。

游戏补丁：7 个月大的宝宝，已经能独坐 20 分钟左右了；有的宝宝不仅能坐稳，甚至还会坐起后再躺下。注意不要让他一下子坐太长时间，以免影响脊椎发育。游戏做完后，把他抱起活动一下，或让他躺下给他做做按摩。

第 8 个月：旋转木马

活动准备：给宝宝穿着宽松的衣物

游戏方法：大人站在屋子宽敞处，把宝宝横抱在身体一侧；让宝宝适应这个姿势，然后抱他沿屋子慢慢转圈，正一圈，反一圈；边转边向宝宝讲述你们看到的物品。

亲言亲语：旋转木马，旋转木马，我们一起绕圈圈；正圈圈，沙发、桌子、电视机；反圈圈，电视机、桌子、沙发。

游戏补丁：开始转圈时宝宝可能会紧张，注意幅度和速度，让宝宝慢慢适应。转圈不宜时间过长，速度不宜过快，以免宝宝眩晕。

第 9 个月：大球滚滚

活动准备：羊角球（又称跳跳球）

杜春林

父母寄语 @ 明踪莉影：

欣欣宝贝，你永远是爸爸妈妈的骄傲，爸爸妈妈祝你永远健康、快乐！

游戏方法：给宝宝介绍一下羊角球，让他随意玩玩；让宝宝趴在羊角球上，用双手抓住两个“羊角”；一手扶宝宝，一手推球，让大球轻轻晃起来。

亲言亲语：宝宝，你看这个球上有两只角。宝宝上大球了，大球动起来了。

游戏补丁：如果宝宝哭闹，应该停止活动，让宝宝自己随意玩球，等他熟悉了再接着玩。

第10个月：顶气球

活动准备：把气球挂在墙上

游戏方法：把宝宝抱到挂着的气球边，和宝宝一起摆弄气球，熟悉气球；抱着宝宝迈步向前，让宝宝用头触碰气球；鼓励宝宝自己摆头碰触气球。

亲言亲语：看，这是气球。我们把气球挂起来了。我们一起向前、向前，宝宝的小脑袋要撞气球喽。撞一下，撞两下，宝宝好厉害！

游戏补丁：这个年龄的宝宝开始对认物感兴趣了，平时多多向他介绍新事物，重复说说物体的名称。碰触气球时，可以加一些象声词，会更有趣。另外，要选择安全的塑料材质的气球，橡胶气球易破。

第11个月：空中接力

活动准备：给宝宝穿宽松舒适的衣服

游戏方法：爸爸和妈妈面对面坐着，宝宝在中间；爸爸托着宝宝双腋下，面向妈妈，将宝宝的两腿甩向妈妈；妈妈快手接住宝宝的双腿。

亲言亲语：(爸爸) 宝宝朝妈妈飞过去了。(妈妈) 接到了。(爸爸妈妈) 哈哈，我家宝宝真勇敢！

游戏补丁：平衡感有助于身体协调性的发展，平衡感不好的宝宝日后容易晕车、晕船。爸爸要扶牢宝宝的两腋，千万不能松手；甩宝宝的幅度要小，以免发生危险。如果宝宝不喜欢这个游戏，不要强迫他玩。

第12个月：倒过来看看宝宝的家

活动准备：给宝宝穿适合运动的衣服

游戏方法：大人坐床上，双腿向下并拢、伸直，宝宝面向大人，坐大人腿上；向宝宝介绍周围的物件，提示宝宝注意它们；扶住宝宝的腋下，让宝宝慢慢后倾，倒躺在大人腿上；让宝宝倒着观察周围的物品。

亲言亲语：看看那台灯，看看那桌子，再看看那电视机。我们统统颠倒过来看。所有东西都倒过来了，台灯倒过来了，桌子倒过来了……

游戏补丁：如果宝宝表现出害怕，后倾的幅度可以小一点，宝宝适应后，再调整后倾幅度。

39. 1~12个月宝宝的触觉成长游戏

触觉是人类的第五感官，指的是分布于全身皮肤上的神经细胞接受来自外界的温度、湿度、疼痛、压力、振动等感觉。触觉是人体最基本的感觉，也是人体分布最广泛、最复杂的感觉系统。触觉让我们知道，水是烫还是冷、尿湿后的不舒服、打针的疼痛等。新生宝宝以触觉感应为认识世界的主要方式。

触觉的过度敏感和过度迟钝都是触觉失调的表现，会影响宝宝的辨别能力。触觉过度敏感的宝宝，对外界刺激的适应力较差，容易产生负面情绪，粘人、怕生、不合群等；而触觉迟钝的宝宝大脑的分辨能力可能较弱，通常表现为容易跌撞受伤、无法有效保护自己等。

触觉发展与宝宝各方面的发展都有密切关系，它有助于获得宝宝各种能力：探索能力，触觉可以帮助宝宝建立对物品重量、质地的认知；避险能力，用手指感觉到水很烫就不会喝下去，以免烫伤；人际交往能力，在跟人的拥抱与抚摸中获得满足感和安全感，建立起密切的亲子关系。

所以，触觉的发展对1岁前宝宝尤为重要。

宝宝触觉的发展

月龄段	触觉发展特征
0 ~ 2个月	以觅食或自我保护为目的，以反射动作为主
3 ~ 5个月	嘴巴与手的探索，能够感受到各种触觉的不同，作简单的区别
6 ~ 9个月	触觉发展已经遍及全身，会用身体各部位去感受刺激、探索环境
10 ~ 12个月	触觉定位趋于清晰，能够分辨出所接触物品的不同材质

第1个月：袋鼠宝宝

准备：妈妈穿上宽大的开襟睡袍

方法：妈妈坐或躺在床上；宝宝裸身，贴卧在妈妈的胸口上；妈妈说话，并轻抚宝宝10分钟左右。

亲言亲语：袋鼠宝宝，袋鼠妈妈。袋鼠妈妈抱抱袋鼠宝宝。袋鼠宝宝长大了。

游戏补丁：宝宝与父母的亲密关系是他今后与人接触的起点，是今后所有人际关系和社会关系的基础。和宝宝肌肤接触，能为他带来安全感和信任感。嗨，爸爸也赶紧加入进来吧。

第2个月：洗洗摸摸

准备：大块海绵、毛巾、浴球和纱布等各1件

方法：将宝宝放入已调好水温的浴盆中；用海绵块轻擦宝宝身体，边说边轻轻抚触；换其他物品，同样进行。

亲言亲语：海绵软软的，擦擦宝宝的背，擦擦宝宝的手和腿。

游戏补丁：水可带给宝宝特别的触感，让宝宝既害怕又好奇。适应这种触感时，他会很开心地洗澡。各种物品的触感，在干和湿的状态下有明显不同，让宝宝尽情体会各种感觉。

第3个月：亲亲宝贝

方法：宝宝吃饱喝足，平躺在床上或地毯上；亲吻宝宝的全身，别忘了手心、手背、肚子和小脚；将宝宝翻个身，再亲亲他的头、脖子、背和小屁股。

亲言亲语：宝宝乖，妈妈爱。妈妈亲亲乖宝宝。

游戏补丁：妈妈的吻甜蜜又温馨，是你与宝宝最直接的沟通方式。与宝宝亲密接触前，妈妈应彻底卸妆。

第4个月：小屁股滑滑滑

准备：宝宝光屁股，妈妈穿无饰物的全棉裤子

方法：妈妈坐在床上或地上，屈起一条腿的膝盖；屈起的小腿是滑梯，让宝宝光屁股坐在膝盖处；扶宝宝慢慢下滑。

亲言亲语：宝宝来玩滑滑梯。宝宝来玩妈妈的滑滑梯。哧溜溜，哧溜溜，宝宝的屁股光溜溜。

游戏补丁：大部分妈妈为宝宝选择“尿不

谢济鸿

父母寄语 @ 难看的乔伊：

20年后，你的人生刚刚开始，愿你能够穿越险阻，实现抱负，找到归宿，在人生每一时刻保持儿时灿烂纯真的笑容。学会知足，学会感恩，学会宽容，在生活的每一个片段延续你多彩而又简单的幸福。“济沧海，展鸿图”是我们给你永远的祝福。

湿”纸尿布，它们虽然方便，却忽略了宝宝屁股的触感体验，做这个游戏能弥补缺陷。

第5个月：啃啃小脚丫

准备：洗净宝宝的脚丫

方法：宝宝平躺，妈妈挠挠宝宝的脚底，让他身心放松；用宝宝的脚尖轻触宝宝的下巴和鼻子；再让宝宝的脚趾触碰他的嘴唇，换脚，动作同上。

亲言亲语：挠挠宝宝的小脚丫，翘翘宝宝的小脚丫，咬咬宝宝的小脚丫。

游戏补丁：脚也是很重要的感觉器官，脚丫也应该像手一样经常触摸各种东西，接受各种刺激。这时期的宝宝喜欢把东西放在嘴巴里尝一尝，这是他在用嘴巴进行探索。

第6个月：袋中探宝

准备：小玩具数个，布袋1个

方法：把宝宝抱坐在妈妈身前，拿出玩具和布袋；在宝宝的注视下将小玩具一一放入布袋；引导宝宝把手伸入布袋，摸摸里面的玩具；鼓励宝宝将玩具从布袋中取出。

亲言亲语：妈妈把小熊放到袋子里。宝宝用手摸一摸，摸到了什么？真棒，宝宝拿到了一只小狗。

游戏补丁：皮肤触点的大小和数量决定了皮肤的敏感程度。手指的指腹有很多触点，最为敏感。用手指来感受不同材质的物品，这对宝宝是一种很重要的练习。

第7个月：头对头，脸对脸

方法：和宝宝面对面，一起坐在地上或床上；和宝宝轻轻碰碰头、脸颊和鼻子。

亲言亲语：宝宝、宝宝，我们碰一碰脑袋。宝宝、宝宝，我们碰一碰脸颊……

游戏补丁：你还可以视宝宝的兴趣，加入耳朵、嘴巴等。这既可以让宝宝认识自己的身体，还能体验亲子快乐。

第8个月：抚摸宝贝

准备：婴儿润肤乳

方法：宝宝躺在床上，松开衣服；妈妈取少量的婴儿润肤乳，摩擦双手使之温热；给宝宝全身各部分都抹上润肤乳，边抹边触摸，同时和宝宝说话；为宝宝穿上衣服。

亲言亲语：摸摸宝宝的小手指，一二三四五，再给宝宝的后背摸一摸。

游戏补丁：抚触能让宝宝得到心理上的安慰。睡前抚摸，能舒缓情绪，让宝宝轻松入眠。

第9个月：有趣的小路

准备：毯子、塑料垫、沙发垫等

方法：将不同质地的毯子、塑料垫、沙发垫等连接成一条“小路”；握着宝宝的手摸一摸各种物品；拍手引导宝宝沿着小路爬行。

亲言亲语：宝宝，这是毯子，毛茸茸的；这是塑料垫，滑滑的；这是沙发垫，软软的。宝宝，从小路上爬过来吧。

游戏补丁：会爬行后，宝宝进入了重要的大动作发展阶段。游戏可增加爬行的兴趣。不妨让宝宝用小脚踩一踩，让小脚丫的感觉也丰富起来。

第10个月：洗手的快乐

准备：能调水温的龙头

方法：将水温度调至适合，抱宝宝在龙头下洗手；打上洗手液，搓一搓；将洗手液冲干净，感受水流。

亲言亲语：我们一起来洗手。搓一搓，搓出好多泡泡。

游戏补丁：流动的水会带来一种新奇的感受，让宝宝感到好奇。除了玩水，你们还可以玩米和豆子等。游戏中要注意安全。

第11个月：滚小球

准备：不同材质的小球，如毛线球、棉布球等方法：宝宝吃饱喝足，情绪放松地躺在床上；露出宝宝的小肚子，用毛线球轻轻在上面按顺时针方向滚动，也可以上下滚动；换棉布球，做同样的动作。

亲言亲语：小毛球，软软的。宝宝的小肚子，软软的。小毛球滚过来，滚过去，咕噜噜，痒痒痒！

游戏补丁：发挥你的想象力，还可改用其他小球，让宝宝有更多的体验。圆柱体也是不错的选择，如杯子、毛巾卷等。其他的身体部位也可做同样的动作。注意，手上力度要适当。

第 12 个月：抽象画大师

准备：几张白纸，水彩颜料和托盘

方法：将 2 ~ 3 种颜料挤在托盘里，先向宝宝介绍它们；分别扶着宝宝的拇指、食指、中指蘸取颜料，印在纸上；让宝宝自己用手指随意画。

亲言亲语：一张纸，我们在纸上画画。这是红色，这是绿色，看看，宝宝能画什么？

游戏补丁：为避免宝宝把桌子和地板弄脏，可以先铺一层报纸。

40. 1 ~ 12个月宝宝的肌肉动作游戏

大肌肉动作，这里说的“大”只是一个相对的概念。小肌肉群完成的是精细动作，比如抓、捏、撕等手部动作。大肌肉群，指的是人的胸肌、腹肌、背肌、腿肌、二头肌和三头肌（手臂）。大肌肉群完成的是较大的动作，比如抬头、转头、俯撑、翻身、坐、爬、站立、行走、跑跳等。

大肌肉动作的发展与儿童各方面的发展都有密切关系。大肌肉动作的发展会影响到儿童的其他能力，比如：思维能力（低龄儿童的思维依赖于动作，受到动作发展的制约）；自我意识能力（动作发展可以帮助宝宝提升对自我的认知）；探索环境的能力（1 岁前宝宝的抬头、翻身、爬行等大肌肉动作有助于拓展探索的范围）。

1 岁以内，宝宝的大肌肉动作发展有一个进步的序列：抬头、翻身、靠坐、独坐、爬行、扶站……这些也是宝宝探索能力不断提升的标志。所以，大肌肉动作发展是否良好，对 1 岁前宝宝尤为重要。

第 1 个月：走走太空步

适合地点：干净、舒适的地毯或床上

游戏方法：家长坐在床上或椅子上，面对面搂抱宝宝；一手从宝宝腋下穿过，放于宝宝手臂下方，同时用拇指扶住其头部后侧，使宝宝直立；让宝宝双脚轻触平面（注意：家长手上的力量要合适，不可使宝宝足部呈现弯曲状态）；轻缓地移动宝宝向前走，观察宝宝是否做两腿交替迈步的动作。

亲言亲语：宝宝站站好，宝宝本领有多大？啊，宝宝真厉害，一二一！

王佳妮

父母寄语 @ 妮宝妈：

我们感谢你的到来，你的每一个灿烂笑容，每一个甜蜜拥抱，每一个甜蜜呼喊，都使我们的人生充满了满足和幸福。

我们不知道 20 年后的你会有什么样的理想，也许你正为了踏上社会而感到困惑和烦恼，也许你已经做好了准备，也许你已经有了自己的男朋友，也许……不管你在经历什么，都希望你能开开心心，过属于自己想要的生活，拥有自己的幸福。不管多久，我们都会深深地爱着你，陪在你身边！

游戏补丁：新生儿的先天反射，能反映出宝宝的机体是否健全，大肌肉的基本能力是否良好。本游戏能帮助你观察宝宝的迈步反射，它大约在2个月后消失。

第2个月：蹬蹬小脚脚

活动准备：洗净你的手

游戏方法：宝宝躺在安全的平面上（床或地毯上），脱去鞋袜；你的手掌贴放在宝宝脚掌处，轻推，诱导他用力蹬你的手；抱起宝宝，让他脚掌一上一下地轻踩平面。

亲言亲语：碰碰小脚，摸摸小脚；小脚用力，小脚蹬蹬，哎呀呀，哎呀呀。宝宝用脚踩踩桌子（或者床和地板），哎呀呀，哎呀呀，好棒！

游戏补丁：6～8周的宝宝会反射性地踢蹬脚掌触碰到的东西，反射性地去踩脚底碰到的平面。除了冬天，平时不要给宝宝戴手套，也不要一直给宝宝穿袜子，应该让他有机会感受空气的冷热、不同物品的触感，增强他的感受力。

第3个月：俯卧抬头

游戏方法：宝宝平躺在床上（或地毯上）；双手轻轻翻动宝宝的身体，仰卧变俯卧；在宝宝前方不断说话，逗引他俯卧抬头，转向你的方向，保持片刻。

亲言亲语：骨碌碌，骨碌碌，宝宝翻身喽。宝宝宝宝，妈妈在哪里？宝宝宝宝，妈妈在这里；宝宝找到妈妈了！

游戏补丁：俯卧、抬头，是宝宝"正视"世界、认识世界的第一步。刚开始宝宝抬头的时间很短，3个月后可逐渐增加抬头时间。宝宝俯卧时，一定要有成人陪伴，将宝宝身边的毯子、枕头、玩具等拿开，以免发生意外。

第4个月：翻身取物

活动准备：宝宝喜爱的玩具

游戏方法：宝宝躺在床上或地上，身边无障碍物；在宝宝身旁10厘米的地方放上他喜爱的玩具；引导宝宝翻身靠近玩具。

亲言亲语：看，这是什么？原来是宝宝的小羊啊。宝宝够得着吗？来，试一试！宝宝取到小羊了！宝宝真厉害。

游戏补丁：4个月的宝宝大多数能自主翻身了。动作灵活的宝宝迅速翻身后，会主动用前臂支撑身体，脸正视前方。

第5个月：呼拉圈健身操

活动准备：粗细合适的小呼拉圈

游戏方法：宝宝和妈妈面对面坐；让宝宝的手抓紧呼拉圈一端，妈妈抓住另一端；妈妈朝自己的方向拉动呼拉圈，观察宝宝能否抓着呼啦圈摇动身体；同样的动作，朝相反的方向重复一遍。

亲言亲语：呼拉圈，呼拉圈，宝宝抓紧呼拉圈。呼拉圈，呼拉圈，宝宝喜欢呼拉圈。

游戏补丁：6个月的宝宝手臂力量变大，可将手中的东西抓得很紧。一旦他感觉拉力时，会主动用力，以牵制拉力。你不妨变换动作，做往上拉、斜着拉的动作，或是变化力度，或轻或重。宝宝腹部、背部和手臂的力量不断提升，脑部神经也会得到相应刺激。

第6个月：足球小将

活动准备：轻质大球

游戏方法：宝宝躺在干净的地板上，你拿着球在宝宝下方；用球轻触宝宝的脚，诱导宝宝抬腿踢球；熟悉后，你再将球平行地移动，鼓励宝宝移动双脚，跟随踢球。

亲言亲语：宝宝踢球，左踢踢，右踢踢。大球逃啊逃，宝宝追啊追。

游戏补丁：此游戏可锻炼宝宝的下肢力量。爬行离不开有力的双腿，宝宝很快就要学爬，这个游戏是很重要的准备活动。圆圆的皮球在宝宝眼里是一种很神奇的玩具，轻轻一推，会滚动；一拍，会反弹。你不妨多准备几个大小不同、材质不一的球。

第 7 个月：爬行预备

游戏方法：让宝宝趴在地上（床上）；将宝宝的右腿向前推，呈弯曲状，顶在宝宝肚前，然后拉直；换左腿做同样动作；左右腿交替进行。

亲言亲语：曲曲右腿，曲曲左腿。哎哟喂，换条腿，哎哟喂，再换腿！

游戏补丁：左右腿交替，可以模拟爬行动作，让宝宝体验爬行的移动感和空间感。从抬头、翻身、打滚等过渡性动作，到最终真正的爬行，每一次练习都是对大脑的一次积极激发。

第 8 个月：爬高山

活动准备：枕头

游戏方法：让宝宝趴在地板上，把枕头放在宝宝面前，“这是一座山”；你隔着枕头坐在宝宝对面；拍手鼓励，引导宝宝爬过“枕头山”来找你。

亲言亲语：前面有一座山，山前有个乖宝宝，宝宝快快爬到妈妈身边来，宝宝真棒。

游戏补丁：爬行需要大小脑的密切配合，能够丰富大小脑之间的神经联系，促进脑生长。爬的动作还涉及全身的协调，对宝宝的发展十分有利。

第 9 个月：穿越隧道

活动准备：毯子和桌子

游戏方法：毯子盖在桌子上，呈隧道状；宝宝在桌子底下的这一边，你在桌子的另一边个；鼓励宝宝穿越“隧道”爬过来。

亲言亲语：这么长的隧道。宝宝爬过来找妈妈。隧道长不长？隧道里黑不黑？宝宝真勇敢。

游戏补丁：如果宝宝有点怕，毯子就不必完全盖住地面，给桌子留一点光亮；如果宝宝一时不愿意爬，只能鼓励，不能责备哦。你可跟宝宝一起钻到“隧道”里，用手电筒一同探险，体验一下光和影的变化，很好玩的。

第 10 个月：扶着站站

游戏方法：你与宝宝面对面坐；扶腰拉手，顺势将宝宝托起来，双脚着地；扶着宝宝的手，晃一晃，摇一摇；再让宝宝坐下，鼓励他自己扶物站起来。

亲言亲语：宝宝，你已经坐得很棒了。你站起来了。晃一晃，摇一摇，晃晃摇摇站站好。

游戏补丁：10 个月的宝宝自己能扶栏杆站起来，他的视线高度又不一样了。通过观察获得经验是宝宝最主要的学习方式，观察角度和范围的变化，对宝宝而言是新鲜而特别的体验。

第 11 个月：蹲下取物

活动准备：宝宝喜欢的玩具

游戏方法：宝宝扶着栏杆独立站一会儿；在宝宝脚边放一个他喜欢的玩具；鼓励宝宝蹲下

徐登

父母寄语 @ 盘子会唱歌 1 ：

20 年，留不住岁月的脚步，留不住易逝的时光，宝宝你终会长大。妈妈既为你高兴，又失落和担心，长大意味着你即将离开我们的怀抱，独自成长，独自承担生活的风雨和负担。亲爱的宝贝，不管怎样，你一定要坚强要勇敢。不苛求你有多大的成就与名利，只要你健康、快乐、幸福就好！

取玩具，成功了要拍手表扬。

亲言亲语：宝宝站得很棒啊。这是你喜欢的小兔子，快把小兔子捡起来。真棒，拍拍手！

游戏补丁：如果宝宝不敢弯腰取东西，你可用手臂护一下，让宝宝感觉安全了再尝试。也可以先让他体验一下“站起来蹲下去”的感觉，动作熟练了，再取玩具。

第12个月：学学走路

活动准备：70厘米长的棍子

游戏方法：爸爸妈妈各抓棍子的一头，宝宝扶棍子站中间；叫宝宝的名字，让宝宝抓着棍子走向爸爸或妈妈；爸爸妈妈手握棍子沿同一方向慢慢转圈，宝宝抓棍子在中间转小圈。

亲言亲语：宝宝过来，找爸爸。宝宝过去，找妈妈。我们一起跳个圆圈舞吧。

游戏补丁：学走路很辛苦，需要长时间的经验积累才能走稳。宝宝学走路时，很多爸爸妈妈都想找到合适的学步工具来帮忙。学步车对于宝宝的行走姿势、腿部骨骼与肌肉的发展都有不利影响，儿科医生和教育专家都不建议使用。学步带能帮你省不少力，可以用家里的毛巾或围巾替代。

41. 1~12个月宝宝的自我意识发展游戏

自我意识是指人对自己各种身心状况的认识及对周围关系的体验。一个人的自我意识从发生、发展需要经过二十多年的时间才能达到相对的稳定和成熟。1岁前宝宝尚未产生和建立真正意义上的自我意识，不能把自己同周围的其他事物区别开来，甚至不知道自己的手和脚是“我身体”的一部分。但只要是生活在正常健康的环境里，人类的孩子就会作好建立这种意识的准备。

自我意识是人和动物很明显的区别。一般来说，动物不具有自我意识。猫、狗、老虎，包括最像人类的猴子在照镜子时，通常会将映照在镜子中的自己误认为是伙伴，会向镜中的自己打招呼等，就像半岁前后的宝宝在镜子里看到“新朋友”一样。

自我意识的发展和成熟是宝宝其他心理关系发展的基础，直接影响到宝宝日后的自我评价，对形成积极的个性心理（如自信、大方等）会产生积极影响。发展自我意识、认识自我的过程，也是发掘一个人内在潜力的过程。宝宝需要从小确立积极的自我意识。

1岁前宝宝的自我意识发展重点在下列三方面：熟悉自己的名字；认识并且支配自己身体的各个部位；认识到自己是一个整体。

心理学观点：1岁左右的宝宝通过做各种各样的动作，慢慢意识到自己的动作和动作的对象，慢慢学会把两者区分开来，产生真正的自我意识。宝宝的自我意识处于萌芽状态，这种萌芽状态是很重要的发展阶段。宝宝只有将自己与外界区分开了，才能开始理解和适应周围环境。

教育学观点：儿童的任何发展都不是突然完成的，需要经过长时间准备才能实现由量到质的转变，自我意识的发展也是一样。培养宝宝的自我意识，必须从生活中的细节入手，潜移默化地提升宝宝的自我认识能力。所以，触觉的发展对1岁前宝宝尤为重要。

第1个月：会走路的手指

准备：妈妈干净温暖的手

游戏方法：宝宝躺在床上，脱去衣物；用你的指腹按摩宝宝的身体，从脚底开始慢慢地移动，螺旋移动或来回移动。

亲言亲语：宝宝，看妈妈的手指会走路。手指走到脚底了，在这里转圈圈。手指走到哪儿了，原来是宝宝的小腿。

游戏补丁：注意修剪手指甲，只能以指腹接触宝宝的皮肤，按摩时避开宝宝的乳头。

第 2 个月：亲子被动操

准备：给宝宝换上合适运动的衣服

游戏方法：让宝宝躺在床上或地毯上，抚摸他的胳膊和腿部，做热身运动；扶着宝宝的胳膊，随体操的节奏侧平举、向上举，还原；扶着宝宝的腿，随体操节奏伸直、向上举，还原。

亲言亲语：宝宝，我们一起来做体操，动动宝宝的小胳膊，一二三四，一二三四。伸伸宝宝的小胖腿，一二三四，一二三四。

游戏补丁：边做边说出宝宝身体各部位的名称，帮助宝宝认识自己的身体。你的抚触还能刺激宝宝皮肤触觉的发展。

第 3 个月：认识宝宝的名字

游戏方法：将宝宝放在床上或地毯上；你在四周不同的位置叫宝宝的名字；宝宝转脸寻找的时候，你要对宝宝微笑，鼓励他。

亲言亲语：宝宝快看，妈妈在哪里？被你看到了啊，妈妈在这里。宝宝，妈妈在哪里？又被你看到了，真棒！

游戏补丁：这里的"宝宝"是你家宝宝小名的替代名。你应该尽早让宝宝知道自己的名字。现在宝宝还不能对自己的名字有反应，但他对声音是很敏感的，所以他会回应你亲切的呼唤。慢慢地，宝宝就会将这个声音跟自己的名字联系起来。

第 4 个月：谁在镜子里

准备：大穿衣镜、会响的玩具

游戏方法：宝宝坐在镜前，能在镜子中看到他的全身；引导宝宝观察镜子，握住宝宝的手摸摸镜子；动动宝宝的手和脚，让他观察镜子里的变化；摇动一个会响的玩具，引起宝宝注意，然后问他"玩具在哪里"，观察他的手会伸向哪里。

亲言亲语：看看镜子里的小朋友是谁啊？摸摸镜子，哎呀，宝宝的手在动，小朋友的手也在动。看，什么在动？原来是宝宝的脚啊。

游戏补丁：对于宝宝认识自我来说，镜子是不可或缺的玩具。宝宝会对镜子里的自己充满兴趣，不过他并不知道镜子里的人是谁。宝宝对会响玩具的反应，能更好地帮助你观察宝宝。

第 5 个月：动动手，动动脚

准备：节奏明快的乐曲

游戏方法：宝宝躺在床上或地毯上；轻轻握住宝宝的两只手腕，随音乐有节奏地摆动；抓住他的脚踝，随节奏摆动。

亲言亲语：多好听的乐曲，我们一起来打节奏，双手摆起来，双脚摆起来。

游戏补丁：也可以将乐曲替换为妈妈哼唱，这更容易让你控制节奏与速度。哼唱时，注意与宝宝进行眼神和表情交流。

曹瀚璟

父母寄语@琼麦儿：

宝贝，当你长到 24 岁时，妈妈对你唯一的希望就是两个字——快乐！你开始步入社会，妈妈不希望你被学历、收入等压得喘不过气。每个人都有自己的人生，只要你乐观、奋进、一步一个脚印，上帝是不会亏待你的。爸爸妈妈和你最爱的奶奶永远祝福你快乐，希望你做一个正直善良、顽强不息、能为他人带去温暖的人！

第 6 个月：五官世界

准备：剪下人脸图片

游戏方法：将人脸图片贴在较低的墙面或其他宝宝能看到、摸到的地方；引导宝宝看图片；让宝宝摸摸图片，告诉他图片上有什么。

亲言亲语：宝宝，看这是谁？我们用手摸一摸。这是阿姨，摸摸阿姨的脸。看，这是叔叔的耳朵。

游戏补丁：宝宝年龄小，需要重复学习，因此人脸图片的更换不能太频繁。

第 7 个月：小手小脚好朋友）

游戏方法：把宝宝抱在怀中，抚摸他的手和脚；握着宝宝右手摸摸他的左脚，再让他用左手摸一下右脚；让宝宝的双手拍一拍，双脚也拍一拍。

亲言亲语：摸摸宝宝的小手，摸摸宝宝的小脚。小手小脚碰一碰，我们都是好朋友。

游戏补丁：学会控制和支配身体，是宝宝自我意识得以发展的重要开端。

第 8 个月：找自己

准备：宝宝的照片 2 张，宝宝的袜子和枕头

游戏方法：将一张宝宝照片贴到宝宝正穿着的袜子上，另一张藏在枕头下；问“宝宝在哪里”，指指宝宝，再指指贴在袜子上的宝宝照片；重复几次后再问“宝宝在哪里”，鼓励宝宝指向袜子上的照片。

亲言亲语：宝宝在哪里啊？宝宝在这里。

游戏补丁：宝宝可能一时还不能理解照片里的孩子是自己，没关系，可先给他看爸爸妈妈的照片，让他理解照片上的人是爸爸妈妈。

第 9 个月：拾拾捡捡

准备：玩具、宝宝安全椅

游戏方法：让宝宝坐在安全椅上，自己玩玩具；利用玩具掉落的时机，捡起玩具，看宝宝是否有意再将玩具扔下来。

亲言亲语：宝宝，你在玩小摇铃啊。哎呀，你的小摇铃掉了。没关系，妈妈帮你捡起来。

游戏补丁：从 8 ～ 9 个月开始，宝宝会反复玩这种“拾起来扔掉”的游戏，说明他已经逐渐能区分自己的动作和动作的对象（玩具）之间的关系了。

第 10 个月：认认五官

准备：1 张不透明的纸、1 把安全剪刀

游戏方法：用剪刀在纸的中间剪一个洞；与宝宝面对面坐好，将纸放在自己脸上，让鼻子从洞里面露出来；让宝宝摸一摸你的鼻子，告诉他这是鼻子；将纸放在宝宝的脸上，让他来摸摸自己的鼻子。

亲言亲语：看一看洞里露出来的是什么？你来摸一摸吧。这是鼻子，妈妈的鼻子。这是鼻子，宝宝的鼻子。

游戏补丁：还可以将纸遮住脸，逐一露出眼睛、眉毛、嘴巴，帮助宝宝认识五官。

第 11 个月：取下来

准备：宝宝的帽子、2 个小圆环、毛巾

游戏方法：宝宝躺在床上，将一个小圆环挂在宝宝耳朵上，另一个放在宝宝肚子上，观察宝宝会去取哪个；帽子和毛巾也用同样的方法放在宝宝的头上或脚上；

亲言亲语：宝宝你看，这是小圆环。宝宝真棒，你把它拿下来了。

游戏补丁：11 ～ 12 个月的宝宝较容易把头、手、脚触碰到的东西作为外部的东西和自己区别开来，但把身体前方接触到的东西区别出来则有困难。

第 12 个月：认衣服

游戏方法：选择宝宝穿脱衣服的时候，先穿衣，再穿裤子、袜子、鞋子；告诉宝宝“衣服穿好了，可以出去玩了（或脱好了，可以睡

觉了)”;

亲言亲语：宝宝，起床吃饭了。先穿衣，这样小肚子就不冷了。再穿裤子，这样小屁股就不冷了。穿上袜子和鞋子，小脚就不冷了。

游戏补丁：穿脱衣服按照一定的顺序进行，可以潜移默化地向宝宝传达秩序和规则的观念。这个月龄的宝宝能够理解并执行简单的命令，有的还能有意识地配合大人穿衣服，穿衣时伸手，穿裤子时伸脚。

42. 1～12个月宝宝的早期阅读

(1) 早期阅读与0～1岁宝宝敏感期

感官敏感期：当宝宝开始尝试使用听觉、视觉、味觉、触觉来熟悉环境、探索事物时，感官的敏感性就开始体现出来了。阅读是刺激宝宝视觉、听觉、触觉发展的很好方式。

语言敏感期：婴儿的语言敏感期开始于他注视大人说话的嘴型并发出咿呀的声音时。妈妈给宝宝念故事，正是宝宝观察妈妈口型、模仿妈妈说话、发展语言能力的好时机。

动作敏感期：1岁前宝宝的大运动和精细动作在飞速发展。宝宝看书玩书时自然会有翻书的动作，这会让宝宝的小手和精细动作得到锻炼。

1岁前宝宝主要是以看和听的方式来进行阅读的，我们称之为“看阅读”和“听阅读”。1岁前宝宝已经可以从周围环境中接受各种信息，只要具备了看和听的能力，完全可以开始早期阅读。

(2) 早期阅读的三大好处

有助于提高理解力和集中注意力

爸爸妈妈抱着宝宝，指着书里的图画边看边讲，宝宝的眼睛、耳朵、小手同时用了起来。通过视觉、听觉、触觉等多感官的协调，宝宝把听到的(相对抽象的信息)和他看到的、摸到的(相对具体的信息)一一对应起来，才能更好地理解图画的意思和妈妈所表达的意思。在这个过程中，宝宝的看、听是一种主动的、有指向性的行为，宝宝用眼睛和耳朵捕捉信息，注意力得到了充分的集中。

有助于宝宝开口说话

“听阅读”给宝宝接触语言创造了更多更好的机会，便于宝宝将听到的内容储存在大脑里。等到他开口说话时，你会惊奇地发现，孩子居然会说这么多词语了；这些词语听起来是这么熟悉，都是你之前念给他听的。原来，在你给他念各种故事时，小家伙已经悄悄地把这些词汇储存起来了，等到进入“语言爆发期”时，这些词语就啪嗒啪嗒地从他的小嘴里蹦出来了。

有助于养成良好的阅读习惯

阅读习惯不是一夜之间形成的，首先应该让宝宝充分享受阅读的乐趣。1岁前宝宝的阅

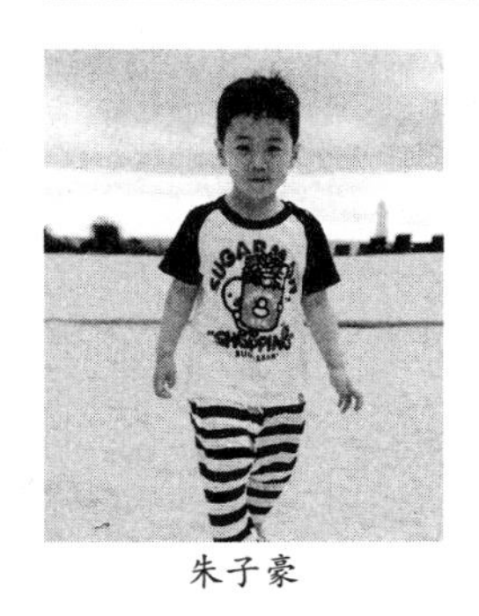
朱子豪

父母寄语@日光灯额妈咪：

亲爱的宝贝，愿你像颗种子，勇敢地冲破泥沙，将嫩绿的幼芽伸出地面，指向天空。孩子，愿你快快脱去幼稚和娇嫩，扬起创造的风帆，驶向金色的海岸。衷心地希望你，用智慧、才情、胆略和毅力，开辟出一块属于你自己的土地。愿知识之泉，经书籍而奔流，流进你的心田！

读和真正意义上的阅读行为还有很大的距离，但会给他带来阅读的意识和氛围，为以后养成良好的阅读习惯打下基础。

(3)早期阅读从0岁开始

0～3个月——新生儿只能分辨光线的明暗以及物体模糊的轮廓，注视同一物体的时间也非常短暂，只有几秒钟。不过在他清醒时，他还是会非常努力地想看清楚周围的物体。让新生儿看大大的字、大大的画，主要是给宝宝提供刺激视觉、听觉、知觉发育的信息。3个月前的宝宝，适合看黑白对比强烈、色彩简单柔和的卡片和挂图。妈妈可以用温和而有趣的语调说给宝宝听："小猫，喵喵！小狗，汪汪！"

3～6个月——这一阶段的宝宝视力发育较好，感兴趣的东西也慢慢多起来，可以给他选择不同质地的图书，如布书、卡书、认知卡片，还有玩具书。这些书的触感不同，有的还能发出各种声响，这都会让宝宝感到好奇，调动起他玩书的兴趣。6个月前的宝宝对阅读游戏是否感兴趣，全在于妈妈的培养。选择宝宝喝好奶、情绪良好的时候，拿着卡片、图画书和宝宝一起读，随便翻到哪一页就读哪一页。

6个月～1岁——这个阶段的宝宝一拿到书，最喜欢做的就是啃、揉、拍，甚至是撕，书对他来说就是个玩具。所以给宝宝的书一定要干净、安全，书的四个角是圆角。妈妈还可以给他一些废旧的杂志，专门满足他撕书的欲望。宝宝"虐待"书时，千万不要呵斥他，或直接把书从他手里夺走，这些做法都会给他带来不愉快的阅读体验。毕竟，这是宝宝爱上阅读必然要经历的一个过程。要选择那些构图和色彩简单、文字是朗朗上口的短句的图书，有时一页中只有几个简单的词语也没关系，这是作者根据宝宝的接受能力设计的。只有耐心引导宝宝，他才会发现，噢，原来书里面有这么多有趣的东西呀。慢慢地，他会由撕书过渡到"阅读"。

(4)如何培养宝宝的早期阅读能力

出生后的前4个月，宝宝的阅读以听为主。宝宝最喜欢的是爸爸妈妈充满爱的声音，朗朗上口的儿歌很适合小月龄的宝宝。早期阅读的对象并不仅仅是书，还可以是街边的招牌、汽车的标志、奶粉盒上的图案、超市里的海报……

内容不怕重复，不需要天天换。应该在一段时间(比如1周)，把某个故事重复读给宝宝听，让他看同一本书里的图画。每次读书时间不宜长，因为小宝宝保持注意力的时间有限，15分钟以内比较合适。只要宝宝愿意，随时随地都可以读上几分钟，在厨房、浴室、床上、街边。

当宝宝能用小手摸东西时，不妨先把几本书放到他能够摸到的地方(注意选择不会划伤宝宝的书)，留意宝宝的表情、动作，当宝宝表现出对书感兴趣的时候，你就可以尝试和他一起读书了。

(5)怎么判断这本书是否适合宝宝读

这个年龄段的宝宝，首选图画书、游戏书和童谣类读物，选择要点如下：

看图：1岁前宝宝喜欢单纯的图画，选择图画书时要注意画面是否简洁，颜色是否明快，不要有很复杂的线条。米菲系列、小熊宝宝系列的就比较好。

读文：1岁前宝宝喜欢听那些富有节奏感、韵律感的语言，还喜欢不厌其烦地听相似的词语、相同的句式，选书时要特别留意书中的文字读起来是否好听。

动手：许多游戏书是让孩子动手玩的，书里的小机关是否经得起宝宝掰来掰去？游戏的过程对宝宝来说会不会太复杂？妈妈最好亲身体验，动手玩一玩，才知道书能否吸引宝宝。

(6)怎样培养宝宝对书的兴趣

对于1岁前的宝宝，阅读就和吃饭、玩游戏一样，关键是培养兴趣，养成良好的习惯。宝宝读书要循序渐进，可以先从5分钟的儿歌和短故事开始，逐渐增加时间长度，根据宝宝的情况随时调整阅读计划，这样你才会拥有一个快乐的“小小读书郎”。

读书之前先做“热身运动”。和孩子玩一玩拍手、唱歌、手指歌谣之类的小游戏，调动他的情绪。

把讲故事变成演故事。宝宝在听故事时，如果妈妈的声音、表情、动作配合角色、场景而变化，会让宝宝听故事更来劲儿、更投入，而且能帮助宝宝更好地理解故事。

玩一遍给宝宝看。千万不要忘了，宝宝时刻需要你的帮助，即使在玩的时候也一样。在玩游戏书之前，爸爸妈妈最好先研究一下各种玩法，然后示范给宝宝看，免得让宝宝受挫。

当宝宝失去兴趣时，换换新口味。宝宝的喜好往往具有阶段性，很可能这个星期只喜欢这本书，下个星期又对另一本书情有独钟。当他对某本书不感兴趣时，马上换一本试试，重新引起孩子的兴趣。

0～1岁的宝宝正处于身体感觉和功能快速发展的时期，我们依据婴儿脑部感觉统合的发展，将亲子阅读分成4个阶段来进行：

阶段名称	宝宝月龄	阅读特点与操作
第一阶段：接收式	0～3个月	爸爸妈妈可以把宝宝抱在怀中，让宝宝感到温暖和安全。你们共同翻看绘本，宝宝情绪很稳定，他能看颜色对比明显、轮廓简单的图画，能专心倾听父母解说，视、听、知觉得以发展。
第二阶段：发现式	3～6个月	宝宝处于口欲期，可允许他将绘本放入口中“认识”后再取出。引导宝宝的目光随着大人的手看绘本中的人物或景观。图书可以是光滑的硬纸板书或布书，方便清洁，最好是15平方厘米大小、5～7页的圆角绘本，色彩有对比，画面背景较简单，无文字或每页10个字以内。
第三阶段：探索式	6～9个月	当宝宝把书扔到地上时，父母不要斥责，捡起来交还给宝宝。宝宝正在发展“自我”概念，给他看的绘本，内容以生活中经常接触的衣食物品、交通工具、动植物为主。此阶段的宝宝懂的远比会表达的多，翻书时会想起父母说过的话，因而喃喃自语发出笑声。
第四阶段：参与式	9～12个月	此阶段的宝宝双手功能快速发展。陪宝宝阅读时，不妨引导他用手指出图中的事物。读完一页，让宝宝自己翻书页，给他主导权。随着视觉能力的提高，宝宝可以顺势拉出立体绘本中的书页，看到、摸到立体的动物、植物或建筑。

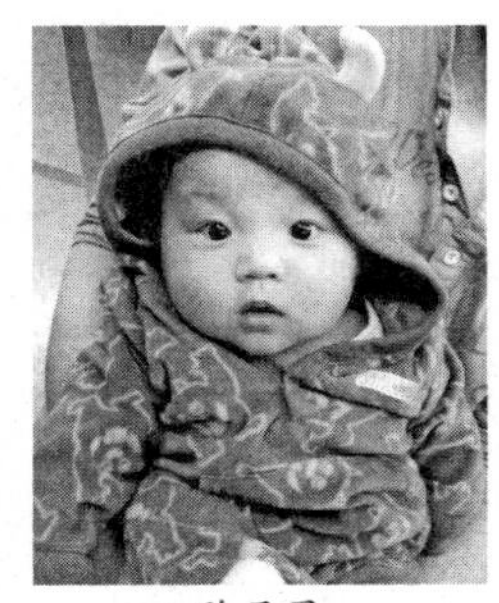
陈圣恩

父母寄语@思含恋家：

光阴留不住岁月的脚步，20年后，圣恩宝贝，妈妈希望你记住：长大意味着离开父母的怀抱独自成长，独自去承担生活中的风风雨雨。要学会担当，做一个有责任感的男人。懂得感恩，按着自己的意愿幸福地生活。爸爸妈妈永远爱你！

43. 宝宝添加辅食时间表

（1）1～12个月宝宝添加辅食时间

1～5个月

足月新生儿满1个月、人工喂养儿满15天，添加浓鱼肝油滴剂1～2滴，到3个月时增至4滴，每天分2次给。

3个月左右开始喂菜汁、果汁，先给1汤匙，以后逐渐增至2～3汤匙，上下午各喂1次。

4～5个月，浓鱼肝油滴剂每天渐增至6滴，分2次给。菜汁、果汁从3汤匙逐渐增至5汤匙，分2次给。

4～5个月开始吃煮熟的蛋黄，从1/4只开始，将其压碎放入米汤或奶中调匀后喂，等适应后逐渐增至1/2只。

4个半月起可试喂煮得很烂的无米粒稀粥，每天1汤匙，若消化情况良好，从5个月起每天2～3汤匙，粥里可再加半匙菜泥，分2次给。

5～6个月

6～12个月浓鱼肝油滴剂每天保持6滴左右，分2次给。

煮熟的蛋黄增至每天1只，过渡到蒸鸡蛋羹，每天1/2只。

稀粥可由稀增至半稠，每天3汤匙，分2次给，逐步增加至5～6汤匙。

粥中可加菜泥1汤匙，可稍加些调味品，如果断奶食品吃得好，可减去1次奶。

7～8个月

过渡到整只蛋羹。

每天喂稠粥2次，每次1小碗（约6～7汤匙），加菜泥2～3汤匙，逐渐增至3～4汤匙。粥里可轮换加少许肉末、鱼肉。

给宝宝随意啃馒头片或饼干1/2片，促进牙齿发育。

母乳（或其他乳品）每天2～3次，必须先喂辅食，然后喂奶。

9～10个月

上午——早晨6时喝母奶或配方奶，10时喝稠粥1碗，菜泥2～3汤匙，蛋羹1/2碗；

下午——2时喂母奶或配方奶；

晚上——6时喂稠粥或烂面条1碗，蛋羹1/2碗，可在粥中加菜泥、豆腐末、肉末、肝泥等；10时喂奶。

如果辅食吃得好，可少喂1次奶或考虑断奶。

11～12个月

可以吃接近大人的食品，如软饭、烂菜（指煮得较烂的菜）、水果、碎肉和容易消化的点心。如果处于春秋凉爽季节可考虑断奶。断奶后，每天要保持喝1～2次牛奶。

（2）添加辅食的原则

给宝宝添加辅食，在数量和速度上都应循序渐进。添加辅食要在宝宝身体健康的时候进行，宝宝生病或对某种食品不消化，不能或暂停添加。

添加的量——由少到多

每添加一种新的食品，必须先从少量喂起。大人要仔细观察宝宝，如果没有什么不良反应，再逐渐增加一些。例如添加蛋黄，先从1/4只蛋黄加起，如果宝宝能够耐受，几天后再加到1/3只，然后逐步加到1/2、3/4，最后为整个蛋黄。

添加的品种——由一种到多种

给宝宝添加辅食，只能一样一样地加，要等宝宝适应后，再添加新的品种。例如添加米糊，就不能同时添加蛋黄，要等宝宝适应米糊后才能添加蛋黄，等宝宝适应了米糊和鸡蛋黄后，再添加土豆泥。

添加的浓度——由稀到稠

添加初期，给宝宝喝一些容易消化、水分较多的流质、汤类，从半流质慢慢过渡到各种泥状食品，最后添加柔软的固体食品。例如：米糊→粥→软饭。

添加的形态——由细到粗

添加固体食品时，大人可先将食物捣烂，做成稀泥状；待宝宝长大一些，可做成碎末状或糜状，以后再做成块状食物。例如：肉泥→肉糜→肉末→肉丁。

添加辅食的顺序

第一步：在日常奶量以外，适当添加米糊、麦糊、果汁和菜汤。

第二步：添加蛋黄泥，从喂食 1/4 只蛋黄开始，慢慢过渡到整只蛋黄。

第三步：添加鱼虾和肉类等蛋白质类食物。

（3）巧手妈妈做辅食

4～6个月

果汁：新鲜水果洗净切开，将果汁挤出后以纱布过滤，1 份原汁加等量冷开水。

菜汁：绿色新鲜蔬菜，去除大茎，放入沸水中稍煮，去除菜叶，菜水冷却后即可食用。

米麦糊：将米粉、麦粉置于碗中，加开水调和成糊状。

7～9个月

果泥：选择熟软、纤维少、肉多的水果，洗净去皮，用汤匙刮取果肉，碾碎成泥。

菜泥：将绿色新鲜蔬菜洗净，去皮去茎，切段，放入沸水中煮熟，置于碗内用汤匙压碎成泥。

蛋黄泥：整只鸡蛋用水煮，开锅后再煮 10 分钟，取蛋黄少量，用温开水调制成糊状。

肉泥：里脊肉洗净，用汤匙刮成泥，加入少许水搅拌均匀，置于碗中蒸熟。

鱼泥：鱼去皮去骨洗净，蒸熟后捣成泥。

豆腐泥：开水冲净后，去外层硬皮，以汤匙捣碎，加适量开水调匀后蒸熟。

稀饭：米洗净后加 10 倍水，浸泡 30 分钟，大火烧开后改成小火煮 50 分钟，熄火后再焖 10 分钟，以汤匙捣碎后喂食。

蔬菜粥：饭加 5 倍水，煮 15 ～ 20 分钟，熄火后焖 10 分钟，将烫过的青菜嫩叶捣碎，加入稀饭中搅匀即可。

肉泥粥：饭加 5 倍水，煮 15 ～ 20 分钟，熄火后焖 10 分钟，将蒸熟的肉泥加入搅匀即可。

不应将蛋黄泥加在奶瓶中给宝宝喂食，这容易引起宝宝食欲减退。对蛋黄过敏的宝宝，应等待肠道发育进一步完善、对异种蛋白的屏障作用进一步加强后，再添加蛋黄。一般要到 7 个月甚至 1 岁，才能尝试喂蛋黄。

10～12个月

剁碎的蔬菜：菜叶洗净切碎，放入锅中加

薛骁

父母寄语 @ 威生植物：

我的孩子，20 年后的你会怎样？我忍不住幻想 20 年后你青春的脸庞。离开我的庇护，你是不是依旧倔强？独自成长需要历经风雨，无论如何你都要坚强勇敢，妈妈永远都会在身边支持你，祝福你！

少量水煮熟，稍捣后即可喂食。

蒸蛋：蛋打入碗中，加水或汤汁至八分满，放少许盐打匀，蒸熟。

（4）不能让宝宝吃的食品

蜂蜜：可能含有肉毒杆菌，会引起宝宝严重的腹泻或便秘，不适合1岁以下的宝宝食用。

容易引起过敏的食物：鸡蛋的蛋白，有壳的海鲜如龙虾、螃蟹、蛤蜊等。

刺激性的食物：咖喱、辣椒、咖啡、可乐、红茶或含酒精的饮料及食物。

口味太重的食物：太甜的布丁、太咸的稀饭和汤类。

不易消化的食物：章鱼、墨鱼等。

纤维太多的食物；芹菜、竹笋等。

含人工添加物的食物：方便面、膨化食品等。

44. 适合宝宝的辅食食料

（1）辅食食料应该具备七个要素：

① 富含能量、蛋白质和微量营养素（尤其是铁、锌、钙、维生素A、维生素C和叶酸等）；

② 以新鲜的天然食材为原料加工而成，具有清洁安全的特点；

③ 无骨头或会使宝宝噎着的“硬块”、颗粒状食物；

④ 不太烫、不太刺激，也不太咸；

⑤ 质地细腻，口味鲜美，宝宝容易吃也喜欢吃；

⑥ 食料是当地能提供且家庭承受得起的；

⑦ 便于在家中制作。

（2）辅食类型主要包括十大类

米粉

含铁米粉是给宝宝添加辅食的首选食品。一是因为米粉容易吸收，不易引起过敏；二是因为到了4月龄之后，人工喂养或混合喂养的宝宝体内铁的储备基本消耗殆尽，补铁是当务之急。一开始调配的米粉应像肉汤那样稀，给宝宝每天学吃1～2勺，等宝宝完全习惯后，再逐渐增厚。随着宝宝的月龄增加，可与已尝试过的蔬菜泥、蛋黄等混合食用。

菜泥

先添加菜泥，然后是果汁、果泥，这样不易造成宝宝挑食。

制作菜泥，先不要选择绿叶菜，可以从豆类、根茎类、薯类食物开始，因为相比含有较多膳食纤维的菜泥，粉末状菜泥更便于宝宝食用。常用的有胡萝卜泥、南瓜泥、豌豆泥、红薯泥、山药泥、土豆泥等。开始时，可将这些泥糊状食物加水调至肉汤一样稀，等宝宝尝试过几次后，就可以吃原味的，而后可以制作青菜泥或碎菜。多样化蔬菜添加可以满足宝宝在微量营养素方面的需求。

果汁、果泥

等宝宝熟悉了3种以上菜泥，就可以着手添加果汁。先将水与果汁按照2∶1的比例调兑，再慢慢增加到1∶1的比例，最后就可以让宝宝品尝原味果汁了。经过十几天的果汁训练，就能放心地给宝宝吃果泥了。苹果泥、香蕉泥、梨泥等果泥中含有丰富的不溶性纤维素，苹果泥可以用勺子刮取，熟香蕉泥可以用勺子压碎。

蛋黄

宝宝5月龄时，可以尝试动物性食品了。先从蛋黄开始，待宝宝习惯了蛋黄的味道后，可以将蛋黄拌入米粉或果汁中。蛋黄中含有大量的营养素，如维生素A。不过，蛋黄中的铁含量虽然高，但吸收并不好。

鱼泥、禽肉末、畜肉末

畜类、禽类和鱼类（包括蛤类）是蛋白质的

丰富来源。选择河鱼或海鱼，取肉去刺，压成泥；禽肉剁碎，或鲜肉剁碎，蒸熟即成熟肉末，可以与胡萝卜泥等一起拌在米粉里。

豆制品

豆类也是蛋白质的优良来源。豆腐干比较硬，因此豆腐干末应在宝宝10个月以后提供。豆腐很适合婴儿食用，内酯豆腐较嫩，可以在6个月以后供给。

主食

中国人以大米和面为主食。但粥和汤面中都有大量水分，能量密度低，营养素浓度也低，因此主食必须与其他食品一起食用，才能使宝宝获得足够的营养素。肉汤、鱼汤类也存在同样的问题，就算宝宝一天喝了5次也难以满足其营养需要。

解决的方法是提供高质量的菜粥或烂面条。采用厚粥与蔬菜、荤菜、豆制品、熬熟的植物油在高汤中混合的办法，其热能与营养密度均能达到营养学要求。有时也可用牛奶取代部分或全部的水，使厚粥变得更有营养。

动物内脏

动物新鲜的内脏（例如肝、心、血及血制品）与牛奶、酸奶、奶酪和鸡蛋一样，都是蛋白质的优良来源，同时内脏也是铁和锌的最佳来源，因为它们所含的铁和锌易被人体吸收。动物的肝脏要到宝宝7月龄时吃，不宜过早。

高汤

高汤味道鲜美，且含有一定的营养素，使菜粥或烂面条吃起来有滋有味，能增加宝宝的食欲。采用如鱼汤、肉汤、鸡汤或鸭汤等高汤制作高质量菜粥时，要撇去汤上的浮油。

熬熟的植物油和糖

油类（如豆油、菜籽油）和脂肪（如黄油、奶油）是能量的浓缩来源。在一餐中加入一匙油或脂肪，可提供少量的额外能量。红棕榈油、黄油和奶油中富含维生素A，糖、粗糖（棕榈树汁制成）和蜂蜜也富含能量，并能少量地加入粥和其他食品中，但不建议给1岁前的宝宝提供甜品，尤其是超重宝宝。

食盐要到6月龄之后再少量添加。不主张在婴儿的混合食物中添加味精等鲜味剂。

45. 4～6个月宝宝辅食制作

4个月之后，等宝宝习惯吃米粉后，就可以添加一些蔬果汁和蔬果泥，使宝宝获得必须的维生素C和矿物质，并起到防治便秘的作用。

给婴儿添加辅食的顺序：米粉（含铁）、蔬菜汁、3～4种蔬菜泥、水果。

（1）蔬果汁制作

青菜汁

先将菜叶在水中浸泡20～30分钟，去除

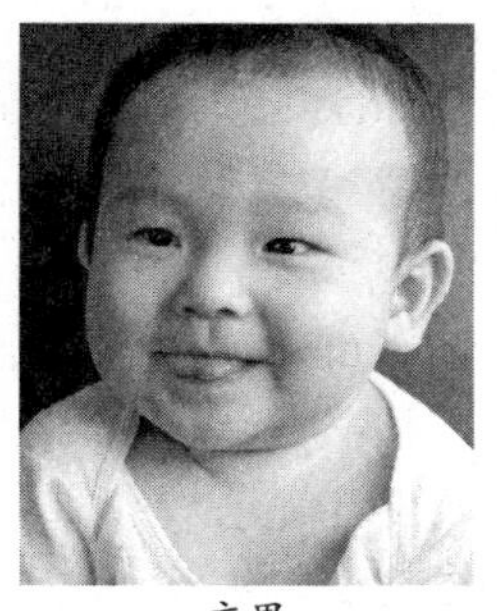
文思

父母寄语 @ 文思mami：

文思，希望20年后的你成为一位有担当、有魄力、有理想、有信念的人！妈妈爸爸爱你！

残留的农药；将菜叶洗净切碎，约装一碗的量，要求现切现烧；将一碗水在锅中煮开，将碎菜叶倒入沸水中煮沸 1 ～ 2 分钟；将锅离火，用汤匙挤压菜叶，使菜汁流入水中；滤掉菜渣，菜汁即可食用。菠菜、油菜、白菜都可按此方法制作。

南瓜汁

南瓜一小块 (约 100 克)，去皮，切成小丁；上锅蒸熟蒸烂，放小碗里，用小勺压烂成泥；取适量南瓜泥，加开水稀释，调匀；放在干净的细漏勺上过滤去渣，取汁食用。

番茄汁

选择成熟的新鲜番茄 1 只，洗净，用开水烫软去皮，切碎；用清洁的双层纱布包好，在滚水中快煮 1 分钟；用小匙挤压裹着纱布的番茄，让番茄汁流入小碗内；取部分番茄汁，用适量温开水冲调，即可饮用。

胡萝卜汁

将一根胡萝卜洗净，切成碎丁；放入小奶锅内，加 1 碗清水，用中小火煮沸；约煮 20 分钟，胡萝卜变得酥烂，小心地取出，用清洁的纱布包好；用小匙挤压裹着纱布的胡萝卜，让汁水流入小奶锅；过滤去渣，即可饮用。

猕猴桃汁

猕猴桃洗净，去皮，切成小块；将切好的猕猴桃放入清洁的纱布中，用小勺挤压出汁水，用温水以 1 ∶ 1 的比例稀释即可。等宝宝大些后，可以从喝果汁转变为吃果泥，猕猴桃用刀一切为二，用勺子挖着喂即可。

橙汁

新鲜的橙子洗净后对切；将半个橙扣在榨汁器上榨出橙汁；滤去残渣，将橙汁、水以 1 ∶ 1 的比例稀释即可。

西瓜汁

将适量西瓜瓤放入碗中，用匙捣烂；用清洁的纱布过滤后取汁。

苹果胡萝卜汁

胡萝卜 1 根，苹果半个，削皮洗净后切成丁；放入锅内，加适量清水烧煮，直至煮烂；用清洁的纱布过滤取汁即可。

胡萝卜山楂汁

新鲜山楂 1 ～ 2 颗洗净，每颗切为 4 瓣；胡萝卜半根，洗净切碎；将山楂、胡萝卜放入锅内，加水煮沸，再用小火煮 15 分钟；用清洁的纱布过滤取汁。

红枣苹果汁

红枣 5 ～ 10 只，苹果半个，洗净；将红枣放入锅内加水，用微火炖至烂熟，取出汤汁；苹果削皮、蒸熟，也可直接用榨汁机榨汁；取 1 ～ 2 汤匙苹果汁兑入红枣汤汁中即可。

提示：适用于 4 个月以上的宝宝。红枣是热性食品，内火大的宝宝不宜食用。

番茄苹果汁

新鲜番茄半个，苹果半个；将番茄洗净，用开水烫后剥皮，用榨汁机或消毒纱布把番茄汁挤出；苹果削皮、蒸熟，也可直接榨汁，取 1 ～ 2 汤匙兑入番茄汁中即可。

白萝卜生梨汁

小白萝卜 1 个，切成细丝，梨半个，切成薄片；将白萝卜倒入锅内，加清水烧开，用微火炖 10 分钟；加入梨片，再煮 5 分钟，取汁食用。

（2）蔬果泥制作

绿叶菜泥

将新鲜的绿叶蔬菜洗净，去茎留叶；在小

奶锅中加入适量清水烧沸，将菜叶放入沸水煮1～2分钟；取出菜叶，用小型粉碎机粉碎，或用不锈钢丝过滤网研磨，滤出菜泥。

土豆泥

选择新鲜的土豆1只，去皮，切成小块；放在锅上蒸熟或煮熟；把土豆放入小碗，用勺压烂成泥，加少量水调匀，即可喂食。胡萝卜泥、甜红薯泥的制作方法同上。

南瓜泥

南瓜100克洗净，去皮，切成小块；将南瓜块放入锅中蒸熟；用小勺将蒸好的南瓜压成泥状，加适量温水调匀即可。

香蕉泥

选择较熟的香蕉一小截，去皮切小块；用小勺将香蕉捣成泥，现做现吃。若是天冷，可在小奶锅里放少量水，烧开后放入香蕉片，煮约半分钟后取出，用小勺捣成泥，即可喂食。

水蜜桃泥

选择质优、熟酥的水蜜桃，洗净，用手捏压整个桃子，使其更酥软；剥开一小块桃皮，用小勺挖出桃肉，即可喂食。

木瓜苹果泥

木瓜洗净，切半，去籽；苹果洗净，切半；用小勺分别在木瓜和苹果上刮出果泥；将木瓜泥和苹果泥用适量温水调匀即可。所选择的苹果果肉不易太脆，黄蕉等质地酥软的苹果较适合用小勺刮食。

（3）蛋黄泥、鱼泥、鸡茸和鸭茸、肉末

蛋黄泥

取新鲜鸡蛋1个，将外壳洗净；放在冷水中煮，待水开后再煮10分钟；用冷水冷却，剥去蛋壳，将蛋白与蛋黄分离开来；用刀将蛋黄切开，取出适量，用匙压碎；蛋黄可单独食用，也可与配方奶或蔬菜泥混合食用。

蛋黄米粉

将1/3或1/2的熟蛋黄放入碗内压碎；加入已调配好的含铁米粉，混合均匀即可。

鱼泥

选择新鲜的河鱼或海鱼，去鳞、去内脏，洗净；将鱼放入碗中，加适量葱姜、料酒，隔水蒸熟，约10分钟；取出鱼肉，将所有鱼刺小心地挑出除去；能去皮的鱼也要去掉鱼皮，然后用勺压成泥即可。

鸡茸和鸭茸

选择鸡胸肉或鸭腿肉，用刀剁碎；加生粉、葱姜水、料酒、少量盐拌匀，放入碗中隔水蒸熟；也可将煮熟的鸡肉或鸭肉剁碎，作为6个月以后宝宝菜粥的荤菜原料。

王梓

父母寄语@文文20112：

妞，想要给你天上的星水中的月，想要给你我们的全部。亲亲宝贝，让我们牵着你的小手，教会你慢慢地走…………20年后，爸爸变成老头子，妈妈变成老太婆，你，依然还是我们的那个可爱小妞。

肉末

第一种方法：生炒

将新鲜猪肉剁碎成末；加少量植物油在油锅里，将肉末放入煸炒；加适量水，用小火焖煮5分钟，肉香飘出后即成。

第二种方法：熟制

选择纯瘦肉半斤左右；锅里加水，将整块肉水煮直到酥烂；取出一次食用的量(25～40克)，用刀剁成碎末；将适量肉末加入已调配好的米粉中，搅拌均匀，即可喂食。

(4)米糊制作

米粉是婴儿吃的第一种固体食物。混合喂养或人工喂养的婴儿从4个月开始接受米粉，可一直吃到1岁。对婴儿来说，米粉容易吸收，不易引起过敏。

选择铁强化米粉，帮助宝宝补充体内已经匮乏的铁，预防贫血。最初调制的米粉应该是稀薄的，宝宝适应以后再逐渐增加稠度。从每次喂1～2勺开始，宝宝适应以后，慢慢增加到3～4勺，每天喂1～2次。

普通米粉

1匙米粉中加入3～4匙温水，使米粉充分被水湿润；用筷子按照顺时针方向调成糊状。

奶米粉

将米粉加入少量温水湿润后，再加入母乳或配方奶；用筷子按照顺时针方向调成糊状。

蛋黄米糊

鸡蛋煮熟，取蛋黄，用小勺将蛋黄压成泥状；将婴儿米粉用温水调开，加入蛋黄泥调匀即可。

胡萝卜米糊

胡萝卜洗净蒸熟，压碎成泥；用温水或奶将米粉调开，拌入胡萝卜泥，调匀即可。

苹果汁米糊

苹果用家庭榨汁机榨汁，待用；将米粉加入少量温水湿润后，加入苹果汁，用筷子按照顺时针方向调成糊状。

香蕉米糊

香蕉剥去皮，用小勺刮出香蕉泥；用开水将米粉调开，放入香蕉泥，调匀即可。

香橙米糊

甜橙洗净，横切后放在榨汁器上榨汁；将榨好的橙汁用适量温水稀释；用开水将米粉调开，调入准备好的橙汁即可。

46. 6～8个月宝宝辅食制作

杂菜米糊

原料：荷兰豆30克，南瓜30克，婴儿米粉4勺

做法：荷兰豆洗净，南瓜洗净，切成小块；将荷兰豆、南瓜一起放入水中煮熟，捞出沥干，放入食物粉碎器内打成杂菜泥；用温水将米粉调开，放入做好的杂菜泥，调匀即可。也可根据季节选择相应的时令蔬菜，如小甜豆、菜瓜、胡萝卜、花椰菜、土豆等。

碎果仁麦片粥

原料：麦片50克，杏仁、核桃、腰果各4颗

做法：将杏仁、核桃、腰果洗净后放入烤箱内烤熟；用粉碎机将烤熟的果仁打成碎末；麦片加水煮熟，加入打碎的果仁和少量糖拌匀即可。

鲜奶土豆粥

原料：土豆50克，西兰花30克，胡萝卜20克，鲜奶200毫升，大米60克，清鸡汤适量

做法：土豆洗净，去皮煮熟，切成小块；胡萝卜、西兰花洗净，切成小丁，在水中氽一下；大米和清鸡汤一同放入锅中煮，沸腾后放入胡萝卜丁，转小火熬成粥；粥将成时，放入土豆丁、西兰花丁和鲜奶，再煮 3 ～ 4 分钟即可。

鸡血粥

原料：鸡血 50 克，烂饭 3 勺，清鸡汤适量

做法：将鸡血洗净，切成小块；烂饭中加适量清鸡汤，煮成粥；放入鸡血同煮，煮熟即可。

青菜肝泥粥

原料：青菜 100 克，猪肝 50 克，大米 60 克

做法：青菜洗净，切成碎末；猪肝洗净，剥去筋膜，用刀背刮出猪肝泥；锅内放适量清水，放入大米煮粥，水沸腾后放入猪肝泥，再次沸腾后转小火熬粥；粥快成时，加入青菜末，煮沸即可。

南瓜鸡肉粥

原料：南瓜 100 克，大米 60 克，鸡胸肉 50 克，清鸡汤适量

做法：将南瓜蒸熟后，用勺刮取适量南瓜泥；炖煮好清鸡汤，撇除浮油；将大米熬制成厚粥；鸡胸肉剁碎，加少量生粉拌匀，在油锅里煸炒后加适量水，焖煮 5 分钟；取适量厚粥放入锅中，再加鸡汤、南瓜泥及适量鸡肉；用小火炖开，加入 3 ～ 5 克熟植物油和少量盐即可。

青鱼青豆粥

原料：青豆 30 克，青鱼 50 克，大米 60 克，高汤适量

做法：青鱼洗净，剔骨，切丁；锅内放高汤，放入大米和青豆共同煮粥，煮至青豆近酥烂；放入青鱼，转小火将粥熬稠即可。

菠菜土豆肉末粥

原料：菠菜 50 克，土豆 50 克，大米 60 克，鲜肉 30 克，肉汤适量

做法：菠菜洗净，用开水烫过，然后剁碎；土豆蒸熟去皮，压成泥；鲜肉做成熟肉末；取一碗厚粥放入锅中，加入肉汤，再加入准备好的菠菜泥、土豆泥和肉末；用小火炖开，加入 3 ～ 5 克熟的植物油和少量盐。

胡萝卜泥肉末菜粥

原料：胡萝卜 30 克，青菜 50 克，鲜肉 30 克，大米 60 克，高汤适量

做法：将胡萝卜和青菜制作成泥；鲜肉剁碎，加酒和生粉，蒸熟；大米熬制成厚粥，取适量厚粥放入锅中，加入备好的高汤（肉汤）和胡萝卜泥、青菜泥及肉末；小火炖开后，加入 3 ～ 5 克熬熟的植物油和少量盐即可。

鱼泥胡萝卜青菜粥

原料：河鱼 1 条，青菜 50 克，大米 60 克，胡萝卜 30 克，高汤适量

做法：取新鲜河鱼，加工处理后，蒸熟；挑

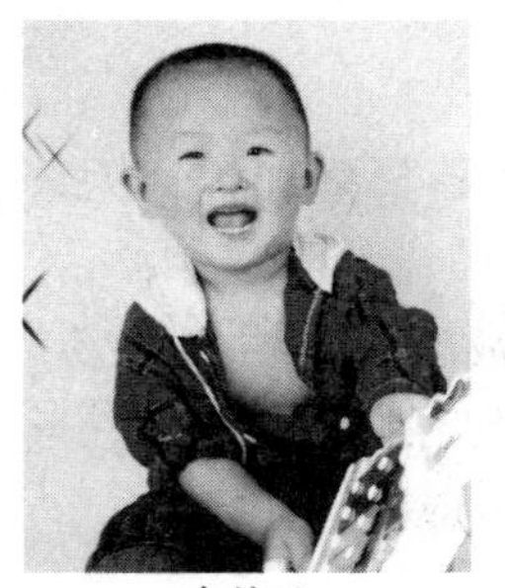
申桂川

父母寄语 @ 我是海澜：

你从小就是个非常爱笑的孩子，每一个见到你的人都会被你的笑容感染。爸爸妈妈喜欢看你的笑脸，也希望你能拥有幸福快乐的人生！在以后的岁月里，无论是顺境还是逆境，希望你都能以乐观、勇敢和坚毅作帆，到达理想的彼岸。亲爱的儿子，加油！

选鱼背和鱼肚上的鱼肉，去刺，压泥；青菜制成菜泥，胡萝卜切丁煮熟；取一碗厚粥放入锅中，加入高汤、鱼泥、菜泥和胡萝卜丁；用小火炖开，加入3～5克熟植物油和少量盐即可。

虾仁豆腐豌豆粥

原料：河虾100克，嫩豆腐1块，新鲜豌豆50克，大米60克，高汤适量

做法：河虾洗净，放入锅中，加适量冷水及葱、姜、料酒，待水开后再煮3～5分钟，取出熟虾仁剁碎；嫩豆腐用清水冲洗，用勺压碎；新鲜豌豆在开水中氽熟，捞出，用勺子压成泥；取适量厚粥放入锅中，再加入高汤（肉汤）、虾仁、豆腐和豌豆泥；小火烧熟后，加入3～5克熟植物油和少量盐即可。

47. 8～12个月宝宝辅食制作

肉泥蛋羹

原料：鸡蛋2只，猪肉40克

做法：鸡蛋打匀，猪肉洗净，切成肉末；将肉末放入蛋液中，在锅中蒸熟，用少量盐调味即可。也可选用鱼泥、虾泥、鸡肉泥，或将几种肉泥混合在一起蒸蛋。

鲫鱼菠菜粥

原料：鲫鱼50克，菠菜叶50克，大米粥200克

做法：菠菜叶洗净，开水烫后切成碎末；鲫鱼洗净，煮熟后小心去除鱼骨，将鱼肉捣碎；将粥、鱼汤一起煮沸，加入鱼泥，转小火继续熬煮，最后加入菠菜末，煮沸即可。

番茄银耳小米粥

原料：番茄100克，小米100克，银耳10克，冰糖适量

做法：将小米放入冷水中浸泡1小时；番茄洗净，切成小片，银耳用温水泡发，除去黄色部分后切成小片；将银耳放入锅中，加水烧开后，转小火炖烂，加入番茄、小米一并烧煮；待小米煮稠后，加入冰糖，淋上水淀粉勾芡即成。

提示：小米中营养素的种类和含量均多于大米，还含有较多的色氨酸，具有助眠作用。

鲑鱼煨饭

原料：胡萝卜、南瓜、豌豆各15克，鲑鱼100克，米饭100克，鲜牛奶100毫升

做法：鲑鱼洗净切丁，胡萝卜、南瓜洗净切丁；将鲑鱼丁、胡萝卜丁、南瓜丁及碗豆一起炒熟装盘；将炒好的材料同米饭拌匀，加入鲜奶和适量盐，在锅中煮片刻，待鲜牛奶完全收干即成。

牛奶炖蛋

原料：鸡蛋1个，牛奶100毫升，糖少许

做法：将蛋黄和蛋清分开，完整地取出蛋黄；在蛋清中加入牛奶和糖，打匀；蛋清用小火隔水蒸，等七分熟时，把蛋黄置于蛋清碗的中央，再一起蒸熟即可。

银鱼菜末炖蛋

原料：鸡蛋1个，银鱼30克，菜心60克

做法：鸡蛋打匀，放入少量料酒、生抽酱油、色拉油和水，再一起打匀；菜心洗净，切末，银鱼洗净，一起放入蛋液里；蛋碗放入锅里，隔水蒸3～5分钟，至熟即可。

胡萝卜丁猪肉粥

原料：胡萝卜丁50克，猪肉50克，大米50克，高汤适量

做法：猪肉洗净，剁成碎末；锅中放高汤，投入大米和胡萝卜丁；沸腾后放入猪肉碎末，再次沸腾后转小火熬粥，粥成即可。

奶香鸡肉粥

原料：鸡胸肉50克，粳米100克，配方奶液100毫升，清鸡汤适量

制法：鸡肉蒸熟，撕成细丝；粳米淘洗干净，加适量水和清鸡汤煮粥，沸腾后加入鸡肉丝，转小火慢慢熬制；粥将成时，放入调配好的奶液即可。高温烧煮会破坏奶中的营养成分，因此奶液要最后放入。

鸡肉番茄菜汤面

原料：煮烂切碎的细面条50克，鸡茸20克，切碎的洋葱5克，去皮切碎的番茄10克，青菜心10克

做法：将鸡胸脯肉剁碎，加少量生粉拌匀备用；起油锅，将洋葱煸炒至香软；取出洋葱，加入鸡茸煸炒，再加洋葱及适量水一起焖5分钟；锅里水开后，放入青菜心，水再次开后，取出菜心剁碎；在锅内加入鸡汤、煮烂的面条、鸡茸洋葱、番茄碎块及菜心一起煮开，然后加盖用小火煨5～10分钟，加盐少许即成。

肉末胡萝卜土豆菜汤面

原料：龙须面40克，肉末20克，胡萝卜丁10克，土豆丁10克，肉汤适量

做法：龙须面煮熟后捞出，切成小段；鲜肉剁碎，加酒、生粉，蒸熟；青菜心在开水里氽熟后，取出切碎；将胡萝卜、土豆煮烂，去皮切丁；将碎面条、肉末、菜心、胡萝卜、土豆丁及适量肉汤一起放入锅内，大火煮开后小火再煮，待面条烂熟后，加入熬熟的植物油和少量食盐，稍煮片刻即成。

虾肉鸡肝什锦蛋面

原料：面条50克，熟鸡肝末10克，新鲜虾肉15克，菠菜末10克，鸡蛋1个，鸡汤适量

做法：河虾洗净后放入锅中，加适量冷水及葱、姜、料酒，待水开后再煮3～5分钟，取出熟虾仁剁碎；起油锅，放入开水烫过的菠菜末煸炒片刻；将面条放入开水锅内，煮开后添2～3次水，至面条软熟，捞出，在案板上切成小段；将切好的面条放入另一小锅内，加入鸡汤、虾肉末、菠菜和肝末，旺火煮开，小火再炖片刻，把打好的鸡蛋液甩入鸡汤内，煮熟即成。

五彩面

原料：鸡蛋2个，南瓜100克，面粉150克，番茄1/2只，青菜心3个，嫩豆腐20克，肉末50克

做法：将鸡蛋的蛋清和蛋黄分别放在两个小碗中，各放入适量面粉，拌匀和成面团，放在一边饧一会儿；南瓜蒸熟后，用勺刮取适量南瓜泥，青菜心在开水里氽熟后，取出切碎；嫩豆腐用清水冲洗，用勺压碎，番茄开水烫后去皮，切成小块；肉末加酒、生粉，用油煸炒后，再加水焖煮5分钟；把饧好的两个面团分别擀成几张薄饼，然后切成细面条；将熟肉末、南瓜、

曾令博

父母寄语@伍艾柏：

今年你2岁，2岁的你喜欢花花、叶叶和好高的树，再过20年，我们的城市会更繁华、更发达、更先进，22岁的你请记得：你心底里最爱的是美丽的鲜花、绿色的叶子和挺拔的树木，常去绿色的世界看看走走。

青菜、番茄、豆腐、烂面条及适量肉汤一起放入锅内，大火煮开，小火焖煮至面条烂熟，加少量食盐即可。

鲑鱼面

原料：鲑鱼30克，面条30克，丝瓜30克，姜丝适量

做法：面条放入沸水中煮熟，捞起，切成小段；丝瓜洗净，切成细丝；锅内放适量清水，煮开后放入姜丝和鲑鱼；煮熟后捞出姜丝，放入切好的丝瓜和面条，煮熟即可。

虾脑小馄饨

原料：河虾50克，猪腿肉50克，鸡蛋1个，小馄饨皮10张

做法：将河虾在开水中烫熟，剥出虾脑；猪腿肉绞碎，和虾脑一起拌匀，加黄酒、盐，打入鸡蛋，再拌匀；将馅料用小馄饨皮包裹，煮熟即可。

提示：虾脑中丰富的脑磷脂和胆固醇是构成宝宝神经组织的必要成分，与宝宝的智力发育有着密切关系。

48. 为不同月龄的宝宝选衣物

出生第一年，是宝宝一生中生长发育最快的阶段，你需要为宝宝挑选适合他生长发育的衣物。

0～1个月

新生宝宝的大多数时间花在吃和睡的交替过程中，生长发育迅速，吃奶、睡觉时容易出汗。

合适的衣物：衣服要宽松、透气、吸汗，穿脱方便。棉质对襟衫是最合适这个月龄段宝宝的贴身内衣。将前面开脱的连衣裤作为外套也是不错的选择，既方便爸爸妈妈抱宝宝，也方便给宝宝换尿布。

2～3个月

这个月龄段的宝宝手脚开始“活络”起来，小手抓握，小脚蹬踢，他还会在你的帮助下试着学习翻身，活动量比新生儿增加了不少。

合适的衣物：仍然需要宽松、透气、吸汗的衣服，因为宝宝的活动量增加了，衣裤要适于手脚的活动。短上衣、开裆裤都是合适这个月龄段宝宝的衣物。给宝宝穿连衣裤的话，要挑选宽松的。使用尿布的时候，尿布腰口要低于宝宝的肚脐，以免尿液、粪便玷污肚脐，引起感染。

4～6个月

宝宝的活动量增大，颈部力量增强，他学会了翻身，甚至可以靠着东西坐起来，活动给他带来无限的快乐。宝宝还喜欢把一切东西放到嘴巴里尝尝。出牙阶段，宝宝还会流口水。

合适的衣物：衣物上不要有多余的突出装饰或硬物，以防宝宝把它扯下来塞进嘴里。宝宝适合穿方便穿脱的棉质上衣和开裆裤，宽松的开裆裤可以帮助宝宝顺利地活动双腿。

7～9个月

宝宝活动量继续增大，大动作能力突飞猛进。在学会翻身、坐等动作后，他开始学习爬行。爬行扩大了宝宝的活动范围，开阔了宝宝的视野。

合适的衣物：因为活动量的增加，宝宝出汗较多，需要更加透气、吸汗的棉质衣物。爬行期宝宝可以穿上下装分开的衣物。合身的开裆裤比宽松的更有利于宝宝学习爬行。裤装比裙装更有利于活动，也更能保护宝宝不受肌肤外伤。

10～12个月

宝宝到了学步期，活动能力越来越强，衣物应更适宜活动。学步期的宝宝容易摔跤，衣物的安全仍然很重要。

合适的衣物：舒适的背带裤、棉质衬衣非常适合宝宝，衣物上不能有尖锐突出的硬物。宝宝可以穿学步鞋或学步袜（鞋底或袜底有增加摩擦力的设计），帮助学习走路，同时保护双脚。带宝宝外出活动，可以让他试试满裆裤，活动起来更方便，还可以保护小屁股。给宝宝购买的新衣，使用前均需浸泡、水洗、晾晒，以清除衣物中的甲醛残留，这是保证衣物安全最简单的办法。

49. 宝宝的五官疾病

过了新生儿期，宝宝日渐“硬朗”，但五官的日常护理仍然少不了。而宝宝的五官时不时地也会发生一些小问题，妈妈的及时发现和悉心照料，可就很重要喽。

（1）眼睛

如果宝宝的情况有与下述内容不符，应立刻带宝宝到医院做眼睛检查：

眼睛能够正常注视，捕捉和注视目标的动作准确，看东西不歪头、不眯眼，白天与夜晚看东西没有区别；

两眼大小对称，眼球不斜、运动灵活自如，没有多泪或多眼屎现象（如果突然出现眼睛不能睁开，加上多泪、哭闹等，一定要加以注意）；

正常情况下，眼白不红（充血），角膜（眼黑）全黑，瞳孔在亮光下变小，瞳孔区颜色深黑。

如果你的宝宝有以下任一情况，你应特别注意：

出生时曾放在暖箱里吸氧（如早产儿）；

家庭中有遗传性眼病史或传染性眼病、过敏性眼病史等；

胎儿时妈妈有过高热、过敏或曾过多接受医学检查（如X光、超声波等），以及盲目用药、酗酒、过分吸烟及各类中毒等；

宝宝眼睛过大过小或目光呆滞，对正常距离内的玩具没有反应。

（2）常见眼病——斗鸡眼

斗鸡眼，医学上称为内斜视。是由于3岁以下的宝宝为了能看清近处物体，眼睛的调节力过强，眼球便向内收，表现为内斜视，大多是生理性的。

生理性——斜视时有时无，双眼交替，眼睛运动灵活，斜视的角度不大；

病理性——斜视持续存在，一个眼睛斜视，眼睛运动不灵活，斜视的角度大，且越来越明显。外斜视或上下斜视，都是病理性的。

生理性的斜视可不必治疗，随着宝宝的成长，眼调节功能逐渐完善，便会自行恢复正常。但家长要随时注意宝宝的眼睛变化，有疑问就要上医院检查。

病理性斜视必须尽早矫正。首先要做检查，确定性质，诊断病因。早发现、早治疗对宝宝的眼睛有着重要意义。病理性斜视一般均可矫正，方法有多种，必要时可通过手术矫正。

畅畅

父母寄语@希娟001：

亲爱的，我的大宝贝，妈妈祝愿20年后的你已经明确了自己想要过什么样的生活，并且正在朝着这个目标努力前行。愿书籍和艺术是你亲密的伙伴，愿你身边有志同道合的爱人和朋友，愿你把我当作你的闺蜜，我们还能像现在一样，坐在沙发上看着同一本杂志，总有聊不完的话题，每天为对方送出晚安吻，你弹琴的时候我在一旁唱歌……

家长在带宝宝去医院检查时，要提供如下信息：宝宝何时出现斜视，斜视的程度如何，平时有无变化，有无诱因（如拍照、视物太近）等。方便医生正确判断，宝宝的斜视是生理性还是病理性的。

家长应积极配合医生为宝宝做散瞳检查，一方面可确切地了解宝宝的屈光情况，一方面有利于眼内检查。生理性斜视的宝宝散瞳后，往往斜视会有所好转。

（3）鼻子

宝宝鼻子不发生状况，妈妈一般不必特别关注，只需经常留意宝宝是否有鼻痂，及时清除就可以了。

（4）常见鼻病

过敏性鼻炎：宝宝鼻子老是呼哧呼哧的，经常打喷嚏、流鼻涕、揉鼻子、张着嘴呼吸，睡觉时还常常打鼾。鼻塞严重时，还影响吃奶。如果爸爸妈妈有一方是过敏性鼻炎，宝宝有上述表现，你应该想到宝宝可能是过敏体质。千万别当成感冒，急忙上医院，又是吃药又是打针，甚至用上抗生素，这反而害了宝宝。

目前对过敏性鼻炎没有根本的解决办法，只有尽量避开过敏原。密切注意宝宝的表现，尽可能找到过敏原。冷过敏是许多宝宝过敏的原因。如果宝宝是近距离接触了某些花草而发病的话，就要避免让宝宝再接触。地毯上的螨虫、粉尘等也往往是引发宝宝过敏的原因。

在医生指导下，服用适合宝宝的抗过敏药，也可滴鼻药水减轻症状。

鼻出血：引起宝宝鼻子出血的原因很多，主要有：患发热性疾病、急性传染性疾病、急性气管炎、血液病、肝肾功能低下等全身性疾病；鼻腔局部炎症，鼻窦炎，鼻前庭炎，维生素C、维生素K缺乏；宝宝自己把鼻子挖破；还有极少数由于鼻腔异物而引起鼻子发炎、流脓血鼻涕。中医认为引起鼻出血的原因还有：内热，大便干结，吃太多甜、辣食物等。

将棉签蘸满金霉素药膏或红霉素眼膏，在鼻孔内卷一卷，可以滋润鼻腔，预防干燥，防止鼻出血。

宝宝的鼻子出血了，大人总是叫宝宝把头抬起，其实这是错误的。头抬起时，鼻中的血流到肚子里，宝宝会因为胃部受血液刺激引起胃不舒服而导致呕吐。也不能让宝宝躺下，因为躺下后血液都朝头部涌，血液流到喉咙，呛住的话又会引起气急。

应根据情况，让宝宝保持直立、坐位或半卧位，妈妈用双手捏住宝宝的鼻翼，一般压5～6分钟就可止血；也可用蘸麻黄素滴鼻液的消毒棉球或止血海绵塞住鼻子，同时捏住鼻翼，都可达到止血的效果。还可同时用冷水毛巾敷在额部，如果仍然不行，应去医院就诊。

（5）耳朵

宝宝的耳朵问题主要是发炎或听力障碍，但由于都是在耳朵内部，较难觉察，宝宝又不太会表达，这就需要妈妈格外细心了。

如果宝宝的情况有与下述内容不符，应立刻带宝宝到医院做听力检查：

0～3个月：突然听到60分贝以上的声音，宝宝会全身抖动，双手握拳，做出前臂急速屈曲、皱眉、眨眼、睁眼等动作。

4～6个月：对声音有反应，能辨别妈妈的声音，听到妈妈的声音会停止活动，头转向妈妈。成人跟宝宝说话时，宝宝眼睛会注视着成人。

7～9个月：宝宝能主动把脸转向发出声音的地方，有了辨别声音方向定位的能力。

10～11个月：听到自己的名字时会有反应，能学着说“妈妈”、“爸爸”，对语言有丰富的应答，四肢会和着音乐有节奏地运动。

1～1岁半：能对听到的语言做出反应，当被问及诸如“鼻子在哪儿”时，会用手指点。

（6）常见耳病——中耳炎

急性化脓性中耳炎是宝宝最常见的耳朵疾病。不会说话的宝宝表现为高热、哭吵、厌食、手指着耳朵哭，稍大的宝宝诉说耳朵痛、耳闷、耳朵里有声音。

患病原因可能有这样一些：感冒并发；鼻窦炎、扁桃体炎等引发；生病抵抗力差；由百日咳、麻疹等传染病引发；哺乳位置不当，如平卧吸奶，乳汁经咽鼓管流入中耳。

宝宝诉说耳朵痛，应及时带宝宝上医院就诊。因为有的宝宝开始并不发热，如果不及时治疗，宝宝的鼓膜会穿孔，流出血水样黏脓或脓液。如果鼓膜穿孔，以后耳朵一旦进水，中耳炎就容易复发，从而影响听力。鼓膜穿孔后，耳朵流出液体，中耳的压力减少，这时宝宝反而不觉得痛了。

在耳部滴消炎药，全身服用抗病毒药或抗生素，中耳炎很快就能治愈。必须注意，应坚持用药一周，不要因为宝宝用药一二天后耳朵不痛了就停止用药。一周后要到医院复查，如果没有彻底痊愈，以后容易复发。

（7）口腔

宝宝虽然还没长牙齿，但口腔的护理一样重要，养成清洁口腔的良好习惯，将使宝宝终身受益。不同年龄段的宝宝，牙齿护理方法是不一样的。

年龄段	清洁方法	清洁时段、内容	注意要点
乳牙萌出前	用清洁纱布蘸温开水轻抹牙龈	早晨起床喂奶后喂几口温开水	动作轻柔，切勿弄伤宝宝牙龈
开始萌出乳牙	把清洁纱布裹在手指上轻擦牙齿	早晨起床、晚上睡前、喂奶后喂温开水	只擦萌出的牙齿，勿伤及牙龈，同时轻抹其他部位的牙龈
乳牙萌出后	乳胶牙刷套在手指上，用淡淡的盐温开水刷牙	早晨起床、晚上睡前、餐后喂温开水	购买有品质保障的乳胶牙刷套，别忘了牙齿里面也要刷
2岁左右	买一把适合2岁宝宝使用的小牙刷，用淡盐和温开水刷牙	早晨起床、晚上睡前、餐后学漱口	逐步教宝宝学会正确的刷牙方法
会漱口（3岁）后	使用宝宝牙膏（最好不含氟），尽可能让宝宝自己刷	早晨起床、晚上睡前、餐后漱口	开始时，成人要在旁边帮助宝宝养成将牙膏沫漱清的习惯

（8）常见口腔病

舌系带短：宝宝出生后，应注意留心宝宝的舌系带。如果发现宝宝在哭时（张大嘴巴）舌系带短，或舌尖有W形，要及时带宝宝到医院检查。舌系带短若不及时修正，会影响宝宝以后的语言发育。

口腔科医生会告诉你，修正舌系带是一个

朱韬宇

父母寄语@香水瓶fujia：

亲爱的韬，你一直是一个热情的小孩，妈妈非常珍惜你的热情和笑声。人生的道路非常漫长而且波折，妈妈希望你一直保持热情的特质，对生活、生命抱有热情，并且认真参与自己的每一段人生经历。加油，宝贝！

很小的手术，只需在舌系带表面涂一层麻醉药，剪一刀就可以了。年龄小的宝宝做这个手术甚至不用缝线就能痊愈。

如果宝宝确实舌系带过短，最好在宝宝6个月～1岁时进行手术，一来伤口小，二来语言尚未建立。一旦到了五六岁，不仅手术大，而且宝宝已养成了一定的语言习惯，再要矫正就较困难。

急性喉炎：急性喉炎是6个月～3岁宝宝的常见病。口腔科医生会告诉你，这个年龄段宝宝喉部的喉腔小，软骨较软，喉部组织松弛，一旦喉部有炎症，就容易水肿。加上小宝宝不会咳痰，更加重了呼吸困难。宝宝表现为突然气急，声音嘶哑，咳嗽有“空、空”声，出现喉鸣、喉痛（不会讲话的宝宝不愿进食）、烦躁不安、发高热，严重的甚至出现脸色苍白或青紫，若不及时处理，会危及宝宝生命。

宝宝患急性喉炎，往往在半夜突然发作或在夜间加重，在此之前宝宝可能有感冒，或根本没有任何症状。如果患有上呼吸道感染、其他急性传染病或着凉后，出现气急、声音嘶哑等，要及早带宝宝上医院检查。

50. 宝宝乳牙日常护理

（1）宝宝何时出牙

通常，宝宝在6个月时开始长乳牙，早的话4个月就开始萌出乳牙，晚的可能到10个月才出，个别的甚至到了1岁才出第一颗牙。宝宝出牙的早晚与遗传有很大的关系。一般宝宝在1岁时能出8颗乳牙（前面上下各四颗），1岁后再出下面的一对第一乳磨牙，紧接着是上面的一对乳磨牙，而后出下面的侧切牙和尖牙，再出上面的尖牙，最后依次是下面及上面一对乳磨牙。到了2～2.5岁，共出20颗乳牙，此时便完成了乳牙的生长历程。大约在6～7岁，恒牙逐渐开始替换乳牙。

（2）出牙会有不良反应

有些宝宝在出牙时会出现不同程度的发热，一般不会超过38℃，而且精神好，食欲正常，此时不必特殊处理，只要多给宝宝喝些水。

出牙时会引起牙床疼痛，宝宝就会烦躁不安，哭吵不休。此时妈妈可把自己的食指清洗干净，轻轻地按摩宝宝牙床，这样可以减轻疼痛。也可以让宝宝咬磨牙饼，转移他的注意力。

出牙时宝宝会不断流口水，可给宝宝系上围兜，并及时替宝宝拭干流出来的口水。如果宝宝的皮肤被口水浸得发红，可以替宝宝抹些婴儿润肤露，注意不要抹到宝宝舌头能舔到的部位。

有的宝宝出牙时还会腹泻。如果腹泻在每天七八次以内，不是很稀，应暂时停止给宝宝添加新的辅食品，以粥、烂面为主食，并注意餐具消毒。如果大便每天超过8次，且水分较多，应到医院就诊。

（3）出牙后的维护

从宝宝出第一颗乳牙起，家长就应该给他刷牙了。这样可以及早地预防蛀牙，还可以培养宝宝从小刷牙的好习惯。

开始可以用柔软的纱布或棉签浸冷开水清洗牙齿，而后妈妈可用柔软的指套牙刷，替宝宝刷已萌出的小牙齿。牙齿完整长出后，可以用最小号的软毛牙刷，清除牙齿、牙床上的牙斑和食物残渣。刷牙应每天早晚两次，使用不含氟的婴儿牙膏。无论在白天还是晚上，妈妈不应让宝宝含着奶头睡觉，以防蛀牙。

快出牙和刚出牙的宝宝会感觉牙肉痒，常常抓到什么咬什么，妈妈可买硅胶制成的牙胶，让宝宝放在口中咀嚼，锻炼颌骨和牙床，使牙齿萌出后排列整齐，并能促进牙齿的萌出。

（4）帮助牙齿生长的营养和食物

如果要让你的宝宝有一口漂亮坚固的小牙齿，那么营养补充也是不可缺少的。4个月后的宝宝应逐步增加含有以下营养素的辅食，可以供给宝宝生长发育所需要的营养，同时咀嚼也能促使宝宝乳牙萌出。

矿物质：钙、磷缺少就会使小乳牙长不大，坚硬度差，容易折断。所以要补充含钙多的虾、海带、蛋黄、鱼松、奶制品等。谷物、豆类、蔬菜、肉、奶等可补充磷。

蛋白质：在牙齿的形成、发育、萌出时起重要的作用，应多吃肉、鱼、蛋、奶等优质蛋白。

维生素A：可维护牙龈健康，适当给予胡萝卜及鱼肝油制剂。

维生素C：对牙釉的形成很重要，应多吃橘子、番茄、柚子、猕猴桃、红枣。

维生素D：可促进牙齿钙化，适当给予动物肝及维生素D制剂。

（5）乳牙也要定期检查

乳牙的牙釉质及牙本质较薄，钙化程度又低，所以乳牙较恒牙的抗蛀能力低，一旦有了蛀牙，进展较快。所以爸爸妈妈要定期带宝宝到口腔科检查，千万不要等到宝宝牙齿疼痛、牙龈脓肿或出现严重蛀牙才去就诊。父母也可教宝宝怎样保护牙齿，控制宝宝吃甜食和零食，或看一些宣传口腔卫生的画册。宝宝3岁后，可以教他自己刷牙。

51. 1岁以内宝宝洗头、理发、剪指甲

（1）洗头

从宝宝出生起，每天在给宝宝洗澡时，用水盆里的水替宝宝抹一把头发，一来促进头皮的新陈代谢，二来使宝宝养成洗头的习惯。不必用洗发精，宝宝的头皮尚不分泌油脂，没有皮屑，也很少沾染室外的灰尘。

小宝宝并不知道洗头有什么重要性，在生理上也没有洗头的需求。把洗头的过程当作游戏，是让宝宝乐意洗头的良方。一边洗头，一边唱平时宝宝最爱听的歌，会收到意想不到的效果。

让宝宝观察你洗头的情景，让他感受洗头带来的快乐和舒畅。很多人喜欢边唱歌边洗头，把这个习惯传染给宝宝，对他乐于洗头可有不小的促进作用哦。

（2）理发

低龄宝宝睡觉时较少动弹，睡得比较沉，白天的睡眠时间较长，在宝宝熟睡后（最好在白天）给宝宝理发，是一个不错的选择。

6个月前的宝宝在吃奶时非常投入，往往不受外界干扰，此时给宝宝剪头发，也会比较顺利。

1岁前宝宝主要的活动在家里，最好买一把婴儿专用理发工具，妈妈亲自为宝宝理发。

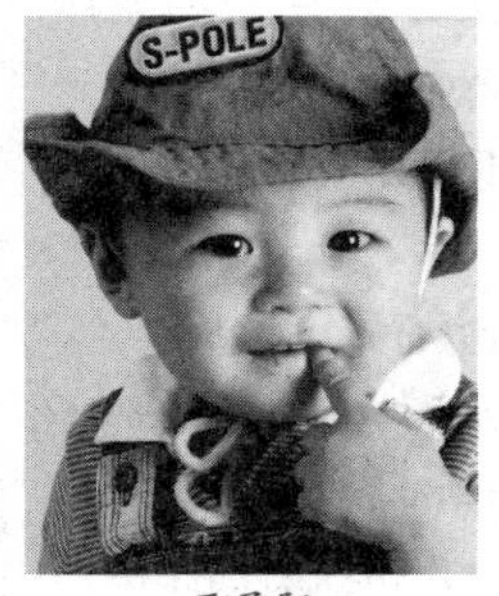

王子阳

父母寄语@小J的世界：

王子阳，你的出生，吸引了身边所有人的目光，给爸爸妈妈带来了从未有过的喜悦。你总是爱笑，愿这份乐观永远陪伴着你，健康快乐地度过每一天，长大成为一个真正的男子汉。爸爸妈妈永远爱你，你永远是爸爸妈妈的骄傲。

一来宝宝专用理发工具比较卫生，避免公共用具可能带来的传染疾病；二来不受时间限制，妈妈随时可替宝宝理发。

（3）剪指甲

给宝宝剪指甲实在是一道难题，每次替宝宝剪指甲都有点胆战心惊。在宝宝熟睡时剪指甲是很好的方法，婴儿专注吃奶时也是个不错的时机。

选用专为宝宝设计的指甲钳，能避免不小心剪到宝宝的肉。洗澡后替宝宝剪指甲，指甲浸泡过热水会容易剪。

替宝宝剪指甲后，特别是给熟睡的宝宝剪后，必须将剪下的指甲屑清理干净，否则会弄痛宝宝娇嫩的皮肤。

52. 宝宝湿疹护理

（1）为什么会发生婴儿湿疹

直接病因：宝宝湿疹的病因很复杂，其中过敏是最主要的，所以有过敏体质家族史（如父亲、母亲、祖父、祖母、外祖父、外祖母、兄弟姐妹等家庭成员有过湿疹、过敏性鼻炎、过敏性皮炎、过敏性结膜炎、哮喘、食物过敏和药物过敏等）的宝宝就容易发生湿疹。

诱发因素：发生了湿疹的宝宝，许多物质又会诱发或加重症状，如食物中的蛋白质，尤其是鱼、虾、蛋类及牛乳，接触化学物品（护肤品、洗浴用品、清洁剂等）、毛制品、化纤物品、植物（各种植物花粉）等，动物皮革及羽毛等，发生感染（病毒感染、细菌感染等）、日光照射、环境温度高或穿着太暖、寒冷等，都可能刺激宝宝的湿疹反复发生或加重。有一种特殊类型的小儿湿疹，好发生在孩子的肛门周围，常伴有蛲虫感染，称为蛲虫湿疹。

身体内因：婴儿容易发生湿疹还有本身的因素，因为婴儿的皮肤角质层比较薄，毛细血管网丰富而且内皮含水及氯化物比较多，对各种刺激因素较敏感。有一些宝宝发湿疹，就只存在内因，无过敏体质的家族史。

（2）怎样辨别婴儿湿疹

自然病程：这是婴儿常见的一种皮肤病。2～3个月的婴儿就可发生湿疹，1岁以后逐渐减轻，到2岁以后大多数可以自愈，但少数可以延伸到幼儿或儿童期。有婴儿湿疹的孩子以后容易发生其他过敏性疾病，如哮喘、过敏性鼻炎、过敏性结膜炎等。

皮疹：多数皮疹发生在面颊、额部、眉间和头部，严重时前胸、后背、四肢也有。起初为红斑，以后为小点状突起的皮疹或有水疱样疹（医学上称丘疹、疱疹），很痒，疱疹可破损，流出液体，液体干后就形成痂皮。湿疹常为对称性分布。

类型：分为干燥型、脂溢型和渗出型三类。

干燥型——湿疹表现为红色丘疹，可有皮肤红肿，丘疹上有糠皮样脱屑和干性疖痂现象，很痒。

脂溢型——湿疹表现为皮肤潮红，小斑丘疹上渗出淡黄色脂性液体，结成较厚的黄色痂皮，不易除去，多见于头顶及眉际、鼻旁、耳后，痒感不太明显。

渗出型——多见于较胖的婴儿，红色皮疹间有水疮和红斑，可有皮肤组织肿胀现象，很痒，抓挠后有黄色浆液渗出或出血，皮疹可向躯干、四肢以及全身蔓延，容易继发皮肤感染。

（3）婴儿湿疹应该怎样治疗

婴儿湿疹，因发生在宝宝喝奶时期，且有些宝宝一喝奶就湿疹加重，所以又有“奶癣”的别称。婴儿湿疹多数难以在短期内彻底根治，要靠家庭护理综合预防。

用什么样药物剂型治疗湿疹，要依据湿疹表现而定，如红肿明显、渗出多者应选溶液冷湿敷，不可用油膏；红斑、丘疹时可用洗剂、乳剂、泥膏、油剂等；呈水疱、糜烂者需用油剂；表现为鳞屑、结痂者用软膏。

湿疹可使用的药物种类繁多，应在医生指导下用药。更换新药前，一定把以前所用的药物清除干净，最好先在小块湿疹涂擦，观察新药效果，避免因药物使用不当而加重病情。对湿疹不严重的宝宝，只需局部用药，但不能自行滥用药物，以免引起皮肤损害或感染。

冷湿敷

常用 1 ： 10000 高锰酸钾溶液湿敷，使创口表面清洁，又起到杀菌收敛及氧化作用。注意一定要使高锰酸钾完全溶解，未溶解的高锰酸钾会烧伤宝宝的皮肤。

将 4 ～ 6 层湿纱布 (以不滴水为适度) 敷于创面，根据湿疹渗出物的多少来决定更换的时间和次数，当纱布吸收的渗出物已达半饱和时，将纱布更换。每日 2 ～ 3 次。渗出物多时，应勤换敷料，避免吸满渗出物的敷料久留于创面上，刺激周围的正常皮肤，致使创面扩大。

对大面积的湿疹，应对药物的性质、浓度和湿敷面积的大小，给以适当的注意。如创面红肿逐渐消退、渗液减少、创面已干燥，即可停止湿敷，改用糊剂。

湿敷面积不能超过全身面积的 1/3，以免过度的体表蒸发造成脱水。湿敷的液体不宜过冷，否则易引起代偿性的血管扩张而致感冒。室温低时应将药液加温后再湿敷。如有感染者，用后的纱布应洗净、消毒 (可煮沸) 后再用。湿敷液应为新鲜配制，防止因溶液变质而影响效果。

含皮质激素药物

对轻症或范围小的湿疹，可以外搽含皮质激素的药物；对面积大的湿疹或反复发作的湿疹，如果频繁、大量或长期应用含皮质激素的药物，会有全身和皮肤局部的副作用，因此要慎重选择。

含皮质激素药物的皮肤局部副作用，较突出的是药物依赖性皮炎和反跳性皮炎。药物依赖性皮炎，指湿疹不能停用皮质激素类药物。反跳性皮炎，指皮质激素外用后，湿疹病情迅速好转，但一旦停药后，在一两天内用药部位 (特别是面部) 可发生赤红、触痛、瘙痒、裂口、脱屑，以致发生脓疱，湿疹更加严重，当重新涂用激素后，病情很快好转或消失；如再停药，反跳性皮炎再发，而且比以前更严重。

白三烯拮抗剂

研究显示，湿疹和哮喘发病机制类似，白三烯拮抗剂 (顺尔宁) 具有皮质激素的抗过敏作用，而没有皮质激素的副作用，是防治哮喘效果确切的药物。

临床发现，白三烯拮抗剂用于治疗婴儿湿

曾奕嘉

父母寄语 @ 小倍麻麻 ：

亲爱的儿子，妈妈希望你先做个快乐的人，无论遇到什么困难，都希望你能乐观坚强地面对，妈妈永远支持你！

疹具有良好的效果，应用方法是：婴儿每晚服2～2.5毫克，一般服2周左右湿疹消失，严重湿疹1个月左右消失。如果加强家庭护理，宝宝就可以摆脱湿疹之苦。

其他治疗方法

方法一：可在晚饭后或睡前服用抗组织胺制剂或镇静剂，以止痒和辅助抗过敏。

方法二：避免外源性再刺激，常见的有搔抓、摩擦、肥皂洗、热水烫、用药不当等。对脂溢型湿疹千万不能用肥皂水洗，只需经常涂一些植物油，使痂皮逐渐软化，然后去掉。

方法三：如果湿疹宝宝出现发热、皮肤红肿加重、流出黄色脓性分泌物或淋巴结肿大等情况，提示宝宝的湿疹已经发生感染了，不能自行服药，应在医生指导下选择抗生素。

方法四：对特殊类型的蛲虫湿疹，除局部治疗外，还需驱虫。驱蛲虫的药物多数在2岁之内是不允许服用的，所以只能通过注意卫生去除蛲虫。好在蛲虫的寿命只有20～30天，家长只要连续1个月将宝宝的衣裤、床单等用开水烫洗，玩具彻底消毒，宝宝的手勤洗，不把手放在嘴里，就能够切断蛲虫侵入的途径。

（4）如何预防宝宝湿疹反复

婴儿湿疹消失后，更重要的是家庭护理，预防宝宝湿疹的反复发作。

喂养和饮食：母乳喂养可以减轻湿疹的程度。蛋白类辅食应该晚一些添加，如鸡蛋、鱼、虾等，一般从4个月开始逐渐添加，而有湿疹的宝宝建议晚1～2个月添加，且添加的速度要慢。宝宝的饮食尽可能是新鲜的，避免让宝宝吃含气、色素、防腐剂或稳定剂、膨化剂等的加工食品。如果已经发现某种食物因食用而出现湿疹，应尽量避免再次进食。

有牛奶过敏的宝宝，可用羊奶等代替牛奶喂养。对鸡蛋过敏的宝宝可单吃蛋黄。

以清淡饮食为好，少些盐分，以免体内积液太多而易发湿疹。

衣物：贴身衣服应是棉质的，所有的衣服领子最好都是棉质的，衣着应较宽松、轻软。床上被褥最好是棉质的，衣物、枕头、被褥要经常更换，保持干爽。要避免宝宝过热出汗，并且不要接触羽毛、兽毛、花粉、化纤等过敏物质。

洗浴护肤：以温水洗浴最好，避免用去脂性强的碱性洗浴用品，应选择偏酸性的洗浴用品。护肤用品选择低敏或抗敏制剂。

环境：室温不宜过高，否则会使湿疹的痒感加重。家里不养宠物，如鸟、猫、狗等。房间里要经常通风换气，不要吸烟，室内不要放地毯，打扫卫生最好是湿擦或用吸尘器，以免扬尘。保持宝宝大便通畅，睡眠充足。睡觉前为宝宝进行20分钟左右的节奏性肢体运动，既可增加机体抗敏能力，又有利于胃肠功能，还能提高宝宝的睡眠质量。

53. 宝宝皮疹护理

炎炎盛夏，宝宝身上经常汗津津的，汗水浸渍着宝宝娇嫩的皮肤，一不留神，宝宝的身上就出现了红点点，不及时防护就会发展为水疱，痒、抓、痛，小毛病成了大痛苦。夏季是宝宝皮肤最容易出状况的时节，提早防范、仔细护理，能让你的宝宝安然度过夏天。

（1）痱子

痱子是夏季宝宝最常见的皮肤病，就算每天给宝宝洗几次澡的样子，可痱子还是会在宝宝的身上、脸上出现，看着宝宝红红的皮肤、痒痒地难受的样子，你一定也觉得不好受。我们一起来了解一下这讨厌的痱子吧！痱子分白痱、红痱和脓痱。

轻度的白痱

好发部位：额头、脖子和胸部。

主要症状：宝宝身上有针头大小的水疱，仔细看会发现疱壁很薄、疱液透明。宝宝没有痛痒感。

发病原因：宝宝衣服穿得太多，或睡觉时被子盖得过多，捂出了汗，或宝宝发高热大量出汗，都会长出白痱。3个月以内的宝宝汗腺发育不完善，体温调节能力差，即便在冬天也会因出汗而长白痱。

护理方法：白痱无需治疗，只要注意保持宝宝皮肤清洁。2 ~ 3天后水疱收干，皮屑脱落就痊愈了。

要根据气温变化，适时给宝宝增减衣服，小年龄宝宝可比大人多穿一件棉布内衣，大年龄宝宝活动量大，可与成人穿得一样多。经常摸摸宝宝的颈后，随时了解宝宝是否出汗。宝宝睡觉的盖被也不要太厚，刚入睡时出汗较多，可给他少盖些，待宝宝睡深后，再加盖一层薄毯。

体质较差或缺钙的宝宝，睡下后往往会大汗淋漓，可在宝宝的胸前和背后各垫一块小毛巾，待宝宝汗退后，拿掉湿湿的毛巾，宝宝的衣服就会保持干燥。给发热宝宝服下退热药后，也可用此方法吸收宝宝的大量出汗。宝宝穿的衣服要是宽松、棉质的，即使出汗也不至于粘在身上捂出痒子。

中度的红痱

好发部位：腋下、颈部、胸背部、腿弯处，额头和臀部。

主要症状：开始时是一个个针尖大小的红色丘疹，突出在皮肤表面，圆圆的也有尖尖的，有时会是顶端有小疱的汗疱疹，周围皮肤发红。痱子多的地方会融合成片状，整片皮肤发红。宝宝会感到痒，小年龄宝宝会因此烦躁、哭闹。

发病原因：夏天宝宝出汗后，没有及时替宝宝清洁皮肤，汗液堵塞了汗腺口，使汗腺周围组织发炎。

护理方法：宝宝洗澡后抹上爽身粉或花露水，一般1 ~ 2周后即可痊愈。保持室内的凉爽、通风和干燥。替宝宝勤洗澡、勤换衣，如果没条件洗澡，也应用温水替宝宝擦一擦。给宝宝洗澡的水宜用温水，不必每次都用肥皂。天气炎热，尽可能不让宝宝哭闹，以免大量出汗。夏季宝宝的头发可留短些，避免捂汗。

重度的脓痱

好发部位：皮肤皱褶多的部位，如腹股沟、头颈部、四肢屈伸处。

主要症状：粟状小脓疱，可以是分散的，也可以连成一片。若在丘疹顶部有一圈领圈状脱屑，是红痱并发念珠菌感染所致。

发病原因：红痱没有及时治愈后产生的并发症，是由细菌引起的。

护理方法：仅仅做好清洁是不够的，需要在脓痱处使用抗菌药，也可用75%的乙醇（酒精）

周彧弘

父母寄语 @ 小鱼 wsyty：

亲爱的宝贝，20年后的你，将独自踏上人生的旅途，希望你的脚步能无比坚定，你的每一个足迹都将丰富你人生的阅历；希望你的笑容能无比的自信，你的每一个微笑将汇聚成无数甜蜜的记忆。好好珍惜自己，珍惜所拥有的一切，让生命之花绚烂绽放。

擦除脓疱，涂上1%的龙胆紫（紫药水）。替宝宝勤剪指甲，以免宝宝自己抓挠而引起进一步感染。脓痱如不及时处理，会发展成脓疱疮或疖肿，如果在你的护理下，宝宝的脓痱没有改善，或在丘疹顶部有领圈状脱屑，应及时带宝宝就诊。

（2）脓疱疮

好发部位：好发于身体暴露在外的部位，如鼻唇部、脸、耳朵、颈部、四肢等。

主要症状：起初是散发性的红斑或小水疱，等到发现时，已是迅速扩大的水疱。开始时，水疱疱壁薄、疱液清，很快化脓成为脓疱，脓疱周围有红晕。疱壁很容易破裂，流出黄水，形成糜烂面或结痂。

发病原因：脓疱疮主要是由金黄色葡萄球菌、溶血性链球菌或二者混合感染引起的。宝宝皮肤薄嫩，皮脂腺发育不成熟，对细菌的抵抗力差。皮肤破损、搔抓破皮肤和分泌物（如唾液、鼻涕、口水）浸渍，都可能在宝宝免疫力差的时候引起脓疱疮。宝宝夏季容易生痱子、虫咬皮炎，这些病也易继发脓疱疮。

护理方法：如果疱很大，可用酒精棉轻擦疱面，然后用消毒针头刺破疱壁，再用无菌棉球吸净疱液，尽量避免疱液溢到正常皮肤。可在创面上涂上百多邦药膏，也可涂1%的龙胆紫。若脓痂较厚不易揭去，可先用1∶10000的高锰酸钾溶液湿敷，再涂擦0.5%的新霉素药膏。脓痂脱落后，表面长出新皮，即为痊愈。宝宝身上脓疱多，且有淋巴结肿大、发烧，应及时上医院就诊，需要使用抗生素。

脓疱疮的传染力极强，脓液流到哪里，哪里就会生出新的脓疱疮。患脓疱疮的宝宝一定要及时隔离，特别是在托幼机构内。患病宝宝的衣裤、毛巾和玩具等用品，应洗净后用开水烫泡，或在消毒剂中浸泡、洗净，然后在太阳下曝晒。保持皮肤清洁、干燥，不要让宝宝抓破创面。

有的宝宝在脓疱疮生后2～3周，会并发肾炎，家长应到医院替宝宝验个小便，早发现早诊治，以免发展为慢性肾炎。另外，新生儿得脓疱疮，往往全身反应较强，不及时治疗，容易导致菌血症、败血症、肺炎、肾炎等严重后果。

（3）丘疹性荨麻疹

好发部位：躯干、四肢外侧，头、面部。

主要症状：纺锤形丘疹，周围有红晕，丘疹顶部有水疱，由于过敏反应，有的宝宝会全身出现风团丘疹或风团水疱。少数宝宝会有大疱，可以只是少数几个，也会成片出现。宝宝会感觉很痒，夜里痒感特别厉害。

发病原因：宝宝皮肤娇嫩，皮下组织疏松，血管丰富，被虫叮咬后的地方会出现发红、充血、渗出，并很快出现肿胀，宝宝感觉痒就会去用手搔。抓搔的刺激，加重了红肿，有的被抓破而继发感染，使红肿加剧且进一步化脓。大多与昆虫叮咬有关，某些有过敏体质倾向的宝宝被虫屡次叮咬后发生过敏，有的发病宝宝是由于胃肠道功能紊乱或某些食物过敏而引发的。

护理方法：汗味是昆虫叮咬的诱发因素，要经常给宝宝洗澡，在虫咬处及时涂上外用止痒剂。如果比较严重，可在医生指导下给宝宝服用抗组胺类药。如有并发细菌（丘疹上有脓头）感染，感染部位可用呋喃西林溶液冲洗，再涂上红霉素或金霉素软膏。如有发烧、淋巴结肿大，要使用抗生素，因为细菌蔓延到血液，会引起菌血症、败血症。

54. 宝宝要不要补钙

（1）宝宝每日需要摄入多少钙

要不要给宝宝补钙？首先要知道宝宝每日身体所需的钙量。2000年，中国营养学会提出的《中国居民膳食营养素参考摄入量》建议，婴幼儿每日钙参考摄入量为：0～0.5岁为300毫克；0.5～1岁为400毫克；1～3岁为600毫克；

乳母为1200毫克。这个宝宝可以通过日常饮食达到摄入量，那就不必额外补充钙制剂。

（2）喂养方式不同，补钙大不同

母乳喂养的婴儿

由于每天母乳中会分泌300毫克的钙，而且含量比较稳定，因此一般半岁以内的婴儿是不需要补钙的。但需要注意的是，宝宝出生后3周起，要为其补充400个国际单位的维生素D，以利于钙的吸收。特别要提醒妈妈，这时要注意自身膳食中钙的摄取量。如果自身的钙含量不足，就会使自身的骨钙外流或丢失。所以，为了维持体内钙的平衡，哺乳期妈妈必须每天摄入1.5克钙，可选用含钙丰富的食品，也可补充钙制剂。

人工喂养或混合喂养的婴幼儿

婴儿如果每天摄取750毫升以上的配方奶，就不需要补充钙。因为不同品牌的配方奶都含有一定量的钙，婴儿只要喝足量的配方奶就不需补钙。随着宝宝的长大，当配方奶用量减少至500～600毫升时，奶粉中含有285～342毫克的钙，若宝宝另外再加辅食，如添加25克营养米粉，则可获得275毫克钙，这样合在一起就达到相关标准，宝宝就不需要补钙。

1岁以内的婴儿是否要补钙，最好由医生来决定。医生会根据孩子的具体情况作出综合评定。1岁以上的宝宝，如果摄入配方奶或新鲜牛奶的量达到400～450毫升时，也可以不补钙。

（3）维生素D要不要补充

由于维生素D有助于钙的吸收，而配方奶中含有维生素D，因此喝足750毫升配方奶的婴儿就不需要另外补充了。当宝宝奶量降至一半时，则可以隔天补一次维生素D。在阳光明媚的季节，可以暂停一段时间，因为晒太阳时人体自身可以产生维生素D。父母最好认真阅读婴儿食品上的标签，不要过量补充营养素。

55. 宝宝要不要补铁

铁是人体需要量最多的微量元素，一个成年人全身含铁量3～5克。在人体内，70%～80%的铁是以血红蛋白的形式存在于红细胞中，10%左右分布在肌肉和其他细胞中，15%～20%贮备在肝脏、脾脏、骨髓、肠和胎盘中，剩下的则以与蛋白质相结合的形式存在于血浆中，称为血浆铁，约3毫克。

贫血是指血液中红细胞、血红蛋白和红细胞压积低于正常值，或其中一项明显低于正常值。贫血不但影响宝宝的生长发育，并且是一些感染性疾病的诱因。引起贫血的原因很多，以婴幼儿期常见的红细胞生成减少性贫血来说，一般有三方面因素引起：造血物质（铁、维生素B_{12}、叶酸、蛋白质）缺乏；骨髓造血功能不良；其他因素，如甲状腺功能低下等。其中缺铁引起的缺铁性贫血最常见，主要发生在6个月到3岁的婴幼儿。铁是构成血红蛋白的重要元素

王梓豪

父母寄语@小正太豪哥：

宝贝，20年后的今天你已经是个顶天立地的男子汉了，妈妈希望你健康、快乐、幸福，因为不管多少个20年后，健康、快乐、幸福是最重要的。

之一，如果人体缺了铁，不能组建足够的血红蛋白，就会导致贫血。

（1）容易发生缺铁性贫血的 5 类婴幼儿

贫血在儿童中并不少见，而且 90% 为缺铁性贫血。据调查显示，6 个月 ~ 6 岁的婴幼儿缺铁性贫血的发病率极高，农村的比率高于城市。以下 5 类婴幼儿容易发生缺铁性贫血，爸爸妈妈要特别注意啦！

6 个月左右的小婴儿：专家指出，怀孕时准妈妈会将自己体内的铁通过胎盘供给胎儿，所以那些足月婴儿体内有较多的铁，可以满足出生后 4 ~ 6 个月自身快速生长的需要。6 个月后，宝宝从胎内带来的铁就不够用了，必须从食物中吸收铁。此时宝宝的营养主要来自母乳，而母乳中所含的铁已不能完全满足宝宝的生长需要，若辅食添加不及时，或辅食吃得不太理想，宝宝就很容易出现缺铁的状况。

早产儿、低体重儿（出生时体重低于正常标准）：这两类宝宝，因为出生时身体里“携带”的铁元素相对较少，若照顾不当，容易患上不同程度的缺铁性贫血。

生长特别快的宝宝：宝宝长得快，大人满心欢喜，但暗藏着贫血的隐患。宝宝出生后的第一年体重增长非常迅速，6 个月时体重超过出生时体重的 2 倍，1 岁时体重为出生时体重的 3 倍以上，此阶段孩子体内对铁的需要量超过成人。如果饮食安排不当或宝宝有挑食的毛病，极易产生贫血。

有慢性出血性疾病的孩子：有的宝宝喝鲜奶，大便中会有隐性出血症状；有的宝宝平时动不动就腹泻……像这些宝宝，妈妈也要注意，他们也很容易缺铁。

爱挑食、偏食的孩子：铁元素主要从食物中摄取，如果宝宝的饮食习惯不好，挑食、偏食严重，缺铁性贫血就很容易发生。

（2）你的宝宝缺铁吗

宝宝缺乏铁元素，身体就会产生连锁反应，不仅外表看上去面色苍白，还会食欲不振、免疫力下降；对大孩子来说，还会导致注意力不集中，甚至影响智力发育。你的宝宝“缺铁”吗？爸爸妈妈不妨根据以下表格来为宝宝做一次自检。如果你的宝宝有缺铁征兆，不妨去医院进行检查。

“缺铁宝宝”可能出现的情况

主要症状	宝宝可能出现的情况
皮肤和黏膜苍白	最明显的部位是面部、口唇、耳郭、手掌、眼结膜及口腔黏膜等处的皮肤或黏膜显得苍白
心跳、呼吸加快	心跳快、胸闷、呼吸急促，这些情况说明其体内氧气供应量不足，希望能多摄入氧气
消化不好	食欲不振、消化不良、恶心、呕吐及腹泻
精神不振	精神不好，常有嗜睡、烦躁不安、注意力不集中、对周围环境反应差等情况

世界卫生组织的贫血标准

年龄段	贫血标准
新生儿	血红蛋白低于 145 克 / 升
6 个月 ~ 6 岁的孩子	血红蛋白低于 110 克 / 升
6 ~ 14 岁的孩子	血红蛋白低于 120 克 / 升

（3）补铁的主要来源和方法

一般情况下，人体所需的铁主要是通过日常饮食供给。哪些食物里富含铁质？那就让我们认识一下前 5 强的补铁食物：

动物肝脏：每 100 克猪肝含铁 25 毫克，而且也较容易被人体吸收。肝脏还富含各种营养素，是预防缺铁性贫血的首选食品。

各种红色的瘦肉：红肉中的含铁量不太高，但铁的吸收率高。购买、加工容易，老少皆宜。

动物血液：猪血、鸡血、鸭血等动物血里铁的利用率为 12%，价廉物美。不过须注意清洁卫生。

黄豆及其制品：每100克的黄豆及黄豆粉中含铁11毫克，但铁的吸收率只有7%。

鸡蛋黄：每100克鸡蛋黄含铁7毫克，原料易得，保存方便，而且还富含其他营养素，但铁的吸收率只有3%。

不同年龄宝宝的补铁方法

不同生长时期	铁的需求量	食补的主要来源和方法
胎儿期	如果孕妇的血红蛋白低于100克/升，红细胞少于350万/立方毫米，即为孕妇贫血。整个妊娠期，孕妇对铁的需求量约为1克。	孕妇可以从动物血、肝脏、鸡胗、牛肾、大豆、瘦肉、蛋黄、黑木耳、芝麻酱及红糖等食物中摄取铁，必要时也可以用铁制剂来补铁。建议在医生指导下，从孕中期到孕末期每天补充30毫克铁。
婴幼儿期（0～3岁）	宝宝对铁的需求量为每日10～15毫克。	宝宝从母乳或加铁的配方奶中摄入铁。从4个月开始可添加含铁的婴儿米粉及鸡蛋黄，7～8个月后可添加猪肝泥、瘦肉末。
学龄前儿童（3～6岁）	孩子对铁的需求量为平均每日10～12毫克。贫血孩子每天需要补充12毫克以上的铁。	黑木耳、鸡蛋、瘦肉的含铁量很高，孩子每周可吃1～2次木耳炒肉片。

（4）贫血小儿的补铁食谱

猪肝荠菜羹

原料：猪肝100克，荠菜150克

做法：将荠菜、猪肝洗净后切碎，用适量玉米淀粉调制猪肝；在铁锅中加适量水煮沸，将碎荠菜和猪肝放入，煮沸数分钟后加入调味品，即可食用。

香菇豆腐羹

原料：香菇10个，豆腐200克

做法：将香菇洗净后切碎，豆腐切成小方块；在铁锅中加适量水煮沸，加入碎香菇和豆腐，适量玉米淀粉水调制后，加入锅中煮沸数分钟，加入调味品后即可食用。

黑木耳鸡血豆腐汤

原料：水发黑木耳5～8个，鸡血100克，豆腐150克

做法：将水发黑木耳洗净后切碎，鸡血、豆腐切成方块；在铁锅中加适量水煮沸，加入碎黑木耳、鸡血和豆腐，煮沸数分钟后加入调味品，即可食用。

（5）缺铁性贫血的治疗

去因治疗：多数患儿发病的原因是饮食不当，因此必须改善饮食，合理喂养。有些轻症患儿仅凭改善饮食、及时添加辅食即可治愈。由于患儿的消化能力较差，所以添加辅食要循序渐进，不能性急。

谭惠予

父母寄语@晓晓_棒棒堂：

谭惠予，你是上天赐给我们的礼物，就像克里桑斯美美菊花一样独一无二。我们那么爱你，在能力范围给你最好的一切，向你展示这个世界的多姿多彩，希望你学会那些美好而珍贵的人类品质：独立思考，自我反省，爱和勇气。毫无疑问你会遭遇挫折，但你要记住，看到阴影，代表阳光就在附近。

铁剂治疗：铁剂是治疗缺铁性贫血的特效药，一般采用口服法。二价铁比三价铁容易吸收，宝宝宜服配成溶液的硫酸亚铁、富马酸铁或葡萄糖亚铁。服药应在两餐之间，既可减少对胃黏膜的刺激，又可避免与牛奶同时服用，因为牛奶含磷较高，会影响铁的吸收。

对不能耐受口服铁剂而贫血较重的患儿，可以考虑肌肉注射右旋醣酐铁。注射铁剂可引起局部疼痛等反应，且注射铁剂的治疗效果并不比口服快，所以要慎重。药物治疗的方法和剂量应由医生掌握。

输血：只适用于重度贫血、合并严重感染或急需外科手术时。

铁元素过量：可发生铁中毒（主要症状是消化道出血），所以使用强化铁食品必须掌握剂量，使用时间不宜过久，应由儿保医生具体指导。

56. 宝宝要不要补锌

锌是人体必需的微量元素之一，人体内的含锌量为1.4～2.3克。锌主要存在于皮肤、肌肉和骨骼中，视网膜上的相对含量较高，血液中也有一定含量。

锌是人体内许多金属酶的组成成分，在机体代谢过程中起到重要作用。锌与核酸、蛋白质合成的关系密切，可促进宝宝的生长发育和组织再生；能维持正常的味觉，促进食欲；促进维生素A在体内的代谢转化；参与维护和保持细胞的免疫反应，提高机体抵抗力，促进伤口愈合。此外，锌还与生殖器的发育和功能有关。

（1）宝宝缺锌的常见表现

宝宝如果长期不能从食物中摄入足够的锌，就会表现出：味觉减退、厌食、异食癖、贫血、生长发育落后、皮肤粗糙，或发生皮炎、反复性口腔溃疡、创伤不易愈合、多动、智商下降，年长的孩子可出现性发育延迟等情况。

不同年龄段宝宝对锌的需求量

年龄段	对锌的需求量
新生儿～6月	1.5～8毫克/日
7～12月	8～9毫克/日
1～11岁	9～13.5毫克/日
11～14岁	男：18毫克/日，女：15毫克/日
14～18岁	男：19毫克/日，女：15毫克/日
18岁以上	男：15毫克/日，女：11.5毫克/日
孕妇	11.5～16.5毫克/日
哺乳期妈妈	21.5毫克/日

（2）宝宝缺锌怎么办

一般地说，轻度缺锌的孩子可以通过补充富含锌的食物来纠正。动物性食物含锌量较丰富，如海产品、肉类、禽类及鱼类等，在海产品中牡蛎的含锌量较高；黄豆、花生、核桃、杏仁等食物也含有一定量的锌。此外，妈妈的初乳中含锌量也较多，且吸收率高于牛乳，因此对于新生儿应鼓励母乳喂养。

对于缺锌较严重的儿童，一方面可以食补，另一方面可在医生指导下适量口服锌制剂，如葡萄糖酸锌、硫酸锌等。口服锌制剂的用量为每日每千克体重补锌0.5～1.5毫克，整个疗程不超过3个月。

57. 小心宝宝缺乏维生素K

有一个宝宝，出生刚3个月，吃睡都很正常，脸色却越来越差，上臂、胸前以及臀部皮肤冒出大大小小的青紫色瘀斑，有时鼻子也出血。父母赶忙将宝宝送进了医院。儿科大夫详细询问了妈妈孕期前后的情况，并做了全面检查，最后得出结论：宝宝患上了维生素K缺乏症。

（1）认识维生素K

人们都熟悉维生素A、B、C、D，可是对维生素K却不甚了解。维生素K的生理使命是参与血液凝固机制，防止出血。比如，当你不小心弄破了皮肤，流出血来，但受伤处的血很快凝成块，血就止住了。这得归功于人体血液中的凝血系统，其中包括13种凝血因子。不过，这些凝血因子需要互相配合、共同作用才能产生效力，缺一不可。13种凝血因子中有4种因子，必须在维生素K的参与下才能在肝脏内合成。如果人体缺乏维生素K，就等于缺乏了凝血因子，自然容易出血或出血难止。维生素K负有此项特殊使命，因此它享有“凝血维生素”的美名。

获取维生素K有两大渠道：主渠道是从食物中摄入；副渠道是依靠肠道中的有益菌，如大肠杆菌、乳酸杆菌等合成。

维生素K广泛分布于苜蓿、菠菜、白菜等绿色蔬菜中，在猪肝、蛋黄等日常食物中含量也很丰富，加上肠道有足量的益生菌为维生素K的合成而忙碌，成人一般是不会缺乏的。

（2）缺乏维生素K的三大原因

原因一：胎盘阻隔，储量不足。维生素K不太容易通过胎盘，因此胎儿难以从母体获得并储存足量的维生素K，以致出生后体内没有多少库存可用。

原因二：肠道洁净，细菌较少。初离母体的宝宝肠道内还是一片洁净的世界，没有合成维生素K的细菌来“安家落户”，即便逐渐有了，但数量少，合成维生素K的能力有限。同时，这个年龄段的宝宝大多吃母乳，母乳虽说营养充分、全面，却唯独维生素K的含量偏低，仅为牛奶的1/4。因此，单纯以母乳喂养的宝宝，出生后24小时至3个月发生维生素K缺乏的几率相当大。

原因三：药物影响，含量下降。如果在宝宝出生前，孕妈妈使用了鲁米那、苯妥因钠、利福平、异烟肼等药物，这些药物可加快维生素K的氧化降解，造成体内维生素K含量下降，进而导致胎儿的储备量也趋低。另外，宝宝出生后，如果患上感染性疾病而不得不较长时间服用广谱抗生素或磺胺药，抑制了肠道正常菌群的生长，无疑也会使维生素K缺乏的状况“雪上加霜”。

（3）宝宝维生素K不足的后果

宝宝体内维生素K不足，必然导致凝血障碍，从而引起出血，出现诸如皮肤青紫、皮下血肿、鼻出血、便血等症状。最为严重的后果是颅内出血，虽然表面上看不出什么，但血块可直接压迫大脑中枢，引起抽风、昏迷等严重症状，直接威胁宝宝的生命。

美国儿科学会营养委员建议，所有宝宝在出生后1小时内都应预防性注射维生素K。后来还发现，口服维生素K与注射具有同样的效果，可避免打针的痛苦与副作用。另外，也可以在分娩前24小时内给孕妇注射维生素K，以防胎儿出生后缺乏维生素K。

（4）从四个方面构筑宝宝的安全防线

孕妈妈要做好孕期保健，避免产伤、感染、

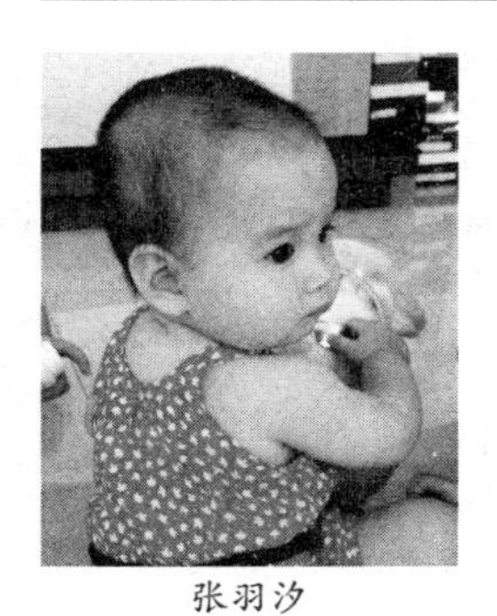

张羽汐

父母寄语@轩小窗：

西西，你能想到这是妈妈20年前写给你的吗？我想现在的你，肯定快乐、美丽、温和而又坚强。妈妈爱你。

缺氧等影响宝宝营养摄取的因素。孕期慎用药物，尤其要避开影响维生素K代谢的药物，如前面提到的鲁米那等，保证胎儿出生前有足量的维生素K库存。

哺乳妈妈要多吃些维生素K含量丰富的食物，如菠菜、苜蓿、番茄、蛋类、动物肝等，以增加乳汁中维生素K的含量。

要给母乳喂养的宝宝适时添加富含维生素K的辅食，如深绿蔬菜、植物油、鱼肝油等，以弥补母乳中的不足。

宝宝生病，要请医生开药，妈妈不可随意自购抗生素糖浆喂服。如果宝宝经常腹泻，或不得不服用广谱抗菌素或磺胺药，可在医生指导下补充适量维生素K。

58. 宝宝的预防接种

婴儿自身的免疫力还没有发育成熟，特别是6个月以后，母体带来的免疫力逐渐消失，所以他们很容易被各种病菌感染而患病，其中一些传染病是可以预防的，如麻疹、水痘、百日咳等。不同年龄阶段的孩子需要有计划地进行预防接种，医学上称之为计划免疫。

目前，我国实行计划免疫的疫苗有：卡介苗、脊髓灰质炎疫苗、百白破三联疫苗、麻疹疫苗和乙肝疫苗等。上海等城市还增加了乙脑疫苗和流脑疫苗等。

（1）卡介苗

接种卡介苗，可以增强宝宝对结核病的抵抗力，预防严重结核病和结核性脑膜炎的发生。目前我国采用的是减毒活疫苗，安全有效。

接种卡介苗的婴儿在出生后3个月时要到防疫站做OT试验，如果检查结果呈阴性，需要补种卡介苗。如果婴儿出生时没能按时接种，可在2个月内到当地结核病防治所卡介苗门诊或者疾病预防控制中心的计划免疫门诊补种。

接种时间：宝宝出生24小时以后。

接种禁忌：发高烧者；严重急性症状及免疫不全者；出生时伴有严重先天性疾病者；出生体重低于2500克者；患有严重湿疹者；怀疑患有结核病。

注意事项：接种2～4小时后，接种部位会出现红肿、脓疱或溃烂，大多会留有浅斑痕。

护理要点：照常沐浴；对脓疱不必擦药或包扎，但是尽量不要弄破；万一脓疱破了溃烂了，也不必太担心，擦干，保持干燥即可；如果发现孩子同侧手臂的腋下淋巴结肿大，应去医院检查；接种疫苗2～3个月内，不能与结核病患者接触。

（2）脊髓灰质炎疫苗

脊髓灰质炎疫苗，简称脊灰糖丸，是一种减毒活疫苗。婴儿出生后按计划服用此糖丸，可有效预防脊髓灰质炎，即小儿麻痹症。

接种时间：共服用3次，第一次在婴儿2个月的时候，以后3个月、4个月各服一次。

接种禁忌：发高烧者；免疫功能不全者；正在服用肾上腺皮质激素者；患有各种传染病和慢性病患者。

注意事项：个别婴儿服用疫苗后可能会有轻微的腹泻，1～2天后自行好转，无需特别处理；如症状严重，可去医院就诊。用冷开水溶解后送服；如用热开水溶解，活疫苗会因温度过高而失去活性，不能在宝宝体内产生抗体。哺乳前半小时～1小时空腹服用；不能在哺乳后2小时内服用，因母乳中可能有抵抗该病毒的抗体存在，会使糖丸失去活性。

护理要点：该疫苗是经肠道吸收的，服用后至少30分钟内不能吃热的东西；服用后发生呕吐，会导致疫苗服用剂量不足，应补服。

（3）百白破三联疫苗

该疫苗是将百日咳菌苗、白喉类毒素及破伤风类毒素混合制成，可同时预防百日咳、白喉和破伤风。一旦有高热、局部硬结等症状较为严重的副反应，孩子以后不可再接种此疫苗。

接种时间：第一次在小儿3个月的时候，以后4个月和5个月时各注射一次。该疫苗必须连续打3针，才会产生足够的抗体。另外，这些抗体只能维持一定的时间，不能终生免疫，因此以后还要继续接种。

接种禁忌：发高烧者；病后体弱，有明显营养不良者；患有严重心脏血管系统、肾脏、肝脏等严重疾病者；以前接种此疫苗后产生较严重副反应者。

注意事项：可能会引起局部皮肤硬结、发热等副反应，一般在2～3天内消失。

护理要点：红肿部位可用热毛巾热敷；多喝开水；接种出现体温升高，且在38.5℃以上，应到医院就诊；红肿、硬结范围较大，持续时间较长，应到医院就诊，定期观察。

（4）麻疹疫苗

麻疹疫苗是一种减毒活疫苗，接种反应小，抗体产生快，免疫持久性好。注射后1～2天内有发烧现象，应马上到医院就诊。

接种时间：第一次接种是在小儿8个月的时候，4岁时复种。

接种禁忌：患有严重疾病者；免疫功能不全者；正在使用肾上腺皮质激素者；6周内注射过血清丙种球蛋白或胎盘球蛋白者。

护理要点：喝开水；免出入公共场所，以防感冒。

（5）乙肝疫苗

乙型肝炎在我国的发病率很高，慢性活动性乙型肝炎还是造成肝癌、肝硬化的主要原因，让孩子接种乙肝疫苗是非常必要的。我国于2002年将乙肝疫苗纳入计划免疫。

接种时间：共接种3次，出生时、满1个月和6个月时各接种一次。

接种禁忌：出生体重低于2500克者；有窒息、呼吸困难、心脏功能不全、严重黄疸、昏迷或抽筋等症状者；先天性畸形及严重的内脏功能障碍者。

护理要点：极少数孩子会有轻微发烧现象，按普通发烧的护理方法处理，多饮水，适当休息。如较严重，应及时去医院就诊。

（6）乙脑疫苗

用于预防流行性乙型脑炎（简称乙脑）。由于流行性乙型脑炎在我国流行较广，目前我国已将此疫苗纳入计划免疫，所有健康宝宝均予以接种。该疫苗应在乙脑流行季节前接种。

接种对象：满12个月宝宝。

接种禁忌：除了轻微感冒以外的所有疾病患儿。

护理要点：如出现轻微发热，可按普通发烧的护理方法处理，多饮水，适当休息；如反应强烈或出现异常，应及时去医院就诊。

（7）流脑疫苗

用于预防A群脑膜炎球菌引起的流行性脑

白若妍

父母寄语@雪dede：

亲爱的宝宝，20年后的你，可能正要面对人生路途的选择，妈妈想要说的是，相信自己，不管有多困难，只要坚持，一切问题都可以解决！爸爸妈妈永远支持你！

脊髓膜炎。流脑疫苗应安排在流脑流行季节前注射。

接种对象：3 岁以上的健康宝宝。

接种禁忌：除了轻微感冒以外的所有疾病患儿。

护理要点：如有轻微发热，可按普通发烧的护理方法处理，多饮水，适当休息；如反应强烈或出现异常，应及时去医院就诊。

（8）家长须知

接种的间隔时间是根据疫苗在体内发挥作用的时间所确定的，因此每次接种的时间不能延误。家长收到预防接种的通知单后，应按时带孩子去接种，以确保效果。

仔细保存孩子所有的预防接种记录，每次预防接种后务必查验医生是否填写完整，签署名字、日期和盖上医院的接种章。

每次进行预防接种时，应携带完整的预防接种资料，以备医生查核。

接种前应向医生详细说明孩子近阶段内的身体状况，特别是服用过的药物、营养品以及是否生病等。

（9）宝宝出现哪些情况应暂缓预防接种

患传染病正处于恢复期，或有急性传染病接触史而又未过检疫期的宝宝，不宜接种。

正患感冒或发热的宝宝，若接种疫苗，会使体温升高，诱发或加重疾病。

有哮喘、湿疹、荨麻疹及过敏性体质的宝宝，接种后易发生过敏反应，特别是打麻疹活疫苗或“百白破”混合制剂等致敏原较强的疫苗，更易产生过敏反应。

有癫痫和惊厥史的宝宝，接种疫苗时要审慎。但并不是所有抽搐过的宝宝都不能预防接种，如宝宝因低血钙发生过抽筋，已好转数月，就不影响接种。

宝宝在新生儿期有过颅内出血，或以后曾有不明原因的抽筋，怀疑或脑电图检查已经证实患有癫痫或中枢神经系统疾病的，即使已接受治疗，只要尚未治愈，就不能接种。

有抽搐史的宝宝，接种卡介苗，口服脊髓灰质炎糖丸，都没有关系，注射麻疹疫苗关系也不大，但接种百日咳菌苗或“百白破”混合制剂时必须谨慎，以免产生神经系统的严重症状。

患急慢性肾脏病、活动性肺结核、严重心脏病、化脓性皮肤病、化脓性中耳炎的宝宝，打预防针后可出现各种不良反应，使原有的病情加重而影响康复。

宝宝正好不舒服，有呕吐、腹泻、咳嗽等症状时，征得医生同意后，可暂时不接种，待症状好转后再补接种。

近一个月内注射过丙种球蛋白的宝宝，不宜接种。

如果发现宝宝有免疫缺陷，不能进行任何预防接种。

59. 宝宝该不该打计划外疫苗

计划外疫苗目前有：腮腺炎疫苗、“麻疹、腮腺炎、风疹联合疫苗”（麻腮风疫苗，打 1 针，可预防 3 种传染病）、风疹疫苗、水痘疫苗、流感疫苗、肺炎疫苗、甲肝疫苗、B 型流感嗜血杆菌混合疫苗（HIB 疫苗）、轮状病毒疫苗、狂犬病疫苗等。家长可以根据实际情况，为宝宝选择计划外疫苗。

（1）腮腺炎疫苗

腮腺炎俗称“痄腮”，任何年龄都可能得。绝大多数成人都在儿时或轻或重地感染过腮腺炎，已有免疫力。尽管得腮腺炎的宝宝大多能痊愈，没有后遗症，但腮腺炎容易并发脑炎、睾丸炎、卵巢炎、心肌炎、关节炎等疾病，腮腺炎还是后天获得性耳聋原因之一。睾丸炎和卵巢炎甚至会影响成年后的生育功能。因此，提倡及时接种腮腺炎疫苗或麻腮风疫苗。生过腮腺炎的宝宝就不必再选用了。宝宝出生一年内因有从母体带来的免疫力，也很少患腮腺炎。

接种对象：一般出生 8 个月以上未患过腮腺炎的宝宝都应接种腮腺炎疫苗。特别是在托儿所、幼儿园中集体生活的宝宝，受感染的机会多，一旦有腮腺炎病毒传入，很容易造成集体流行。

接种禁忌：注射丙种球蛋白的宝宝，需间隔一个月后才能接种腮腺炎疫苗；严重感染性疾病、发烧和有过敏史的宝宝不能接种腮腺炎疫苗。因为麻疹、腮腺炎疫苗是由鸡胚细胞生产，内含微量新霉素，所以对鸡蛋及新霉素过敏的宝宝禁用腮腺炎疫苗或麻腮风疫苗。

（2）风疹疫苗

可打可不打，因为宝宝感染风疹病毒，临床症状轻，不会引起大的并发症。

（3）水痘疫苗

目前用的是水痘－带状疱疹减毒活疫苗，这是近几年新研制的疫苗。接种一次，保护率可达 95% 以上，免疫力至少维持 13 年。

接种对象：12 个月～ 12 岁的易感儿童。抵抗力差的宝宝宜接种；身体好的宝宝可用可不用。因为水痘是良性自限性“传染病”，即使宝宝患了水痘，产生并发症的也很少。不过水痘－带状疱疹病毒经呼吸道传播有高度的传播性，学龄前宝宝发病最多。一旦发生水痘，患儿不能入托、上学，家长需要在家里陪伴宝宝。

接种禁忌：有严重疾病史、过敏史、免疫缺陷病的宝宝禁用。一般疾病治疗期、发热的宝宝缓用。

护理要点：一般没反应，在接种后第 6 ～ 18 天内少数宝宝会有短暂——过性的发热或轻微皮疹，一般无需治疗会自行消退，必要时可对症治疗。

（4）流感疫苗

流感疫苗是世界卫生组织（WHO）建议各国政府使用的预防流感的新疫苗。由于流感病毒变异性较大，每年的疫苗都含有 3 种病毒株，是根据 WHO 的专门机构每年公布的参考毒株进行制备的。由于流感病毒种类繁多，当年的疫苗仍有可能与流行的病毒对不上号，起不到保护作用。所以，宝宝身体健康，或家庭经济不太宽裕的，可以不接种。

接种对象：6 个月以上，患有哮喘、先天性心脏病、慢性肾炎、糖尿病等抵抗疾病能力差的宝宝，一旦流感流行，容易患病，并诱发旧病发作或加重，应考虑接种。但正在用激素治疗的，暂时不能接种。

注意事项：疫苗注射后 7 天开始产生抗体，14 天达到高峰，也就是说，注射后 7 ～ 14 天才会起保护作用。注射疫苗后对流感的保护期为 1 年，应每年秋冬季注射。流感疫苗不会干扰在同一时期接种的百日咳、白喉、破伤风三合一混合疫苗或其他疫苗。

常乐

父母寄语 @ 雪飞了：

亲爱的乐乐，妈妈希望你以后做一个诚实的人，让人喜欢和你接触；做一个快乐的人，不管到哪儿都受人欢迎；做一个对社会有用的人，对社会有所贡献，受人尊重。

接种禁忌：对鸡蛋过敏的宝宝禁用流感疫苗；6个月以下的宝宝不可接种流感疫苗。

(5)肺炎疫苗

目前用的是多价肺炎球菌疫苗，用于肺炎球菌肺炎的预防。接种后的保护功效达92%，保护时间5年以上。因为多种细菌、病毒等微生物都可能会引起肺炎，单靠这种疫苗预防效果有限，一般健康的宝宝不主张选用。流行高发区应接种，非高发区可不接种疫苗。

接种对象：2岁以上体弱多病的宝宝。体弱多病的宝宝，包括患有肾病综合征、淋巴瘤、心脏病、糖尿病、无脾综合征以及反复发作上呼吸道疾病，包括患有鼻窦炎、中耳炎的宝宝等。

接种禁忌：对疫苗中的任何成分过敏者禁用。

(6)甲肝疫苗

甲型肝炎是一种急性肠道传染性疾病，主要经口传播，流行范围较广，我国是甲肝流行高发区。国产甲肝疫苗为甲肝减毒活疫苗，适用于1周岁以上的甲肝易感者，注射后可获得4年以上的保护期。进口甲肝疫苗可以维持20年左右的免疫效果。

接种对象：1岁以上没有患过甲型肝炎、但与甲型肝炎患者有密切接触的宝宝。

接种禁忌：已患肝炎、发热、急性传染病或其他严重疾病的宝宝应延缓接种；免疫缺陷和接受免疫制剂治疗、过敏体质的宝宝不宜用。

(7)B型流感嗜血杆菌混合疫苗(HIB)

5岁以下的宝宝容易感染B型流感嗜血杆菌。它不仅会引起肺炎，还会引起脑膜炎、败血症、脊髓炎、中耳炎、心包炎等严重疾病，是引起宝宝严重细菌感染的主要致病菌。

接种时间：2～6月龄，共3针，每针间隔1～2个月（可与百白破同时在不同部位接种）；6～12月龄从未接种过该疫苗的宝宝可接种两针，间隔1～2个月；1岁以上只需接种1针。

接种禁忌：高热或急性传染病的发病期宝宝不可用；对破伤风蛋白过敏的宝宝慎用。

(8)轮状病毒疫苗

轮状病毒是3个月～2岁的宝宝患毒性腹泻最常见的原因。轮状疫苗产生的免疫反应与自然感染类似，这种疫苗含有四种不同血清型的轮状病毒，可刺激人体产生IgA抗体。在服完第三剂疫苗后，超过88%的宝宝能在血清中产生4倍的IgA。轮状病毒疫苗虽然无法提供完全的保护，却能避免严重腹泻。

疫苗使用后四周内，父母给宝宝换尿布后应多洗手，以免排泄出的活病毒引起粪口散播。哺喂母乳时仍可使用疫苗，虽然使用第一剂疫苗与喂母乳同时进行，可能减低免疫效果，但口服三剂后就完全相同。

建议在宝宝2个月、4个月、6个月时接种轮状病毒疫苗，通常较大宝宝对第一剂有较明显的副作用，所以不建议在6个月以后才开始接种第一剂。与食物一起服用不影响疫苗效力，服用后如果呕出，也不必再服用。如果服用疫苗期间，宝宝遭到轮状病毒感染，也需要继续完成三剂疫苗，因为这仍然可以避免其他血清型的轮状病毒感染及降低感染的严重性。

接种禁忌：对疫苗任何成分过敏者、中度发烧时不使用，轻度发烧可以使用。免疫功能不全时也不能用。

(9)狂犬病疫苗

世界上还没有一种治疗狂犬病的有效方法，狂犬病发病后的死亡率几乎是100%。所以，凡被病兽或带毒动物咬伤或抓伤后，都应立即注射狂犬病疫苗。接种狂犬病疫苗后，人体血液中会出现抗狂犬病毒抗体，以阻断细胞间的直接传播，减少病毒的增殖量，同时还能清除游离的狂犬病毒，阻止病毒的繁殖和扩散，从而达到预防狂犬病发作的目的。

接种时间：被狗、猫等哺乳动物咬伤或抓伤后，注射五针，分别在接触动物的当天、第3天、第7天、第14天和第30天各注射1针。应在宝宝大腿前侧区肌内注射。禁止臀部注射，因为臀部脂肪较多，疫苗注射后不易扩散，可能会影响免疫效果。

护理要点：注射后局部皮肤会有轻微反应，如发红或轻度硬结。接种过程中应忌油、可乐、咖啡、浓茶、刺激性食物等。

60. 解读宝宝生病“早期信号”

任何疾病在发病的早期都有征兆。年轻父母只要细心“察言观色”，注意到宝宝生病的“早期信号”，就可以使宝宝疾病得以及早发现，及早治疗。

（1）看脸色

健康的宝宝脸色红润，两眼闪闪发光，笑容可掬。

如果宝宝脸色变得难看，如发青、发白、发乌、发红等都是生病的信号。得了肺炎的宝宝嘴唇、鼻尖发乌；脸色苍白的宝宝则可能患上了贫血症；宝宝发热往往面色发红、口唇干燥。

（2）看情绪

健康宝宝精神活泼，反应灵敏，爱玩好动，精力充沛。

如果宝宝变得精神萎靡，无精打采，懒言少动，成天磨人，常是生病先兆；

宝宝目光呆滞，两眼直视，两手握拳，多为惊厥预兆；

两腿屈曲，阵发性哭闹，翻滚，是腹痛表现；

嗜睡，呕吐，前囟饱满，脖子发硬，是脑膜炎症状；

哭声无力或一声不哭，往往提示病情严重。

（3）辨哭声

宝宝情绪好，哭声响亮，吃奶正常，满足要求后哭声即止，属于正常表现。反之，则是生病征候。

如果宝宝突然剧烈地尖声哭闹，可能是哪里疼痛；

两腿紧缩，剧烈哭泣，可能是肚子痛；

一边哭，一边用手摸耳朵或眼睛，可能是耳朵或眼睛有毛病；

一边哭，一边用手拍打头部，可能是头痛。

发现这些情形都应及时到医院，请医生处理。

（4）观察吃奶

健康宝宝吮奶时能听到吞咽声，两次哺乳之间宝宝很安静，有满足感，眼睛明亮，反应灵敏。

如果宝宝吮奶无力、食量明显减少甚至不吃奶，同时脸色与精神变差，则是生病标志；

多次连续呕吐，呕吐量较多，呕吐物中伴有咖啡色或血样色，或伴有发烧，特别是有抽

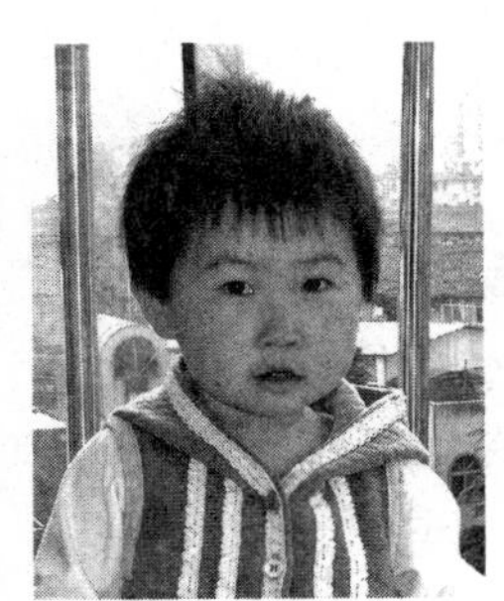
吉翌嘉

父母寄语@雪琳儿110：

我想不出20年后你的样子，仅以虔诚的心，祝你葆有年少时灿烂的微笑——你的阳光，源自心底的澄澈；愿你经历真诚的情感，懂得爱与被爱都值得感激，独立与自由值得追求，但这些是通过内心执着而不是外在张扬得以实现；面对人生任何艰难困苦都拥有一颗坚韧的心，一如秋日的向日葵，执拗地向着太阳，绽放。

风（惊厥）、神志不清等症状，应立即送医院就诊。

（5）查看大便

宝宝正常大便每天1～3次，呈软膏状，金黄色或淡黄色。

患病宝宝大便变稀、次数增加，粪便会出现多种颜色；

大便红色常是由肠套叠引起的急症，要及时治疗；

出生3天之内的新生儿粪便呈绿色是正常的，但3天后仍出现绿色大便，可能是消化不良的表现；

白色粪便是肝炎或胆道疾病所特有的，同时表现为皮肤发黄；

粪便黑色如同柏油，常是消化道疾病出现的信号；

糊状便多见于饮食过量引起的消化不良；

水样便可能是患了急性胃肠炎；

脓血便应想到细菌性痢疾的可能；

黏冻状便可能是慢性结肠炎所致，应立即去医院就诊。

（6）观察睡眠

正常情况下，宝宝睡得安静舒坦，头部微有出汗，呼吸均匀而无声，有时小脸蛋上还会出现一些有趣的表情。如果宝宝睡眠不踏实，有惊吵、哭闹等，应该仔细观察，是疾病的征象，还是白天玩累了或睡梦中的反应。

如果宝宝睡前烦躁不安，睡眠中踢被，或睡醒后颜面发红、呼吸急促，常是发热的表现；

睡眠中惊醒啼哭，睡醒后大汗淋漓，平时易激怒，对周围环境兴趣减弱，加上囟门闭合晚，常是身体缺钙引起佝偻病的现象；

若入睡前爱用手搔抓肛门，可能是患了蛲虫病。

（7）观察排尿

1周岁宝宝的尿量为400～500毫升，每日约十几次，随着年龄增长，次数减少。过多或过少都应引起注意。

如果宝宝患有呕吐、腹泻、肾功能不全等疾病，尿量会减少；

膀胱和尿道有炎症，易引起尿频、尿急和尿痛现象，宝宝会哭闹不安；

患有糖尿病和维生素D中毒，可发生多尿；

患有脊柱裂与大脑发育不全，会出现遗尿；

5岁以上的宝宝仍有遗尿，也是一种病症，应予积极治疗。

（8）闻气味

如果宝宝身上散发出怪味，往往是某些先天性代谢性疾病的信号。

发出特殊气味的疾病多因遗传基因发生突变，导致小儿体内某些酶或结构蛋白缺陷，使体内氨基酸或有机酸代谢发生障碍，产生不正常代谢产物，堆积于体内，并随汗、尿排泄而散发出怪味。例如，患有苯丙酮尿症宝宝，会散发出耗子尿样臊味与霉味。

一旦发现宝宝有生病征兆，最好及时去医院就诊，不可误认为是小事情而延误时间。小儿疾病变化快，延误治疗往往会造成疾病加重，影响或阻碍生长发育，甚至威胁生命。

61. 如何照顾发烧宝宝

宝宝经常发烧，而且一烧起来就39℃以上，让当父母的提心吊胆。其实宝宝发烧，妈妈不要发慌！这里我们要告诉你，发烧是怎么一回事，该怎样照顾发烧的宝宝。

（1）发烧是人体的防卫反应

爸爸妈妈，尤其是新手爸爸妈妈，碰到宝宝发烧都很着急，“会不会烧坏脑子”、“是不是得了什么重病”。其实，发烧是一种身体的防卫反应。

引发感染的病毒和细菌在体温37℃时，活动力最为旺盛。当病毒和细菌侵入身体时，脑部的体温调节中枢就会发出提高体温的指令，制造一种病毒和细菌难以活动的环境，防止病毒和细菌继续繁殖，同时调动体内的免疫系统，命令它们开始“战斗”，攻击病毒和细菌。

宝宝年幼，体温调节中枢的控制功能尚未成熟。对大人而言，一旦周围环境和身体的温度上升，大人会排汗，借由皮肤散热来调节体温。而宝宝的体温调节功能不够发达，在上述同样情况下，他们的体温会不断上升。但只要消除了原因，体温就会下降，恢复正常。

儿科医生说，在冬季，他们经常会收治为数不少的“冬季中暑”患儿，原因就是大人怕宝宝着凉，给他们里三层外三层穿太多的衣服。宝宝太热了，又不会调节体温，结果就发烧了。

爸爸妈妈应该知道的——

发烧是人体保护自身的防卫反应；

不要光留意孩子发烧的度数，更要注意他的全身症状；

发烧的程度并不代表生病的程度；

医生的诊断和治疗固然重要，但更重要的是父母的配合和护理。

（2）怎样准确测量体温

在正常情况下，宝宝的体温比成人略高，在36.5℃～37.5℃。

注意：

中午和下午测出的体温比早晨略高；

喝奶后体温比喝奶前高，最好在喂奶喂饭前或喂食喂水20分钟后测量体温；

较为剧烈的活动以后或穿得太多，测出的体温也会超过正常体温一点。

如果比平常体温高出1℃以上，而且休息10分钟以后测得同样的体温，宝宝的身体状况可能出了问题。

水银体温计测温的时间需要3～5分钟以上。电子体温仪测温约需3秒钟，发出铃声表示结束。使用耳温仪的话，若宝宝刚离开寒冷的环境，耳鼓膜的温度仍然较低，测出的温度可能比实际体温低。

测量体温的时间

早上起床以后；

中午，喂饭喂奶前；

傍晚；

睡觉前。

测量体温的部位

腋下：将体温计平行夹在腋下，为防止体温计滑落，妈妈可轻轻压住宝宝的手臂。

肛门：在肛门体温计前端涂抹少许凡士林或婴儿油，让宝宝侧躺，轻轻转动着插入2厘米左右即可。肛门测得的体温比腋下高出0.4℃～0.8℃。

耳朵：使用婴儿专用耳朵电子测温仪，操

吕亦琳

父母寄语@亦琳妈妈：

琳琳，你是上天赐给我们的礼物，无论20年、30年甚至50年后，当你看到这段父母对你的寄语时，仍可以感受到父母有多么爱你，你是全家幸福的源泉。希望我家爱女吕亦琳拥有一个健康的体魄，一颗感恩的心灵，一段美好的童年。爱生活，负责任，依靠自己的智慧创造财富，演奏出绚丽的人生篇章。

作简单，宝宝易接受。

（3）引起发烧的主要疾病和处理方法

同时伴随的症状	可能罹患的疾病	处理方法
打喷嚏，流鼻涕，咳嗽，喉咙痛，有眼屎，腹泻，呕吐	可能是感冒，中暑，疱疹性咽喉炎	前往医院儿科
呼吸困难，严重咳嗽，脸色不好，没有食欲	可能是急性支气管炎，肺炎，毛细支气管炎	尽早前往医院儿科
喉咙痛，喉咙红肿，咳嗽，吞咽困难，食欲不好	可能是扁桃腺炎，喉头炎	前往医院儿科
不会说话的婴儿哭着抓耳朵，耳痛，耳朵流脓	可能是急性中耳炎	前往医院耳鼻喉科
耳痛，脸颊肿胀，咀嚼痛苦，食欲不好	可能是腮腺炎	前往医院儿科
出疹，食欲不好，流鼻涕，有眼屎，打喷嚏	可能是麻疹，溶血性链球菌感染	前往医院儿科
食欲低下，常尿尿，排尿痛	可能是尿路感染	尽早前往医院儿科
腹痛，嚎啕大哭	可能是肠套叠，肠梗塞，盲肠炎，腹膜炎	立即前往小儿科
持续的严重腹泻，腹痛	可能是急性肠胃炎，食物中毒	前往小儿科
呕吐，意识不清，痉挛	可能是脑膜炎，脑炎	立即前往小儿科

（4）发烧后，什么情况下必须去医院

爸爸妈妈常常是一发现宝宝发烧，就立刻带孩子看医生。其实这时，病症往往还没有完全暴露，医生仅凭几分钟的接触可能发现不了问题，所以发烧起始，父母密切观察宝宝的病情是当务之急。

另外，爸爸妈妈担心粗心疏忽会使宝宝的小病变大病，于是一天几次跑医院。其实，有时候孩子就算病情不严重也会发烧，不分青红皂白把发烧孩子送去医院，累了父母不算，还不利于孩子的休息和康复。

不管白天黑夜必须马上送医院挂急诊的：若人体温超过38℃，并且伴有下列任何状况——

孩子不满2个月；

呼吸急促，感觉是以全身来呼吸的样子；

几乎没有摄入任何水分，尿量也慢慢减少；

持续腹泻，并且呕吐好几次；

脸色蜡黄，无精打采，反应迟钝；

不论怎么安抚，宝宝还是哭个不停；

很难叫醒，有意识不清的现象；

颈部僵硬；

体温超过40℃；

皮肤上有许多紫色斑点；

宝宝患有某种严重贫血、先天性心脏病等，有严重感染的潜在危险因素。

需要尽快去医院看门诊的：

若体温超过38℃，并且伴有下列任何状况——

宝宝才满2～4个月；

体温在40℃以上，还不满2周岁；

严重咳嗽，连睡觉时也咳个不停；

没有食欲，吃的或喝下去的东西全吐出来；

连续几次腹泻，大便逐渐呈水样；

排尿时因疼痛而哭闹；

持续发烧48小时；

退烧24小时后又再度发烧；

孩子有发烧痉挛的病史。

带宝宝就医前，针对宝宝的身体症状，父母需要做如下病症确认：

是否咳嗽？

是否有鼻塞、鼻涕？

是否有腹泻和呕吐？

胃口如何？

情绪和精神还好吗？哄他是否会笑？

脸色怎么样？（因发烧而脸色通红不用太担心，如果发烧却脸色发青，就要特别当心了）

呼吸是否困难？

睡眠状况如何？

哭泣跟平时是否有所不同？

退烧药的使用

不能轻易或过早使用退烧药。发烧时，不能立即给孩子服用退烧药。那样等于“助敌抗己”，给病毒和细菌创造了一个易于活动的环境，反而使病情加重，延长康复的时间。另外服用了退烧药后去就诊，会掩盖发烧的真正原因和症状，影响医生的诊断。

听从医生的嘱咐使用退烧药。

如果孩子有发烧痉挛症，应该尽早使用退烧药。

每 3 ~ 4 小时吃一次药，24 小时内用药不能超过 5 次。

（5）怎样让宝宝感觉舒服一点

对发烧的宝宝来说，睡个好觉非常重要。冷敷降温，会让宝宝感到舒服，睡得安稳一些。

降温的方法

可使身体冷却的部位——

额头：冷毛巾贴放在宝宝的额头上。

腋下：将冰袋或卷起的冰毛巾夹在宝宝的腋下。

两腿间：将冰袋放在两腿间，宝宝会比较舒服。

生活护理要细致

刚发烧时，身体会发冷发抖，要帮助宝宝保暖；

让宝宝安静地睡觉，屋子里避免强光照射；

随时补充水分，冬天以温水为好，夏天可以是半凉的；

衣服不要穿太多，捂得太严密，宝宝的热度不易发散；

为了散热，不要盖太厚的被子；避免腹部着凉，夏天可盖一条小毛巾；

流汗时，及时换衣服和被褥床单；

保持室内空气新鲜凉爽，室温最好在 18℃ ~ 20℃，湿度则以 60%为佳；

少吃多餐，清淡不油腻，流质和半流质食物比较合适；

做好体温和症状变化的记录。

儿科专家的提醒

感冒多为病毒感染，没有特效药，引起的发烧不会很快消退。爸爸妈妈只能耐心等待，悉心护理。

不要抱着宝宝一天跑几次医院，要求医生打针换药。这样不但增加孩子的劳累痛苦，还会增加交叉感染的机会。

热度过高时可以给宝宝服用退热药，但必须严格遵守规定的剂量和间隔时间，否则宝宝出汗过多会导致脱水甚至休克，这比发热更危险。

密切观察宝宝的病情，不能认为去过医院、有药在吃就没有关系了。

室内适当开窗，保持空气流通，只要风不直接吹到宝宝身上就可以。

弱小宝宝持续高烧，容易发生抽筋现象，

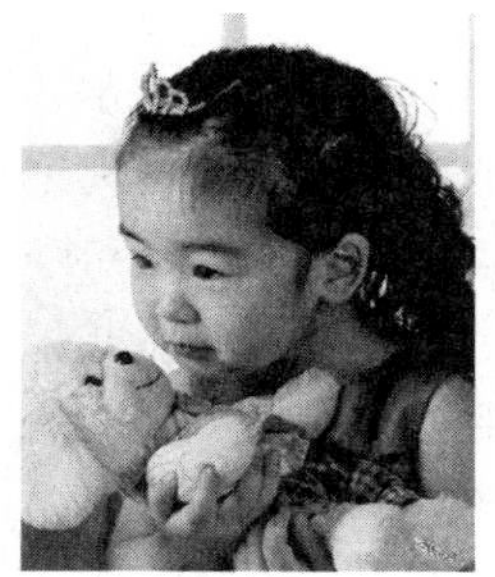
侯心爱

父母寄语 @ 郁郁成诺：

亲爱的小爱，妈妈想跟你说的是，应该坚持的，最好还是不要放弃。虽然我无法给你列出一张清单，我在意的未必是你也在意的，你的人生我只能注视，不能过度参与，但是对于真正喜欢的事情，请投入，并且坚持。

国外医生主张温水洗澡降温，我们建议用50%的酒精浸湿毛巾擦抹患儿四肢，再用干毛巾擦干，也可达到降温效果。

宝宝一般不肯让大人作头部冰敷，情况严重时可考虑试用冰枕，或将湿毛巾在冰箱放置15分钟后，装入塑料袋，用手绢包裹后敷头。

（6）怎样尽早发现各种并发感染

经常有家长问，高烧不退会烧坏肺吗？会烧成脑膜炎吗？其实发烧并不会直接损坏肺或脑，但病儿抵抗力弱，容易引起各种细菌继发感染。

你应该注意：经常检查宝宝的耳朵有无液体流出，碰触耳朵是否大哭，若有情况应尽快就医；

宝宝的哭声嘶哑如狗叫，应小心喉炎，要尽快就医；

宝宝哭声低弱，不哭的时候鼻孔一扇一扇，唇周微青，可能并发肺炎，要立即就医；

最不可疏忽的是宝宝变得特别安静，对周围事物反应淡漠或发出低声的哼哼，这往往是病情转重的表现，必须立刻就医。

（7）发烧引起的痉挛

这种痉挛通常发生在6个月到5岁的儿童中，据有关统计，5岁以下的儿童中，有3%～4%的孩子得过这种痉挛。

痉挛的发生是因为体温突然升高，而不是体温有多高。体温突然升高，导致脑部不规律的电流活动，所有的脑细胞立即将信号发到全身的肌肉，使之猛烈收缩，产生了痉挛或抽搐。一般不会致命，也不表示孩子得了癫痫，对脑部不会产生坏的影响。有些孩子得过一次，不再有第二次，而有的孩子每次发烧都会发生痉挛。

痉挛有三个阶段

第一阶段——又称紧张性阶段，通常持续10～20秒钟。孩子大声而高音调地哭；手脚伸展，身体僵硬；口吐白沫，翻白眼。

第二阶段——阵挛性阶段，通常持续30秒钟。孩子不断抽搐。

第三阶段——沉睡阶段，通常持续几分钟到几个小时。所有的肌肉都极其疲劳，孩子会感到极累，陷入沉睡。孩子抽搐后陷入沉睡时不要打扰他，睡醒后再去医院。

怎样应对痉挛

冷静，不慌张；

密切观察孩子的呼吸；

解开孩子的领扣，放松衣裤，不要束缚孩子；

搬开硬的、重的、尖的、烫的、易倒的各类家具和杂物，以免孩子抽动时碰伤；

提防呕吐物堵塞呼吸道，要让孩子的头部和身体侧向一边；

别把手指、毛巾、筷子放入孩子嘴里，这样反而使舌头深入喉咙，造成呼吸困难；

别给孩子喝水。

（8）如何选择退热药

对乙酰氨基酚：此药是一种比较安全的退热药，是儿科临床最常用的退热剂，也是世界卫生组织（WHO）推荐2个月以上婴儿和儿童高热时首选的退热药。剂量为每千克体重10～15毫克，4～6小时一次。目前各医院和大药房均有出售，代表药如小儿泰诺林、小儿百服宁等，退热效果迅速，不良反应较少，家庭可常备。

布洛芬：适用于6个月以上儿童，剂量为每千克体重5～10毫克，每6～8小时一次。目前各医院和大药房均有出售，代表药为小儿美林、托恩口服溶液等。该药退热起效时间平均为1.16小时，退热持续时间平均近5小时，平均体温下降值为2.3℃，下降率88%。儿科专家认为，本品可以代替肌肉注射退热药，适用于感染性疾病所致的高热患儿，具有明显的解热镇痛作用，副作用少。

半岁以内婴儿发热时，不宜使用退热药降体温，应选用物理降温，如松开包被，洗温水澡等。

不同的退热药最好不要同时使用，更不可自行增加剂量，否则会使患儿出汗过多，导致虚脱、低体温（体温≤36℃），甚至休克。

当患儿拒绝口服药物时，可用退热栓剂塞肛门，由肠道吸收，退热效果迅速，非常方便。但注意要小剂量给药，切忌反复多次使用，导致退热过度，引起体温陡降或腹泻。

退热药只是对症治疗，不能代替针对病原体的治疗。病因治疗才是根本。

62. 识别婴幼儿肺炎

肺炎是威胁宝宝健康的常见病，多见于较小的宝宝。小宝宝肺部血管丰富，易于充血而且支气管腔狭窄，纤毛运动差，易被黏液阻塞；小宝宝免疫力也较弱，容易发生传染病、腹泻、营养不良、贫血、佝偻病等。一旦发生肺炎，症状比较严重，肺部炎症易于扩散，延及两肺。

（1）肺炎是怎么回事

肺炎一般采用病理形态分类和病原体分类。

多年来沿用的病理形态分类是：大叶肺炎、支气管肺炎、间质性肺炎、毛细支气管炎。其中以支气管肺炎更为多见。

病原体分类是指肺炎是由哪一种微生物引起的。导致肺炎的微生物主要是细菌和病毒，其他还有支原体、衣原体、真菌等。以病原体分类的优点是可根据不同的病原体针对性地采用有效药物进行治疗。细菌性肺炎的病原体主要是肺炎球菌、流感嗜热杆菌、葡萄球菌、链球菌、肺炎杆菌、百日咳杆菌等。病毒性肺炎则主要由腺病毒、呼吸道合胞病毒、流感病毒、副流感病毒引起的。

（2）怎样识别肺炎

肺炎起病可急可缓。肺炎的一般症状是发热、拒食、呕吐，体温多在38℃～39℃，也可高达40℃；呼吸系统的症状是咳嗽，咽部有痰声，呼吸急促；全身症状有呕吐、腹泻、心跳加快、面色苍白等，小宝宝易发生惊厥。

婴儿时期，上呼吸道感染是常见病，也可有程度不同的发热、拒食、呕吐、呼吸加快。如体温过高，宝宝也可能发生惊厥。不过，家长如仔细观察，还是不难识别肺炎的——

上呼吸道感染常有流涕、鼻塞、喷嚏、咽部充血、扁桃腺炎等，而肺炎无这些症状。

上呼吸道感染虽也可发热，甚至发生高热惊厥，但这是良性惊厥，时间很短，体温下降后不会再发生惊厥，而肺炎患儿发生惊厥除了由高热导致外，还与缺钙、大脑缺氧有关，惊厥的时间较长，惊厥可反复发生，还伴有嗜睡、烦躁等。

呼吸明显加快（呼吸急促）是肺炎的主要表

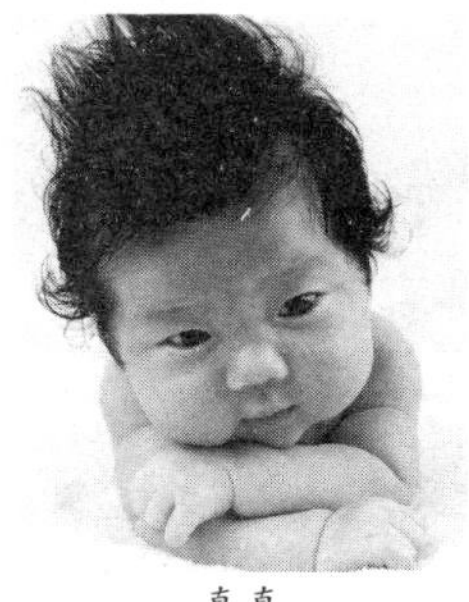
真真

父母寄语@真真宝贝集子：

真真宝贝，希望你对生活充满热情，勇于挑战生活，创造属于自己的幸福。无论何时何地，爸爸妈妈都愿意和你分享你人生路上的快乐，分担你人生路上的忧愁。祝你永远健康、幸福、快乐！

现。按世界卫生组织的标准，呼吸急促是指：2 个月的婴儿每分钟呼吸≥ 60 次；2 ～ 12 个月≥ 50 次；1 ～ 3 岁≥ 40 次。

由于呼吸急促，可出现呼气时有呻吟声、鼻翼翕动、皮肤青紫等。

根据以上表现，肺炎是不难诊断的。在肺炎早期，家长如不能自己作出判断，应及时送宝宝到医院就诊，做化验白细胞、X 线片等检查，可及早明确诊断。

（3）肺炎的家庭护理

肺炎是宝宝的常见病，在住院患儿中，肺炎高居首位，也是婴幼儿时期的主要死亡原因。年龄越小，病死率越高，尤其是新生儿和低体重儿。

病情较轻的患儿可不住院，因此家庭护理至关重要。居室环境要安静、整洁，对患儿要耐心护理，使其精神愉快，并保证其充分休息；室内经常通风换气，使空气清新，并保持一定温度（20℃左右）、湿度（相对湿度以 60% 为宜）。

饮食应维持足够的热量。在起病之初，给予流质饮食如母乳、牛奶、米汤、菜汤、果汁等，稍大的宝宝在病情好转后，应给予粥、面等食物。此外，还可补充维生素 C、A、D，复合维生素 B 等，并同时补充钙剂。对病程较长的，要注意加强营养，防止发生营养不良的情况。

（4）肺炎的预防

加强护理和锻炼。婴儿时期应注意营养，及时添加辅食，培养良好的饮食习惯，多晒太阳。防止佝偻病及营养不良是预防重症肺炎的关键。

小宝宝尽可能避免接触呼吸道感染者，尤其是患有免疫缺乏性疾病或正在使用糖皮质激素等免疫制剂的宝宝。

63. 预防婴幼儿髋关节脱位

婴幼儿髋关节脱位的全称为发育性髋关节脱位，是宝宝最常见的发育性畸形之一。在上世纪 90 年代，北美小儿矫形外科学会将婴幼儿髋关节脱位更名为发育性髋关节脱位。以前医学界认为婴幼儿髋关节脱位是先天性的，随着医学研究的深入，目前医学界已逐渐取得共识，认为发育性髋脱位既有胚胎期髋臼发育缺陷和遗传因素，但主要是出生后分娩期的机械因素以及襁褓方法不当造成的，是可以预防的。

（1）哪些宝宝容易发生髋关节脱位

发育性髋关节脱位的高危因素：

具有发育性髋脱位家族史的宝宝，女孩尤其要重视；

高发区和高发民族，我国北方为重点；

两侧大腿皮纹不对称，新生儿中约 50% 出现大腿皮纹不对称是正常的，但也有部分可能有髋脱位；

臀位产和剖宫产；

关节过度松弛的宝宝；

存在其他先天畸形的宝宝，如先天性马蹄内反足、先天垂直距骨、斜颈等。

（2）如何发现症状不明显的髋关节脱位

如果宝宝髋关节脱位没有被及时发现，未得到及时治疗，将会影响宝宝的骨骼发育、行走等。因此父母应多观察孩子，发现宝宝髋关节脱位的线索：

宝宝站立或行走时出现异常；

当一侧髋关节脱位时，宝宝会臀部后翘，跛行；

当双侧髋关节脱位时，宝宝行走时有明显的摇摆步态，俗称“鸭步”。

（3）引发髋关节脱位的原因

骨骼发育缺陷；关节韧带松弛；分娩时机械牵拉；环境影响。

（4）髋关节脱位的预防

定期检查：孕妈妈要了解宝宝发育性髋脱位的知识，并定期进行产前检查，及时了解胎位情况，请医生帮助调整。产后应定期检查，B超检查是较好的筛查方法，X线骨盆正位片可明确诊断。

抱对宝宝：妈妈的下腹部髋骨部分顶在宝宝的会阴部，使宝宝的髋关节屈曲抱扶在妈妈的怀中。

用对尿布：用方形尿布垫，使髋关节屈曲90°，外展70°～80°。

穿对衣裤：宝宝髋关节屈曲、外展、外旋时最稳定。宝宝的穿着应达到腿脚的自然位置，不要用包被把两腿伸直并拢包裹，这样容易引起脱位。

（5）髋脱位的治疗方法

如果宝宝的确有髋关节脱位，可采用保守疗法和手术疗法。一般对于3岁以下宝宝髋脱位，医生会使用保守疗法。

保守疗法有四种：Pavlik吊带；牵引复位；Von-Rosen铝制夹板支具；蛙式支架。

前三种较适合6个月以内的宝宝，Pavlik吊带是目前使用较多的。若前三种方法治疗失败或宝宝大于12个月，则用第四种方法。

治疗须知：宝宝的髋臼与股骨头达到同心圆位置，是Pavlik吊带固定的最佳状态；治疗过程中不要随意将Pavlik吊带去除；定期到医院复诊。

专家建议：早期诊断、早期治疗效果好；保守治疗比手术治疗效果好；经保守治疗失败再用手术治疗，比直接手术治疗的效果好。

64. 警惕宝宝铅中毒

有人说，让宝宝居住在五彩缤纷的房间可能会导致多动症。这个说法有一定的道理。因为鲜艳的油彩里面，铅的含量较高，宝宝好奇心强又好动，这里摸摸，那里抠抠，如果大人忽视让孩子勤洗手、勤剪指甲，吃食物前不洗手或洗手方法不到位，宝宝就容易把铅吃到肚子里。

铅是一种具有神经毒性的重金属，很少量的铅就会影响孩子的智能发育，表现出活动过多、注意力不容易集中、烦躁不安、任性冲动、学习困难等所谓的儿童多动症症状。

近年来，家长越来越关注环境污染等因素对孩子健康状况和智力的不良影响。无铅汽油的全面推行，很大程度减少了铅污染源，但铅毒污染还广泛存在于被大人忽略的地方：

居家和托儿所的墙壁、玩具及学习用品表面的彩色油漆中；

爆米花、皮蛋、未洗干净的果蔬食品；

洪紫萱

父母寄语@芝麻巧巧：

嗨，那个烫伤住院仍能微笑面对并不忘安慰他人的坚强善良的小姑娘，20年后，希望你仍然保持如照片中一般阳光灿烂的笑容，用快乐、温和感染身边的人，带着满满的亲情、无间的友情去追逐美好的爱情吧！愿你按照自己喜欢的方式选择生活，享受属于自己的幸福快乐人生！

食品包装袋、搪瓷器皿；

用陶瓷盛放醋和果汁等。

（1）铅对儿童的危害不容忽视

儿童血脑屏障尚未发育完全，吸入或吃进去的铅，比成人更容易进入脑组织，造成脑细胞水肿，干扰正常神经递质释放，影响智力发育，出现理解能力、操作能力及视觉反应综合能力不同程度的降低，甚至表现出多动、呆滞等一系列症状。

儿童体内铅含量升高，可影响钙、铁、锌等微营养素的吸收。铅毒对儿童各器官各系统都有损害，表现为食欲差、腹部隐痛、矮小、不明原因贫血、免疫力下降、肥胖甚至高血压等。

（2）预防儿童铅中毒

养成良好的个人卫生习惯，勤洗手剪指甲；

经常清洗玩具，提醒孩子不啃咬蜡笔和铅笔；

少去交通繁忙的马路边和工业区玩耍；

少接触涂料、油漆和油彩；

每天早上先放掉自来水管中的第一段隔夜水，水烧开后再喝；

儿童吃的食物要洗净；

最好每年到专科医院进行血铅水平检查，及时发现并防治铅中毒。

65. 小心婴幼儿肠套叠

宝宝肠套叠，这是一个既熟悉又陌生的名词。说熟悉，是因为几乎所有妈妈都听说过这个疾病。说陌生，是因为即便宝宝肠套叠了，妈妈十有八九仍浑然不觉。可见，作为宝宝常见病的肠套叠具有隐蔽性。

所谓肠套叠，就是肠子异常地逆向蠕动，前段肠子套入后段肠子的管腔中，形成肠阻塞，肠黏膜肿胀缺血，从而出现血便。如果诊断、治疗不及时，就可能导致肠坏死、穿孔，甚至宝宝休克、死亡。因此，早发现、早治疗对宝宝肠套叠来说尤为重要。如何尽早察觉宝宝得了肠套叠？怎样及时、合理地配合医生治疗？

（1）识别肠套叠

发生的高危年龄是2个月～2岁，宝宝表现为以下症状：

腹痛——宝宝阵发性哭吵，或宝宝没有哭吵，脸色却一阵阵发白；

呕吐——常与哭吵同步进行。初为反射性，以后为肠梗阻表现；

便血——在腹痛6～8小时后出现果酱样血便；

腹块——有时可在宝宝肋缘下面摸到腊肠样块。

如果宝宝出现以上四大症状，妈妈就要想到宝宝可能得了肠套叠。但是宝宝发病时，典型的四大症状都有的并不多。这就要求妈妈细心加耐心，如果发现宝宝哭吵时有双膝蜷曲、双手按抓腹部的情况，也应考虑宝宝肠套叠的可能，及时就诊。

宝宝肠套叠哭吵与其他原因哭吵的区别：

肠套叠的宝宝哭吵或脸色骤变时，表情很痛苦，但不久又会像平时一样玩耍、笑闹，可是隔一段时间又会出现哭闹或脸色发白，不久宝宝又恢复正常，如此往复，而且这样的间隔会越来越短。宝宝哭吵时很难安抚。

其他原因哭吵的宝宝往往一哭到底，持续较长时间，没有间隔，在反复安抚后哭吵会有所好转。

（2）关键的24～48小时

肠套叠的凶险与否，往往与妈妈或带养宝宝的成人有关，如在宝宝发病24～48小时以内，病情被及时发现，宝宝被及时送往医院，且得到正确的诊治，愈后情况相当良好。

宝宝肠套叠发病不超过48小时，大多可通过空气灌肠治疗而治愈，这种方法治疗肠套叠效果好且无创伤。但是超过48小时，就不能做空气灌肠治疗（只做诊断性空气灌肠），可能需手术治疗。

宝宝阵发性哭吵超过3小时，有血便、呕吐、拉稀、感冒或饮食改变，出现上述任何一种状况，都应及时上医院就诊，以排除肠套叠。

医生的诊断手段主要通过宝宝的病史和仪器（B超、X线片）检查确诊，因此妈妈在送宝宝去医院就诊时，应将宝宝发病的详细情况告知医生。如宝宝有血便，最好将之带往医院，以便医生及时正确诊断。

一旦怀疑宝宝肠套叠，在送宝宝去医院的途中，应立即禁食禁水，以减轻胃肠内的压力。如有呕吐，应将头转向一边，让其吐出，以免吸入呼吸道引起窒息。

宝宝腹痛，切勿用止痛药（包括退热止痛药），以免掩盖症状，影响诊断，贻误病情。

送医院途中注意宝宝病情的变化，尽可能详细地告诉医生。

（3）恰当的治疗方法

肠套叠的治疗并不复杂，但采取合理恰当的治疗方法却是非常重要的，否则会给宝宝带来不必要的痛苦。

空气灌肠

治疗指征：宝宝全身状况良好，没有肠梗阻。

方法：医生在X线透视下，将灌肠管道从宝宝肛门进入，控制一定的压力，将空气灌入套叠的肠子远端，空气的压力使套入的肠子退回原处，促使套叠的肠子复位。若肠子在低压力下不能复位，应不再增加压力，而采用手术治疗。

手术治疗

手术指征：肠套叠超过48小时。有明显肠梗阻或有肠子坏死等表现。

方法：打开腹腔，将肠套叠之肠曲托出，由远端往近端挤回去，使之复原；检查肠子是否健康，并作相应处理，如肠减压、肠切除、肠吻合等，同时去掉阑尾。

不要认为手术要“开肠剖肚”就本能地拒绝，其实肠套叠手术还是很安全的。相反，空气灌肠时，如果在空气压力低时肠子仍不能复位，随意增加压力的话，反而易导致肠子穿孔，造成严重后果。

核查疗效

经过空气灌肠治疗后，宝宝肠子是否复位，不仅要在治疗过程中通过拍片、医生观察来了解情况，还要留院观察。医生会让宝宝服用黑色的活性碳片，在6～8小时后宝宝拉出黑色大便，且无哭吵、呕吐等现象，才可出院回家。

手术后的护理

经过肠套叠的折腾，宝宝不免较虚弱，出院后妈妈千万不可给宝宝进补，而应让宝宝的肠子多休息，减轻肠道负担，使肠道功能得到

郑梓晗

父母寄语@子寒Coco：

亲爱的梓晗，爸爸妈妈不知20年后的你会变成怎样，也许美丽聪慧，也许平淡无奇，也许星光四射，也许默默无闻。但无论如何，请你记住，爸爸妈妈会永远守候在你身边，分享你的成功，分担你的烦恼，我们的家是你最坚强的后盾。任何时候，爸爸妈妈所期盼的只是你的安好。不管是现在还是未来，请你一定要做快乐的自己，做自己快乐的事。爸爸妈妈爱你。

恢复。如果肠子套叠的凹陷处未充分复原，很容易再次发生肠套叠。

哺乳期宝宝，给奶量要比以前少，奶粉可以冲得稍淡些；喂母乳的宝宝可适当缩短喂哺时间。此时决不能换奶粉，如果要换，也应在宝宝肠功能完全恢复、稳定后再换。

添加辅食的宝宝，宜提供易消化的食物，不要在此时增加宝宝从未接触过的食物，食物量也宜少不宜多。

如果宝宝仍然频频哭吵，还是应及时去医院诊治，因为有些宝宝会连续发生肠套叠。

如果宝宝仍有血便排出，妈妈不必惊慌，通常可能是肠套叠时的血便没有完全排清。妈妈可以注意观察，如果宝宝其他状况一切正常，便不必担心。

（4）肠套叠的预防

肠套叠的病因众多，预防肠套叠需要从多方面入手：

注意宝宝的饮食卫生，养成良好的饮食习惯，防止病从口入。宝宝的食物应烧熟、煮透，尽量不吃隔夜食物，冰箱中取出的食物需热透；消毒奶瓶需在沸水中煮 15 分钟。

给宝宝添加辅食时，必须做到每次只增加一个品种，量由少到多。

帮助宝宝养成良好的排泄习惯，避免便秘。

预防复发。

如果宝宝反复复发肠套叠，妈妈必须带宝宝到医院做仔细检查，可做钡剂灌肠，以排除肠子其他的机械性因素或病变。如果宝宝在做过详细检查后，确无其他病变，只是由于凹陷的肠子未恢复原位、肠功能没得到修复而导致肠蠕动增加造成肠套叠复发，宜在医生指导下禁食（让宝宝的肠道得到休息）、打吊针，通常 2 ～ 3 天后不再复发。如果宝宝腹痛严重，不停哭吵，也可在医生指导下服用解痉药物。

（5）慢性肠套叠

发生的高危年龄是 2 岁以上的宝宝。

慢性肠套叠是指病程延续在两周以上至几个月之久的病例，一般多见于年长一些的幼儿及成人。幼儿可以表现出急性肠套叠的症状，如腹痛、腹部有腊肠样块、便血（五六岁以上的肠套叠宝宝往往只有腹痛，可能没有便血）。

临床上，少数慢性肠套叠的宝宝，套住的肠子可以自行复位，但大多数不行。通过钡剂灌肠可以确诊并使套叠的肠子复位。

慢性肠套叠的背后往往隐藏着其他病因，如肠息肉、肠先天性畸形、恶性淋巴瘤等，如果 2 岁以上的宝宝经常出现腹痛、肠套叠，应到专科医院或专科门诊做仔细的检查，查出病因并有针对性地治疗。

66. 警惕婴儿猝死综合征

有一个 3 个多月的宝宝，长得活泼可爱，平时很健康，一切正常，也没得过病，只是妈妈在喂奶时，偶尔发现宝宝有时会屏住气。一天凌晨，妈妈准备给宝宝喂奶，发现宝宝面色青紫，已停止了呼吸。家人急忙将宝宝送到医院急救，但是为时已晚，回天乏术。医院诊断是“婴儿猝死综合征”。

婴儿猝死综合征，是指婴儿在睡眠中突然而无法预知、毫无征兆的死亡。即使尸体解剖，也无法发现死亡原因。一般周岁内的婴儿容易发生，2 ～ 4 个月婴儿最为多见。据统计每千名活产婴儿中就有 2 ～ 3 名因此而死亡，单在美国一年就有 2200 名婴儿死于此病。白种人较黄种人多。这可能与东方人习惯让宝宝仰睡，而欧美人习惯让婴儿俯卧睡有关，后者易引起窒息。

（1）宝宝猝死的可能原因

病毒感染。近年美国在猝死婴儿的尸检

中发现了一种名为“HPEV-3”的病毒，这种病毒是在日本首先发现的，在死婴体内发现“HPEV-3”的病毒抗体与免疫细胞明显增多，这种情况只有在病体与病毒抗争时才会出现。因此有科学家认为猝死婴儿是感染此病毒而亡。

基因变异。6号染色体发生基因变异的婴儿易猝死，如果某个婴儿发生“婴儿猝死”，其妈妈以后生养的婴儿是正常婴儿发生猝死概率的10倍，如果双胞胎宝宝中有一个猝死，则另一个猝死的概率为正常婴儿的40倍。

脑干有病。正常婴儿夜间出现呼吸暂停时，血中的二氧化碳浓度就会过高，此时脑干就指令让其充分吸收氧气，以致呼吸加快，使血中氧气浓度升高，二氧化碳浓度降低。而有猝死倾向的婴儿脑干可能出了问题，不会发出使呼吸加快的命令，于是血氧明显下降，全身发紫，呼吸停止。

呼吸受阻。由于生长发育尚不完善，婴儿的舌头容易向后倾，特别是在熟睡时，如果宝宝的头部过度往后仰，松弛的舌头容易压迫喉部，引起上呼吸道阻塞，这也是婴儿发生猝死的原因之一。

被子过重。寒冷季节发生婴儿猝死的现象较多，家长因为怕宝宝着凉，婴儿房间的门窗往往紧闭，空气不流通，室内的病毒、细菌繁殖快，宝宝容易患呼吸道感染，引发气道炎症，致使气道狭窄，呼吸不畅，甚至呼吸暂停，造成窒息。此外，厚重的棉被盖在宝宝身上，一旦盖住宝宝的口鼻，6个月以内的婴儿不会挣扎、推开被，就会因窒息而死亡。

怀孕吸烟。准妈妈怀孕时吸烟，特别是每天吸20支以上的孕妈妈，生下的宝宝气管组织机构发生变化，变得过于狭窄，且导致肺部功能异常，使原本这些器官发育尚不完善的婴儿在睡眠中呼吸不畅而导致窒息。

（2）宝宝可能发生猝死的信号

宝宝如有以下表现时，家长应引起注意，及时带宝宝到医院做检查：

宝宝有神经系统的异常表现，如大人用手触碰宝宝嘴巴周围，宝宝的小嘴不是做出吸吮的动作而是回避；

宝宝吃奶时容易发生屏气或呼吸暂停；

在一次啼哭时发出不同的音调，可能与喉发育异常有关；

有轻度的呼吸道感染时，面部会出现青紫；

入睡时呼吸不规则，偶有呼吸暂停；

入睡后脉搏不规则，并有面色苍白。

（3）远离宝宝猝死的小诀窍

应让宝宝仰睡。垫硬床垫，既对宝宝的骨骼发育有利，也不致因垫子太软而使宝宝身体陷下去。

不要将蓬松的毛毯、厚重的被子、毛制品等放在宝宝身下或盖在身上；将所有软毛玩具、枕头清理出宝宝睡觉的空间；床垫尺寸宜与小床匹配，以免宝宝卡在床和垫的缝隙中。

6个月以内的宝宝单独睡，爸爸妈妈应经常注意看看宝宝，观察他的呼吸、睡眠状态是否正常。

易吐奶的宝宝在吃完奶后，妈妈应将宝宝竖起，轻拍背部，直至嗳气。入睡时可将宝宝上半身垫高，或右侧躺卧，但应将宝宝压在身下的手臂拉出，防止宝宝熟睡后翻滚成俯卧。

寒冷季节，房间不要过热，室内应保持空气流通。宝宝睡觉时不要穿得过多，被子不要盖得太厚太严，以免阻塞宝宝呼吸道造成窒息。最好使用肩部有系带的睡袋，既可使宝宝肩部保暖，又不会因宝宝身体翻动而导致被子遮住口鼻。

不要在宝宝房间内吸烟。

宝宝1～3岁关键期

1～3岁是孩子成长的关键期，很多能力都是在这一时期得到发展的。如果在这一时期，孩子没能得到很好的培养，那么可能以后会失去获得这种能力的机会。

宝宝1～3岁关键期

67. 1～3岁宝宝发育状况

(1) 13～18个月

18个月时，平均身高：男孩为83.52厘米，女孩为82.51厘米；

平均体重：男孩为11.55千克，女孩为11.01千克；

平均头围：男孩为48.00厘米，女孩为46.76厘米；

平均胸围：男孩为48.38厘米，女孩为47.22厘米；

上下第1颗乳磨牙大多长出，乳尖牙开始萌出；会咀嚼苹果、梨等食品，并能协调地搅拌后咽下；前囟门闭合；能控制大便，白天能控制小便。

走得稳，会跑，但不稳；自己能下蹲站立，不扶物就能复位；扶手能上下楼梯2～3级；味觉、嗅觉更灵敏，对物品有手感；会扔球，但无方向感；会用2～3块积木垒高；能手抓蜡笔涂画；能双手端碗，试着自己用小勺进食；模仿母亲（主要教养者）做家务，如扫地。

开始自发玩功能性游戏，如用玩具电话模仿打电话，喜欢模仿翻书页；喜欢玩有空间关系的游戏，如把水从一个容器倒入另一个容器中等；理解简单的因果关系；挑出不同的物品；重复别人说过的话，模仿常见动物的叫声；对熟悉的物品和人可说出其名称，但还不能细分；会使用个别常用"动词"，如抱、吃、喝。

能在镜中辨认出自己；对陌生人表示好奇；会在很短时间内表现出丰富的情绪变化，如兴高采烈、生气、悲伤等；看到别的小孩哭，会露出痛苦的表情或跟着哭；受挫折时常常发脾气；对选择玩具有偏爱；醒着能安静地躺在床上，四处张望；个别孩子吮拇指习惯达到高峰，特别在睡觉时；会依恋给他带来安全感的东西，如毯子和某个玩具；开始理解并遵从简单的行为准则和规范；对常规改变会表示反对，表现出情绪不稳定。

傅融

父母寄语 @Jeanieying：

亲爱的Bobby，20年后的今天你23岁了，爸爸妈妈只想对你说：做你喜欢的事，开心每一天！我们永远爱你，支持你！

爸爸妈妈该做的——

培养孩子按时起床、入睡，醒后不哭吵，保持情绪愉快，白天睡 1 ～ 2 次；

学会自己用杯子喝水、喝奶，停用奶瓶，尝试着用小勺进食，形成定时、定位、专心进餐的习惯；

树立饭前洗手、饭后漱口的概念；学用语言或动作表示大小便，并且知道坐盆大小便。

经常练习行走、下蹲、转弯和扶栏杆上下小楼梯等动作；

让孩子选择喜欢的玩具，自由地摆弄和玩耍；

引导孩子模仿成人，用单词、句子表达自己的要求；

引导孩子正确地用喜、怒、哀、乐等表达自己的情感；

感受音乐节奏的快乐，尝试涂涂画画。

（2）19 ～ 24 个月

24 个月时，平均身高：男孩为 91.2 厘米，女孩为 89.9 厘米；

平均体重：男孩为 13.19 千克，女孩为 12.6 千克；

平均头围：男孩为 48.7 厘米，女孩为 47.6 厘米；

平均胸围：男孩为 49.6 厘米，女孩为 48.5 厘米；

视力标准为 0.5；会主动表示大小便，白天基本不尿湿裤子；开始长第 2 乳磨牙，牙齿大约有 16 颗；一昼夜睡 12 ～ 13 小时。

能连续跑 3 ～ 4 米，但不稳；自己上下床（矮床）；会用脚尖走 4 ～ 5 步，但不稳，能手扶栏杆上下楼梯 5 ～ 8 级；尝试做原地跳跃动作，踢大球；能蹲着玩；能双手举过头顶掷球；能根据音乐的节奏做动作；能用玻璃丝穿扣子眼；会把 5 ～ 6 块积木堆塔；自己用汤匙吃东西。

开口表示自己的需求；能记住熟悉物品所放的固定位置；喜欢看电视；口头能数 1 ～ 5，口手一致能数 1 ～ 3；开始理解事件发生的前后顺序；能按指示连续办 3 件事；开始知道自己是女孩还是男孩；对大人说话的声音反应越来越强烈，会说 3 ～ 5 个字的句子；喜欢重复听一首歌、反复读一本书等；开始用“我”和名字来自称；说出 50 个常见东西的名称和用途；听完故事能说出讲的是什么人、什么事；跟随大人念几句儿歌；会回答生活上的问题。

能区别成人的表情；当父母或看护人离开房间，会表现出沮丧；提示后，会说“请”和“谢谢”；与父母分离时有恐惧感；为自己独立完成一些动作技能而感到骄傲；不愿把东西给别人，只知道是“我的”；情绪变化开始缓慢，能延续某种情绪状态；交际能力增强，较少对人表现出不友好和敌意；会帮忙做事，如收拾玩具；游戏时会模仿父母的日常动作，如给娃娃喂饭、穿衣等。

爸爸妈妈应该做的——

保证孩子有充足的睡眠，一昼夜睡 12 ～ 13 小时。

鼓励孩子用小勺进食，养成吃一口、咀嚼并吞咽一口的习惯；知道口渴喝水。

学习使用肥皂和毛巾，在大人帮助下学脱鞋袜、裤子和外套。

练习自如地跑和走、原地并脚跳，举手过肩扔球、叠方块积木、串大珠、收玩具。

学用简单句表达意愿，说出自己的名字，喜欢亲子阅读。

诱导孩子辨别身边常见物，对形状、冷热、大小、色彩、软硬差别明显的物品有初步的认识和体验。

引导孩子与人招呼，和同伴交往；懂得最基本的是与非，学习遵守社会基本规则。

跟随音乐做模仿动作，跟唱简单歌曲，喜欢涂画。

(3)25～30个月

30个月时平均身高：男孩为95.4厘米，女孩为94.3厘米；

平均体重：男孩为14.28千克，女孩为13.73千克；

平均头围：男孩为49.3厘米，女孩为48.3厘米；

平均胸围：男孩为50.7厘米，女孩为49.6厘米；

20颗乳牙已全部出齐。

能后退、侧走和奔跑，轻松地立定蹲下；会迈过低矮的障碍物，独脚站立2～5秒；能双脚交替上下楼梯，从楼梯末级跳下；能随意滚球，举臂投掷，有方向感；会骑三轮车和其他大轮的玩具车；会自己洗手、擦脸、穿鞋袜、解衣扣、拉拉链；会转动把手开门，旋开瓶盖取物；能用大号蜡笔涂画，画垂直线和水平线，会用五指一页一页翻书。

知道“大小”、“多少”、“上下”，并会比较；知道圆形、方形和三角形，会用纸折出长方形；知道红色；会用积木搭桥、搭火车；游戏时会运用想象做模仿动作，如手指当牙刷等；会用“你”、“他”、“你们”、“他们”和连续词“和”、“跟”；知道50个日用品的名称；会说简单的复合句，叙述经历过的事；会背儿歌8～10首。

有简单的是非观念，知道打人不好；仍会发脾气；知道自己的全名；和小朋友一起玩简单的角色游戏，相互模仿，有模糊的角色装扮意识；开始意识到他人的情感，会讨论自己的情感。

(4)31～36个月

36个月时，平均身高：男孩为98.9厘米，女孩为97.6厘米；

平均体重：男孩为15.31千克，女孩为14.8千克；

平均头围：男孩为49.8厘米，女孩为48.8厘米；

平均胸围：男孩为51.5厘米，女孩为50.5厘米；

视力标准为0.6；晚上也能控制大小便，不尿床。

单脚站立5～10秒；双脚离地连续跳跃2～3次；双脚交替灵活上下楼梯；能走直线，跨越低矮的平衡木；能将球扔出3米多远；按口令做操，动作较准确；会用塑胶积木拼插形象的物体；能模仿画圆圈和十字形；会自己扣衣扣，穿简单外衣；试用筷子。

指令画方形，但他可能会画一个长方形；口数6～10，口手一致能数1～5；认识黄色和绿色，懂得“里”和“外”；能用纸折小飞镖；会问一些关于“什么”、“何时”和“为什么”的问题；理解故事的主要情节；认识并说出100张左右图片的名称；能使用大约500个单词，

贯子墨

父母寄语@lavender墨：

真想像不出20年后你的样子……20岁的你一定成为个大帅哥了，估计也有女朋友追了，妈妈希望你学业有成，开心快乐健康每一天，等妈妈老了，你长大了，我们一起回过头来看看这段别有滋味的话。

说出有 5 ～ 6 个字的复杂句子；开始运用“如果”、“和”、“但是”等副词；知道基本礼貌用语，并知道何时使用；知道家里人的名字和简单情况。

知道自己的性别及性差异，能正确使用性别短语，倾向于玩属于自己性别的玩具和参与自己性别群体的活动；能和同伴玩简单的游戏，分享玩具；知道等待轮流，但常常缺乏耐心；害怕黑暗和动物；会整理玩具；自己上床睡觉；大吵大闹和乱发脾气已不常见；有时会试图隐瞒自己的感情；产生嫉妒情绪；对成功表现出积极的情感，对失败表现出消极的情感。

爸爸妈妈应该做的——

让孩子按时上床，安静入睡，醒后不吵闹，养成良好的睡眠习惯。

鼓励孩子用勺子吃完自己的饭菜，愿意接受各种食物，自主用杯子喝水喝奶。

鼓励孩子学习用肥皂和毛巾洗手擦脸，主动如厕。

鼓励孩子模仿大人做事，学习自己穿脱鞋袜、简单衣裤。

鼓励孩子钻爬、上下楼梯、走小斜坡，训练初步的适应环境的能力。

多让孩子摆弄积木、珠子、纸张和橡皮泥等，提高手指的灵活性和手眼协调的能力。

学习用普通话表达愿意，乐意阅读，学讲故事、念儿歌；接受大人简单的语言指令。

在生活中自然地认识常见动植物、简单的数学概念，启发孩子觉察颜色、形状、时间、空间等不同，理解人、物和事之间的简单关系。

逐步适应集体生活，愿意亲近老师和同伴；有初步的自我保护意识，学习对人有礼貌，不影响他人活动。

跟随大人唱歌跳舞，用声音、动作、涂画粘贴等多种方式表达自己的感受。

68. 抓住宝宝1～3岁关键期

1 ～ 3 岁是孩子成长的关键期，很多能力都是在这一时期得到发展。如果在这一时期，孩子没能得到很好的培养，那么可能在以后都会失去获得这种能力的机会。婴幼儿发展有 8 个关键期，在“抓住宝宝 0 ～ 12 个月关键期”那部分，我们已经讲了前五个关键期，那么现在我们继续讲剩下的三个关键期。先让我们来回忆一下那张“关键期”时间表，然后从第六个关键期开始讲。

“关键期”时间表

关键期	宝宝年龄	培养能力
第一个关键期	出生后的第一个月	建立安全感
第二个关键期	1 ～ 3 个月	建立有效沟通
第三个关键期	3 ～ 6 个月	建立良好游戏习惯
第四个关键期	7 ～ 9 个月	培养良好性格
第五个关键期	9 ～ 12 个月	自我意识萌芽
第六个关键期	1 岁到 1 岁半	学习走路
第七个关键期	1 岁半到 2 岁	展现自我
第八个关键期	2 岁到 3 岁	好奇心高涨

（1）第六个关键期（1岁到1岁半左右）：学习走路

宝宝对世界的好奇给了他前进的动力。他“东奔西走”，竭力接触自己感兴趣的东西，甚至难得坐下来安静一会儿。他对什么事情都充满兴趣，但又转瞬即变。爸爸妈妈会觉得宝宝的脾气似乎大了很多，对父母的要求常常充耳不闻，稍不如意还会哭闹翻滚，宝宝这些反应可能是反感父母过多的介入和干涉。

想办法让宝宝快乐地接受指令。发指令不等于发号施令。父母的指令仅仅是与宝宝有效沟通的一种方法，或是跟宝宝逗乐的一种方式，而不是控制宝宝的制胜法宝。

及时夸奖宝宝。宝宝喜欢参与生活事务，

善于且乐于模仿，家长要懂得因势利导。凡是宝宝经过努力能够做到的事，就让他自由尝试；凡是可让宝宝配合完成的活动，就请他帮忙。当宝宝做完一件事后，要记得夸奖他。因为这个阶段的宝宝似乎什么都能大致听明白了。他听到赞扬的话会很高兴，听到责备的话会很不满意，容易泄气。

尽量让宝宝自己学走路。虽然摔跤总是难免的，但是爸爸妈妈绝对不能一直充当宝宝的拐杖，因为这样只会造就一个脆弱的宝宝。

让宝宝知道预防危险。爸爸妈妈要给宝宝做好预防危险的功课，必要时可以通过讲故事或形象示范的方法，让宝宝知道有些事情是不能做的，有些东西是不能碰的。

别给宝宝买太多玩具。一下子给宝宝买太多玩具，表面上看，他可能会安心把玩新玩具。实际上这是在混乱孩子的思维，很容易让孩子变得散漫。做任何事情，都应静下心来专心钻研，浅尝辄止是宝宝学习的大敌。

引导和配合宝宝一起玩。爸爸妈妈既是宝宝的导师，又是宝宝的合作伙伴。作为导师，要引导宝宝去发掘一件玩具的多种玩法，在示范时要保持足够的耐心。作为合作伙伴，要和宝宝一起寻找感兴趣的游戏，以平等的态度对待宝宝，和宝宝相互配合一起玩。

对宝宝的语言训练不能松懈。宝宝接触到的和能理解的语言越来越多了，但是也会有力不从心的时候。有时候宝宝说不好，心里会着急，然后就耍赖，希望爸爸妈妈理解他并且满足他。此时，千万不要松懈对宝宝的语言训练。一定要问他“你在说什么呢，我听不懂”。

（2）第七个关键期（1岁半到2岁左右）：展现自我

这个阶段是宝宝充分展现自我的时期。很多爸爸妈妈不免感到头痛，觉得宝宝简直是个天生的小对头。让他做什么他偏不做，不让做的事情却偏要做，还整天把“不”、“不要”挂在嘴边。宝宝以前可不是这样的。其实宝宝的这些表现是有原因的。一方面，宝宝尚未建立是非观念，无法理解爸爸妈妈的用心；另一方面，随着自我意识的萌芽，宝宝已经迫不及待地在证明自己的存在，证实自己的力量，希望引起别人的重视。这些都是一种进步，是宝宝变成一个真正意义上的小大人所必经的历程，所以爸爸妈妈应该以积极的态度面对宝宝的反叛。

以积极的心态面对宝宝的反抗。如果过分限制或控制宝宝，宝宝的自信心可能会受到打击，创造精神也会有所损伤。但是一味顺从甚至纵容宝宝，宝宝的坏习惯和不良生活态度将会在不知不觉中滋长。爸爸妈妈要想方设法为宝宝提供尽情发挥“创造激情”的安全空间，给宝宝足够的自由去做喜欢的事情，要巧妙地将宝宝的不良行为引导到积极的方向。

在让宝宝自由活动的基础上，发展其协调能力和平衡能力。宝宝已经学会了走路，但由于平衡能力不好，容易摔跤。爸爸妈妈要经常

刘治豪

父母寄语 @ldp555：

20年后你一定是个帅气的小伙子，可能还在上大学，可能已经有了女朋友，但你依然还是我们最爱的宝贝，依然是我们的骄傲！

创造机会，让宝宝练习上下台阶和蹦蹦跳跳，还可为宝宝提供一些球类和拉车玩具，让他练习抛球、踢球和拉车行走。

由易到难地进行手眼训练。宝宝的双手已经能够接受大脑有意识的支配，并且逐渐变得灵活，很多基本动作已经不在话下。但是宝宝的手眼协调能力还需要不断练习，像穿珠子、搭积木、定位粘贴等三维空间内进行的手眼训练将使宝宝获得更大进步。爸爸妈妈安排游戏，要由易到难地进行，这样宝宝才有不断获得成功的体验，并产生进一步探索和尝试的兴趣。

让宝宝学着使用工具。比如用小槌敲打乐器或玩具，用笔画图等，在工具配合下的动手游戏，不仅可以提高宝宝精细动作的技能，而且对于培养宝宝的意志力、创造力也很有帮助。

进一步训练宝宝的语言能力。爸爸妈妈要丰富语言训练的内容，比如选择宝宝喜好的画册，给他讲故事，教他背诗词、念歌谣。在宝宝语言积累到一定程度时，启发宝宝自己讲故事、背诗词、念歌谣。

培养宝宝的思维和判断能力。爸爸妈妈要把宝宝当成一个真正的“小大人”，经常跟宝宝讲生活中遇到的事情，让他了解社会生活的基本常识。当宝宝有看法要表达时，爸爸妈妈要耐心倾听，并跟他一起分析问题，让他逐步拥有自己的思维和判断能力。

培养宝宝的社交能力。2 岁左右的宝宝，已不再满足于以家庭为中心的活动范围，人际交往能力初现端倪。爸爸妈妈应鼓励并提供机会，让宝宝与小伙伴共同游戏，让他接触更多的人和事。爸爸妈妈可以先让宝宝跟家人合作，穿脱衣服、洗手、洗脸、刷牙等，接下来再鼓励宝宝与其他小朋友合作。

帮助宝宝解决人际关系问题。爸爸妈妈应该鼓励宝宝主动跟别人打招呼，与别人分享食物和玩具。当然，宝宝遇到挫折和困难是不可避免的，有的爸爸妈妈不想宝宝受委屈，就限制他的朋友圈，其实这对宝宝的身心发展非常不利。要跟宝宝分析问题，并进行形象示范，帮助宝宝解决问题。

（3）第八个关键期（2 岁到 3 岁左右）：好奇心高涨

这是宝宝好奇心高涨的宝贵时期。2 岁以后的宝宝，最大的特点就是：喜欢不停地问这问那。所以，家长必须学会向宝宝提问，并且及时回答宝宝的问题。

不要厌烦宝宝的提问。宝宝喜欢提问题，不仅意味着语言能力有了突飞猛进的发展，更意味着自我思维能力在不断提高。爸爸妈妈必须不厌其烦地耐心解释，保护宝宝的求知欲。

用跟宝宝认知水平相当的方式去回答问题。宝宝毕竟不是成人，认知和理解能力尚未发育完成，因此在回答宝宝问题时，爸爸妈妈应该采用跟宝宝认知水平相当的方式，让宝宝形象地了解事物。

善于主动向宝宝提问。事实上，仅仅做到回答宝宝的提问是不够的。家长要善于主动向宝宝提问，引导他有意识地认识、探索世界，这将有助于培养宝宝的创新意识。而且，宝宝的很多知识和间接经验，也都是在与家长机智的一问一答中获得的。

让宝宝学会自我约束。这个阶段的宝宝，有时候特别乖，有时候又特别不听话；闹腾时没完没了，静下来时也能专注地玩很长时间。其实，宝宝一面在发挥着自己的能力，一面在尝试着控制自己。爸爸妈妈既要给宝宝自主选择的权利，又要教宝宝进行适当的自我约束，告诉宝宝他已经长大了，不能再像以前那样随心所欲。

69. 让宝宝轻松自在地学步

（1）孩子何时会走，取决于内在成熟度

对孩子的能力发展，年轻父母可能会倾向于“训练”。现代心理学研究认为：“在宝宝准

备好以前，不管父母做什么，都没有办法让孩子提早学会走。孩子什么时候会走，取决于他内在的成熟度，而非外在的训练。”每个孩子的发展速度都有自己的“时刻表”，父母不用担心，更不要和别的孩子作比较。

注意观察宝宝是否有独立走路的预备动作：

他能够四肢爬行吗？

他站立时会手扶家具吗？

他会沿着家具移动吗？

如果回答是“可以”，说明宝宝的肌肉和神经是正常的，他迟早会迈出你期待的那一步。一般来说，8 ～ 20 个月之间学会走路都属正常。

一些商业早教机构可能会告诉你，他有一整套婴幼儿体能训练课程，能帮助宝宝尽早学会走路。专家提醒父母，婴幼儿体能训练课程和游戏能让孩子感觉开心有趣，却没办法提高或加速孩子运动神经机能的整体发展。

（2）宝宝性格影响学走的快慢

学会走路，需要协调 3 项因素：肌肉力量、平衡感和性格。我们通常会忽略性格对孩子学走路的影响。

性情温和的宝宝，遇事谨慎，对迈步走路这样一件大事，他自然也很慎重，不慌不忙，不紧不慢，准备好了再行动。

走得早的宝宝，性格多半较为冲动，喜欢运动，就算抱有同样的好奇心，他会比其他孩子更早、更迫不及待地采取行动，当然也更容易发生意外。

胆子小的宝宝，个性谨慎，行动缓慢，你急他不急，他有自己的主张和计划，一切准备就绪了，他就稳稳地开步走了。

有些性格活泼的宝宝，把注意力和精力都集中在其他事情上，喜欢用眼睛观察，热衷动手，摸摸这，捣鼓那，但对大运动缺乏兴趣，他走路的时间也可能会比其他孩子晚一点。

需要注意的是，这时关注宝宝的性格比关注他什么时候会走重要得多。

（3）对宝宝的发展坐标不必太在意

你经常可以看到各种显示宝宝成长的指标，对此千万不要太认真，不要天天紧张不安地检查对照孩子是否达标。这些指标只是显示大部分孩子在某阶段身体成长发育的状况，很少会有孩子完全按照这个时间表成长。这就跟很少有孩子是按照产科医生所讲的时间出生一样，早一点、晚一点都没有关系。

宝宝学步时间的早和晚，不代表他智力的高低和运动能力的强弱。当然，了解这些指标对你是有帮助的。

12 个月：孩子正处在学走路的重要时刻。大部分孩子可以不依靠支撑物自己站立几秒钟，还能迈动小脚沿着家具走动。

15 个月：90% 的孩子已经可以走路，不需要别人的扶持。他从一个婴儿变成一个会走动的孩子。他专心练习自己的动作，跌倒的次数越来越少，有的孩子甚至会倒着走。

18 个月：走得更稳当了，很少跌倒，可以

卢镘淇

父母寄语 @ 爱淇 716 ：

淇淇宝贝，妈妈愿你开开心心每一天。如果你有烦恼，全家都愿意帮你分担，当然也很乐意分享你的快乐。我们会永远守护你，不离不弃，直到生命的最后一刻！

边走边做其他事情。现在他很喜欢蹲着玩，但是站立时还要用双手支撑。他会跳跃了，还试着举起和移动东西。踢球的动作开始像样了，喜欢跟随音乐摇摆身体。

21 个月：开始学习跑的动作，但是转弯时还不能很好控制身体，喜欢拉着玩具跑。

24 个月：走起路来相当稳健，不再是摇摇摆摆的样子了，他可以安全地上下楼梯，踮着脚尖站立。

（4）父母如何帮助学步的宝宝

宝宝学会走路虽然很重要，但它只是宝宝掌握的工具而非目的。学会走路以后，宝宝开始向着一个独立自主的个体不断迈步，将以一个崭新的方式来认识自己和周围世界。学会走路后，宝宝可以进行其他更有趣、更重要的学习。

给宝宝创设一个宽敞而自由的空间，让他尽情地玩耍和练习走路；给宝宝适当的鼓励；尊重宝宝的天性，让他以自己的速度和方式学习走路。

具体方法：

大约 10 个月～1 岁时，帮孩子扶家具站立；

鼓励、逗引宝宝双手扶家具慢慢移动身体，直到他单手也能保持平衡；

把家具安排成适合宝宝学步的队列，给宝宝稳固的支撑物；

移开无法承受宝宝体重的物品和家具，确保安全；

让宝宝光脚在地板上练习迈步，冬天可穿上防滑的袜子，让他的双脚“感受到地面”；

当宝宝感觉害怕的时候，及时给他安慰和鼓励；

带宝宝买一双合适的鞋。

容易被父母疏忽的不利因素：

宝宝穿得过多或过厚，影响活动；

宝宝很少有机会在地上活动，经常被抱；

宝宝体重过重，缺乏运动的动机；

宝宝对攀扶、移动身体曾有不好的记忆，畏惧走路；

居家环境不合理，宝宝不能主动扶家具学走；

宝宝常被放置在学步车里，没有走的机会。

（5）尊重宝宝的“水平”世界

成人世界是垂直的，婴儿世界却是水平的。我们站立、行走和坐着，基本都是垂直的，所以大家习以为常。婴幼儿的肌肉和骨骼还未发育成熟，无法支撑自己的身体，也无法站立和行走，所以 1 岁以内的婴幼儿只能在水平的世界里活动。随着身体的不断发育成长，婴幼儿才会逐渐脱离“水平的世界”，进入大人的垂直世界。

当宝宝只能处于“水平的世界”的阶段，成人出于宝宝安全和自己方便的考虑，经常会让宝宝来到垂直的世界，还专门设计了一系列帮助宝宝适应成人世界的工具——婴儿座椅、学步车、手推车，有的父母干脆时时把婴儿抱在手上等。这些设计和大人的怀抱只是给成人提供了方便，却或多或少限制了宝宝的活动，不知不觉限制了婴儿自主性的建立和发展。不能自己做主，即使是 1 岁内的婴儿，也会产生挫败感。

我们经常看到，活泼好动的宝宝被爸爸妈妈搂着抱着，圈在大人怀里动弹不了，他们可能会挣扎或哭闹，也可能会逆来顺受，表现安静。

一个 1 岁多的女孩，某一天忽然着迷于跨台阶。家门口的阶梯，人行道，公园花坛的台阶，都是她做跨上跨下动作的对象，她的痴迷和执著让爸爸妈妈既惊讶又莫名其妙。跨上跨下的动作，对一个 1 岁孩子而言，包含着许多的学习内容：运用视觉观察大人的动作，模仿练习；掌握平衡，控制双脚，均衡用力，最终获得随意做出跨上跨下动作的技巧等。

其中，心理层面上的重要性更是不能忽略

的。如果父母担心小女孩跨台阶跌跤而剥夺了她的这个自主动作，影响的不仅仅是女孩的动作发育，更是她的心理发育——独立意识、自信、自我控制的自主意识。

人的自主性是我们自信心、尊严感、独立性和创造力的内在源泉。当一个孩子被剥夺了自主性，那么他的动作发育、运动能力、探索能力、心智发育以及思考能力的发展都可能会大打折扣，甚至影响到人格发展，使他从小习惯于受人摆布。所以，你能帮助孩子的最好方法，是尽量减少他受限制的时间，让宝宝回归自由的世界。

育儿专家认为，婴儿需要活动空间，这些活动空间很快就会转化为婴儿的生理和心理发展的空间。限制他们的活动空间，等于限制这两方面的成长。婴儿首先要意识到动作的存在，才能做出动作来。当婴儿发现，他能做某个动作，他就会继续努力改善自己的动作；当动作能给宝宝带来心理上的快乐时，他就会不断运用和改善。

（6）给宝宝一个自由的空间

给宝宝一个安全的空间——地板，等于给了他最大意义上的自由。宝宝可以在地板上吃饭、睡觉、游戏、画画、运动和看书，甚至思考。

宝宝在安全的地板上自由地玩耍，活动的区域相对家庭任何其他地方都更加宽敞，受到的限制也较小，这可以使宝宝在没有干预和妨碍的情况下，自由地探索。

不要小看这样的情景和感受，有一个属于自己的游戏地盘，对宝宝的心理成长意义深远。它有助于建立宝宝的自尊和自信。地板，自由的空间，能方便宝宝自由地行动、自由地探索；也是独立的空间，能让宝宝独立地思考，学习自己面对挫折，学会自己拿主意。

宝宝能四肢着地、移动身体，是他人生的一件大事。宝宝学会了去拿自己想要的东西，移动自己的身体去自己想去的地方。这对宝宝的身心成长具有划时代的意义。

当宝宝爬着遇见墙壁，他会学着转弯；当他爬着遇见角落，他就会学着退回去；当他爬着遇见大的障碍物，他就会学着绕开，他甚至会爬到另外一间房间去探索。

宝宝会凭着本能和好奇到处“漫步”，到处“观光”。宝宝学会了去刚才放玩具的地方把玩具找回来，这是记忆力开始萌芽的证据，也象征着宝宝已经了解自己和物品之间的关联性。

鼓励宝宝到处“漫游”探索的方法很简单，你把好玩有趣的东西放在他能到达的各个角落。宝宝很喜欢到处找自己感兴趣的东西——皮球或小汽车。当他能做得更好、发展出新的能力时，你再把东西移到屋子的其他地方，甚至屋外去。

（7）鼓励宝宝长距离爬行

宝宝掌握了爬行技巧后，能自由地到处活动，到处漫步，这对宝宝而言，是一种全新的体验。不要满足让宝宝仅仅做一个地毯上的游戏者，要鼓励宝宝成为小小爬行者。当宝宝能

安安

父母寄语＠安娃Bo妈：

安安，你的降临带给我们全家快乐！爸爸妈妈很有幸能陪你走人生的一段路。希望你在未来的道路上不管遇到什么困难，遇到多么优秀的人，正视他们，不要躲避，你要相信战胜自己才是最艰巨和有意义的事情。你一定能成为一个有修养、会感恩和有包容心的男子汉！

熟练地爬行以后，你应该鼓励宝宝到处探索和发现，满足自己的好奇心。

宝宝的呼吸会随着活动量的增大而增强，这就跟大人跑步一样。人的呼吸会随着生理活动而进行自我调整，使得呼吸的深度增加。快速爬行能增加宝宝身体新陈代谢的能力，让宝宝吃好睡好。

如果你能提供一个良好的环境，并且大力鼓励宝宝在地板上自由爬行，你正是给宝宝的动作和大脑发育提供了良好的刺激。这是最好的早期教育。

爸爸妈妈常犯的错误：宝宝努力地爬向玩具，就在他快拿到玩具熊时，妈妈却把玩具熊推到1米远的地方，宝宝继续奋力爬过去，快到了，妈妈又把小熊推开。遭受这样的“挫折”实在让宝宝沮丧，有的宝宝会就此放弃游戏，有的宝宝甚至懊恼大哭。

请记住，千万不要让任何人比宝宝先拿到他的目标物。这样的挫折会让宝宝对爬行和探索失去兴趣。

选择宝宝喜欢的玩具，放在宝宝容易看到的地方，而且要确认这是宝宝“能完成的任务”。换句话说，每次都把玩具放在宝宝不能一下子就拿到的地方，但一定在他力所能及的范围之内。每次宝宝拿到玩具，都应该让他把玩一会儿，好好享受自己努力的成果。

（8）重新布置你的家，安全是关键

宝宝满7个月后，你应该着手把家里的布局来一个重新安排，让宝宝在家具不多而空间宽敞的房间里活动：

移走茶几矮桌，搬走轻薄易倒的家具和用品；

橱柜的门要关闭加上插销，以免宝宝爬入柜内，或有风吹来把门关上，造成窒息；

所有的桌角和柜角都套上护垫，就算宝宝不慎撞到，也能把伤害降到最低；

电插座要使用防护盖，或使用安全插座，避免宝宝触电；

把宝宝经常活动的房间的房门锁拆了，或改成外开锁，避免宝宝把自己反锁在房间里；

注意关闭厨房和卫生间的门，这两处地方对宝宝充满着诱惑，同时也充满着危险；

收起桌布，藏起易碎物品，把盆栽植物移到宝宝碰不到的地方；

茶几上的烟灰缸，低柜上的摆设、化妆品、玻璃相架都要收起来；

楼梯口要装栅栏，窗前不要摆放宝宝可能攀爬的家具；

沙发垫和地毯下不要放小物品，宝宝放入嘴里可能会发生危险；

检查地板上是否有零碎的小东西，比如家具下的小硬币、耳环、回形针，角落里的死苍蝇、死蟑螂等，无知的宝宝都可能会放进嘴里尝尝；

检查地板是否有刺、地砖是否有破口、沙发底下是否有小钉子，小心处理它们，以免伤了宝宝。

70. 为宝宝选合脚的鞋子

对于不会说话或不能清楚表达自己要求的小宝宝来说，作为父母，为他选择鞋子时，是考虑鞋子的美观还是宝宝的舒适呢？是合脚还是能多穿几年？有不少年轻的爸爸妈妈走入了误区。

（1）误区1：宝宝还不会走路，穿什么样的鞋都可以

这种想法并不鲜见，尤其是面对琳琅满目、漂亮可爱的宝宝鞋，绝大多数的年轻妈妈是从美观角度替宝宝选择鞋子的。婴幼儿处于生长发育期，双脚骨骼尚未定形，皮肤、肌肉娇嫩，如果穿鞋不当，危害较大。不会走路的宝宝宜穿鞋头肥大、鞋口较高的“满月鞋”，其质地应柔软、透气。

你应做出的正确选择：

夏天，宝宝赤着小脚板是最佳选择。让宝宝的小脚丫充分与空气、阳光亲密接触，在最自然的活动中满足脚的一切活动，这既是宝宝感知世界的一种方式，也为以后走路作了准备。

春、秋季，在家中宝宝的脚上套一双全棉袜子已足够了。外出时，妈妈为宝宝打一双小小的毛线鞋，根据宝宝的衣服变换颜色和花样，既温暖又夺人眼球。

冬季，在家里棉袜外加一双毛线鞋，保暖度也够了。外出时，配上一双内衬柔软的定型棉宝宝鞋，外形是鞋，实际是一个棉套，既暖和又美观。

（2）误区2：宝宝学走路时，要穿硬点的鞋子来保护宝宝的脚

1岁左右的孩子开始学习走路了，孩子足底需要直接感觉地面的软硬度及斜度，学会脚趾配合活动，保持身体平衡。

你应做出的正确选择：

1岁左右宝宝开始学走路，无须穿鞋，最好是赤脚。双脚如果完全被厚厚的鞋包着，与地面隔离，没有“脚踏实地”的感觉，会影响学走。

2岁以内、尚未完全会走、走稳的宝宝宜穿薄的软底软帮鞋，且不需分左右脚，便于宝宝学走，又不影响其足骨正常发育。

（3）误区3：宝宝会走路了，旅游鞋能保护宝宝的双脚

旅游鞋质地比较柔软，富有弹性，且大多鞋帮较高，有一双能保护脚踝的鞋，对刚学会走路的宝宝是很有必要的。但是宝宝的脚非常容易出汗，旅游鞋厚实，往往吸湿性和透气性不够，长时间穿着，对宝宝娇嫩的皮肤不利，甚至可能会引起脚癣。

你应做出的正确选择：

不要长时间给宝宝穿旅游鞋，外出需穿的时间较长，可在宝宝坐着或被抱着时，脱掉旅游鞋让宝宝的脚透透气。

让宝宝也养成外出和居家换鞋的习惯，一来可保持清洁，二来不会因长时间穿运动鞋而湿气重。

宝宝脱下的旅游鞋应放在通风处吹干，或用热吹风机对着鞋帮内吹，使之干燥，也可杀灭细菌。

（4）误区4：宝宝刚学会走路，鞋底越软越好

过软的鞋无法固定脚底，走路时易扭曲、走不稳，鞋底太软，碰到一点点杂物就易硌痛脚。2岁以后，宝宝足弓开始发育，宜穿鞋底鞋面都比较结实耐磨、透气性好的布鞋。冬季宜穿保暖性好的棉布鞋，鞋底应明确区分左右。这样既利于幼儿学走路，又利于脚的塑形。

陈铭乐

父母寄语@陈铭乐－乐乐：

当你呱呱落地的那一刻，妈妈流下了幸福的眼泪。妈妈看着你的笑容，觉得这是世界上最美的风景。看着你哭，妈妈觉得心都碎了。你的调皮让妈妈“抓狂”，你的童言童语让妈妈狂笑不止。只要看着你，妈妈就觉得足够了。你是爸爸妈妈的爱情结晶，爸爸妈妈会把所有所有的爱都给你，因为你是爸爸妈妈的天使，爸爸妈妈永远爱你！你也要像爸爸给你取的小名一样，每天都快快乐乐的。爱我的宝贝乐乐！

你应做出的正确选择：

在为宝宝买鞋时，可用手指试着拗一下鞋底，如果仅用两三个手指即可把鞋底拗弯，这样的软硬度正合适，需要双手用力才能拗弯的，鞋底太硬了。

适合宝宝的鞋底是这样的：外层较硬、耐磨、有弹性、防滑，内层柔软、吸收湿气。

（5）误区 5：夏天宝宝的脚容易出汗，穿拖鞋既凉快又方便

婴幼儿不宜穿拖鞋。婴幼儿骨骼发育迅速，且尚未定型，穿拖鞋走路，必然偏于脚尖用力，使身体重心前移，时间长了，骨骼发育受影响，引起畸形。此外，宝宝好动，穿拖鞋活动容易跌倒，脚易因受伤而发生骨折、脱位等意外。

你应做出的正确选择：

夏天应让宝宝在家赤脚，地板潮湿时切忌让宝宝行走。

外出可选前后都有固定搭扣的凉鞋，能保护宝宝的脚在凉鞋中不会因走路而滑动。

凉鞋最好选柔软皮质的，塑料鞋的透气性、吸湿性均差，脚出汗时塑料可能会磨伤皮肤。

（6）为宝宝买鞋的要点

宝宝的脚趾宽，脚跟小，鞋的前端要有足够的宽度。

柔软有弹性，鞋底富有弹性，手指稍用力可弯曲，但鞋跟处不可弯曲。

鞋面柔软、安全，没有细小容易吞下的小饰物，以免宝宝在玩鞋时遭到伤害、发生意外。

不买有跟及造型奇怪的鞋子，宝宝的骨骼、关节都很柔软，不好的鞋型会压迫宝宝的脚导致变形。

鞋底防滑、平底。

宝宝最长的脚趾与鞋尖约有 2 厘米的空隙，或宝宝脚趾碰到鞋尖，脚后跟可塞进大人一个手指。

宝宝脚背厚度不一，买脚面可调节扣带的鞋，使宝宝穿得舒适。

常常观察宝宝鞋子大小是否合适，每 3 个月为宝宝测量一次脚的尺寸，注意是否该换鞋。

给宝宝买鞋要试穿、试走，宝宝的反应便是最好的尺度。

不宜给女孩选购高跟鞋。女孩骨骼要到 20 岁以后才完全停止发育。女童如果经常穿高跟鞋，可致骨盆前倾，侧壁被迫内收。时间久了，骨盆入口狭窄，对日后生育带来麻烦。

71. 宝宝的大小便训练

在纸尿裤流行以前，开裆裤是每个孩子成长中必穿的，在我国有着悠久的历史。以前到处可见穿着开裆裤露着圆圆小屁股的孩子。纸尿裤因其方便卫生而被广大的年轻妈妈所接受，现在城市中已经很少看到穿开裆裤的孩子了。

老一代父母说，开裆裤方便又省钱，还不会得尿布疹；孩子来不及喊尿，蹲下就可以。新一代父母说，纸尿裤多方便，不用晾“万国旗”，孩子来不及喊尿，不用蹲就可以解决问题，而且卫生安全。就开裆裤和纸尿裤的功能而言，大同小异，只是纸尿裤花费大。现在的妈妈更希望孩子能早一点自理大小便。

为了让孩子穿满裆裤，再过渡到脱裤子解便，于是就有了“大小便训练”。训练内容是：上厕所、蹲便盆、穿脱裤子、喊擦屁股。后来，训练内容有了改变：不包尿布，会喊尿，不尿湿裤子。孩子自己穿脱裤子、蹲便盆已不放在重要位置，因为有大人可以帮助。更多父母把大小便训练与宝宝的聪明联系起来，于是训练时间不知不觉被提前了，妈妈的训练意识还要更早。

（1）把握最佳训练时机

孩子达到一定的生理成熟度——

18个月以前，宝宝的神经系统还没发展到可以完成“命令指示”的程度，一般要到20～30个月中枢神经系统才可以对负责排泄的括约肌有自主的控制。这个生理的成熟是训练的前提。然而，每个宝宝的生理成熟时间是有先后的，我们能通过一些现象来判断。比如，尿布的干燥可以经常保持2～3个小时，有连续一段时间小睡时不会尿床，偶尔在成人指令下能憋几秒钟的尿；宝宝腿部发育要达到能自如行走、蹲下、起立的水平。有的父母在宝宝2岁时开始训练大小便，怎么教都不行。到了宝宝快3岁时,突然一教都会了。不在时间早晚，而在于孩子的成熟度。

孩子会用简短的语言表达需求——

有的父母悉心观察，行动敏捷，结果坐享其成的宝宝只会用情绪、表情、肢体动作来表达自己的需求，增加了大小便训练的难度。建议先培养宝宝用语言沟通的习惯，教会宝宝有便意、有尿意的时候喊妈妈爸爸。

孩子有关心厕所用具和他人上厕所的喜好——

弗洛伊德认为,1～3岁的儿童处于肛门期，这个时期的孩子对排便以及与排便相关的事比较关心，具体表现为：爱看自己的排便过程，爱看排泄物，爱看他人如厕，爱管厕所里的事等。这个独特的心理和行为给大人引导宝宝学习自主大小便创造了机会。女孩跟着妈妈学，男孩跟着爸爸学，顺着宝宝的“喜好”，与宝宝谈大小便的事，宝宝较容易接受。

（2）关注孩子训练期的情绪

有的大人比较关注孩子是否尿裤子了、是否喊尿了，很少理解孩子的心理和情绪，使孩子心情沮丧，甚至重新穿起纸尿裤来。条件都具备了，宝宝又有好的心情与你配合，就能达到事半功倍的效果。反之会延长训练时间，让本来很自然的事变得复杂了。

不要给宝宝压力，更忌讳责骂，重复多教几次就是了。如果重复了半个月还不行，就再等等。只要宝宝身体和心智准备好了，很快就能学会。

给宝宝穿他喜欢的内裤，并赞赏他；宝宝要包尿布，就给他包；尿裤子、尿地上了，要平静处理，但告诉他下次去厕所尿。让孩子知道大小便是一件自然的事，不要有压力。

采用“海豚训练法”，只要他自己进厕所坐在小马桶上成功地尿一次，就奖励一块巧克力，尿在其他地方不处罚，但没巧克力吃。

（3）不宜过早、过严训练

1岁以下的宝宝肯定不能理解或控制自己的排便，因此，过早的训练宝宝只能使你和孩子都受罪。

一般18个月以下的宝宝几乎不可能学会使用便盆，尿湿裤子对这么大的宝宝来说再正常不过了。但是，有些父母一碰到宝宝发生这类

龚漾馨

父母寄语@嗒嗒欣竹：

20年后的你，已是象牙塔里的少女，青春的气息与活力是你的专属，尽情享用属于你的美好吧。

“尴尬”的事，就怒斥“都这么大了，还尿到身上，害不害羞呀”，或是一气之下就打起宝宝的小屁股。宝宝会因为你们愤怒的质疑而感到羞怯、疑虑，感到自己的无能。

因此，宝宝能自如地控制排便的时间要根据其身体发展而定，父母不可操之过急。过早、过严的训练带给宝宝的只会是更多的焦虑和不自信。

（4）不宜过晚、过松训练

到了两三岁，宝宝已经有能力学会控制排便了，可是有的父母对宝宝过分溺爱，仍是顺其自然，宝宝爱怎样就怎样。宝宝具备了学习控制排便的能力，你就要好好把握时机，帮助宝宝形成排便的规矩。如果训练过晚、过松，带给宝宝的可能是自由散漫、邋遢随便、杂乱无章等不良习性。

（5）合理关注宝宝排便的“心境”

在这个发展宝宝自主能力的重要时期，适当地放手，让宝宝自己去尝试，感到自己有影响环境的能力，长大后他们会更加自信、更为乐观。两三岁是训练宝宝排便的最佳时期，这个时期的宝宝不仅在学习合理排便，还在排便中感受到自由控制的能力，显示着自己的力量。有时宝宝表现出想大便，但等你要帮忙时，他倒是毫不客气地对你说“不”，乐滋滋地自己“解决”。他们是在证明自己的独立能力。

3岁左右的宝宝，有时还会对自己的粪便表现出一种友好的关注，从排便训练中体验到快乐。你在要求宝宝合理排便的同时，还要更多地关注宝宝的感受，及时给宝宝以适当反馈。你的微笑、你的奖赏都能帮助宝宝健康成长，而你不适当的拒绝或不理睬，都可能导致宝宝形成过分严格要求自己的性格。

72. 1～3岁宝宝洗头、理发、剪指甲

（1）洗头

给宝宝洗头是父母最头疼的事，每次洗头总像打仗一样，弄得一身汗，软硬兼施，可宝宝照样嘶哑着嗓子大哭大叫。父母合作，一个抱着他按着头，另一个快速洗净。宝宝被迫洗头，有时候洗完了，还在委屈地不停抽泣。

宝宝大一点了，头皮有油脂分泌，也经常外出，所以洗头时要用婴儿专用洗发精。洗头宜与洗澡分开；可让宝宝仰躺在爸爸身上，爸爸一只手托住宝宝的头和脖子，另一只手托住宝宝的腰，妈妈在他们的对面轻柔地替宝宝洗头。一般在爸爸的怀中，宝宝不会大哭大闹。

宝宝都喜欢白白的、柔软的东西，把宝宝头上的泡沫弄得多多的，把泡沫捧给宝宝看，让宝宝展开美好的想象，“泡沫多像白云呀”、“泡沫真像棉花呀”，宝宝一定不会再排斥洗发精了。

对那些实在怕洗头、用各种方法都哄不了的宝宝，尝试像理发店那样“干洗”，可缩短让宝宝感觉恐惧的淋水。让宝宝坐在镜子前，替他围上布，倒一点洗发精在宝宝头发上，再在洗发精上洒点水，使洗发精起泡沫，让宝宝看着你“变戏法”。把洗头的过程当作游戏，是让宝宝乐意洗头的良方。

（2）理发

宝宝已有爱美之心，他们的社会活动也日益丰富，有个可爱漂亮的外形既是宝宝的需要，也是爸爸妈妈的需要。这时的宝宝能较长时间坐直，具备了上理发店剪发的条件。

带宝宝理发之前，做好环境熏染是很有必要的。爸爸妈妈理发时，不妨带上宝宝，让他熟悉那里的环境和气氛，不在于时间长短，多

去几次即可。另外，还要让宝宝将漂亮与理发联系起来，每当家里有人理了发，大家由衷地赞美他变漂亮了。在理发时，妈妈可随着理发师的手起剪落，赞扬宝宝如何变得漂亮。

在家里也可以和宝宝玩理发的游戏，拿一把梳子、一把玩具剪刀、一条方围巾，“宝宝理发店”就可以开张了。如果宝宝去过理发店，他的举手投足还真像模像样呢。沉醉在宝宝为你“服务”的亲情中，你和宝宝所得到的，恐怕远远不止“让宝宝接受理发”这一点。

如果你有固定理发师，让他给宝宝剪发，会使宝宝较为放松。如果之前宝宝与他已经熟悉，则再好不过。带宝宝理发时，带上他平时最喜爱的玩具，可以抚慰宝宝的心灵。

（3）剪指甲

爸爸妈妈可以当着宝宝的面剪指甲，让宝宝感觉这是一件很平常的事，而且很快就完成了。替宝宝剪指甲时，切忌剪得太短，否则宝宝感觉疼痛，以后再剪更要费不少口舌了。

把剪指甲变成有趣的游戏，比如让宝宝给每根手指头取名字，把指甲钳当成兔子等小动物，“小兔子要和明明手指交朋友”，“小兔子和明明手指握握手，把明明打扮得漂漂亮亮的”。

对大一点的宝宝可以讲道理，指甲长了会划伤自己、躲藏在指甲内的细菌吃到肚子里会生病等，宝宝是会配合的。

73. 建立正确的性别意识

2 岁孩子的世界简单而单纯，对性别的认识也是如此。

他可以正确地告诉别人“我是男（女）孩子”。不过，这只是一种简单的转述，因为爸爸妈妈告诉他“你是男（女）孩子”。

他只知道某些东西是属于男性的，某些物品是属于女性的。比如，他知道领带是爸爸用的，唇膏是妈妈用的；黑色的大皮鞋是爸爸的，漂亮的高跟鞋是妈妈的。

他能对图片的性别形象进行归类，会把男性图片放在一起，女性图片归到一处。但是，这些图片人物的性别特征必须是明显的，女性有长发或辫子，男性是短发等。

他只能根据个体形象的外在特征来判断一个人的性别。遇见留有长发的瘦弱男性，他很有可能会搞不清楚状况，称呼“阿姨”；而留着短发的高大女性，他说不定又会混淆男女。

他不能理解社会对不同性别的不同要求。比如，父亲作为男性，遇事要有担当，平时要宽容大度、勇敢无畏；母亲作为女性，应该温柔可亲、耐心细致。

（1）初步建立正确的性别意识

2 岁孩子对性别的认识是肤浅的、表面的、标签化的，其性别意识需要爸爸妈妈的教导。大多数 6 岁左右的孩子应该初步建立正确的性

杜卡妮

父母寄语＠杜卡妮：

当你看到这本书的时候，你已长成了 23 岁的大姑娘，爸爸妈妈希望看到你拿到这本书的喜悦，希望你能回忆起童年的美好，一直和爸爸妈妈幸福下去！

别意识。以下3点对孩子今后适应正常的社会生活有着十分重要的影响。

——能正确区分个体的不同性别。

——认可不同性别及其相应的社会角色。

——能正确对待自身的性别。

如果孩子的成长过程中，性别意识发生错乱和障碍，很可能会混淆生物学上的性别，或不接受不认可自己的生物性别，严重的甚至发展成“异性癖”、“恋物癖”等，要用外科手术来改变自己的性别就是其中的极端例子。

父母是孩子的第一任老师。孩子是在和爸爸妈妈的交往相处中，逐渐形成正确的性别意识的。

（2）“反性别”装扮后患无穷

民间有这样的习俗，如果男孩体弱多病，要把他装扮成女孩来抚养；有些爸爸妈妈不满意孩子的性别，或仅仅是一时好玩，随意改变孩子的性别装扮，给男孩系蝴蝶结、穿裙子，把女孩弄成“假小子”。这些都是父母不恰当的行为。

孩子对于自己性别的认知完全来自父母的引导。爸爸妈妈无意的差错，可能会让孩子形成误解，对自己的性别产生模糊认识，形成“爸爸妈妈喜欢男生，男生比女生好”的想法。

父母平时也要注意自己的装束打扮，给孩子提供好的榜样。爸爸妈妈的装扮和形象，直接影响孩子对性别的认知。如果女孩有一头漂亮的长发，经常穿公主裙，妈妈却总是板寸头和工装裤，女孩很可能会对女性形象产生迷糊，进而怀疑大人对她“你是女孩”的教导。同样，爸爸人高马大，却从不干家里的体力活，若想教导儿子“你是男子汉”、“男生是家里的顶梁柱”，成功的可能性也不会很大。

（3）不要简单呵斥孩子的窥视行为

有时候，爸爸妈妈上厕所或洗澡时，孩子会偷偷溜进来看几眼。不要大惊小怪、急于遮掩，甚至责骂孩子是“流氓”。孩子只是好奇，想观察爸爸妈妈的身体，大人的坦然态度和冷处理会让孩子淡然此事，大人反应过激恰恰会强化孩子的好奇心。他要么好奇于你的夸张表情，要么得意于你的惊慌失措，以后一再做出这样的行为。

有一些幼儿园和托儿所，不分男女厕所，男孩女孩一起上厕所，这不见得是坏事。男女同上一个厕所，孩子们能在很自然的状态下，对男女的性别差异和不同的生殖器官有一定的认识，促进他们对性别的认知。

（4）避免将男性和女性的形象完全对立

在人们的习惯印象中，女孩应该乖巧、听话，性格最好是文静的；而男孩则是调皮、勇敢的，性格应该是坚强的。玩“过家家”成了女孩的专门游戏，而“警察抓小偷”则是男孩的专利。可是，谁规定警察一定是男生？又有谁规定家务一定归女孩做？

给女孩买洋娃娃，给男孩买玩具枪，这样的观念也落伍了。游戏不该有刻板的性别形象，“女警察”拿上枪，“男主人”抱一抱娃娃，也完全是正常的。

从另一个角度看，男孩具有细心、耐心、谨慎等传统意义上所谓的女性气质，女孩具有勇敢、坚强、果断等传统意义上所谓的男性气质，绝非坏事。将来孩子踏上社会，男孩在工作中除了有责任感、坚强、果断之外，还能细心、耐心、谨慎；女孩在人生道路上除了一贯的温柔善良之外，还能勇敢、坚强、果断，这些都是难能可贵的优秀品质，跟男女性别没有任何关系。

74. 防范儿童性侵害

对婴幼儿进行性教育听起来很不可思议，事实上，当你和孩子讲话、亲吻、拥抱、游戏的时候，你都是在为他将来的性学习作准备。适时地对孩子进行性教育，还有更为实用的意义：让孩子学会如何保护自己，防范儿童性侵害。

儿童性侵害，是指发生于对儿童的诱奸或以欺骗为外衣的性攻击。这种性侵害有时表现为性交，但更多的情况下表现为对儿童性器官的玩弄。实施儿童性侵害的往往是受害者所熟悉的人，如邻居、亲戚、学校老师等。

在谈到性侵害的时候，大多数人会习惯性地想到成人，然而性侵害也可能发生于儿童；既可能发生在女孩身上，也可能发生在男孩身上。近年来报纸上报道的社会新闻中，儿童性侵害案件并不少见。儿童性侵害的发生，直接的损害对象是尚未成年的孩子，受到性侵害的孩子可能会在心理上留下巨大的阴影。家长应该适时对孩子进行性教育，帮助孩子建立自我保护的观念，养成良好的隐私习惯，树立正确的性别意识。

（1）让孩子知道什么是隐私

每个人都需要一个完全自我的空间，在这个空间里，可以发泄自己的情绪，可以想做什么就做什么。这不仅有利于孩子心理健康的发展，同样有利于孩子健康性观念的树立。3岁的孩子已经到了可以给他们谈谈隐私的时候了，父母可以通过一些小事情来给孩子引入隐私的概念。比如，孩子将他的玩具随意丢在客厅时，爸爸妈妈就要告诉他，客厅是家里的公共场所，他可以在客厅玩耍，但不能在客厅乱丢东西，因为客厅不是他“一个人的地盘”。

父母同样也要懂得尊重孩子的隐私。在进入孩子房间时，要先向他示意，我要进入你的“地盘”啦。如果孩子表示想单独呆着，那就给孩子一个完全属于他的空间。同时也可以让他明白，进入爸爸妈妈的房间之前也需要示意，因为“有时候爸爸妈妈也想单独呆着”。

要告诉孩子——

你的身体是属于你自己的；

每个人都需要自己的隐私空间；

在家里，有一些地方是“自己的地盘”，有些地方是“公共的地盘”；

洗澡、换衣服、上厕所时要关门。

（2）性别教育是性教育的第一课

在生命的最初3年，孩子们会了解男孩和女孩的区别，并且开始确认他们自己作为“男性”和“女性”的身份。你在这个时期可以帮助孩子了解性别的知识。作为父母，从宝宝降临这个世界开始，就有必要考虑以下问题：

在“女人是什么”的问题上，你想教给孩子些什么？

在“男人是什么”的问题上，你想教给孩子些什么？

你相信男孩子和女孩子有同样的机会吗？当孩子长大后，你会去限制他们的选择吗？

你可以让孩子观察自己和周围人的服饰、外表等，让孩子了解自己是男的还是女的。孩

齐方鸣

父母寄语@萌齐齐－妞：

你的幸福是我最大的心愿！

子对于性别的认识是一个循序渐进的过程，他们基本上是先了解自己是什么性别，然后认识同性的性别，接着是认识异性的性别，最后才能够了解自己的性别不会随着年龄增长而改变。随着孩子年龄的增长，你可以逐渐让他了解性别知识。

帮助孩子正确了解自己的性别，分辨男性和女性；

帮助孩子认识身体的各个部位，让他们了解身体的每个部分都有一个名称和用途；

让孩子了解男孩子和女孩子的身体大部分是相同的，但有几处是不同的；

正面回答孩子的各种性问题；

避免用性别来评价孩子的行为。

（3）帮助孩子学会保护自己

你应该告诉孩子这些基本知识：

除了父母和医生外，自己的身体凡游泳衣覆盖的部位，不能让别人看也不能让别人碰；

如果别人对你做了什么，只要让你感到痛或不舒服，就要立刻反抗，并且尽快告诉爸爸妈妈；

如果你不想让某个人摸你的身体，你就告诉他不要碰你；

如果某个人摸了你并告诉你要保守秘密，无论如何要告诉父母。

（4）做敏锐的父母，防范儿童性侵害

所谓“防人之心不可无”，儿童性侵害往往发生在熟人中，你要做个敏锐、细心的父母。

不要随便将孩子交给家人以外的人照看，对照看者一定要有深入的了解；

无论多忙，都要每天观察孩子是否有异常反应，包括胆小、爱哭、惊恐、不愿意别人碰触等。在你反复地告诉他（她）这是私下的行为后，孩子还是频繁在公共场合触摸生殖器，你要引起足够的重视；

在给孩子洗澡的时候，观察孩子的身体，以及内裤上是否有不明分泌物；

了解孩子周围的人，包括亲戚、孩子的老师和伙伴；

拒绝亲友开玩笑地对孩子进行生殖器触摸等无意识的性侵犯；

教孩子正确地说出身体各部位器官的名称，如阴茎、睾丸、阴道、乳房等，并告诉孩子这些部位不能让别人碰；

孩子外出，应了解环境，尽量选安全路线行走，避开荒僻和陌生的地方。

75. 宝宝良好性格的养成

自从心理发展“关键期”这一概念提出后，人们在关心孩子智能开发的同时，也日益关注孩子性格品质的培养。尤其是在“情商重于智商”理论的倡导下，越来越多的父母开始接受这一点。

所谓情商，其核心部分就是指一个人的性格基础。性格并非百分百来自遗传，后天的培养占重要因素，而婴幼儿时期无疑是性格形成的关键期。“三岁看大”，此言并不偏激。因为基本性格一旦形成，就具有相对稳定性。

塑造孩子良好的性格，并不像智能开发游戏那样，可以靠训练获得。塑造孩子良好的性格品质，其关键就两个字——“养成”。

什么叫“养成”？直白一点说，就是环境的濡染。心理学家认为，家庭环境对于儿童的性格培养起着决定性作用。这其中包括：父母及其他成人的示范作用，或曰“榜样诱导”；良好的亲子关系，良好的家庭心理气氛的熏陶；还有“身教重于言教”，甚至“不教而教”。杜甫有一诗句为“随风潜入夜，润物细无声”，养成教育，就是这种春风化雨式的浸润教育。

（1）性格品质 1：快乐活泼

孩子在童年时期都不快乐活泼，长大以后

怎么可能快乐，形成良好的性格？从我们的调查来看，这一项得分最高，这说明随着社会的发展，家庭对孩子的关爱程度越来越高。

当然，这其中也有一些令人担忧的问题，如个别孩子生活在家人患病、父母不和或离异家庭中。压抑、缺乏朝气的家庭，不可能让孩子养成快乐活泼的性格，只会给孩子带来一些心理障碍。

（2）性格品质2：安静专注

这一项在调查中的得分较低，我们发现：大多数儿童快乐活泼有余，安静专注不足。大量的智力活动，需要孩子们专注地进行，即养成静态活动的条件反射。

在调查中，有一类家庭的问题较大，就是“过分热闹”的家庭。这类家庭天天人来人往，今天一桌酒席，明天一桌麻将，这种环境对孩子成长十分不利。一个有孩子的家庭，在白天十几个小时里，至少应该有半个小时是绝对安静的，可以帮助孩子静下心来。

《礼记·大学》里有一句，“知止而后有定，定而后能静，静而后能安，安而后能虑，虑而后能得”。古人十分讲究“入定”、“静心”。有父母会反问，3岁的孩子能“入定”吗？当然不能。但是不知你注意到没有，二三岁的孩子有时候会凝望天空，呈沉思状，可见他肯定有静下心来的时候。父母的任务就是帮助孩子稳固、延长这种良好的情绪和状态。

（3）性格品质3：好奇求知

孩子天生就有求知欲，对任何事物充满好奇心，这是一个生命体生机勃勃的象征。父母的职责是激发、促进这种求知欲，鼓励孩子探索、提问，尤其是鼓励他“打破沙锅问到底”。

但是要真正做到不容易。一次有位母亲抱怨：“我儿子烦死了，我在厨房里炒菜，他一个劲地问，妈妈，天上的星星怎么不掉下来？我没好气地说，你管得着吗？”其实一个3岁左右的孩子能提出这么高质量的问题，难能可贵。这位妈妈真该放下手中活儿，坐下来告诉他天上的星星为什么不掉下来。”

（4）性格品质4：勇敢自信

初生之犊不怕虎，孩子就是天不怕地不怕。在所有的恐惧心理中，只有一种畏惧心理是健康的心理，那就是：对自己的错误和缺点产生畏惧。孩子应有强烈的自信心：我聪明，我能干。爸爸妈妈喜欢我，爷爷奶奶喜欢我，我是个好孩子。

有些父母喜欢当着邻居或其他人的面贬低孩子，乱贴“标签”，什么“笨”、“没出息”等。长此以往，孩子会缺乏“动力系统”，没有自信。

（5）性格品质5：独立创新

西方父母非常看重自己的孩子能比同龄的其他孩子更早地说“不”或“我不喜欢”，他们认为这样的孩子有主见。但东方教育却忽视这一点。我们在问卷调查中，发现父母教育孩子

郭雨澄

父母寄语@偶缘灵逗：

亭亭玉立的你，还记得当初学步时的心情吗？妈妈为你珍藏所有难忘的片段、与你分享成长的美妙、陪你度过人生的困惑。希望你一如既往踏着初时的欢快步伐，开启你快乐的人生征程。

时使用频率最高的一个词是“听话”。

当孩子自己能吃饭时，父母还在喂饭，孩子在生理上早就断了奶，可心理上却没断奶，老是依偎在母亲怀里长不大。

如今的社会并不欢迎墨守成规、不敢越雷池一步的人，而是欢迎有创新精神的人，而创新精神必须从婴幼儿开始抓起。父母要鼓励孩子不拘泥于一种形式，不满足于唯一的答案，鼓励孩子异想天开，想象出前所未有的东西来。

（6）性格品质6：善良，有同情心

这是在调查中得分最低的一项，让我们感觉很痛心。我们认为，此项得分最低的原因，就是父母对孩子的溺爱。“溺”，在辞典中的解释是“淹毙”。水可以淹死一个人，“溺爱”可以葬送一个人的良好个性。

有些大学生很冷漠、很自私、缺乏同情心，而这不得不追溯到幼年教育。让孩子从小拥有同情心和怜悯心，是在他身上培植善良之心、仁爱之心的基础。

一减一等于零。人生倘若没有爱，只是沙漠一片。爱，使人高尚，有了爱，人性才光辉灿烂。我们要给予孩子科学的爱、理智的爱，并教他拥有爱心，而不是一味溺爱孩子。

76. 宝宝健康人格的塑造

孩子到了2岁左右，“不良”的行为越来越多，父母为了规范孩子的行为，用的最多的方式就是奖赏和惩罚。但是，你对孩子所用的奖惩是否合适？正确的奖惩能培养孩子良好的行为习惯，塑造孩子健康的人格。

2岁多的小宝一上街就总是哭着喊着要吃街边那些不卫生且有害健康的东西，没办法，小宝妈妈只好尽量给他买些危害性小一点的东西吃，以求他的安静和不哭闹。小宝妈妈的这种方式显然是不合理的，因为她改变的只是小宝嗜欲的对象，而对嗜欲这种行为本身却是鼓励的，欲望的扩张没有除去，也没能为孩子建立针对这些欲望的生活原则。下次一有机会，小宝的坏毛病还会再度爆发，他对他的“期望”会更有把握，而妈妈的烦恼也会更深。

俗话说，行为决定性格，性格决定命运。好习惯的养成，是健康人格形成的关键。奖励与惩罚是培养宝宝习惯的两种截然不同的方式。善意、恰到好处的奖励或惩罚，能够促使宝宝进步，收到良好的教育效果。

心理学中将奖惩方式分为：强化（正强化和负强化）、消退和惩罚。灵活运用这几种奖惩方式，可以帮助你培养健康的好宝宝。

（1）强化和消退的合理使用

心理学中把促进行为形成的刺激影响称为强化。比如，孩子刚会说话时，和成人打招呼总是在父母的催促下完成的，而且许多情形是在妈妈对孩子说“快叫阿姨，妈妈给你糖吃”的情况下完成的。孩子知道糖是甜的，吃糖可以带来愉快的体验，就叫了一声“阿姨”。妈妈很高兴，就给孩子糖吃。下一次有类似的情况，宝宝就会将吃糖的喜悦与叫“阿姨”的行为联结起来，喊“阿姨”的行为倾向就自然增加了。可见，许多行为习惯的形成都离不开强化的作用。

如果孩子出现了某种好的行为，却没有得到及时的强化，他以后就不大愿意再表现出类似的行为。这种行为倾向降低的作用，在心理学中被称为消退。

不过，有时消退在习惯的养成中也起着很重要的作用。比如，有的孩子喜欢向父母要这要那，所采取的就是许多孩子惯用的方法——哭、闹、就地打滚等，而且有的持续时间很长，父母坚持不住就妥协了，这无疑给孩子不良习惯的养成创造了条件。此时，你不妨采取的方法是“冷处理”，把哭闹的孩子晾在一边不管，让他哭闹的行为自然消退。

消退要同强化结合起来。在采用消退方法促使孩子去除不良行为、形成良好行为的同时，要对他形成良好行为的反应给予正面强化，比如奖赏，促进孩子良好习惯的养成。

（2）惩罚和负强化的灵活转换

首先我们来认识一下两种强化——正强化和负强化。这两种强化都是用来加强或鼓励某种行为发生的，但又各有不同。正强化通过呈现孩子喜欢的刺激来鼓励行为，比如孩子不喜欢吃饭，就对他说，你乖乖地吃了，就让你看动画片；负强化通过消除孩子不喜欢的刺激来鼓励孩子的某种行为，比如孩子不吃饭，就对他说，你吃了就可以一周只洗一次头或减少洗头次数(前提是洗头是孩子不喜欢的)。

孩子初次犯错时，家长一般采用的是惩罚措施，可是惩罚措施不宜多次实施，而且惩罚之后的弥补措施应该是负强化。比如，孩子因为耍赖大哭时，父母给予的惩罚可能会给孩子带来负面影响。在适当的时候，家长要和孩子谈谈心，和孩子约法三章，首先讲明耍赖是不好的行为；然后说明如果以后还有类似的行为，就取消带他出去玩的次数等；如果有好的表现，还可以有额外的奖励。

从惩罚到负强化再到正强化是一个系列的过程，在这个过程中，一旦孩子犯了错误，你惩罚的措施和力度要按照制定的规矩执行，不能“犯规”，对孩子的“犯规”行为也不能姑息，否则不仅达不到预期效果，而且还会事倍功半。

（3）良好行为的及时强化

孩子行为习惯的养成还需要及时有效地加以强化。比如，每当电视里飘出音乐声的时候，3岁不到的兰兰总是随着音乐翩翩起舞，爸爸妈妈看到了高兴地说，“我们兰兰以后是要做音乐家的呀”。兰兰听到夸奖后跳得更加认真，有模有样，还主动要求爸妈带她去少年宫学舞蹈。

因此，家长要敏感于孩子的行为变化，及时关注孩子的反应倾向。当孩子出现新行为时，要根据孩子的变化情况采取正负强化或惩罚、消退措施。

孩子出现的良好行为如果得不到及时的强化，就会发生自然消退现象，良好的习惯就很难养成。此外，强化方式要适合孩子各个阶段的发展规律，注意各种方式之间的灵活转换，不能一成不变。

（4）榜样学习的不经意强化

有时候，孩子的行为可能根本就没有得到真正意义上的强化，即使有了强化，家长也可能没有作出积极正确的反应。可是在这种情况下，孩子还是养成这样那样的行为习惯，这是什么道理呢？2岁多的源源最近常常表现出一些暴力行为，一了解才知道原来最近孩子喜欢看的动画片里经常有暴力、恐怖的场景。

由此可见，孩子可以通过观察的方式学到很多行为。他借助榜样的力量改变或形成一定的行为。家长不妨利用孩子的这个特点，借助好的榜样不经意地强化孩子的良好行为。比如，

商家诚

父母寄语@索菲1028：

希望20年后的你，健康，阳光，自信，乐观，能干，有自己的理想并且会不懈地追求，爱生活、爱朋友、爱爸爸妈妈。

让孩子去发现好榜样，当孩子将发现的好榜样告诉你时，别忘了给予他奖赏。慢慢他就知道什么是好榜样，自己该怎么做了。

要注意榜样的行为是在孩子所能模仿的能力范围之内，并且通过奖赏鼓励孩子去学习榜样，逐渐培养孩子的良好习惯，塑造孩子的健康人格。

77. 帮助宝宝应对挫折感

可能有的妈妈会觉得奇怪：大人在生活中总会遇到一些不如意的事情，有挫折感是很正常的，一两岁的小宝宝什么都不懂，他会有挫折感吗？育儿专家研究发现，婴儿长到七八个月后“发脾气”的次数会马上多起来，他不高兴、生气、烦躁，这类情绪很多都来源于宝宝的挫折感。

宝宝接触的事物虽然还很有限，但随着慢慢长大，他也会有自己的烦恼：想啃自己的手妈妈不让，积木老搭不好，别的小朋友有的玩具自己没有……他不懂得为什么会有这么多不如意的事情，于是挫折感便产生了。一旦有了挫折感，宝宝的负面情绪就随之产生，不好的行为也会升级。如果不尽早教会孩子用适当的方式疏解情绪，孩子会进一步用攻击性的行为发泄情绪，甚至怀疑自己的能力，而这只会加重他的挫折感。

（1）何谓挫折感

挫折感源于自己的愿望没有实现，比如想要完成的事情没有很好地完成，本想得到别人的赞美却受到了批评，导致自我评价降低。挫折感，不仅成人有，孩子一样会有，只是3岁前的孩子还不能表达出来，也不明白这种难受的感觉就是挫折感。

从积极的一面来说，挫折感的产生，意味着孩子开始拥有独立意识，想要积极掌控自己的生活。然而一两岁的宝宝能力还非常有限，比如想用杯子喝水却会弄洒，想穿鞋可怎么也穿不上，所以一定会遇到很多很多的失败，有挫败感也很正常。关键你要教会孩子认识、排遣、消解这种负面情绪，而不是通过发脾气、搞破坏来发泄情绪。更重要的是，要为孩子建立自尊和自信，不要让他因为某一次自主行为的失败而否定自己。

（2）孩子挫折感的来源

有些家长很不解，我们非常注意保护孩子，他能做到的事情我们鼓励他去做，他不能做的我们会帮他完成，可是孩子怎么还会有挫折感呢？

先不说家长对孩子能力的判断是否准确，单是这种“把孩子保护在真空里，把挫折感挡在玻璃房外”的想法就很不现实，而且会适得其反。

孩子眼里的世界和大人眼里的世界是完全不一样的。对大人来说，积木倒了，沙堆被水冲塌了，一件玩具找不到了，都是无所谓的事情，但对孩子来说，就是最重要的事情。我们虽然嘴上说“尊重孩子的感受”，但很多时候会强迫孩子做我们认为正确的事情，阻止他做自己想做的事情，或因为孩子没有按大人的想法表现而流露出不满的表情，这些都会成为孩子挫折感的来源。

随着年龄的增长和活动范围的扩大，孩子必定会接触更多的人，遇到越来越多不同的意见和想法，会被拒绝、被否定，这些会让孩子产生挫折感，学会正确处理挫折感是孩子的必修课之一。

（3）如何帮助孩子应对挫折感

给孩子更多尝试挫折的机会

大多数家庭都只有一个孩子，所有人都围着一个孩子转，无法忍受孩子有一点不如意、不顺心。这就给孩子一个错误的信号：我希望怎样，事情就会怎样，我的愿望一定会得到满足。可是，走出家门之后会怎样呢？如果孩子还总是以自我为中心，岂不要处处受挫？正确的做法是，主动给孩子更多尝试挫折的机会。第一，合理的要求在合适的情况下才会得到满足，你要用行动告诉孩子，并不是所有要求都会立刻得到满足；第二，放手让孩子去尝试，尤其是需要努力才能完成的事，即使孩子一时没有做好，也要鼓励孩子。

教孩子用合适的方式表达情绪

情绪表达的学习是一个循序渐进的过程，同时也是大人和孩子之间互动、增进感情的过程。这不是一件容易的事情，需要时间和耐心。

对于还不会说话的小宝宝，可以教他用肢体语言来表达情绪，例如玩表情模仿游戏。当孩子快乐地微笑时，妈妈也报以微笑；当孩子露出不高兴的表情时，妈妈也皱起眉头，由此产生情感的共鸣。家长和孩子一起看图画书时，还可以尝试模仿书中人物在各种情境下的表情。宝宝做表情时也许是无意识的，但家长要留心观察宝宝通过肢体语言释放出来的“情绪信号”，及时给予回应与安慰。

对于具备一定语言能力的孩子，家长可以有意识地在交流中加入情绪词汇的学习，丰富孩子对情绪这一概念的理解。比如，孩子想吃的某种东西家里没有了，哭了起来，妈妈可以这么说，“豆豆想吃的东西家里没有了，豆豆很伤心，对吧？”孩子回答说，“豆豆伤心”。然后妈妈亲一亲、抱一抱孩子，再问他，“豆豆现在开心了一些吗？”多进行这一类有关情绪的对话，孩子就会慢慢掌握表达情绪的语言工具。再比如一些简单的角色扮演游戏，也是很好的情绪体验活动，比如“猎人保护小兔子”、“找妈妈”等，在这类游戏中，孩子可以最大程度地体验各种情绪，锻炼自己的情绪表达和调节能力。

在游戏中让孩子学会面对失败，建立信心

搭积木、摆多米诺骨牌等一类游戏的特点是简单而富有变化，需要花费一定的努力和耐心才能完成。如果孩子在搭积木时不小心碰了其中一块，结果快要搭好的房子倒了，这时就要鼓励孩子重新开始，而不是用大哭大闹来解决问题。当孩子完成作品时，可以用照相机拍下来，让孩子看到自己的成果，增强自信心。

鼓励孩子从挫折感中走出来

挫折感强烈、敏感的孩子需要大人更多的关注和呵护。遇到不顺心、不如意的事情，最怕孩子沉溺在消极情绪中任意发泄。当孩子犯错误时，我们有时会想当然地认为他是故意的，就会加以斥责，那么孩子的挫折感会更加强烈，不好的行为就会加剧。实际上任何行为的背后都有一个动机，我们不妨平静地问孩子为什么要这么做，给孩子一个解释行为的机会。语气和诚意是相当重要的，如果你用质问的语气问孩子，那只会激怒他。也许有时孩子并不能解

谭蓓儿

父母寄语＠谭蓓儿：

亲爱的蓓儿宝贝，愿你永远健康、平安、快乐、幸福！

释清楚，这就需要我们去发现他行为背后的目的。家长真诚的爱心和持久的关注，是引导孩子从挫折感中走出来的法宝。

78. 给宝宝建立人生规矩

（1）何时开始给孩子建立规矩

让孩子形成规矩意识，时机非常关键。孩子太小，理解能力和行为控制力都还不够，你讲的规矩，他不一定懂，也做不到；孩子较大，坏习惯已经养成，纠正的难度更大。

从孩子的成长规律和心理特性来看，2岁以前是培养孩子安全感的时期，孩子需要父母全身心、无条件地接受他、爱护他。2岁以后，孩子进入自主探索期，他开始发展独立自主的能力，也初步具备了行为判断能力，这就为孩子接受规矩提供了基础。孩子有了自我意识，开始发现“什么是我要做的”和“什么是妈妈要我做的”之间的区别，因此规矩要从孩子2岁开始建立。

（2）如何把规矩告诉孩子

第一，明确告诉孩子，他可以去哪里，可以做什么，让他知道自己的行动范围。小孩子理解力不强，太复杂的规则会让他不知所措，所以给孩子立规矩时，要明确告诉他具体的行为标准。只是告诉孩子不能做什么是没有用的，还要解释清楚在什么样的情况下做某件事情是允许的。

比如，豆豆，一个3岁男孩，很爱骑小轮车。尽管豆豆骑车时爸爸会在一旁看着，不过爸爸还是担心他会骑到小区的主干道上，被来来往往的车撞到。于是爸爸就在骑车的空地上用粉笔画了一条线，告诉他，不能越过这条线。豆豆每次骑到画线的地方，就掉头回来，因为他知道自己的活动范围。

第二，要用孩子能听懂的话说明规矩。给孩子交待规矩时，一定要把规则说得简单明了，让他能真正理解大人的意思。孩子的语言理解能力还很有限，他们常常会自动过滤掉一些语言，只听他们感兴趣的话，太繁琐、意思不明的指令会让孩子困惑。因此，要求孩子怎么做时，要用孩子能听懂的话，明确告诉他们什么行、什么不行。

例如，睡觉时间到了，明明不愿意睡觉，他总想跑到客厅去玩。妈妈对明明叫道：“你要是去客厅，就别回来睡觉了！”结果，明明真的下床去客厅玩。明明太小了，不能理解妈妈说话的真正含义，他把妈妈的威胁看作了对自己行为的允许。

第三，要回应孩子的疑问。2～3岁的孩子已经有了独立意识，好奇心也很强烈，越是禁止的事情，他越想问个明白。所以，当家长拒绝孩子做某事时，很多孩子会反复问：为什么不行？如果做了会怎样？

如果爸爸妈妈对孩子的疑问不耐烦，没有让孩子了解为什么不能这样做，只会让他更好奇，跃跃欲试，想要一探究竟。当然，如何回应孩子的疑问也是有技巧的，选择孩子比较平静、容易接受新事物的时候，用简短的语言告诉孩子，违反规则的后果是什么。

（3）制定、执行规矩时需要注意什么

第一，制定的规矩要符合孩子的发展规律，不要苛求孩子。制定的规矩，一定要适应儿童的发展规律。比如，对于一个2岁的孩子，要求他每天在爸爸妈妈做晚饭时，安静地坐上半个小时，不喊叫，不吵闹，不捣乱，这显然不现实。

第二，要循序渐进，反复提醒。大人常常抱怨孩子不长记性，老犯同样的错误。这是由孩子的特性决定的，千万别指望只说一次，就

能让孩子了解规则。建立规矩不能一蹴而就，随着孩子心智的发展，理解力、自制力的提高，孩子会慢慢学着遵守。

第三，为孩子创造一个有利于遵守规矩的环境。我们给孩子建立规矩，是希望孩子能养成好的习惯，而不是为了惩罚孩子，给孩子的行为设置障碍。所以，父母要为孩子创造有利于遵守规矩的条件和环境，而不是简单地指挥孩子，当孩子的评判官。

比如，我们让孩子按时上床睡觉，就要为孩子创造一个舒适的睡觉环境和氛围；我们想让孩子看书时专注一些，就要给孩子提供一个没有干扰的安静空间。孩子做事情缺乏目标，经常会受到外界各种诱惑的吸引，在要求孩子遵守规矩的同时，我们也要给他们创造相应的环境。

第四，贯彻始终，减少例外。在教育孩子守规矩时，家长的态度要始终如一，规则统一。规矩不是不能被打破，但是一定要让孩子知道例外是在什么情况下发生的。孩子不明白，同样一件事为什么有时候可以做，有时候又不可以做。这种困惑，只会让孩子不停地试探家长的底线，最后执行规矩的过程就成了孩子和家长之间的拉锯战。

比如，球球家规定了睡觉时间，可是球球总是要求再听一个故事，再喝一杯水，如果妈妈拒绝，球球就会大声地哭起来。每次遇到这种情况，妈妈会感到很为难，一方面她不愿意让哭闹的球球影响家人休息，另一方面，同住的爷爷奶奶听到球球的哭声也会来“解救”球球。于是，妈妈只好放弃，有时候她还会心怀内疚，认为自己对孩子太严厉了。结果球球妈就成了一个左右摇摆的执行者，心情好时她会妥协，心情不好时又会对球球严加指责。

第五，以身作则，家长自律。要求孩子做到的，父母首先要做到。这句话说起来容易，做起来难。想一想，我们有没有要求孩子吃饭时专心一点、速度快一点，而自己却一边吃饭一边看电视？我们不准孩子多吃零食，结果自己也没能抵住垃圾食品的诱惑？孩子是天生的模仿者，所以要想孩子怎么做，就先做给孩子看。

79. 及时纠正宝宝的不良行为

在大人眼里，2～3岁的孩子是天底下最活泼、最可爱的，就连他们那些小捣蛋举动也都显得那么天真烂漫、逗人喜爱。瞧，一会儿他故意翻白眼、不理人，小脸蛋气鼓鼓的，一会儿又依偎在你身边娇声撒娇、耍赖。

的确，孩子的有些行为父母知道应该加以限制和制止，但是表现在孩子身上常常又是那么滑稽有趣，逗得你哈哈大笑，甚至津津乐道，不知不觉忘了当父母的责任。如果这些不良行为反复出现，得不到纠正，慢慢就会成为一种

卢一诚

父母寄语＠天凉胖纸要添衣：

亲爱的宝贝，希望20年后的今天：用你的真心感恩世界，用你双手创造未来，用你的努力证明你的实力。

坏习惯，小可爱也会带来大麻烦。到那时，你后悔来不及了，因为纠正它们是非常困难的。

不能忽视的五种行为：

第一，你说话时打断你。孩子兴奋地想告诉你什么事情或问你问题，他不顾一切地打断你的谈话或你手头正忙碌着的事。看着他气急败坏、满头大汗的样子，你满足了他。这等于默认了孩子的无礼。要利用这个机会来教导孩子体谅别人，尊重别人，当父母或别人忙碌时应该学着自己照顾自己。否则他会认为，他有权利在任何时候去获得别人的关注，而不需要学会忍耐和延迟满足。

纠正方案：下一次在你准备打电话或去朋友家之前，先告诉他需要怎样保持安静，不能打扰你。在你做某件事时，安排他自己玩耍或进行某项活动。如果他依然像先前那样纠缠你、打断你，你立即指给他一张椅子或凳子，严肃地要求他安静地坐着，直到你做完事情。之后还得让他明白，当他打扰你了以后，他就没法得到想要的东西。

第二，对玩伴粗暴。父母都知道，当孩子出手打人或故意撞人必须阻止，而对那些轻微的攻击性行为，如2～3岁宝宝的推人和捏人动作，常常会被忽略，而没得到禁止。但是如果现在不加干涉，这种粗暴的行为就会变成一个不容易改的习惯。更严重的是，你的不干涉会给宝宝带来一个暗示——伤害别人是可能被接受的。

纠正方案：必须当场处理孩子的任何攻击性行为。把孩子拉到一边，告诉他：“你这样的动作伤害了别人，如果他这样对你，你会有什么感觉？”让他明白，任何伤害人的行为都是不允许的。下一次他和伙伴做游戏前，你必须提醒他，哪些粗暴动作是不能做的。如果他在游戏过程中仍然粗暴地对待小朋友，就立刻终止他和小伙伴的游戏。

第三，假装没听见你的话。提醒孩子做那些他不想做的事情，如收拾玩具、关掉电视机等，你说了两三次甚至四五次，孩子都装聋作哑，无奈而尴尬的父母只能抱怨几声收场作罢。你等于向孩子传递这样的信息：父母的话是可以置之不理的。把你弄得团团转或无视你，是孩子经常玩弄的一个权力游戏，如果你允许这种行为继续，孩子就会变成控制欲很强的挑衅者。

纠正方案：不要隔着一个房间的距离跟孩子说话，给孩子创造“装没听见”的条件。你最好走过去，面对面地跟他说清楚你要求他做什么，同时要求他眼睛看着你，并且大声回答“好的，妈妈”。碰碰他的肩膀、叫他的名字、关掉电视，都可以帮助孩子集中注意力。如果孩子仍旧一动不动，就采取行动让他看到这样做的结果。

第四，自说自话不守规则。当2岁的宝宝会自己从橱柜里拿饼干吃，自己打开电视机或DVD时，在你眼里他显得挺可爱的，你心一软就放弃了及时制止，听之任之。如果这样的行为不断发展，那么8岁时他就会自己跑到三个街区以外的朋友家去“做客”了，而你浑然不知。

纠正方案：重视建立和维护家庭规则，经常和你的孩子谈论这些规则，比如“你必须得到允许才能吃糖，因为这是规矩”。当孩子没有得到允许就打开电视看，你应该让他关掉电视，并告诉他，“在打开电视之前，你应该得到妈妈的允许”。平时，经常大声地说出这些规则，会帮助孩子记住规则。

第五，做出粗野无礼的样子。多数父母以为，孩子通常要到青春期才会出现“眼睛朝上、说话刺耳”的腔调，其实学龄前孩子也经常会模仿大孩子的种种无礼表现，来探测父母的反应。父母常常会忽视这种行为，因为他们认为这是孩子的淘气或是暂时的。以后你就会发现，你的孩子没法交到朋友，也没法和朋友保持友好关系，甚至没法和老师以及其他成年人相处。

纠正方案：让你的孩子意识到他的行为会给别人带来什么样的感受。比如，"当你朝上翻眼睛的时候，你似乎不喜欢我说的话"，这样说可以让他明白，他的表现是怎么样的。如果这种行为继续发生，你可以拒绝和他谈话并走开，"当你这么和我说话时，我的耳朵听不见你在说什么。当你准备好好说话的时候，我会听见的"。

80. 公共场合如何管教孩子

如果在购物商场、大超市、饭店，或到别人家做客，孩子突然闹起来，让你措手不及，怎么办？这是一个跟孩子斗智斗勇的过程，关键是在不伤害孩子自尊和达到管教目的之间找到平衡。

（1）管教策略

备堵型

带孩子出门到购物中心之前，帮他带一本近期最喜欢看的书或最喜欢玩的玩具。如果你的购物计划还没结束，孩子已经失去耐心，你可以拿出来吸引孩子的注意力，让他安静地沉浸在自己的世界里。

到了购物商场，先让孩子挑选一样他想要的东西，比如他最喜欢的麦片、零食等，为这些东西付好账，让好吃的东西堵着他的嘴，再慢慢开始你的进程；购物时，可以规定孩子最多能挑选几件东西，拟好这个"君子协定"以后，不妨再跟他强调一遍：记得自觉遵守。之后你们再一起挑选各自的东西。总之，要让他一直有事做。

在公共娱乐场所，孩子经常会玩兴大发，你不得不提醒他"该回家了"的时候，他开始又哭又闹。为了避免这种情况，你可以在孩子玩耍之前把手表指给他，看剩下多少时间可以玩；他点头以后，你就定好闹钟，给孩子自己拿着，到时候铁面冷酷的闹铃就会告诉他：无论正在做什么都得停下来了！

怀柔型

在商场购物到一半，还没付款，或还没结束餐厅的饭局，孩子就吵着要回家。讲道理已经无效，众目睽睽之下你又不好发脾气，这时候照顾一下孩子的面子，带他马上离开那里也是可以的——即使不得不放下挑好的东西，或不得不在餐馆里把饭菜打包带走。

虽然孩子听不进你的话，但别急，还是要试试别的办法——比如温柔地叫小家伙转过脸来，让你们四目相对，尽量让他集中精力听你讲话，这样他会从"蛮不讲理"中慢慢平静下来，更容易听进你的话。

如果你的孩子天生爱听好话，"吃软不吃硬"，那你在公共场合就尽量只表扬孩子，即使

茅一芯

父母寄语 @ 恬恬 113：

20年后的芯芯，你好。只要你快乐，妈妈就快乐。希望我的宝贝有个性、有梦想，妈妈支持你、爱你。

比较严重的缺点在那时表现出来，也把它留到私下解决。虽然纠正孩子错误、对孩子进行引导确实非常重要，但是这毕竟和别人无关，况且这样的孩子一般自尊心较强，也比较敏感，如果他感觉在自己重视的人面前丢了面子，可能会很长时间心情低迷，甚至留下一辈子的心理阴影。

自治型

有时候小家伙因为一点小事在商店里大喊大叫，不妨试试这样的方法：你平静地对孩子说，“我们现在做一个选择题。要么，你好好地讲话，我们继续开开心心地购物；如果你还大喊大叫的话，我们现在马上回家，但你今天不能看动画片了！”不出意料的话，大多数孩子会选择继续购物。

想要更多地避免口舌、把孩子轻松搞定的话，还可以软硬兼施：提前讲好，一年给孩子3次“发泄”机会。等到小家伙在公共场合无理取闹的时候，你只轻轻地对他说“这是一次”，并且不动声色地拿来本子记上一笔——他肯定会牢牢记住的！

还有更节省口舌的——运用表情。当众说一些严重的话会让孩子下不来台，有时候运用表情代替说话，效果可能会更好一些。平时跟孩子交流就可以注意表情，让孩子熟悉你什么样的表情是开玩笑，什么样的是认真的。到公共场合矛盾出现的时候，你可以直接用表情传递情绪，孩子读懂了这些“密码”，尴尬可能会在众人没察觉的情况下不知不觉地化解了。

强硬型

一天在超市排队结账时，一位妈妈跟她3岁左右的儿子站在一起，男孩手里拿着个玩具汽车在哭闹：“我就要这个！”妈妈哄了一会儿，但似乎没什么效果，于是就严厉地对他说：“听清楚了没有，妈妈说不可以。”孩子发现妈妈的态度实在是太坚定，就乖乖地把玩具汽车放回了货架。

朋友聚会，客人刚好坐在主人儿子想坐的位置上，小家伙于是就开始闹：“我要坐那里，那是我的位子！”妈妈过来劝他，他却一点不让步；这时爸爸走过来，严肃地对儿子说：“把位子让给客人，再跟阿姨道个歉！”客人赶紧说没关系，爸爸却说：“不行，这样会宠坏他。”小家伙一气之下跑到自己房间去了，爸妈也不理他；过一会儿，他自己又出来了，爸爸问：“准备好道歉了吗？”儿子点点头，低头向客人道歉，这时爸妈又马上表扬了他。

（2）选择原则

原则一：适合

这些策略其实看不出孰优孰劣，甚至表面看起来对立的两种类型也是这样，关键是根据孩子的年龄、个性选择适合的方式；另外，不要“吊死在一棵树上”，即使一种方法曾经很有效，但一旦发现它不起作用了，不妨马上尝试另一种。

原则二：周围人的熟悉程度

选择的时候，也要看所谓的“公共场合”是什么样的人，跟孩子的关系是熟悉还是陌生。一般情况下，越是当着熟悉的人训孩子，越容易让孩子感到尴尬，也越容易给他留下心理阴影。

原则三：事件的性质轻重

妈妈要根据对孩子的了解和以往的经验，来判断孩子的当场表现是什么程度，从而选择恰当的方式，比如孩子只是闹点小情绪，妈妈就要扮演细心耐心的形象，采用“备堵”或“怀柔”策略即可；一般按照前面“A→B→C→D”的顺序试下来，分别出了“A”、“B”、“C”的牌无效，再亮出“D”牌。尽量避免“小题大做”或“大题小做”。

原则四：做法内在一致

公共场合管孩子，应该跟平时在家的管束原则相对一致，如果平时一味纵容孩子，当着众人的面却突然来了个180度的转弯，一下子强硬起来，会让孩子很不适应，造成更大伤害；反过来也一样。

原则五：管教者统一战线

如果几个人一起带孩子外出，选择合适的策略之前，几个大人要商量好，否则你一言我一语，教育效果会非常差。

需要提醒的是，“智勇”策略只是针对孩子的心理因素作怪才适合的。在此之前，一定要先排除孩子身体上的不适或疲乏，考虑一下孩子是不是饿了、累了、困了或空气太闷了等。如果发现是这些原因，就不要讲什么策略了，当机立断解决问题！

81. 和宝宝一起互动学习

一个优秀学生最重要的4种能力分别是：

语言表达和读写能力，这是学习能力的基础；

思考能力，这是人理解周围世界的一种与生俱来的能力；

自我控制能力，以适当的方法表达并管理自我情绪的能力；

自信的能力。

宝宝生来就有强烈的求知欲，对周围事物充满好奇。刚出生时，人的大脑还是一个未完全成形的独立器官；在以后的3年里，大脑将进行成千上万次的细胞组合。所以，爸爸妈妈要牢牢记住：

0～3岁时期，宝宝所接触的人和事会对大脑发育产生巨大的影响。

宝宝与他所信任和喜爱的人在一起时，他会享受到学习的乐趣，学习效果比任何时候都好。

（1）语言表达和读写能力

宝宝出生后的第二年，已经能够熟练地与他人交流。他利用手势和语言表达自己的思想和感情。他会拉着你的手走到水杯边，意思是：我要喝水。宝宝会不断学习和利用许多新词，到了约18个月大的时候他就会把这些词组织起来，比如“我还要牛奶”。24个月大的时候，他大概能说200个词语了。

你应该经常和宝宝交谈，把周围事物指给他看，先问问他那是什么，然后再告诉他答案。这样可以训练宝宝的反应，也让你了解宝宝究竟知道多少。调查表明，父母和宝宝交谈得越多，孩子掌握的词汇就越多。

尽量每天和宝宝一起看书。让他捧着书，指出书里的房子、小狗和小孩。你可以在讲故事时引入一些上下、大小以及颜色和数字的概念。这个年龄段，很多宝宝开始学唱儿歌了，找一些朗朗上口的儿歌和他一起分享。慢慢的，他甚至能给你讲故事了。

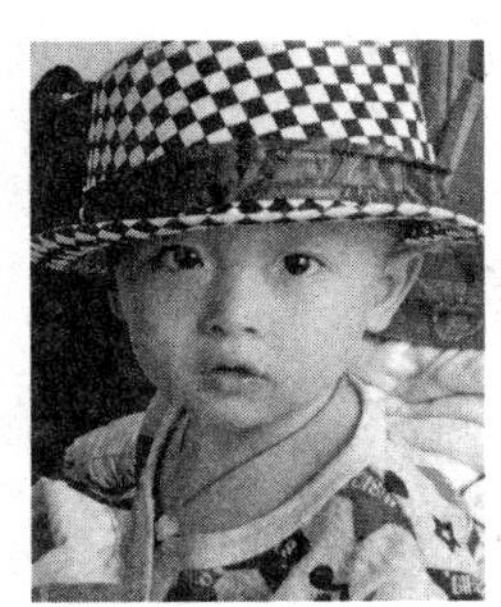
杨欣博

父母寄语@童模欣博：

希望欣博在以后的日子里学会独立坚强，做个能让别人欣赏的孩子！正如妈妈给你取的名字一样，开心过好每一天！

（2）思考能力

这时的宝宝像个小科学家一样，渴望探究万物的运作原理。他把球扔在地上，观察它是怎么砸在地上的，或把娃娃扔在地上，看它有什么反应。你还会发现，宝宝开始学着利用工具，比如用棍子去拨玩具。不断增强的记忆力已经成为他学习的好帮手，比如他会模仿别人做过的事情。有时候，他不一定能立即对你教他的东西作出反应，让你产生疑惑，难道他还没学会？但是过了一段时间，宝宝可能会把你教的东西表达出来。

宝宝几乎可以在日常生活中的每一项活动中学到东西。如果你的宝宝喜欢运动，那么在操场上玩耍时，他就能学到快慢、上下的概念。如果你的宝宝喜静不好动，当他动手搭积木时，也会学到这些概念和技巧。

理解宝宝的学习特点“不断重复”。这个年龄的宝宝喜欢把一个动作不厌其烦地重复好几遍，这能够帮助他巩固对新事物的理解，父母应该尊重他，同时还可为他准备另外一些富有挑战性的有趣事物或活动，鼓励他不断尝试。

（3）自控能力

宝宝会用语言表达自己的想法和情绪了，“不要”是他最喜欢挂在嘴上的，这其实也强烈表现着他的独立意识。当然，这个年龄的宝宝很容易沮丧，因为有很多事情是他们难以胜任的。对此，父母最好抱以宽容和理解，这时为宝宝制定一些行为规矩，反而能使他们产生安全感。

对宝宝的行为适当给予限制，会让他知道，什么是他应该做的，并且有安全感。当宝宝用蜡笔在墙上乱画时，不妨收起他的蜡笔，告诉他应该在纸上画，不能在墙上东涂西画。

理解宝宝的情绪，有助于孩子冷静下来，形成自控能力。这并不意味着你要对他妥协，“我知道你现在不想离开公园，但是你死赖着不肯走就不好了，你要发脾气，可以去打弹珠呀”，说出具体的方法，让他有所选择，或给他一个下台阶的理由，也是帮助孩子恢复理智的重要方法。平时就应该让他在合理的选择范围内，自己决定穿什么或吃什么。

（4）自信能力

这个年龄段，很多宝宝的独立能力、自主行动能力不断发展。确保安全是第一位的，在这个前提下可以让宝宝充分探索和学习周围事物。鼓励孩子独立完成一件事，是帮助他建立自信的重要方法，可以为他将来在学校的学习打下良好的基础。

让宝宝学会自己解决问题，你所要做的只是启发引导，而不是越俎代庖。比如，鼓励和启发宝宝把三角形的积木放进形状正确的缺孔里，而不是你自己动手。日常生活更不可包办代替，让宝宝尝试学习新的东西会让他获得自信，这对以后的学习都是非常重要的。

鼓励宝宝接受新的挑战，先看看宝宝学会了什么，然后进一步教他新的知识。如果宝宝很容易就能把电动娃娃的按钮打开，那就给他一个复杂点的玩具试试。如果宝宝会把积木垒起来，就鼓励他给娃娃搭个房子等。

82. 成为宝宝的游戏伙伴

对于3岁以下的宝宝来说，游戏是一种认知、学习的方式，它包括日常生活中广泛的交流和活动。作为父母，怎样融入宝宝的游戏中，更好地和他玩呢？早教专家认为，父母需具备游戏的态度。

（1）什么是游戏的态度

早教专家认为，游戏的态度具体来说就是做到以下三点：

第一，将生活游戏化、趣味化。游戏，就是让事情以一种有趣的方式进行。对孩子来说，生活就是游戏。在日常生活中，父母不妨多动动脑筋，让生活中一些平常琐事如穿衣、喂食、洗澡等，以生动、有趣的形式呈现给宝宝。就拿给宝宝穿衣来说，你可以边穿边念自编的“穿衣歌”，并配上动作：“左手举起来，右手举起来，头儿钻一钻，衣服穿起来。”这样不仅能增加穿衣的乐趣，还能让孩子学到穿衣的方法。

第二，游戏就是和孩子在一起。和孩子游戏时，父母应该抱以这样的态度：游戏就是和孩子在一起，让游戏纳入自己的生活。不管你有多忙，每天都要抽出一点时间来和孩子游戏。

游戏，不在乎你与孩子在一起时间的长短，而在于你和孩子游戏的质量。当你和孩子游戏时，要全身心地投入，将全部注意力集中在孩子身上，不接电话，也不被其他事情打扰。这样，即使每天只有几分钟，也会收到很好的效果。

第三，成为孩子的游戏伙伴。很多父母会发现：孩子的兴趣点和成人往往是完全不同的。所以，要走进孩子的世界，成为他的玩伴，必须做到——

细心观察孩子的需求。仔细观察孩子的兴趣点和兴奋点，是十分重要的。父母要放下所有成人的观点，去真正体会孩子的需求和想法。当孩子东张西望时，他是不是想要看一些东西、听一些东西？你可以拿一些颜色鲜艳的发声玩具来逗引他。当孩子将手伸出来时，他是不是想抓摸一些东西？你不妨提供一些有触感的毛绒玩具供他抓玩。

跟随孩子游戏。当你与孩子游戏时，并不是要给孩子进行知识灌输，而是支持、鼓励孩子去玩，让他自己发现更多有趣的东西。在游戏中，父母最好跟随孩子的脚步，看他怎么玩，然后再融入游戏中。

提供游戏的引导。和孩子游戏时，还要有一个适当的引导。比如，你的孩子对扔的动作特别感兴趣，一拿到积木就到处乱扔。你不需要告诉他“你不要扔”，只要静静地在一旁将积木捡起来，然后搭出一个房子的造型，孩子就会发现：哦，原来积木还可以这样玩。他的注意力就会被新的玩法所吸引，自然就不会做破坏性的动作了。

（2）0～3岁宝宝最爱的游戏

作为孩子最亲密的游戏伙伴，你知道哪些游戏是0～3岁宝宝最喜欢的吗？据专家调查，以下5大类游戏是宝宝最爱的、也是不可不玩的。

第一类：身体游戏

0～3岁婴幼儿的智能是通过身体运动发展起来的，因此身体游戏是不可缺少的。身体游戏分为两种，一种是动态的大肌肉游戏，如拍皮球、钻山洞等，另一种是静态的小肌肉游戏，如折纸、穿珠子等。每个年龄段的宝宝都有他喜欢的运动方式，因此爸爸妈妈在和宝宝游戏时，要投其所好，抓住机会多练习孩子喜欢的运动。

柳逍遥

父母寄语@微笑白鸟：

亲爱的逍遥，看着乖巧帅气的两岁的你，妈妈尚无法想象20年后你的样子。问你长大以后要做什么，你每次都坚定地说，做法官，还会加上，做个公正的好法官！不管20年后你在做什么，妈妈相信，你肯定是一个正直、善良的孩子！

第二类：语言游戏

语言游戏是宝宝十分喜欢的游戏，因为它是宝宝和爸爸妈妈交流的一种方式。宝宝还不会说话时，除了对他的哭闹或其他情绪及时进行回应以外，还可以每天念一些儿歌、故事给他听，并配合一些简单、有趣的动作。1～3岁的宝宝，你可以教他唱儿歌，或通过玩偶、布偶来给宝宝讲故事，提升孩子语言、人际交往的能力。

第三类：扮演游戏

1岁半的宝宝就开始学着爸爸妈妈的样子，亲吻布娃娃，并拍着她入睡，其中的实质就是宝宝模仿大人的行为。所以1～3岁的孩子特别喜欢角色扮演游戏，有时他会和其他孩子一起玩过家家，有时他会用玩具自编自导一些游戏。这些游戏从一定程度上折射出孩子所认识的世界和内心情感等。因此，如果你想更多地了解孩子的内心世界，不妨和他多玩这类游戏。

第四类：感官游戏

提供给宝宝听觉、视觉、触觉、嗅觉等体验的游戏，称为感官游戏。这类游戏不仅能刺激感官发展，还能增强孩子的探索能力、想象力、学习力。最受宝宝欢迎的感官游戏是：玩水、玩沙、玩泥、吹泡泡、玩油彩。

第五类：创意游戏

创意游戏主要是与艺术相关的游戏，可以开启孩子的创造力，音乐游戏和绘画游戏就是不错的形式。比如，让孩子多听音乐，或鼓励他打击家里的瓶瓶罐罐制造音乐；让孩子跟着音乐自由摇摆、舞蹈，让他体会音乐所表达的感情；聆听音乐，将感受用画笔画出来。这些游戏的目的是让孩子学会感受艺术，并通过音乐、舞蹈、绘画等形式来表达自己的感受和情绪。

你和宝宝都快乐，才是亲子游戏的真谛。游戏是人的本能，孩子如此，父母也是如此。有些父母认为，只要陪孩子游戏，孩子就能感受游戏的愉悦，并增长智慧。事实上并非如此。游戏的关键不在于孩子，而在于父母在游戏时的状态。一个真正成功的亲子游戏，应该是父母和孩子都能从中感受到快乐。因为只有作为游戏引导者的父母保持轻松的状态投入其中，从中感受到快乐，孩子才能感受到快乐。如果父母只是把游戏当成是任务或纯粹的教育工具，那么就算陪孩子再长的时间，孩子也不会感受到快乐。

83. 1~3岁宝宝不可不玩的游戏

（1）穿孔游戏

婴幼儿就像个探险家，喜欢探索和尝试。穿孔就是一个不错的游戏，既可训练幼儿的手指肌肉活动，开发脑力，又能增强手眼协调能力，培养婴幼儿的专注能力，为日后的书写能力作好准备。下面介绍适合1～3岁宝宝的4个穿孔游戏。

穿纸筒（适合12～24个月宝宝）

所需物品：彩色长丝巾1条，纸筒（卷筒纸用完后留下的纸筒）3～4个

玩法：父母先把长丝巾一端打结，示范将纸筒一个个串连起来，然后让宝宝尝试。

游戏补丁：可搜集一些有孔的物品，如大纽扣、线轱辘等。可多鼓励宝宝滚动一些圆柱形物品，也可让宝宝学习推、拉等技巧，如让宝宝玩有轮子的玩具。

穿洞洞（适合14个月以上宝宝）

所需物品：纸筒1个，丝巾、小玩具（小物品，如钥匙、硬币等）若干个，约25厘米长的小木棒

玩法：让宝宝尝试着把纸筒、丝巾、小玩具、

小木棒穿过大纸筒。如果宝宝无法顺利将丝巾穿过大纸筒，父母可以引导宝宝利用小木棒将丝巾穿过大纸筒。

穿大珠（适合15～24个月宝宝）

所需物品：木制或塑料的珠子若干个（孔洞宽度要超过1厘米），粗鞋带1条

玩法：父母先把鞋带一端打结，并示范如何把物品串连起来，然后让宝宝尝试。

穿通心粉（适合24～36个月宝宝）

所需物品：通心粉15～20个，粗鞋带1条

玩法：父母先把鞋带的末端打结，并示范穿入通心粉，然后让宝宝尝试，将所有的通心粉穿好后，让宝宝将通心粉涂上颜色，变成一条项链。宝宝熟练这个游戏以后，父母可以让他学习穿小粒珠子。

（2）皮球游戏

1～3岁宝宝活泼好动，浑身上下总有使不完的劲。玩球是一种锻炼手眼协调能力的游戏，活动量可大可小，室内室外都可以玩。

水中抓球（适合1岁宝宝）

宝宝洗澡时，将五颜六色的球放入澡盆中，让宝宝伸手去抓水面上不断飘动的球。这个游戏不仅锻炼了宝宝的手眼协调能力，还在无形中增强了他战胜困难的毅力。

滚球（适合1岁半宝宝）

和宝宝保持适当距离，面对面蹲下，将手中的球滚给宝宝，看看宝宝能不能将球顺利又准确地滚回大人手中。滚球可以提高宝宝的手臂推动能力以及对球的控制力。

踢球（适合1岁半宝宝）

和宝宝保持适当距离，面对面站好，把球放在脚边，伸脚就可以轻轻地将球踢出去。当球滚到对方脚边时，对方应该用脚将球拦住。可以和宝宝比赛，看看谁踢得远踢得准，谁把球拦得准拦得稳。踢球可以锻炼宝宝的下肢力量，还可以锻炼他的灵活性及全身平衡性。

抛球（适合2岁半宝宝）

和宝宝保持一个人的距离，让宝宝把球抛给大人。大人接过球后，把球直接抛到宝宝预备好的双手中，叫宝宝接住。经过反复练习后，可以适当增加抛球的距离。宝宝开始也许接不住球，但是经过训练，还是能很快掌握技巧的。

拍球（适合2岁半宝宝）

这个年龄段的宝宝还不适合玩花样拍，所以以单手拍为宜，可用左手也可用右手。让宝宝在拍打中，学会控制球的种种变化。一边拍一边让宝宝数数，看看一共拍了多少下。拍球可以锻炼宝宝的上肢力量，还能提高宝宝的注意力和数数能力。

尹希颜

父母寄语@吾系希颜：

希冀你能沐浴每一个清晨玫瑰色的阳光；颜色多彩的变幻在你聪慧的眼眸折射出光芒；平静的湖水如你沉睡的睫毛，将爱轻轻摇晃；安好，便成为我全部的愿望；喜欢看你的一颦一笑，浅浅的酒窝是我的蜜糖；乐将一切最好的给你，说好，我们一起成长。每句第一个字连起来即是妈妈对你的祝福。20年后拿出这本书给你看时，你会知道妈妈对你的祝福从来没有变，不求大富大贵，不求扬名天下，只愿希颜：平安喜乐！

投球（适合3岁宝宝）

准备一个布袋子，将其固定在木椅的背面，高度保持在宝宝踮着脚才能把球投进去的程度。让宝宝站在离布袋子约一个人的距离，鼓励宝宝举起双手，将球尽力投进布袋中。多准备些球，让宝宝不断地投，看看最多能投中几个。投球可以培养宝宝投掷的基本动作，还可以活动全身的肌肉和关节，发展宝宝动作的准确性和灵敏性。

接球（适合3岁宝宝）

父母将球往上空抛，然后在球往下坠落的瞬间将球接住，让宝宝跟你学，还可以跟宝宝比赛，看看谁抛得高、接得准。还有一种接球的游戏也比较有趣：给宝宝穿一件围裙，让他提着围裙的两只角站好，父母将手中的球抛过去，让宝宝想办法将落下来的球准确地接到围裙里。

左右开弓拍球法（适合3岁宝宝）

教宝宝先用右手拍球一下，数到二时换左手，数到三时再换右手，数到四时再换左手，如此反复变换左右手拍球。如果宝宝来不及转换手，也可以将频率减慢一点，方法是：教宝宝用右手拍三下，再换左手拍三下，再用右手拍三下，再用左手拍三下，这样不断重复地换手拍球。

（3）洗澡游戏

洗澡是一种亲子游戏的时间。脱衣、洒水、涂沐浴液，同时开心地说话、唱歌、逗乐，你给宝宝洗澡，宝宝可能一时还不了解你说话的内容，但可以感受到洗澡时的温馨气氛。妈妈亲切欢快的语调、充满柔情的抚摸，让宝宝感到放松、安全，母亲和婴儿间的信赖感便油然而生。从小沐浴着妈妈的爱，宝宝长大以后将是一个自信开朗的孩子。

推荐6个洗澡游戏：

拍拍手——清洗小手时，可把大人手指放在宝宝掌心，轻轻抚摸几下，拍几下；拿起宝宝的双手对着拍一拍，再拍拍宝宝的小肚子。穿好衣服，还可轻轻拉开、闭拢宝宝的手指，一边唱歌，一边做动作。

捏捏脚——从脚底开始，一直捏到宝宝的大腿根，用你的双手做类似“挤牛奶”的动作，摸、捏、揉，边动作边说话、唱歌。

摸肚子——用你整个手掌盖住宝宝的胸膛，像画圆一样轻轻滑动，慢慢抚摸，直到宝宝的腹部。

打打小屁股——用你的手掌和手指轮流按摩、轻拍宝宝的背部，从上往下，直到屁股和大腿。宝宝很喜欢这个游戏。

趴趴爬爬——洗澡前后，让宝宝练习趴，锻炼脖子、肩膀和背部的肌肉。在宝宝前方放一两样他喜欢的玩具，妈妈一手拨弄玩具，鼓励引诱宝宝，一手在后面顶推他的双脚。爬的动作可以锻炼宝宝四肢和腰部的肌肉以及运动协调能力。

挠痒痒——帮宝宝脱去衣服，把你的笑脸贴近宝宝的脸，轻轻地在宝宝的肚子和脖子上挠痒痒，边挠边说“咯吱咯吱”。宝宝会乐不可支地蹬腿甩手，运动全身。

（4）餐具游戏

家中一些不合用的旧餐具，只要不是易碎的陶瓷、玻璃材质，就可以拿来给孩子当玩具。

抓小球

道具：1个杯子，直径小于杯口的1个小球

1岁以下的小宝宝，还不能熟练地操作工具，爸爸妈妈可以让他用双手拿杯子，用杯口扣住地上的小球，然后再打开。1岁以上的小朋友可以试着自己用杯口扣住球。

舀豆子

道具：一些豆子，2个小碗，1个小汤匙

对于刚开始练习自己吃饭的孩子，这个游

戏是很好的训练，让他用小汤匙将豆子从一个碗舀到另一个碗。为了增加游戏的趣味性，你可多准备一套道具，和孩子比赛。对于3岁左右的小朋友，可以把豆子换成弹珠，并将两个小碗的距离拉大，让他舀着弹珠走数步路运到另一个碗里。

套套杯

道具：大小不同、没有把手的几个杯子

让孩子的双手轮流拿不同大小、没有把手的杯子，一个套一个，或一个叠一个。爸爸妈妈不用指导孩子按杯子的大小顺序来叠、套，可让孩子自己尝试。如果孩子喜欢玩水，可以让他用不同大小的杯子来舀水，并将水从一个杯子倒到另一个杯子里。

筷子功

传橡皮筋——这个游戏需要好几个人一起玩。首先每人手里拿1根筷子，开始时你将小橡皮筋套在筷子的前端，然后用筷子将橡皮筋传到孩子的筷子上。同样，孩子也要想办法，不用另一只手帮忙，将橡皮筋套到别人的筷子上。

滚弹珠——双手分别横握一双筷子的两端，筷子中间略留一点空隙，让弹珠在上面来回滚动。1岁半左右的小朋友请爸爸妈妈帮忙，握着孩子的小手轻轻将筷子左右倾斜，让弹珠在筷子中间滚动。2岁半以上的小朋友则可自己尝试。

双人运筷子——你和孩子的双手分别握住一双筷子的一端，两根筷子之间保持筷子长度三分之一的距离，在两根筷子上横放另一根筷子。两个人像玩跷跷板一样，一边高一边低，让上面的筷子从一边滚到另一边，看筷子可以在上面连续滚多少次而不掉下来。

（5）运动游戏

“动”是孩子的天性，“动”能使孩子体格健壮、动作敏捷、身体协调，而身体运动本身就是人的智能的组成部分。

幼儿的身体运动有以下两个特征：

不能忍受枯燥单调的体育活动。幼儿不能容忍枯燥和单调的体育训练，不好玩的事情他才不干呢。所以，要将摸、爬、滚、打、跳等动作寓于一个又一个有趣好玩的游戏之中。

身体运动要与幼儿的年龄相称。设计成功的游戏，其难度应与孩子已掌握的水平有一定差距，即孩子经过努力是可以做到的，这就好比孩子掂起脚、费点劲就可以摘到桃子一样。下面向你推荐几种宝宝乐此不疲的运动游戏。

推球（适合1岁宝宝）

向墙推球——你与宝宝一前一后地面向墙壁坐着。你把排球向墙面推，使球反弹回来，让宝宝接住。鼓励他也把球推向墙面，使皮球从正面弹回。

互相推球——你与宝宝面对面坐着，相距1米远，你把球推给宝宝说：“球来啦，接住！”当孩子拿到球时，你又说：“把球推给我！”

武宸竹

父母寄语＠武宸竹——依依：

亲爱的依依，在人生的道路上，爸爸妈妈永远是你的朋友！

滑滑梯（适合 1 ~ 2 岁宝宝）

让宝宝爬上几级不太高的矮滑梯台阶，然后手扶两边，从滑梯上面滑下来。开始时，你可以给予扶持，并不时鼓励、称赞他，然后试着让孩子独立完成。

绕过障碍（适合 1 ~ 2 岁宝宝）

你站在宝宝能走到的最远处，在你和宝宝中间放一把椅子或别的障碍物。你拍手对孩子说："宝宝，上妈妈这里来！"当孩子走到椅子前面时，往往会停留并犹豫，这时你不妨耐心地等待一下。如果孩子仍然裹足不前，你可以拉着孩子的手，帮助他绕过椅子。

高低不同的瓶子（适合 2 ~ 3 岁宝宝）

在家里找出各种瓶子，让孩子将其由高到低或由低到高进行排列。你可帮助孩子一起完成，并提醒孩子先观察瓶子的高矮，再决定如何排列。

搭积木（适合 2 ~ 3 岁宝宝）

利用积木搭建筑物，最能训练孩子的空间智能，又能很好地发挥孩子的想象力和创造力。孩子所堆的积木建筑物的质量，与他在这方面形成的空间概念是否深刻有关。你可以有意识地引导孩子仔细观察并区分几种基本的几何形体，如尖顶房子的几何结构是由一个三角形（上方）和一个正方形（下方）构成的。

骑摇马（适合 2 ~ 3 岁宝宝）

将孩子扶上摇马，坐稳后帮助孩子前后摇动，鼓励孩子自己用身体的力量去操纵。骑摇马能促进孩子前庭系统发育的有效活动。

过独木桥（适合 2 ~ 3 岁宝宝）

在地上画两条间距为 10 厘米的平行线，你和孩子一前一后在两线之间行走，不得踩线。然后找一块 10 厘米宽的长木板，两端各垫上一块砖头，当做平衡木，让孩子在上面行走。这个游戏可以锻炼宝宝的身体平衡力和空间感知能力。

走迷宫（适合 3 岁宝宝）

绝大多数孩子都对走迷宫十分感兴趣，而走迷宫又是提升空间智能的有效方法。

（6）语言游戏

口腔肌肉的训练游戏

有的宝宝口腔功能不是太好，比如平时爱流口水、吃东西时滴滴嗒嗒，父母可让宝宝做一些练习，加强说话所需的口腔功能。

吹气——吹泡泡是最有趣的吹气训练游戏。你也可以找一些彩色羽毛，教孩子吹气，让它们在空中飞舞。一些能够发声的玩具和乐器也是很好的选择，如哨子、笛子、口琴等。

使用吸管——教宝宝把嘴唇的力量集中在距离吸管头部 1 厘米左右的位置上，鼓励他用力吸。

吸面条——经常给宝宝做一些意大利面条或手擀面，让宝宝用手抓着，然后用嘴把面条吸进去。

声音游戏——模仿动物的叫声是一个很有趣的办法，可以在不知不觉中让宝宝练习一些很难发出的音。比如宝宝发不好辅音"s"，可以让他模仿蛇的"咝咝"声。

学语游戏

小鹦鹉——语言的基础在于孩子听的能力。当 1 岁左右的孩子开始牙牙学语时，他就像一只模仿别人说话的小鹦鹉。你可以不断重复孩子所看到的物品的名称，发音一定要准确清晰，让孩子听清楚，有助于他模仿。

语言接龙——语言接龙可以让孩子提高用字遣词的能力。成语、同音字、造词、造句、拉长句子等各种接龙游戏，都能有效提升孩子的语言能力。以拉长句子的接龙游戏为例，你可以和孩子这样轮流说，“苹果”，“一个苹果”、“一个很甜的苹果”、“一个很甜的红苹果”、“一个刚从树上摘下来很甜的红苹果”。还可以启发孩子想想看，哪些东西是能吃的，每人轮流说一种。

编故事——对于3岁左右的小朋友来说，可以发挥想象力，开始编故事了。你可以选择一些图画书，引导孩子看图、说故事，然后慢慢地玩故事接龙的游戏，一人一句引导他去想象，甚至还可以请他天马行空地编故事说给大家听。

袜子手偶——准备一双大袜子、一双小袜子，用彩色水笔在每只袜子的足尖部位画上眼睛和鼻子，在袜子跟部画上嘴巴。把大袜子套在你的手上，将小袜子套在宝宝的手上，你和宝宝就可以利用袜子手偶来相互问话、聊天，让他练习一些简单的词汇和句子。

84. 给宝宝完美的父爱

“母亲好比夜晚的月光，使孩子总在爱光中进入梦乡；父亲好比早晨勇敢而灿烂的太阳，使孩子在阳光照耀下走向世界。”作家冰心这样说过。

有人说，现在的孩子普遍存在心理“女性化”的倾向。女孩多柔少刚，连男孩子也缺乏应有的强度和硬度，说话唯唯诺诺，做事怕苦怕难，独立性差，甚至还带点“娘娘腔”。其实，“女性化”的根本原因并不在于孩子，而在于他们所接受的早期教育，在于父母的教养态度和方式。

受“男主外，女主内”等传统观念的影响，父亲在子女教养方面投入的精力相对较少，婴幼儿阶段照顾和陪伴孩子的任务大都落在母亲身上。母亲的言行便成为孩子长期模仿的榜样，而来自母亲的鼓励也往往强化了孩子身上的女性特点。进入幼儿园后，孩子的周围都是女性教师，无形中抑制了他们男性特点的表现，时间久了便自然而然地染上了阴柔有余、刚气不足的特点。一言以蔽之，“女性化”的根本原因在于孩子的生活中缺少可供模仿的男性榜样。

研究者发现，父亲和孩子交往时与母亲有很多不同之处，因此父亲在教育孩子中有着母亲无法代替的特殊作用。来看看下面的对比。

对比项目	母亲	父亲
交往范围	更多偏重于生活起居的照顾	更多存在于游戏、玩耍和学习等活动中
信息交流	情感交流的色彩更重	情感交流较为间接，隐藏在各种活动中
方式特点	范围较局限，交往方式相对平和、安静	范围广，活动量大，刺激性强，如身体运动、户外活动和科技工艺性活动等
扮演角色	更多扮演保护者和守护神的角色	常常是孩子的游戏伙伴、学习指导者和品行榜样
交往语言	更多是与安全、道德有关的提醒和规劝	对探索活动和独立精神的鼓励，在获取经验、掌握技巧方面的指导

祝源骏

父母寄语@纤纤大王爱可爱多：

可爱多，妈妈非常爱你！也许以后我们的意见会有分歧，也许你也会觉得妈妈唠叨，但是我们都不要忘记在最初，在你还是小小婴儿时，我们爱彼此爱得如此单纯而炽热！

（1）父亲对孩子的影响

父亲和孩子的交往，不论是内容还是形式都带有浓厚的男性风格。这会使男孩更具阳刚之气，使女孩在温顺的性格中增添开朗、果敢、自信、富有闯劲等品质。许多学者对父亲在孩子性格、能力等方面的影响进行研究后，还得出以下结论：

孩子越小失去父爱或得不到父爱，其消极影响就越严重；

父亲对婴儿期孩子关心、照顾得越多，孩子长大后聪明、机灵、好奇、愉快、智商高的可能性越大；

父亲经常与婴儿互动，能日益提高婴儿的认知技能、成就动机和对自己能力的自信心；

与很少与父亲相处的孩子相比，常与父亲相处的女孩更具竞争意识，更倾向于采取积极主动的表现方式，消极的情绪反应相对较少；男孩则比其他孩子有更为丰富的情绪表现，攻击性较少；

5 岁前失去父亲的女性，难以了解男性如何生活及其与女性的区别，在青春期与男性交往时，常常会焦虑、羞怯、无所适从，或在取得满意的两性关系上有困难；

如果男孩没有一个固定的父亲形象，会缺乏性别认同感和男性特征，变得软弱，缺乏独立性、自主性及目标的持久性，形成女性化倾向，环境的应变能力差，不能适应男性的独立生活。

父亲对孩子的重要影响还体现在孩子的成就感上。有成就的人一般与父亲有较亲密的关系，成就低者则与父亲关系疏远。

若父子关系比较冷淡，则孩子在数学和阅读理解方面的成绩较低，在人际关系中有不安全感，自尊心较低，常表现得焦虑不安，不容易与他人友好相处。

（2）父亲的三大作用

作用一：有利于孩子心理的健康发展

父亲“尽在不言中”的爱抚方式，对孩子有一种独特的吸引力。经常和父亲一起玩的孩子容易有心理安全感，会对父亲产生强烈的心理依恋，能使儿童摆脱情绪上的失调和纷乱。

作用二：影响孩子与性别角色有关的行为

父亲的行为会让孩子形成关于“男人”的基本认识。男孩往往把父亲看作自己最现实的楷模，父亲的“男子汉气概”会为男孩认同自己的性别角色、习得为社会认可的男性行为起到榜样作用。女孩则可从父亲那里学到与异性交往的经验，并在与父亲男性行为模式的对照中确立自己的性别价值观，并形成刚柔相济的性格特征。

作用三：影响孩子与异性交往时的心理

父亲对待母亲的方式，会影响孩子日后与异性交往时的心理和态度。如果父亲尊重母亲，经常以体谅、爱护、诚实、合理、关怀的态度对待她，男孩往往也会以同样的态度对待异性。反之，如果父亲总是以简单粗暴、情绪化和缺少控制力的形象出现，男孩既可能因过分认同父亲的角色而形成极端粗暴、情绪化的性格；也可能因厌恶父亲的形象而变得软弱，形成女性化性格。女孩的性别角色也同样受父亲的影响。研究者发现，处于儿童期的女孩会在观察父亲如何对待母亲的过程中形成关于男性如何对待女性的印象，这对她成人后的性别行为及夫妻关系的处理方式有很大的影响。

（3）称职父亲行动指南

像男性一样勇敢、坚强、开朗、自信、豁达、富于冒险、善于创新，又如女性一般细腻、耐心、温情、善解人意、充满爱心，这样的孩子必定能在富于竞争的生活中游刃有余。父亲要做到以下几点：

不要放弃自己喂养孩子的权利；

不要把家务活留给妻子一个人；

多在孩子面前表达对妻子的关心、理解和

支持；

不要把粗暴、冷漠、严峻、缺乏耐心的“严父”印象留给孩子；

坚决杜绝责骂、羞辱等损伤孩子自尊心和人格的言行；

工作再忙也要抽时间与孩子一起游戏；

经常与孩子交谈，倾听孩子的心声，分享孩子的快乐；

了解孩子的生活，赞赏孩子的点滴进步；

留意孩子的兴趣爱好，并给予尊重和支持；

别吝啬表达你对孩子的爱。

85. 训练宝宝的专注力

“注意就是一扇门，一切由外部世界进入人的灵魂的东西都要通过这扇门。”著名的俄国教育家乌申斯基如是说。的确，孩子的耐心专注习惯与智力发展、学习效果密切相关。孩子只有具备基本的耐心专注习惯，他才会对事物有所观察，产生想象力，在专注的基础上强化记忆，并根据观察和记忆的素材认识、分析和解决问题，也就是促进思维的发展。

很多孩子智力正常但学习成绩落后，研究发现，注意力障碍是造成他们学习障碍的主要心理原因之一。所以，从小重视培养孩子的耐心专注习惯，可以预防孩子将来出现学习困难。

耐心专注的好习惯包括以下几个方面的内容：注意的稳定性、注意的广度、注意的转移能力、注意的选择性、注意的意识性。通俗地说，就是下面的5个“点”。

（1）专注的时间久一点

这是指注意的稳定性，是对同一对象所能坚持的注意时间；时间持续越长，注意力的稳定性越强。一般情况下，3岁孩子能集中注意3～5分钟，4岁孩子能集中注意10分钟左右，5～6岁孩子能集中注意15分钟，6～7岁孩子能集中注意20～25分钟。

训练方法：

每次延长一点点。给孩子讲一个故事，看他的注意力能集中几分钟，把初始状况记录下来。下一次讲故事延长一两分钟，如果他能坚持听下去，就给他一个小奖励。这种情况稳定以后，父母接着适当延长时间。做游戏、画画等也可以这样训练。

孩子游戏，请勿打扰。如果孩子正在专注地玩耍，这正是他们自主发展耐心专注习惯的过程，成人不要轻易地打断他们。例如孩子玩沙、玩水、玩土的时候通常很专注，大人只要在旁边保证孩子的健康与安全就行了，随他们玩个够，不要因为不卫生而打断、阻止他们。

（2）专注的范围宽一点

这是指注意的广度，是在同一时间里所能把握的注意对象的数量；注意对象的数量越多，孩子注意的范围越宽广；如果孩子的注意范围

徐可

父母寄语 @ 小麻豆可可 ：

亲爱的宝宝，20年后你就大学毕业啦，即将步入社会，爸爸妈妈祝愿你以后的人生是一帆风顺的，即使有坎坷，相信你一定能通过自己的聪明才智去处理好，宝宝你是最棒的。

狭窄，就只能注意某一事物，不能再注意与之相关的其他事物。

训练方法：

闭上眼睛想一想。在孩子的面前放6件玩具和生活用品，例如笔、书、手绢、勺子、杯子、手机，让孩子边看边说桌子上有什么物品，然后让他闭上眼睛想一想，刚才看见了多少物品。以后可以逐渐增加物品数量。经常玩这样的游戏，可以拓展孩子的注意范围。

大相似，小不同。到书店购买类似的书，例如一幅图片上有太阳、小鸟、小河、柳树和鸭子，另一幅图片类似，河里却多出了一条鱼．让孩子仔细看完前一幅，再看后一幅，问他两幅图片有哪些不同，但不准翻书。这对孩子的注意力和记忆力都是良好的训练。

(3)专注的调节快一点

这是指注意的转移，是根据要求主动及时地转移注意对象的能力；它不同于注意的分散，注意的分散是随意离开任务，属于不良的行为习惯。孩子专注地完成一件事情固然是可贵的，但是生活中许多事情需要一件接一件地完成，这就需要孩子的注意力能灵活地转移。父母和老师在一定时间内布置任务的多少和这些任务之间的联系性，都会对孩子产生影响。当孩子不能按成人的要求去做时，有两种可能，一个是孩子在注意的转移上有困难，即俗语所说的“脑子还没有转过弯来”，另一个则表明孩子可能比较有主见，喜欢尝试自己所想的事物。如果是前者，就需要家长的训练，后者是需要家长保护的品质。

训练方法：

用好表达顺序的关键词，指导孩子陆续完成几个简单任务。例如回家时，妈妈提醒孩子：“先脱皮鞋换上拖鞋，再把皮鞋放在鞋架上。”吃完晚饭，爸爸要读报纸，还想看看孩子的作品，就可以对孩子说：“先帮爸爸把桌子上的报纸拿过来，然后把你今天在幼儿园的画拿过来，让爸爸看看。谢谢宝宝！”

(4)专注的兴趣浓一点

这是指注意的选择性，是对自己感兴趣的事物能够集中注意力，较少受外界干扰。每个人都有自己注意力集中的兴奋点，孩子也不例外，父母要善于观察孩子的注意力兴奋点在哪里。

训练方法：

“扬长促短”。“扬长促短”即以孩子的“优势”带动“劣势”。比如，孩子上课和做作业时思想不集中，容易被外界干扰，但非常喜欢看书报，能看一下午不动窝。那么，就可以把阅读作为“筹码”，如果他在家好好写作业，就在阅读上给予奖励，比如买新的书或延长读书时间，如果写作业三心二意，就限制读书时间，或剥夺读某本书的权利。用这种“激励机制”，可以刺激孩子写作业要专心。当然，父母要把握好分寸，不要挫伤孩子读书的积极性。

变着花样一起玩。人的耐性强弱和专注力长短，与人对事物的感兴趣程度息息相关，而感兴趣与否还在于他对事物是否有新发现。孩子对玩具不再感兴趣，是因为他玩不出新花样了，这时父母要及时参与进来，与他一起变着花样玩，吸引他的兴趣和注意力。父母还可以观察孩子最爱玩什么游戏，想方设法延长游戏时间，加强孩子神经中枢的兴奋与抑制机制，促进孩子的生理机能发育。

(5)专注的意志强一点

这是指注意的意识性，分为有意性与无意性。有意注意是有目的、有任务、需要努力达到的注意，无意注意是不需要努力和意志而轻松产生的注意。幼儿的注意力以无意注意为主，这就要求父母一方面不宜对孩子提太高的要求，另一方面还要培养孩子的意志。

训练方法：

玩具数量要适中。玩具并不是越多越好，如果孩子眼前的玩具过多，容易造成视觉混乱，不便于确认他喜欢的目标，降低了有意注意水平，他可能各个玩具都抓抓摸摸，但持续时间不长。父母可以把玩具适当分类，有些玩具暂时收藏起来，过一段时间再拿出来。这样孩子会专心玩眼前的玩具，“藏”了一段时间的玩具再拿出来时也有新鲜感了。

用“夸张”带动注意。写写画画是一项基本学习技能，可是有的孩子畏惧新技能的学习，不愿意付出努力。不妨用夸张的表情和动作带动孩子的兴奋点与积极性，例如父母一边写画一边唱歌，摇头晃脑，自得其乐，渐渐地孩子就会被吸引，不知不觉被带入情景，他的努力与意志也会随之增强。

86. 教宝宝学会说话

当婴儿会看会听之后，他那不可思议的语言能力也开始发展了。通常情形下，婴儿首先需要经历一个被称作“口语前期”的过程，他会花几个月时间练习不同的发音，从简单的元音(a、e、i等)到唇音加元音(ba、yi、pu等)，虽然并非真正意义上的正确表达，但宝宝的口语表达能力正是从喃喃出声、牙牙学语、模仿发音(拟声词、称谓等)开始，从而渐次学会运用语言的。

(1)宝宝口语的三个发展阶段

当婴儿能在情境中自发说出有意义的语汇时，就正式迈入了口语期，这也是年轻父母最激动的时刻，此时语言具备了“语意、语形、语用”三要素。父母需要特别注意以下三阶段的特点：

第一，迭音阶段。这一阶段的婴幼儿语汇有限，会用简单的语汇如奶奶、车车、抱抱，外加手势、动作与表情来达到沟通目的。此时宝宝能听懂的语汇或短句，其实远多于他会说的。教导宝宝认识更多语汇，是此阶段的发展重点。

第二，简单句阶段。宝宝开始了解日常起居的规律，事物、物品的功能，也能听懂复杂的句子，并会按照大人下达的两个连续指令做事。他们自己也会组合名词与动词，形成简单句来表达意思。所以当宝宝有需要时，父母不要太快给予满足，可稍微等他发出讯息。父母还要不时地给宝宝下指令，让他去执行，如“拿苹果给爸爸”、“把书放回书架上去”等。

第三，复杂句阶段。宝宝的智能快速进展，能辨识大小、长短、胖瘦、颜色、形状、数量、序列、时间等概念，于是语句的复杂度大大提升了。

宝宝的沟通从基本需求的传达开始，逐渐扩展到叙述情境(现实的、故事的)、表达情绪(分享、宣泄、求助)等更多层面。所以，父母每天要安排“说故事时间”，这对丰富宝宝的认知与思维具有深远的影响。

蔡可欣

父母寄语@小模特蔡可欣：

不是最美丽，一定是最动人；不是全能，琴棋书画一定样样通；不是最富有，一定生活无忧。今天每走的一小步，会成就未来的幸福与快乐，所以妈妈会引导你把握好每一个今天，只为20年后与众不同的那一天。

（2）语言沟通两部曲

语言的发展过程，同时也是宝宝沟通能力的渐进过程。

第一，非语言表达。婴儿出生时，既不会说话，也听不懂语言，但他天生具备表达原始需求的能力，如运用哭声、笑声、吸吮手指、搓揉眼睛、扭动身体等最基本的非语言方式，来表达"别烦我"、"我很开心"、"我好饿啊"、"我想睡觉"、"我不舒服"等，以此要求父母及时满足自己。如果父母疏于照顾，婴儿的非语言表达能力会转弱，因为经验告诉他，这些表达都是无济于事的。所以父母应细心关照并回应宝宝的非语言讯息，宝宝的这类表达会变得丰富起来，并逐渐形成喜欢与人交流互动的个性。

第二，语言理解和沟通。婴儿还不会说话时，父母应先提供有益理解的语言环境，让婴儿累积"听声音、分辨声音、了解声音"的能力。由于婴儿的听知觉能力还很弱，父母可于日常生活照顾时，以简单的动词、名词搭配动作，让他了解其含义。经常使用有意义的词语，可帮助宝宝在大脑中建立一个"语言数据库"。1岁以后，配合宝宝的视知觉与听知觉的快速发展，父母可在语言中增加形容词，如"看，白色的牛奶"；2岁以后，增加副词、连接词、介词，如"今天，宝宝和妈妈一起玩水喽"。父母要了解婴幼儿的语言发展历程，并主动引领宝宝学习表达与沟通，为他们学会语言打下重要的基础。

（3）帮助宝宝学说话

研究表明，0～5岁是宝宝学习语言的黄金时期。宝宝听到的词汇越多，就能越快地掌握并使用它们。一旦父母能够做到随时随地和宝宝进行各种交谈，宝宝真正的"语言的听说学习"就宣告开始了，长大后成为一个优秀的人的可能性也会更大。

国内育儿专家对宝宝的语言发育行为进行了长期的跟踪研究，总结了宝宝最早学会的50个词汇，按照从早到晚的排序是：

啊、妈妈、哦、爸爸、爷爷、奶奶、阿婆、呜呜、姐姐、鸡、鱼、宝宝、汪汪、吃、猫、拿、蛋、鸭、狗、球、咦、手、脚、灯、阿公、哥哥、弟弟、糖、妹妹、饭、鞋子、鸟、喵喵、不要、眼睛、耳朵、月亮、肉、饼干、嘎嘎、电视机、菜、阿姨、大、娃娃、我、门、要、谢谢、衣服。

（4）宝宝语言发育问题的筛查步骤

每个宝宝学说话的进度有差异，不过一般宝宝到了3岁还不会叫爸爸妈妈，或是到了4岁仍说不出有意义的词汇，可能是语言发展迟缓的征兆，父母适度的警觉是很有必要的。可以按照以下的步骤逐一筛查：

遗传因素：

如果宝宝父母和家族史中有人开口很晚或存在其他语言发育问题，你的宝宝遗传的概率会很大。

身体因素：

查听力——首先要观察宝宝在六七个月是不是对声音有反应。如果你跟宝宝说话，他几乎没有任何脸部表情，在旁边叫他也不会转头，可能他的听力有问题。如果听力有问题，当然就无法学习说话。

查舌系带——这是器质性的问题，很容易看出来，也是应该及早排除的因素。

查口腔功能——有的宝宝在吸奶、吃东西时常常滴落东西或一直流口水，这都显示口腔发育可能出了问题。

查脑部发育——先天障碍、天生智能不足或脑部曾受伤，都会影响语言的正常发育。

环境因素：

语言环境缺乏——有些宝宝因为长期生病，和其他人互动的机会较少，因此学说话不如健康宝宝顺利。

互动欠缺——有些白领父母忙于工作，很少有时间和宝宝交流，把他扔给录音机和电视，宝宝缺乏互动的语言环境。

语言刺激不当——有的家长不懂循序渐进的规律或急于求成，上来就教孩子大段的句子，把宝宝“吓”住了，反而不敢开口。

心理因素：

个性内向——有的宝宝天生性格过于内向、畏缩、学习力差，几乎不肯开口，若是没有适时教导，将造成语言发展迟缓。

自闭倾向——如果上述因素都排除了，还要警惕儿童孤独症（即自闭症）的可能。早期识别儿童孤独症并不困难，主要从语言、社交、行为等方面来考量，如孩子的某些发育指标落后于同龄儿童，并伴有一些奇特的行为，儿童目光回避、行为刻板、充耳不闻等。

儿童语言筛查标准

月龄	发育迟缓	发育迟缓可疑
24个月	词汇量少于30个	词汇量少于50个
30个月	结构表达量（有句子结构）男孩少于3个，女孩少于5个	结构表达量（有句子结构）男孩少于5个，女孩少于8个

如果发现你的孩子语言发展有异样，可以带他到专业医疗机构接受检查。专业人员会根据宝宝的总体发育特点和个体特征作出综合评估，给出针对性的改进方案。

（5）怎样和1岁以内的宝宝说话

面对牙牙学语的宝宝，你一开始会很自然地使用一些简单的语言，同时依靠丰富的脸部表情来传达信息。你可以试着用缓慢的、像念儿歌一样的温柔语调跟宝宝说话，因为听到“儿语”时，宝宝的注意力会更加集中，令你大喜过望。

花时间和他“对话”。让宝宝及早开口说话，最基本的方法就是要花时间和他“对话”。说话时要看着宝宝，也让他看到你的脸和手势，帮助宝宝理解你的意思。别太在意他是否能明白你说的每一个字。

用文字“按摩”宝宝的脑细胞。宝宝出生后，妈妈应该经常念故事给他听，童话故事、图画书或小百科都可以，宝宝能否听懂关系不大。妈妈可以抱着宝宝，以轻柔的音调带领宝宝进入文字和图画的世界，让他觉得听故事是一种享受。

（6）怎样和1～3岁的宝宝说话

宝宝学说话，是不少年轻父母十分关注的事情。心理学家研究表明，一般地说，婴幼儿18个月左右就开始说第一个词语。这第一个词语可来之不易，它是宝宝经过此前十几个月（心理学上称为前言语阶段）的积累、酝酿而产生的结果。如果父母在前言语阶段能为宝宝提供一个良好的语言学习环境，并加以科学引导，就能促进宝宝日后的语言发展。

对这个年龄段的宝宝来说，父母说的每

周子依

父母寄语@小模特小雪儿：

小雪儿，20年后希望你是个知书达礼的气质美女，受良好教育、今后有体面的工作、幸福的家庭，快乐健康永远伴随着你。

一个词语都是新鲜的，学步的宝宝很乐意地重复倾听和开口模仿这些词。刚开始宝宝不会说复杂的词汇，更不能说完整的句子，他只会断断续续地说一些发音简单的词。当宝宝想要表达却苦于找不到词汇时，你可以试着提供一些词汇给他。例如宝宝想要杯子，他可能会说"我……杯……"这时你可以告诉他，"哦，宝宝想要自己的杯子？在这里，妈妈倒一些果汁进去吧，很好喝的！"

要让宝宝认识到所有的谈话都是交流。如果你不等他的回答就自言自语，或看上去好像不要他回答，或当宝宝跟你"说话"时，你懒得搭理，他可能会觉得语言只是毫无意义的声音。

当宝宝逐渐长大开始对周遭事物有反应，逐渐了解你说话的意义时，更要多和他积极互动。下面一些小游戏，可让你在和宝宝的互动中培养他的说话能力。

认识五官。妈妈把宝宝抱在怀中，摸着宝宝的头说，"这是宝宝的头"，摸着宝宝的手说"这是小手"，反复地说给宝宝听，慢慢地引导宝宝开口说出这些人体部位。

说出颜色。拿着色彩板，告诉宝宝这是红色，那是黄色；给他穿红色衣服时，顺便告诉他"这是红色的"；吃香蕉时，告诉他"香蕉是黄色的"。利用生活中的点点滴滴，让宝宝认识色彩、说出色彩。

拿图片说故事。拿着图片说故事也是一种好方法，因为图片的缤纷色彩最能吸引宝宝的注意力。还可以拿一些道具、玩具，例如说到"泡泡龙出去玩球"时，就可以拿起球，陪着宝宝一起玩一玩。通过手的把玩，将图、文和实物结合，增加宝宝学习语言的兴趣。

（7）怎样和3岁以后的宝宝说话

和宝宝一起玩耍时，要不断地和宝宝交谈，并注意倾听宝宝说的话，这是宝宝学说话最自然最好的方式和时机。向宝宝描述你们看到的东西，并问他一些问题，这可以促使他和你说话，比如"快看这些树下的果子，我们要不要收集一些？把它放在哪里呢？""你姐姐快从学校出来了，我们在哪儿等她呢？""今天你画了很多画，回头讲给爸爸听，你都画了些什么，好吗？"还可以教给宝宝一些儿歌和绕口令，因为这个年龄的宝宝特别喜欢玩词语和韵律游戏。

说话过程中请尽量使用新鲜的、多样的词汇，用不同的方式和话语来讲述一件事情。认真倾听宝宝"说话"，并做出反应，给宝宝提供好的榜样。

87. 1～3岁宝宝的早期阅读

早期教育的一项重要内容，就是培养宝宝早期阅读的兴趣。早期阅读不仅直接影响宝宝将来语言能力的发展，而且和他今后学习能力的培养和发展都有极大关联。

从心理学角度来看，2～3岁时是口头语言发展的关键期，4～5岁时是书面语言发展的关键期，同时也是智力发展的关键期。现在的家长很重视宝宝的阅读，每家宝宝都有很多图书，但是为什么有些宝宝对早期阅读并没表现出应有的兴趣，甚至讨厌阅读呢？

（1）挫伤宝宝阅读兴趣的三种做法

在现实生活中，家长一不小心就可能会挫伤宝宝的早期阅读兴趣。据观察，家长容易发生下列几种情况：

第一，给宝宝提供的图书，高于他能接受的心理发展水平。由于对宝宝寄予很高的期望，家长希望宝宝在很小的时候就具备一定的识字能力，为宝宝买的书往往文字多于图片。其实，对2～3岁的孩子来说，对图画的认识，对符号的认知，不光是他们最易接受的，也是早期阅读的重要内容。心急的家长往往忽视宝宝心理发展的特点，选择一些文字很多的图书，使宝宝难以接受。

第二，给宝宝提供的图书，无法唤起他的阅读兴趣。出于对宝宝的殷切期待，家长往往喜欢买一些宝宝不太能理解的哲理书或传统经典图书。对2～3岁的幼儿来说，形象可爱、图画简洁、色彩鲜艳的图书最易唤起他们的阅读兴趣。对那些远远超过理解能力的图书，孩子很难提起兴趣。

第三，给宝宝提供过量的图书，使他产生畏惧感。有些家长每天让宝宝看好几本图书，使那些阅读兴趣不太高的宝宝对阅读产生畏惧感。培养宝宝的早期阅读兴趣，需要根据宝宝的认知水平和能力水平，以适当的方式唤起宝宝的兴趣。

（2）给父母的三个建议

第一，图书的简单为好。图面单纯、略大，文字少，情节单一。年龄越小的宝宝，越喜欢简单和重复的图书内容。为宝宝选书时，可以多选那些只有图画而无文字的图书，也可以选那些画面比例很大、文字简单重复的图书。随着宝宝的成长，可以逐渐增加文字量。

第二，图书能让宝宝动手操作，以引起兴趣。给宝宝的图书除了可看性，还要注意增强可操作性。2～3岁的宝宝最喜欢信笔涂鸦，动手摆弄，像立体玩具书、涂涂抹抹的图画书都是不错的选择。通过多次“看”与“画”的结合，宝宝就会对阅读产生很大的兴趣。

第三，提供适量图书，避免刺激过度。让宝宝对信息和刺激保持良好的接收状态，不要过量。每天根据宝宝的兴趣和能力，提供阅读时间，让他处于略感“饥饿”的状态。比如，当宝宝读了10～20分钟，还表现出想要看书时，妈妈就应该就让他休息，不要使宝宝太疲劳。

（3）如何和宝宝一起阅读

每天定时为宝宝朗读故事——用耳朵“阅读”。最好每天安排一个固定时间为宝宝朗读故事，可以是晚饭后或睡觉前。朗读必须咬字清晰，语调抑扬顿挫，富有感染力，不必完全照搬书中的文字，可以根据故事情节增添一些形容词或象声词，培养宝宝的倾听能力。

引导宝宝看画面——用眼睛阅读。宝宝阅读时，父母可用手指随故事情节在画面上移动，同时不断提出一些观察的问题，如“他又换了一件什么衣服”、“住在什么地方”、“手里拿着什么”，培养宝宝眼睛的阅读能力，为今后独立阅读奠定基础。

与宝宝交谈——用脑子阅读。故事告一段落或讲完一个故事时，应与宝宝一起交谈，尽量启发宝宝说话，父母注意倾听，及时引导话题，使之紧紧围绕故事主题，同时帮助宝宝联系自身或周围的生活。交谈中注意培养宝宝语言的条理性、概括性，对故事内容和人物进行评价，提高宝宝的辨别分析能力。

总之，要从宝宝的认知能力等实际心理发展水平出发，提供适度的阅读刺激，让宝宝对早期阅读抱有长久的兴趣。让宝宝在成长过程

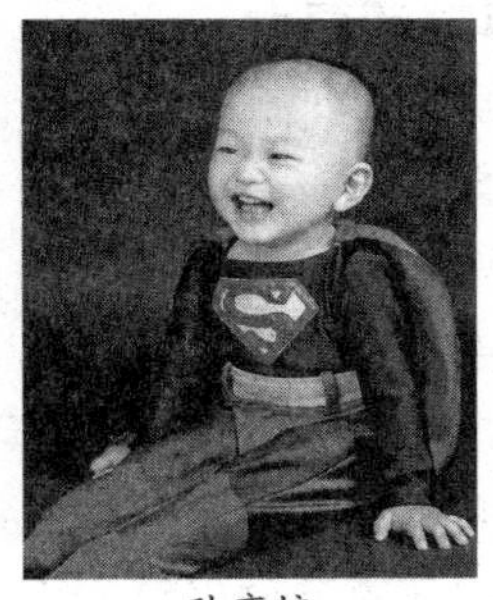

陆奕煊

父母寄语@小雪悠悠_j2f：

亲爱的聪聪，妈妈想对你说，20年后，我还是会像你小时候那样，不管你做什么决定，不管你想做什么，只要不违背原则，我都会永远支持你！

中，一直将开启智慧和知识的钥匙掌握在自己手中。

(4)根据宝宝年龄选择早期阅读方式

早期阅读，是指0～6岁的学前儿童凭借变化着的色彩、图像、文字或凭借成人形象的读讲来理解读物的活动过程。不仅包括阅读图画书籍、看图叙述，还应包括阅读文字书籍，让幼儿在阅读中逐步将口语符号与文字符号联系起来，儿童的口头语言和书面语言得到同步发展，激发阅读兴趣。

我们要先了解3岁前宝宝阅读行为的特点，根据宝宝年龄选择早期阅读方式。

1岁～1岁半——这个阶段的宝宝活泼好动，处于前阅读期和语言敏感期。可能会撕书，因为他手部的精细动作发育得越来越好了。建议给宝宝提供一些触摸书、洞洞书、立体书，激发他的好奇心，满足他想抠、想摸的心理需求。另外孩子开始喜欢自己翻书，不要打消他的积极性，让他自己翻。如果宝宝对某个画面特别感兴趣，妈妈可以根据画面格外编几句话讲给他听，配合宝宝的情况作出调整。

1岁半～2岁半——这个年龄段的宝宝认知水平和理解力都有了很大提高，也越来越有自主性。尊重他的意愿，让他自主选择要看哪本书。为了增加阅读的趣味性，可以准备一些毛绒玩具、折纸动物作为道具，还可以根据故事设计一些有趣的延伸阅读游戏，例如角色扮演，既能调动宝宝的积极性，还能帮助他更好地理解故事。

2岁半以后——宝宝的想象力开始萌发，语言表达能力飞速发展，可以看一些无字书，引导他根据画面去想象去描述，多增加一点互动。在这个阶段，既要引导宝宝阅读，又要放手让他去研究，当好宝宝阅读的好伙伴。

(5)书，让宝宝的大脑变聪明

当你给宝宝读书讲故事时，他的大脑细胞就开始建立联结了。宝宝看到的每一张图片、听到的每一个词语，都在吸收信息，勤奋学习。大多数宝宝都喜欢被爸爸妈妈温柔地抱在怀中，手中把玩着故事书，耳朵里听爸爸妈妈讲故事，这种感觉对他来说棒极了，他能体会到看书是一件有趣而愉快的事情。研究表明，父母与宝宝一起读书分享阅读乐趣的方式，比他们每天阅读的次数更重要。

让你的宝宝喜欢看书，还要注意几点：

保持书本的整洁；

捧着书读给宝宝听的时候，让宝宝坐在你的腿上，用双臂温柔地环抱着他；

宝宝注意力不集中或是对书的内容失去兴趣时，不要勉强他。宝宝的注意力容易分散，有时候只能集中一会儿，他对书的兴趣可能只持续几分钟。

(6)怎样和学步宝宝一起“看书”

学步宝宝往往喜欢简短的故事，他会要求你一遍遍地反复讲他最喜欢的几个故事，你不要拒绝宝宝的要求。给你的建议：

注意观察宝宝喜欢什么图片，皮球还是汽车、小动物还是花卉？从宝宝喜欢的那些东西开始，培养宝宝的读书兴趣；

陪伴宝宝阅读的时候，鼓励他自己动手翻页；

讲故事时，尽量绘声绘色地模仿各种人物、动物的声音；

试着将宝宝置身于故事情境之中。

(7)怎样和学龄前宝宝一起看书

学龄前宝宝依旧喜欢爬到你的腿上，听你讲他最喜欢的故事。你可能会对一遍遍地重复同样的故事感到厌烦，但是，请坚持这样做，这对宝宝大脑联结的强化会起到非常有益的作用。给你的建议：

定期拜访图书馆，为宝宝找一些有趣有益的书。你也可以同时找到自己喜爱的书籍，让宝宝看到爸爸妈妈也喜欢读书；

每天固定一个讲故事时间，可以是上床睡觉前，也可以是其他时候。找一个特别舒适的地方，你和宝宝可以依偎在一起阅读或讨论故事；

讲故事的过程中，声音、语调、表情要丰富有变化，这会让故事更生动；

尽量选择那些读起来有韵律或能重复的故事，比如“小熊小熊你看到了什么”，鼓励宝宝和你一起置身于故事中；

读故事时，轻轻地在文字下移动手指，这将教会宝宝如何读书：从上到下，从左到右；

如果宝宝有“语言滞后”的情况，鼓励他指着图片跟你重复说说那些词语和句子；

在阅读过程中，你们对故事的讨论可以提高宝宝阅读的兴趣，很快他就会兴致勃勃地给别的小朋友讲故事了。

（8）日常生活中家长还可以做什么

我们在日常生活中会接触到各种各样的词汇，如果利用得好，就能为宝宝今后的阅读和写字作准备。

利用孩子对自己名字感兴趣的特点，让他看看你是如何书写他的名字的，“看，那是我的名字”；

主动与宝宝讨论他看到的字；

给宝宝树立爸爸妈妈热爱阅读的榜样；

用多种方法鼓励宝宝写字，感受写字的重要，例如玩过家家游戏时，让他写“购物清单”，在宝宝的房门上贴一张白纸，让他写“别进来”、“我喜欢妈妈”之类话语；

在户外，鼓励宝宝用小棒子在泥土上写字；

让宝宝给朋友写信或写明信片；

让宝宝写电话留言。

（9）讲好睡前故事的三个诀窍

睡前故事的最大作用就是“催眠”，故事讲得是否成功，完全由“催眠”效果来决定。睡前故事的3个诀窍是：一熟、二平、三不问。

“熟”：指要讲孩子耳熟能详的故事，不要在睡前讲孩子没听过的新故事。在熟悉的故事情节中，孩子的情绪最容易稳定下来，也最容易入睡。

“平”：指妈妈讲故事时的语气要平缓，不能把故事讲得起伏跌宕、精彩万分。很多妈妈平时少有时间给孩子阅读，于是就把睡前故事时间变成了亲子阅读时间，但这样不仅起不到催眠作用，还会使本已睡眼蒙胧的宝宝又兴奋起来。所以，睡前故事一定要平缓地表述，照本宣科的“催眠”效果最好。

“不问”：指不要给孩子提问题。阅读时加以提问，本来是值得提倡的一种学习方法，可是在睡前故事时间就不可取了，因为提问会使孩子的大脑活跃起来，不利于睡眠。

（10）讲好“学习故事”

很多孩子在入园后，对上课完全没有概念，我行我素，根本坐不住。学习故事的主要目的就是培养孩子“学习”或“上课”的习惯，这个

付明哲

父母寄语＠小演员付明哲 Baby：

20年后我的宝宝长大成人了，妈妈希望你在学业和事业上都能够明确方向、学有所成，对家人对朋友都要做一个有担当的男子汉，做一个对社会有用的人。

习惯对孩子适应幼儿园的学习生活大有裨益。要讲好“学习故事”，须注意以下几点：

定时：每天在固定的时间“上课”，不要随意更改时间。每天的上课时间可以是一次，也可以是多次，根据孩子的具体情况而定。

定点：要有固定的“上课”地点，不能随便更换。随便更换地点，对孩子来说就没有“上课”的意义了，而变成随意的“亲子共读”。“上课”地点最好不要在卧室。

循序渐进：不管是上课时间的长短，还是上课次数的多寡，都要遵从循序渐进的原则。刚开始可以是 5 分钟或更短的时间。随着孩子兴趣的增加以及习惯的养成，时间可以逐渐加长，内容也可逐渐增加。

下面介绍几种不同的讲故事方法：

看图说话法：幼儿期是读图能力的开发期。这个阶段的孩子对图画非常敏感，妈妈给孩子讲故事时，应注意帮助孩子读图。

提问法：故事讲完了，妈妈针对故事情节进行提问，可以培养孩子集中注意力的好习惯。刚开始可以在讲故事之前提问，让孩子带着问题听故事，听完后回答。熟练之后，就可以先讲故事，然后随便问，检验孩子听故事的效果如何。

拓展想象力法：故事讲一半留一半，让孩子接着讲；对熟悉的故事情节“添枝加叶”、给出另一个结局等。

88. 教宝宝学数学

婴儿期是数学能力开发的关键时期，如果这个时候宝宝能得到科学系统、具有个性化的训练，他的数学能力就会得到理想的发展。数学来源于生活，你可以自宝宝 0 岁起，就充分利用环境，在潜移默化中逐渐向宝宝渗透各种数学概念，让他在不知不觉中接受数学，在轻松愉快的氛围中感受到数学的乐趣。

（1）第一阶段：教宝宝认识数与量

认识事物时加入数和量

宝宝自出生时，就开始接触各种物品，家长往往会不厌其烦地告诉孩子：这是什么，那是什么。如果能加入“数和量”，就相当于在对孩子进行“数学启蒙”，比如“这是一台电视机”、“这是三只小狗”、“这是一驾小飞机”、“这是两块饼干”。这样做的目的，是让小宝宝在每接触一件物品的时候，除了知道名称，也知道这件物品的数和量。

注意数和量的紧密结合

数和量是相互关联又截然不同的两个概念，数表示的是多少，而量表示计数单位。要让宝宝知道，每样东西都是由“数”和“量”组成的，不能只说“数”而忽视“量”。向孩子介绍每件东西时，要将两者结合起来。很多妈妈在和孩子说话时，量词往往只有一个，那就是“个”。要培养他对“量”的意识，教会他各种东西的不同计量方法。

（2）第二阶段：教宝宝进行事物对比

随着宝宝渐渐长大，家长可以把对比的概念逐渐渗透给孩子。10 ～ 12 个月的孩子就可以玩“大和小”、“多和少”、“轻和重”的游戏了。

“大和小”的对比

起床时，你可以说“妈妈的衣服好大啊，宝宝的衣服非常小，放在一起比一比吧”；吃饭时，你不妨说“妈妈用大碗，宝宝用小碗，放在一起排排队吧”；出门时，你告诉宝宝“大的鞋子是妈妈的，小的鞋子是宝宝的”。

“多和少”的对比

早餐时，你给孩子吃蛋糕喝牛奶，不妨告诉他“妈妈两块蛋糕，宝宝一块蛋糕，妈妈的比宝宝的多一块，宝宝的比妈妈的少一块”；晚餐时，你可以询问孩子“今天的加餐是苹果片，吃一片还是吃两片？两片多，一片少。”

其他对比

将两个轻重有差异的物品放在一起，告诉孩子哪个轻、哪个重。将两个长短不同的物品放在一起，告诉孩子那个长、哪个短。

刚开始时，要找一些差距大的物品，方便孩子辨别；随着孩子对这些概念掌握程度的加深，物品的差别可以渐渐缩小；随着学习的进一步深入，可以将几件物品放在一起，让孩子从中挑出最大的、最长的、最重的等；让孩子对两个摆放在不同位置的物品进行比较，锻炼他的记忆能力和比较能力。

（3）第三阶段：教宝宝数数

开始学说话的孩子，就可以学数数。数实物能帮助孩子通过亲身体验更好地理解数字，还能培养孩子的节奏感，感受时间和空间的关系。为了让孩子学会正确有效地计数，你可以通过以下方法进行训练：

告诉孩子，需要数的对象共有多少个；

你讲出某一数字时，同时用手指着相应的实物；

有意识地帮孩子连续数数，不要跳过某个数；

重复多数几遍；

简单的几个数倒着数，增强孩子对数的固定顺序的理解。

数数游戏

在桌上放四块饼干：你可以在告诉孩子“这是4块饼干”之后，再一块一块地拿起来数给孩子听；

教孩子练习走路时：你可以一边扶宝宝走，一边说“一步、二步、三步”；

上楼梯时：你可以告诉孩子，总共有8级台阶，然后再“一级、两级、三级、四级”数着往上走。

（4）第四阶段：教宝宝集合、分类、排序的概念

集合，作为数学最基本的概念，在日常生活中很普遍，分类和排序是孩子识数和学习计算的基础，你可以利用日常生活中的物品，尝试让孩子分一分，并且让孩子根据物品的差异如大小、长短、高矮、粗细、厚薄等，按一定的次序或规则进行排列。

集合、分类和排序的游戏：

你可以事先将几样水果和饼干混在一起，然后当着孩子的面将水果挑出来放在水果篮里，同时告诉孩子，这些是水果，应该放在一起，而饼干应该放在零食盒里，饼干和水果是不同的；

你可以在桌上放大小不等的碗盘，把碗和盘子分开放，然后教孩子按照大盘子、小盘子、

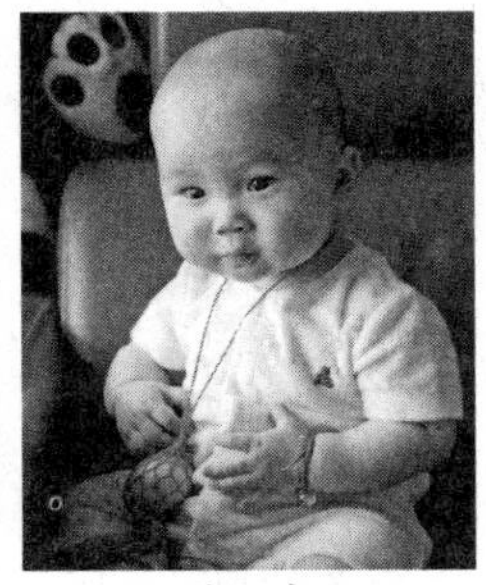
徐一意

父母寄语@小妖精eve007：

亲爱的宝贝，你原本是一个天使，只是来到妈咪身边时忘记带上了你的翅膀；妈咪会一直帮你寻找它，因为你的天空还得靠你自己飞翔。

大碗、小碗的顺序从下往上摆放，一个游戏就包括了分类和排序；

收拾衣服时告诉孩子，这是爸爸的衣服，这是妈妈的衣服，这是宝宝的衣服，每个人的衣服要放在各自的衣柜里；你可以故意将宝宝的一件衣服放在妈妈的衣服上面，然后问宝宝“你看这样做对吗”，宝宝可能会将自己的衣服拿出来，也可能不知所措。如果宝宝做到了，妈妈可以鼓励宝宝；如果宝宝做不到，妈妈可以告诉宝宝，宝宝的衣服放在妈妈的衣柜里是不对的。

教孩子数数、排序、分类等游戏时，孩子刚开始可能做得不对，甚至不懂家长的要求。遇到这种情况，你不能完全通过语言来解释各种概念，而要通过自身演示让孩子明白应该怎么做。一两次的讲述、练习是不够的，你需要持之以恒地和孩子做这样的游戏，一段时间后宝宝就可以按照要求做出来了。

89. 训练宝宝基本生活习惯

现在许多家长过于强调认知的教育、特长的培养，忽视了对孩子基本生活习惯的培养，以至于有些宝宝变得娇生惯养，一旦脱离家长的照护，就出现这样那样不适应的状况，有的孩子甚至成年以后还不能独立处理自己的生活。在孩子的成长过程中，家长应该把握时机培养其生活自理能力，这是一切教育的基础。

（1）吃饭

从1岁开始，给宝宝一套独立的碗、调羹等餐具，鼓励他自己吃饭。宝宝吃得好，要及时奖励，吃得过慢或不专心，可以和宝宝比赛谁吃得快。

宝宝吃饭时间要固定，最好坐在餐桌旁和大家一起吃饭。

家长要鼓励宝宝尝试各种不同的食物，如果食物比较单一，就容易形成偏食的习惯。在培养宝宝吃饭能力的时候，不要忘记告诉宝宝饭前便后要洗手的道理。

（2）睡觉

宝宝起床后要穿衣、洗脸、吃早餐，为了让宝宝有充足的睡眠时间，并且保证大人的时间从容，就要养成早睡早起的习惯。一般每晚20:30，就可以安排宝宝入睡了。

逐渐培养宝宝独立入睡的习惯，入园后家长应该把宝宝的入睡习惯告诉老师，以便老师掌握宝宝的情况，帮助宝宝入睡。

（3）如厕

正常情况下，女宝宝1岁半、男宝宝1岁零8个月就应该开始独立大小便了，如果宝宝进入幼儿园仍不能自己如厕，可以这样做：

尽量让爸爸教儿子、妈妈教女儿如厕的常识；

如果有条件，给宝宝买一个带音乐的幼儿坐便器，宝宝用起来开心又方便；

平时要注意观察宝宝大小便的规律，并帮助宝宝养成定时大便的习惯；

训练宝宝如厕的过程中，告诉宝宝憋便的害处，要让宝宝知道有便意时应及时如厕。

（4）穿脱衣物

家长要教宝宝认识自己的衣服和鞋子，帮助他分清衣服的前后左右、鞋子的左右等；

给宝宝穿的衣服要方便实用，衣服或裤子上最好有口袋，不要给男孩穿前门襟带拉链的裤子，以免夹伤生殖器。

教孩子穿衣的过程中，一定不要着急，可以通过穿衣、穿鞋比赛的方式，让宝宝掌握方法。

（5）表达自我

家长要教会宝宝一些与人交流的语言，如：

在口渴时会向大人要水喝，或自己主动去喝水；

身体不舒服时，会说出或用手指出具体的地方；

想和小朋友玩时，会说“我们一起玩，好吗”；

要借小朋友的玩具时，会说“可以把你的玩具给我玩玩吗”。

90. 宝宝“入托”准备

“入托”对宝宝心理上的冲击是非常大的，可以说是一次“心理断乳”。入托将促进宝宝社会性的发展，宝宝需要在托儿所的集体环境中学会表达、学会合作、学会守规则、学会合理争取与放弃。宝宝将走出“自我中心”，在与同伴的交往中学会独立、学会通情达理，在老师的教育下学习社会常识，懂得交往礼仪。“入托”前后的生活变化，难免会引起宝宝的情绪波动，所以父母要帮助宝宝顺利适应离家后的生活。

那么，什么样的宝宝进托儿所后，能比较快地适应生活？爸爸妈妈应该帮助宝宝做些什么？

（1）了解2岁宝宝的八个重要特点

2岁宝宝的这些特点，你最好了然于心，这能帮助你有目的地训练孩子，以适应托儿所的集体生活。

第一，记忆和回忆的能力正在增加，对“现在”有比较清晰的了解，会恰当地使用“现在”。

第二，理解大人语言的能力要比自己说话的能力强，说的话家人都能听懂，但是没有语法规则；经常喋喋不休地自说自话。喜欢听大人说图画故事，尤其对自己熟悉事物的故事感兴趣。

第三，开始对别的孩子发生兴趣，但是相处能力非常差劲。和小伙伴在一起的时候，抢夺、推人、打闹、哭泣的状况总是不断发生。快3岁时，宝宝才学会如何守规则、如何接近小伙伴和如何轮流等待。

第四，虽然不会被陌生人惊吓，但是依然不喜欢和陌生人在一起。学会和父母分离是这个年龄孩子的重要“功课”。

第五，依然以自我为中心，对别人的感受和了解非常少，需要父母经常和他谈“感觉”，这是学习“同理心”的重要阶段。

第六，情绪的反复无常、变化多端是宝宝的典型行为。宝宝生气多半是因为受挫，被自己的能力所限制，被父母所限制。宝宝的担心和焦虑增加了，这也是智慧增加的一种表现。

第七，走得很像样，会做踢和丢的动作，但不是很准确；喜欢体能活动，如玩水、玩沙；喜欢跟着音乐扭动身体；手部动作相当灵活，会转动把手、盖盖子，会握着蜡笔乱画，会翻书页，还能搭出6块积木的高塔。

第八，渴望独立，什么都想“自己来”，是宝宝学习生活自理的理想阶段。学会自己吃饭、自己穿衣服、自己洗手擦手，就算这些暂时还

潘黎固奇

父母寄语 @ 雁阳天 yanyangtian ：

亲爱的嘟嘟宝贝，希望20年后的你依然保持积极乐观的态度，如现在这般开开心心、无忧无虑地面对每一天！

不会，至少要放弃使用尿布了。

（2）帮助宝宝顺利“入托”

进入托儿所，适应新的生活，对宝宝是一项新的挑战。在托儿所，宝宝主要学习适应的是如何信任家人以外的其他大人，而不是其他孩子，至少他刚进托儿所的时候是这样。这个年龄的孩子，通常习惯跟一个或两个大人关系密切，在家是父母，或是照顾她的爷爷奶奶和保姆，到了托儿所就是老师和保育员。一开始，他对其他孩子很可能是漠不关心的，这是由其年龄特点所决定的。

入托前，爸爸妈妈能帮助自己的宝宝做些什么？

入托前和老师沟通，向老师客观详细地介绍孩子的性格特点和生活习惯，帮助老师了解孩子。注意你自己的言行，一个善解人意的妈妈也会给老师留下好的印象。

以积极的态度谈论宝宝的新生活。告诉孩子，他要到一个很特别的地方去玩，那里有很多像他一样的孩子，还有花园、滑滑梯等，最好说得具体一些。

去托儿所参观一下，让他确认你说的都是真的，同时熟悉环境，这对他日后进入托儿所获得安全感是很有帮助的。

让宝宝与他的带班老师和保育员认识，回家后跟他谈论他们，比如，老师也有一个跟你差不多的宝宝，老师梳着和妈妈一样的发辫，老师和爸爸一样很喜欢唱歌等，这也许能帮助孩子尽快熟悉和亲近老师。

一起详细谈论宝宝要在托儿所做的事情，比如，进校怎样和老师打招呼、先干什么、后做什么、怎么吃饭、老师怎样带大家玩等，事先熟悉日常程序，可以使孩子有心理准备，以便应新环境。

（3）教宝宝学会与同伴交往

2岁孩子在一起的时候，通常是各玩各的，对其他孩子似乎视而不见，因为孩子缺乏交往技巧，不知如何接近小朋友、保护自己以及处理不可避免的争执。胆大一点的孩子，可能表现为主动抢夺玩具、推人甚至打人；胆小一点的孩子，可能是被欺负，或站在一边不愿加入活动。尽管如此，他们在一起的时候，相互间会默默学到不少。到了2岁半，即使是不入托的孩子，他们的互动关系也会密切不少。

团体游戏的经验，对孩子适应入托后的生活以及今后的成长都是很有价值的。尽量创造机会，让孩子和其他小伙伴一起玩，学习与人交往的技巧。

当孩子表现出相互合作的时候，要及时表扬；行为粗鲁，就要及时制止，并且把正确的方法告诉他，使他成为一个受同伴欢迎的孩子，这对孩子一生都有益。

如果别的孩子对你宝宝“不友好”，不必在意，那只是缺乏交往技巧惹的“祸”。

安排孩子和小朋友一起玩需要轮流等待的游戏，比如排队玩滑梯之类，事先一定要把游戏规则告诉孩子们，并且反复提醒。

（4）教宝宝学会最基本的生活自理

照顾好幼小的孩子是托儿所老师和保育员的责任，教会孩子生活自理是父母的责任。在托儿所，2个老师和1个保育员要照看20多个孩子，吃饭、睡觉、大小便、穿衣系裤、洗手擦脸，这些事情不可能全部由大人照料，往往需要宝宝自己完成。

心理学家认为，一个孩子在集体生活中，如果缺乏自理能力，不如别的小朋友，需要别人的帮助，他会产生沮丧心理，有的宝宝吵闹着不肯去托儿所就跟这有关系。这个年纪的宝宝其实已经不愿事事依赖大人，他希望显示自己的本领，尝试自己动手的快乐，父母不妨放手让他一试。

让孩子自己吃饭。给一点机会，多一些耐心，留一些时间，不要在乎孩子吃多吃少，注意锻炼他自己吃饭的能力。多表扬多鼓励，少埋怨少责骂，激发孩子的主动性。在托儿所，因为吃饭慢而闷闷不乐的孩子大有人在。

让孩子自己穿衣。给孩子准备的衣服式样要简单，最好是套头衫，方便他自己穿着，不要在乎孩子穿快穿慢。

让孩子自己大小便。选择一只宝宝喜欢的便盆，大小高矮正适合，准备好穿脱方便的裤子；告诉宝宝，一有便意便喊大人，或一有便意便自己如厕。饭后 20 ～ 30 分钟是让宝宝练习坐盆大便的好时机。

91. 帮助宝宝适应幼儿园生活

“老师，我的孩子能适应幼儿园生活吗？不适应怎么办呢？”报名时，父母总会有这样那样的担忧。这种心情是可以理解的，但是专家认为，“只有不适应的家长，没有不适应的孩子”。一旦选择了幼儿园，父母最好信任幼儿园、信任老师，这样孩子才能顺利适应幼儿园生活。

（1）培养孩子对幼儿园的信任感

孩子入园不适应的根本问题在于，孩子成长的家庭环境与幼儿园环境是完全不同的，孩子对陌生的环境缺乏安全感和信任感。如果父母能让孩子熟悉幼儿园，并产生信任感，那么孩子的适应难度就会大大降低。建议家长做好以下的细节：

第一，新生报名前，让孩子对幼儿园有个初步认识。父母最好提前带孩子到幼儿园玩一玩，让他了解幼儿园是什么地方，里面有哪些人，有哪些好玩的东西。如果孩子对于新的环境和人不排斥的话，那么适应起来就容易多了。

第二，配合家访，让孩子和老师开始初步沟通。老师是幼儿园中最重要的人际环境，因此入园前的家访是不可忽视的一环。通过面对面的接触，孩子可以初步建立对老师的印象，有利于以后熟悉、产生信任感，同时老师也可以了解孩子的个性、生活习惯、表达方式、个人喜好，便于日后有针对性地引导。父母也能从老师那里了解幼儿园的生活作息，帮助孩子从生活作息、生活习惯方面逐渐向幼儿园靠拢。

第三，提前入园，让孩子逐渐喜欢幼儿园。如果做了以上努力，你还是担心孩子不适应，就可以采用提前入园的办法。提前半个月让孩子入学，开始几天，你可以带孩子来幼儿园和老师一起做游戏，每天玩一二个小时，让他亲身体会到幼儿园是个快乐的地方，老师是喜欢他的。然后逐日增加在幼儿园的活动时间，直至全天，这样孩子不仅能很好地熟悉幼儿园生活中的主要内容，也会在快乐的游戏中逐渐对老师和同伴产生好感。

（2）坚定你对幼儿园的信任

帮助孩子适应幼儿园的同时，父母不要忽视自身对幼儿园的信任。只有父母消除以下顾虑，才能帮助孩子跨出“走向社会”的第一步，

易依旻

父母寄语 @ 易笑笑 1226：

依旻，希望你 20 年后还是那么乐，还是那么爱笑，找一个自己喜欢的工作，幸福地过一辈子！

孩子才能更快地适应幼儿园生活。

老师真的会爱我的孩子吗？绝大多数的幼儿园老师都有爱心与亲和力，他们都知道，孩子希望从他们那里得到像父母一样的爱。幼儿园老师会想方设法创造一个充满爱的温馨环境。当孩子出现不适应的状况时，他们一方面会以自身的亲和力来消除孩子的恐惧和不安，一方面每天抚摩、拥抱孩子，与孩子说话，给他们带来亲切感。

孩子没有好的生活习惯，能适应吗？刚入园的孩子总有一些生活习惯不适应。比如，有的孩子刚入园时，还不会自己吃饭，老师就会喂他。等到孩子对老师产生信任感后，老师就会逐步教他如何拿碗、拿调羹，如果孩子做到了，老师就会表扬他，引导他形成好的习惯。孩子的不适应只是暂时的，一段时间后都会适应的。

孩子有特别要求，老师能满足他吗？只要孩子有需要，幼儿园老师都会尽量满足孩子。比如，有的孩子在家里要抱着才肯入睡，到了幼儿园，老师考虑他的特别需要，就会采取握着他的手、给他唱歌的方式，让其安然入睡。

孩子不喜欢去幼儿园怎么办？孩子不喜欢去幼儿园，必定有他的原因。这时你要和孩子沟通，了解他究竟对幼儿园哪个方面不喜欢或排斥。了解了具体原因后，你再和老师沟通，采取适当的方法加以改善，帮助孩子适应。

（3）让入园的宝宝少生病

宝宝从母体得到的抗体，在出生6个月时就基本消耗完了。随着年龄的增长，宝宝的免疫系统逐渐发育成熟，产生抗体的能力也逐渐增加。通常孩子在3岁以后，机体抗病能力会有明显提高。只要老师和父母齐心协力，注意护理，加强孩子的营养和锻炼，经过一段时间，孩子的体能就会越来越好，上中班以后生病的孩子越来越少，到大班和小学就基本上不会生病了。

易生病的宝宝，可利用寒暑假在家调理。宝宝在幼儿园容易生病，小朋友之间的交叉感染是主因，避免生病的最好办法，就是提升自身机体的免疫能力。家长要安排好孩子的日常作息，充足的睡眠对增强孩子的抵抗力有很好的帮助。对于那些经常生病的幼儿来说，每年的寒暑假是在家调理的好时机，可以带孩子参加适当的户外体育活动。

护理要细心。孩子往往是因为护理不当而生病的，主要包括冷热、饥饱、卫生、环境等。幼儿园孩子多，老师们除了日常授课，还要留心观察班里每个孩子的情况，出汗多的小朋友要帮他在背上垫块小毛巾，踢被子的小朋友要及时帮他盖被子……这些看似不起眼的小动作，都可以有效防止孩子生病。

垫小毛巾预防感冒。建议妈妈们在孩子的小书包里多备几条干净的小毛巾。幼儿园里活动多，小朋友们跑来跑去，贴身衣物常被汗水湿透，再加上凉风一吹，抵抗力弱的孩子肯定要感冒。请老师在活动后给孩子在后背上垫一块小毛巾，可以有效防止孩子因出汗受凉而感冒。

92. 教宝宝认识生活中的危险

（1）防撞

对于蹒跚学步的孩子来说，磕磕碰碰是难免的。茶几、电视柜、餐桌、床头柜、写字台等带棱角的地方，都要装上防撞角，时间长了，黏性不够时要及时更换。为了给孩子留出足够的活动空间，沙发、茶几、餐桌都要靠边摆放，腾出客厅中间开阔的场地。在瓷砖上要铺上较厚的塑料泡沫地垫，即使宝宝摔跤也不要紧。

等孩子走得比较稳当之后，地垫会变成累赘，因为他们在撒欢奔跑时容易绊倒。此时就可以利用地垫搭个山洞，或和沙发靠垫一起搭小桥和斜坡，锻炼孩子的平衡能力和空间感。

当孩子在靠近桌子腿和矮柜子旁边玩耍时，一定要当心。他们在极度兴奋、得意忘形的情况下，往往就忘了周遭环境，摔倒后容易磕到面部或后脑。家长要抓住时机教育孩子，玩耍或走路时要看清路，不要一味闷着头跑。

（2）防夹防摔

1岁多的孩子对开关柜门和抽屉非常感兴趣，但由于动作协调性还不够好，一不小心就会夹到手。为了避免意外，可以把柜门、抽屉用胶带贴紧，用绳子绑牢。

孩子对爬高十分热衷，餐椅、餐桌、电视柜、儿童推车、阳台上的杂货柜都是他们想要征服的对象。家长在不断惊异于他们攀爬能力的同时，也时时担忧他们从高处掉下来摔伤。由于孩子已经懂得借助凳子、电动汽车等爬到更高的地方，所以平时家长就要特别注意把椅子、凳子摞起来，堆在墙角，让他们无法爬到更高更危险的地方。平时孩子在玩耍时，家长最好不让他们离开视线，一旦有危险动作，就要马上制止。

（3）防烫伤

烫伤对于孩子的危害比较大。为了防止意外烫伤，暖水瓶一定要及时放在高处、孩子够不着的地方。刚炒完菜的锅比较烫，要在架子上放好，以免孩子不小心摸到。做饭期间，最好严禁孩子进入厨房，以免被灶头、热油、热水烫到。

（4）防划伤

1岁多的孩子拿到带钩、带尖、带刃的东西十分危险。日常生活中的剪刀、水果刀、筷子、晾衣架、牙签、破损的玩具笔等，用完后都要及时收好。不让要孩子口含筷子走路，一旦摔倒后果不堪设想。勤给孩子修剪指甲，以免抓伤自己或别人。

（5）防触电

孩子喜欢把手伸进各种小洞里。为了避免孩子因为好奇把手指伸进插座发生危险，要给所有裸露的插座都装上安全防护装置。家里不可能不用电，比如看电视，放影碟，欣赏音乐等，但绝不能放松对孩子的安全防护。

93. 守护宝宝的饮食安全

（1）宝宝的主食、辅食安全吗

提醒各位父母在购买配方米粉、奶粉、谷粉等婴幼儿食品时，要把握以下4点：

第一，查看婴幼儿食品包装上的标注内容

购买时，请注意产品的包装材料（塑料包装袋、金属罐头）是否完整无破损。此类产品按国家标准规定，应在外包装上标明食品名称、配料表、热量、营养素、净含量、制造者的名称和地址、产品标准号、生产日期、保质期、食用方法、贮藏方法、适宜人群等，若发现其中缺少任何一项内容，建议不予购买。还要查看包装物上印刷的图案、文字说明是否清晰易懂，

卢思思

父母寄语@雨煊妈妈：

宝贝，妈妈希望你能去做你真正想做的事，成为一个于家人、于朋友、于社会有用的人，我们永远爱你，支持你。

若文字、图案含糊不清，请勿购买。

第二，查看营养成分表

营养成分表中一般标注以下内容：热量、蛋白质、脂肪、碳水化合物、维生素类（如维生素A、维生素D、维生素C、部分B族维生素等）和矿物质（如钙、磷、铁、锌等）。这些标识的营养成分、营养素含量以及添加的其他营养物质等都应符合我国现行实施的国家标准。

目前我国现行实施的国家标准，分别规定了适于婴儿、较大婴儿和幼儿营养需要的配方粉（含婴幼儿配方乳粉和婴幼儿配方豆粉）及补充谷粉的各类营养素限量指标。

第三，查看适合婴幼儿月龄的产品

由于婴幼儿的消化系统发育尚不健全，不能直接食用谷类、鱼、肉、牛奶、普通奶粉及蔬菜等食品，而且不同生长时期的婴幼儿的营养需要也不同，因此需要购买针对特定月龄婴幼儿的特定配方乳粉。即在购买时，要看清产品包装上的适用月龄，选择与婴幼儿月龄相适应的产品。

国家颁布的特定婴儿配方乳粉标准，针对不同月龄的婴幼儿的营养需要，调整了蛋白质、脂肪、碳水化合物及维生素、矿物质等营养素的比例，更适合于婴幼儿的消化与吸收。在我国现行的国家标准中，所提及的“婴儿”的年龄段是指0～6个月、“较大婴儿”的年龄段是指6～12个月，“幼儿”的年龄段则是12～36个月。

第四，查看生产企业的规模、产品的品牌

规模较大的生产企业，生产设备先进、技术力量雄厚、产品配方设计也较为科学合理，对原材料的质量控制较严，产品质量有安全保证体系。建议父母选择国家认可的（即具有合法卫生许可证的厂商）、产品信誉度高的知名产品，以确保孩子吃得安全和健康。

（2）宝宝食用含防腐剂的食品是否安全

如今不少宝宝喜欢吃果冻、蜜饯、饮料、罐头等，这些食品虽然口感好，颜色吸引人，但是其在生产加工过程中会加入一定的化学添加剂，例如防腐剂，以抑制微生物生长，防止食品腐败变质，保持食品的风味和营养价值。婴幼儿食用这些含有防腐剂的食品是否安全呢？

对于防腐剂等食品添加剂，我国有严格的卫生标准。根据目前的科学知识认为，食品添加剂按国家规定使用对一般成年人来说是安全的，不会对健康产生危害。但是对婴幼儿来说，如果经常食用含有防腐剂或防腐剂超标的食品，会对健康造成一定的损害。因为目前使用的防腐剂大多是人工合成的，而婴幼儿身体发育还不成熟，尤其是肝、肾的解毒和代谢功能尚未完善，父母应当尽量让幼儿多吃天然食物如新鲜的水果、蔬菜，适当吃些坚果类零食，尽量少吃加工食品。

（3）转基因食物可以放心食用吗

随着科技的发展，转基因食品如今已被越来越多的人所接受，全球约有2亿多的人吃过数千种转基因食品。目前我们从市场上购买的转基因食品都已通过风险评估，不会对人体健康产生危险。而且，到目前为止，还没有证据表明转基因食品会对人类健康造成危害。

但是专家提醒消费者，转基因食品是一种新型的高科技食品，是自然界本身不能产生的新事物，有着许多不确定因素。因此，目前我国对转基因食品有一些相应的管理规定，如转基因食品的标识制度，就是考虑到消费者的知情权，要求生产者对转基因食品进行标识，让消费者自己决定是否购买。

（4）关注婴幼儿的营养

婴幼儿时期是大脑迅速发育的时期，科学饮食是促进孩子智力发育的一个重要手段。那么，到底应该给孩子吃什么食物，补充什么营养？

早期喂养：关注 DHA 和 AA

良好的营养是大脑发育的物质基础。众所周知，母乳是婴幼儿最好的营养物质，它含有婴幼儿生长发育所必需的大量营养物质，比如 DHA（二十二碳六烯酸）和 AA（花生四烯酸）。DHA、AA 是长链不饱和脂肪酸，它们是婴幼儿大脑生长发育所必需的营养物质，也是构成神经细胞膜的“结构性”脂肪。

不能坚持母乳喂养的妈妈在选择配方奶粉时，要注意其中是否含有 DHA、AA，量是不是充足，以满足婴幼儿大脑发育的需要，否则会造成孩子大脑发育不良，削弱孩子的学习记忆能力。

在自然界成千上万种的食物中，只有深海鱼、绿叶菜和果仁中含有 DHA；AA 则主要存在于肉类食物中。专家研究认为，以配方奶粉喂养的婴幼儿，应按每天每千克婴儿体重补充 40 毫克 DHA 和 60 毫克 AA，以满足大脑发育的需要。

辅食添加：4 种健脑物质不可少

国外医学家经过多年研究证明，除了 DHA、AA 以外，还有 4 种健脑物质也不可忽视，它们是色氨酸、谷氨酸、铁元素、维生素 C。如果孩子的食物中缺少这 4 种物质，就会影响大脑发育，引起记忆下降、脑功能减退，甚至大脑发育不全。

富含色氨酸的食物主要有牛奶、鱼、蛋以及豆制品等；

富含谷氨酸的食物很多，如面、米等谷类食物，葵花籽、西瓜籽以及豆制品等；

蛋黄、动物肝脏、动物血等富含有人体容易吸收的生物铁；

各种水果、蔬菜含有丰富的维生素 C，其中猕猴桃、橘子中的含量尤为丰富。

（5）五大影响孩子智力的食品

给孩子进食时，要警惕以下的垃圾食品：

含铅食品——主要指爆米花、皮蛋等。铅是细胞的一大杀手，当人体血铅浓度达到 15 微克 /100 毫升时，就会引起孩子发育迟缓、智力减退。

含铝食品——主要指油条、粉丝、凉粉，过多使用铝锅、铝壶等餐具、茶具也可以导致人体的铝含量过多。铝摄入过多，会影响脑细胞功能，导致记忆力下降、思维迟钝。

过氧脂质的食品——主要指油炸食品，如洋快餐、方便面、曲奇等。过氧脂质对人体有害，促使大脑早衰或痴呆。

含盐过多食品——婴幼儿肾脏功能尚不完善，如果吃得太咸，不仅会引起高血压、动脉粥样硬化，还会影响损伤动脉血管，影响脑细胞血液供应，使脑细胞长期处于缺血、缺氧状态，导致智力迟钝、记忆力下降。

有害的脂肪食物——一种是饱和脂肪酸，

陈紫辰

父母寄语 @ 紫辰 - 六六 ：

六六宝贝，20 年之后，想你已是如花似玉的亭亭少女了，那时的你也许会为了前途迷惘，也许会为了爱情忧伤，但是请不要彷徨，成长的前路总有爸爸妈妈为你照亮。

如摄入过量的动物脂肪，如猪油、羊油、牛油等，另一种是反式脂肪酸，如人造黄油、油炸或油爆的炸薯条、方便面等。

（6）尽量不给宝宝吃的食物

糖精：市售的甜味食品和饮料，很多加入了糖精。研究表明，大量食用糖精会引起血液、心脏、肺、末梢神经疾病，损害胃、肾、胆、膀胱等脏器。给宝宝购买加工食品时，请注意包装上所标示的成分是否含有糖精。

爆米花：爆米花含铅量很高，铅会损害人体的神经功能、消化系统和造血功能。宝宝常吃爆米花极易发生慢性铅中毒，出现食欲下降、腹泻、烦躁、牙龈发紫以及生长发育受阻等现象。

口香糖：口香糖中的增塑剂，其代谢物苯酚对人体有害。

罐头：罐头食品在制作过程中加入一定量的食品添加剂，对成人影响不大，对生长发育中的宝宝却有影响，婴幼儿不宜多吃。罐头如果是用马口铁制成的，还可能会引起铅中毒。

人参：市场上有不少人参食品，如人参糖果、人参麦乳精、人参奶粉、人参饼干以及人参蜂王浆等。人参有促进性激素分泌的作用，宝宝食用人参会导致性早熟，严重影响身体的正常发育。

咖啡：宝宝喝咖啡会引起中枢神经系统兴奋、失调和功能紊乱，从而影响智力。

咸鱼：各种咸鱼都含有大量的二甲基亚硝酸盐，这种物质进入人体后会转化为致癌性很强的二甲基亚硝胺。据我国香港和沿海一带调查表明，婴儿时期常吃咸鱼的宝宝，成年后患鼻咽癌的概率比常人高出数倍。

烤羊肉串：羊肉串等烧烤、烟熏食品，在熏烤过程中会产生强致癌物，宝宝常吃这些焦化食品，致癌物质可在体内存积，成年后易发生癌症。

方便面：含有对人体不利的食用色素和防腐剂。面饼如果是油炸的，宝宝多吃容易造成营养失调，影响生长发育。

碳酸饮料：大量饮用碳酸饮料，可能会引起体内钙、磷比例失调，释放出来的二氧化碳会引起宝宝腹胀、肠胃功能紊乱，从而影响钙的吸收，导致成人后的骨质疏松。最新研究表明，过多饮用碳酸饮料甚至可能增加食道癌的危险。

含咖啡因饮料：咖啡因对中枢神经系统有兴奋作用，能刺激胃酸分泌，使人们呼吸加快、心率加快。由于宝宝的各组织器官尚未发育完善，抵抗力和解毒功能弱，不能多喝含咖啡因饮料。

浓茶：含有大量鞣酸，在人体内遇铁便生成鞣酸铁，人体难以吸收，容易造成缺铁状况。宝宝缺铁不仅会发生贫血，还会影响智力发育。

果冻：用增稠剂、香精、酸味剂、着色剂、甜味剂配制而成的果冻，宝宝多吃会影响生长发育。果冻还有造成宝宝意外窒息的可能。

（7）尽量少给宝宝吃的食物

豆类：含有一种能致甲状腺肿的因子，可促使甲状腺素排出体外，使体内缺乏甲状腺素。宝宝正处于生长发育时期，不宜多吃豆类食物。

巧克力：虽然巧克力热量高，味道好，且含有蛋白质、核黄素、铁、类黄酮等营养物质，但所含的可卡因对神经有兴奋作用。宝宝过多食用巧克力，会使中枢神经处于异常兴奋状态，产生焦虑不安、肌肉抽搐、心跳加快等现象，还会影响食欲。

含果汁饮料：这种饮料往往是由一定量的纯果汁和人工色素、糖、水配制出来，宝宝不宜常喝含有人工色素的饮料；而且含果汁饮料中的糖分较多，常喝也会导致肥胖症。

动物脂肪：脂肪是宝宝饮食中不可缺少的一部分，但宝宝多吃动物脂肪，不仅会造成肥胖，还会影响钙的吸收。

食盐：是每个人必须摄入的，但过量也会导致疾病。宝宝每天的食盐摄入量不宜超过5克，否则成年后容易发生高血压、冠心病、胃癌等疾病。

猪肝：是预防宝宝缺铁性贫血的重要食物。但猪肝含有大量胆固醇，宝宝多吃会使体内的胆固醇含量升高，成年后容易诱发心脑血管疾病。

鸡蛋：是营养成分较为全面的食物，但吃得过多会增加体内胆固醇的含量，营养过剩导致肥胖，还会增加胃肠、肝肾的负担。宝宝吃鸡蛋每天不宜超过3个。

菠菜：含有大量草酸，在人体内容易与钙、锌结合生成草酸钙和草酸锌，不易吸收而排出体外。宝宝生长发育需要大量的钙和锌，如果体内缺乏钙和锌，不仅会导致骨骼、牙齿发育不良，还会影响智力发育。菠菜在烧煮前先在开水中焯一下，能去掉大部分草酸。

94. 1～3岁宝宝面食制作

面食是婴幼儿爱吃的主食之一。适合小宝宝吃的有烂糊面、汤面、煨面等，适合大宝宝吃的有过桥面、热拌面、炒面等。市售的通心粉、切面、卷面、盘面等都可以为宝宝烹制面食。给宝宝烹制面食，需要注意面食软滑、汤汁鲜美、配菜易于消化等，蔬菜、肉、蛋、鱼、禽等都可以做面食的配菜。

红绿鱼柳面

原料：胡萝卜一小段，圆椒半个，鳜鱼肉1汤勺，切面适量，1个鸡蛋的蛋清，黄酒、葱姜和盐适量，生粉和麻油少许

制作方法：新鲜的鳜鱼去刺、切丝，加入盐、葱姜、蛋清和生粉上浆待用；胡萝卜、圆椒洗净切细丝，切面切小段备用；开水锅中放入面条，煮开后改小火，焖烧至面烂，加入上了浆的鱼丝和胡萝卜丝、圆椒丝，煮熟后放少许黄酒、盐和葱末，滴入麻油便可。

四色虾仁鲜汁面

原料：西兰花少许，鲜香菇1个，胡萝卜一小截，枸杞子少许，虾仁少许，切面适量，鸡蛋1个，黄酒、盐、葱、姜适量，豆油少量，麻油少许

制作方法：虾仁洗净，剔除泥肠，对半剖开，漂洗后沥干水分，加盐、蛋清和生粉拌匀上浆；胡萝卜洗净切片，西兰花洗净摘成小朵状，香菇洗净切片，枸杞子温水泡软，切面切小段；炒锅倒入适量油，翻炒虾仁至熟；取一锅水，烧开后放入切面，大火烧开后小火煮烂，然后加入西兰花、香菇片、胡萝卜片，烧煮片刻，加入炒熟的虾仁、枸杞子、黄酒、盐和葱姜，最后滴入麻油即成。

毛菜蛋末烩面

原料：鸡蛋1个，鸡毛菜1把，鲜香菇1个，弯管面适量，生粉、盐、葱和麻油少量

制作方法：鸡蛋去壳打匀，放入热油锅内炒熟，切碎丝；鸡毛菜、鲜香菇分别洗净、切

李泽琦

父母寄语@Dodo_Coco：

COCO宝贝，20年后你就是一个帅气的大小伙子了，希望你健康快乐，和DODO哥哥相互扶持快乐成长。

丝；弯管面用温水泡软待用；开水锅中放入弯管面，水开后改小火煮烂，加鸡蛋、香菇和鸡毛菜，一并煮开后，加入盐和葱末，淋入麻油即可。

生菜猪肝面

原料：猪肝一小块，生菜叶2～3片，黑木耳2朵，面条、黄酒、葱姜、盐和麻油适量

制作方法：猪肝洗净，切成细粒，在葱姜水中浸泡片刻；生菜洗净、切碎；黑木耳泡软、切碎；一锅水烧开后，放入面条，小火煮烂后加入猪肝细粒、黄酒和生菜、黑木耳，煮熟后加入盐、葱末，淋入少许麻油即可。

洋葱牛肉拌烂糊面

原料：里脊牛肉少量，洋葱小半个，通心面适量，鲜汤适量，盐、黄酒、熟油适量，生粉、番茄酱少量

制作方法：牛肉洗净，剁成碎末，加入盐和生粉，拌匀备用；洋葱切末或剁泥，通心面泡软待用；炒锅里加少量油，放入洋葱炒出香味，加番茄酱煸透，再加入牛肉快速煸炒至熟，捞出待用；开水锅中加入通心面，烧开后用小火煮烂，取出后放入另一个烧开的鲜汤锅中，再加入煸炒过的牛肉末和洋葱末，黄酒、盐，烧开即可。

面丝丝

原料：龙须面100克，培根熏肠一大片，银鱼一小把，茭白1根，绿豆芽少许，海苔数片，橄榄菜酱1匙，调味品少许

制作方法：用开水下龙须面，水开后再加一次冷水，再次沸腾后捞出、沥干备用；培根熏肠片切细丝，茭白切细丝，绿豆芽去两头，用此三丝煮汤；汤水滚开后，用小火炖一会儿即可调味；然后轻轻放入银鱼，稍煮片刻，再倒入面条，盖锅焖片刻；装碗前，在汤中放1匙橄榄菜酱；装碗后，在面上撒些海苔丝即可。

面团团

原料：盒装燕皮1盒（取用8张），鸡蛋面50克，鲜肉糜2汤匙，鲜虾十几枚，紫菜少许，高汤1碗，调味品少许

制作方法：鲜虾焯水，去壳备用；鲜肉糜调味后，加少许葱姜米，搅拌匀；取燕皮8张放在大盘中，置于关上炉火的热锅上，加盖焖至燕皮回软，在燕皮中包入鲜肉糜、虾仁，包成8只小团团；用开水下鸡蛋面，开锅后再加一次冷水，水再开后捞出、沥干备用；高汤烧开后，倒入鸡蛋面，放入燕皮团团，烧开后捞出装碗；在面上加些紫菜点缀即可。

面片片

原料：大馄饨皮100克，鱼片、肉片、虾等数种荤菜，鸡汤1碗，蔬菜及调味品少许

制作方法：馄饨皮切成菱形片状；鱼片、肉片、虾等数种荤菜切片，焯水，捞出后备用；用开水下馄饨皮，煮熟后捞出，用冷水冲一下；鸡汤下锅，倒入荤菜原料，煮开后放入面片，汤滚开后放少许蔬菜，调味即可。

面糊糊

原料：意大利面100克，鸡蛋2个，鲜肉糜少许，花生酱1份，调味品、色拉油少许

制作方法：用冷水下意大利面，烧开几次，每次加一碗水，盖锅煮熟煮透，捞出沥水后备用；鸡蛋用清水煮熟，冷却后去壳一切为二，挖出蛋黄，碾碎后放花生酱，加盐、开水、鸡精调味成拌面酱，取部分面酱扣入蛋白；起小油锅，热至八成，放入鲜肉糜后熬煮片刻，倒在面上，再放入花面酱，将面拌匀即可。

95. 1～3岁宝宝营养菜制作

牛奶土豆泥

原料：土豆半斤，奶粉1调羹，精制油、

鲜汤和盐适量

制作方法：土豆水煮，酥熟后去皮，用刀压制成泥，加入盐和奶粉搅拌均匀；炒锅上火，放入适量精制油，放入土豆泥和适量鲜汤，炒至不粘锅，加盐调味即可。

营养功效：土豆富含蛋白质、钙和纤维素，有通便润肠的作用。

奶香鱼条

原料：鲈鱼1条，蛋清1个，牛奶3调羹，盐、葱姜水、精制油、白糖、黄酒以及水淀粉适量

制作方法：将鲈鱼洗净，去头去内脏，批下中间龙骨两边带皮的鱼肉，批去贴着鱼肚上的大骨刺；然后将鱼皮朝下贴着木砧板，用刀钝的一侧剁鱼肉，使小鱼刺穿过鱼皮刺向砧板，这样就能得到不带鱼刺和鱼皮的纯鱼肉了；将鱼肉剁成泥，加入盐、葱姜水、蛋清和淀粉，拌匀，反复搅拌上劲，然后放入直角盘中，上笼，用中火蒸15分钟左右，冷却后取出切成小条；炒锅中加入少许油和汤水，加盐、白糖和牛奶，烧开后放入鱼条，水淀粉勾芡，淋入少许麻油即可。

营养功效：鱼肉中富含蛋白质和钙，牛奶富含钙质，宝宝容易消化和吸收营养。

奶酪鱼脯

原料：生鱼肉小半饭碗，鸡蛋清1个，牛奶小半饭碗，精制油、葱姜水、盐、白糖、水淀粉、奶酪粉适量

制作方法：鱼肉剁成泥，加入葱姜水、盐、鸡蛋清和水淀粉，搅拌均匀后放入方型容器内，上沸水笼中，中火蒸熟，冷却后切成方片鱼脯；奶酪粉倒入牛奶里，搅拌均匀；炒锅烧热，加入少许油、汤水、搅拌过的奶酪粉、盐和白糖，最后放入鱼脯，烧开后用水淀粉勾芡，淋少许熟油，装盆。

营养功效：牛奶中富含蛋白质和钙，易于消化吸收；鱼肉营养丰富，利于幼儿生长发育。

白玉肝糕丁

原料：豆腐50克，鸡肝200克，鸡蛋2个，葱姜水、盐、黄酒、酱油、白糖、麻油、水淀粉适量

制作方法：鸡肝洗净，用葱姜水泡1小时，用刀背敲打后将鸡肝筋脉去除，留下肝泥，放入粉碎机搅碎加入2只鸡蛋，适量的葱姜水、盐、黄酒、酱油、白糖拌匀，倒入容器，在沸水锅中火蒸10～12分钟，冷却后取出，改刀成丁；豆腐切丁，炒锅里放葱姜水，把豆腐丁放入烧开，加肝糕丁、盐、鲜汤烧开，淋水淀粉勾芡，滴麻油后起锅装盆。

营养功效：鸡肝富含维生素A、维生素B、铁和锌；豆腐富含优质植物蛋白，这是一道易于吸收的补血佳肴。

翡翠虾丸

原料：鲜虾250克，核桃油、精盐适量，姜葱水、糖少许

制作方法：将鲜虾洗净，用手挤出虾仁，

连文瀚

父母寄语 @linnlinlan：

文瀚宝贝，现在的你是一个美丽童话的开始，以后的故事包容万象，一定美不胜收，是绚丽的晨曦。也许有风有雨，但一定会迎来灿烂的阳光，愿你健康、快乐、聪明、纯真、善良，你幸福所以我们幸福！

再用温水淘洗虾仁，沥干水分，虾皮洗净待用；把虾仁剁成泥状，放入核桃油、姜葱水、糖，用手拌开，腌2分钟；把洗净的虾皮放入锅内，加水，大火煮开后再用小火焖约5分钟，汤变色即可；捞出虾皮，用小勺把腌好的虾泥舀成五角硬币大小，放入锅内，大火煮开后用小火炖10分钟左右即成，装盘后可滴一点核桃油。

营养功效：虾富含蛋白蛋和钙、磷、铁，肉质松软细嫩，容易消化和吸收。

幼美小牛肉粒

原料：牛里脊肉小半饭碗，鸡蛋1只，洋葱半个，土豆半个，奶粉2调羹，橄榄油、番茄酱、盐、糖、老抽酱油、奶油和淀粉适量

制作方法：牛肉洗净，剁成泥；洋葱切末，土豆切半，半个洗净、切粒、烧熟，另半个洗净、烧熟、剁成土豆泥，加入奶粉和少量水调稀待用；牛肉中加入土豆泥、洋葱末、鸡蛋、盐、老抽酱油、白糖适量，淀粉少许，搅拌上劲；取烤盘，涂上橄榄油，放入上述原料，摊平，表面涂油；将烤箱温度预热至240℃，放入烤盘，加热约20分钟，烤熟后取出，切成小粒；没有烤箱也可改用蒸制；炒锅中放入少许橄榄油，加热，将剩余的洋葱末煸炒出香味，放入土豆粒、番茄酱、奶油、用水调匀的奶粉、盐和糖，一起炒至均匀入味，色泽红亮，最后放入牛肉粒，烧开勾芡，淋少量麻油即可。

营养功效：牛肉富含蛋白质，洋葱杀菌开胃，土豆富含纤维素。

软溜鱼虾球

原料：净青鱼肉150克，净虾仁150克，鸡蛋1个，精制油、葱姜水、盐、水淀粉、干淀粉适量

制作方法：青鱼肉洗净，切成茸状，放入容器中，加葱姜水、加盐，拌匀后加少许蛋清和干淀粉，拌匀待用；虾仁洗净、去沙肠，用清水漂净，沥干水分，加少许盐、蛋清、干淀粉拌匀待用；锅内放入适量清水，用手将鱼茸挤成大小均匀的丸子，放入冷水锅中；把锅放置炉火上，开大火烧至九成开，鱼丸熟后捞出；把锅洗净、烧热，放入适量油烧至三成热，虾仁下锅滑油至熟，捞出沥油；锅中留余油，放入汤水、盐一起烧，待开后放入鱼丸、虾仁，烧开后用水淀粉匀芡，淋少许熟油出锅装盆。

营养功效：鱼虾富含优质动物蛋白，还含有丰富的钙、磷等微量元素，能提高宝宝的免疫力，促进生长发育。

胡萝卜泥肉糜豆腐羹

原料：净肉糜25克，胡萝卜50克，豆腐400克，精制油、蛋清、鸡汤、盐、水淀粉适量

制作方法：胡萝卜做成泥；豆腐切成小方块待用；锅中放适量精制油，煸炒洋葱出香味后放入肉末；将胡萝卜泥一起入锅煸炒，再放入高汤和豆腐，烧开后加盐、鸡精，勾芡即可。

营养功效：猪肉富含优质动物蛋白，豆腐为优质植物蛋白，胡萝卜中的维生素A含量高，经常食用能增强宝宝体质。

干贝蛋茸羹

原料：发好的干贝丝10克，水发香菇10克，胡萝卜15克，鸡蛋1个，鲜汤、葱花、盐、鸡精、水淀粉适量

制作方法：香菇、胡萝卜分别切丝，鸡蛋去壳、打匀；将洗净的炒锅放置炉上，加入鲜汤，放入干贝丝、香菇丝、胡萝卜丝一起烧开，加入盐、鸡精后用水淀粉勾芡，淋入蛋液，撒上葱花，出锅装入汤碗中。

营养功效：鸡蛋含有丰富、易吸收的蛋白质，与肝糕中的豆腐一起食用，增强了营养功效。

胡萝卜山药粥

原料：胡萝卜250克，山药250克，粳米50克

制作方法：将胡萝卜及山药切成小块；将粳

米加水煮粥，半熟时加入胡萝卜及山药，再煮成粥。

营养功效：山药健脾消食，胡萝卜可提高呼吸道黏膜的抵抗力。此粥适用于易感冒、食欲差的宝宝。

黄芪红枣粥

原料：黄芪10克，红枣15枚，粳米50克

制作方法：黄芪放入水中煮约半小时，去渣取汁，加入红枣及粳米煮粥，早晚各吃一次。

营养功效：黄芪有提高免疫力的作用，红枣养血、补血。此粥适用于易感冒、有贫血的宝宝。

太子参麦冬枸杞粥

原料：太子参12克，枸杞12克，麦冬12克，粳米50克

制作方法：太子参、麦冬加水煮30分钟，去渣取汁，加枸杞、粳米煮粥，早晚各吃一次。

营养功效：太子参补气，可提高免疫力；麦冬养阴补肾，枸杞补肝肾。此粥适用于容易发生呼吸道感染的宝宝。

冰糖南瓜血糯粥

原料：粳米50克，血糯米20克，南瓜30克，冰糖少许

制作方法：血糯米用冷水浸泡2小时；南瓜切成米粒大小，备用；粳米和浸泡好的血糯米放入开水锅内，用中小火熬制成薄粥，待米粒开花且粥略显凝稠时，放入适量冰糖和南瓜粒；熬至冰糖溶化及南瓜粒酥软，关火冷却。

营养功效：血糯米有养肝、润肝的功效，南瓜含有维生素和果胶，果胶具有很好的吸附性，能粘结体内有害物质排出体外。

红枣核桃露

原料：红枣50克，核桃仁50克，砂糖适量

制作方法：核桃仁烘炒至香味出来，红枣洗净后用开水煮烂；将红枣与核桃仁一起加水，用粉碎机粉碎后剔去红枣皮；将红枣核桃浆汁倒入锅中，用中小火熬煮，同时用勺子不停搅拌以免粘底，煮开后加砂糖。

营养功效：核桃中所含的磷脂，对脑神经有良好的保健作用，红枣能补气养血。

96. 1～3岁宝宝汤羹制作

青菜泥蛋黄汤

原料：嫩青菜250克，肉汤350克，牛奶50克

制作方法：将肉汤煮开，加入切碎的嫩青菜，煮烂后往汤锅里加入牛奶，再次煮开后，加入预先煮熟碾碎的鸡蛋黄即可。

营养功效：此汤富含维生素和矿物质。

肝泥汤

原料：动物肝(猪肝、鹅肝、鸡肝均可) 75克，胡萝卜100克，熟鸡蛋黄1只，肉汤350毫升

制作方法：先将胡萝卜切碎煮成浓汁，再把动物肝切碎，用纱布包裹榨取肝浆；将萝卜汁、肝浆与肉汤一同入锅，煮开10分钟后搅入碾碎的熟蛋黄，再煮沸便可。

营养功效：此汤富含蛋白质、维生素、铁、磷等，对增强幼儿体质有良好效果。

鱼肉泥汤

原料：鲜熟鱼肉750克，鱼汤350毫升，去皮、切丝的马铃薯、胡萝卜各100克，熟鸡蛋黄1只

制作方法：将马铃薯与胡萝卜加水煮烂，待汤将收干时离火，挤出浓汁备用；往浓汁中加入鱼肉碎末，倒入鱼汤，煮10分钟，拌入碾碎的鸡蛋黄即成。

营养功效：鱼肉含蛋白质极高，易于消化吸收，有改善幼儿食欲、促进生长发育的功效。

胡萝卜猪骨瘦肉汤

原料：胡萝卜、猪骨各250克，瘦肉100克

制作方法：在胡萝卜、猪骨中加适量清水，慢火炖2小时即可。

营养功效：此汤对口干唇燥、视力差、消瘦、行动迟缓的孩子有一定效果。

枸杞叶猪肝汤

原料：枸杞叶250克，猪肝100克

制作方法：先煮枸杞叶，滚开后将猪肝剁成泥入汤共煮，沸腾后开小火煮10分钟即可。

营养功效：此汤能清肝去热，对眼红、口烂、鼻周生疮有一定效果。

沙参玉竹莲子百合汤

原料：沙参50克、玉竹、莲子、百合各25克，鸡蛋1只

制作方法：鸡蛋加水炖半小时，去蛋壳；取沙参、玉竹、莲子、百合，放入鸡蛋再炖半小时即可。

营养功效：此汤滋阴清热、润肺止咳，适用于体弱发热、痰多咳嗽、容易口渴的孩子。

薏米猪小肚汤

原料：薏米50克，猪小肚（即猪膀胱）2只

制作方法：薏米、猪小肚入锅，放适量水，慢火炖1小时即可。

营养功效：此汤能清湿热，适合小便赤少、湿热较重的孩子。

北芪龙眼羊肉汤

原料：北芪50克，龙眼肉25克，羊肉250克

制作方法：取北芪、龙眼肉、羊肉，加水适量慢火炖半小时，得浓汤即可。

营养功效：此汤能补气升阳，养血益脾。对于体质虚弱、容易出汗或反复感冒、患有贫血的孩子，有增强机体免疫力的作用。

白扁豆瘦肉汤

原料：白扁豆50克，瘦猪肉100克

制作方法：取白扁豆、瘦猪肉，加水适量，慢火炖1小时即可。

营养功效：此汤健脾养胃，消暑止渴。适用于胃口差、食量少、腹胀的孩子。

淮山莲肉芡实瘦肉汤

原料：淮山、莲肉、芡实各50克，瘦猪肉100克

制作方法：取淮山、莲肉、芡实、瘦猪肉，洗净后加水500毫升，慢火炖1小时即可。

营养功效：该汤有健脾消食的功效，适用于脾胃虚弱、容易疲倦或病后初愈的孩子。

莲藕百合润肺羹

原料：嫩莲藕50克，鲜百合30克，大米50克，冰糖80克

制作方法：将嫩莲藕洗刷干净，切成细粒，鲜百合洗净、分剥；在沸水锅中放入嫩莲藕细粒、百合，煮至酥烂时，加入大米，煮成薄粥样，加入冰糖，溶化即成。

营养功效：莲藕富含维生素C等，有润肺生津的功效，百合能清肺去热。此羹具有健脾和胃、润肺止咳等功用，适用于慢性秋季咳嗽的宝宝。

97. 宝宝营养小零食制作

宝宝大多爱吃零食，可商场买来的零食里往往有添加剂，难免会让你不放心。制作简单的健康小零食，能更好地满足宝宝对多种维生素和矿物质的需要。宝宝的消化系统尚未发育成熟，胃容量小，在两餐之间提供1～2次营养零食，比只吃三餐更容易获得营养平衡。

宝宝的营养零食可以选择以下几种：

蛋类、豆制品、牛奶、酸奶——含有丰富

的钙和蛋白质，有益于骨骼、牙齿的生长；

甘薯类——含丰富的维生素、矿物质和膳食纤维；

动物内脏——含有丰富的维生素 A 和铁，是补血佳品；

坚果类——含丰富的微量元素，既补身体又补脑。

卤香鹌鹑蛋

原料：新鲜鹌鹑蛋，糖、酱油、葱、姜、料酒

制作方法：鹌鹑蛋洗净，放入冷水锅中，用中火煮开，捞出鹌鹑蛋，去壳；锅中换干净的水，放入葱、姜，烧开后用中火，倒入鹌鹑蛋，加入酱油、糖，煮开后再用小火焖 3 分钟左右，或关火加盖焖至卤味渗入蛋内。

营养功效：鹌鹑蛋营养全面，尤其维生素 A、维生素 D 的含量较高。

酱香鸡肝

原料：新鲜鸡肝，糖、酱油、葱、姜、料酒、茴香、桂皮、盐适量

制作方法：鸡肝洗净，放入沸水锅中，加料酒焯一下后捞出，用清水冲净；锅中换干净的水，放入葱姜、茴香、桂皮，烧开后放入冲净的鸡肝，加入料酒、酱油、糖、盐；待煮沸后用中小火，加锅盖焖烧约 15 分钟即可。

营养功效：肝脏含有丰富的营养物质，是补血佳品。

冰糖奶香玉米棒

原料：玉米棒 2 根，冰糖适量

制作方法：玉米棒洗净，切成 3 厘米厚的段；将切好的玉米段放入锅中，加适量水，加入冰糖，用大火烧开后，用中火煮 30 分钟左右。

营养功效：玉米中的维生素 B_6、烟酸等成分，具有促进胃肠蠕动、防治便秘的功效。

香烤红薯

原料：红薯 2 个，食用油适量

制作方法：红薯洗净、去皮、切块；烤盘刷油，将切好的红薯平铺在烤盘里；烤箱预热到 160℃后放入烤盘，烤 40 ～ 45 分钟。

营养功效：红薯含纤维素和果胶，能刺激肠胃蠕动，使大便畅通，还含有丰富的糖类、维生素、矿物质等营养成分。

98. 选择适合宝宝食用的水果

（1）选择当季的新鲜水果

现在水果的保存方法越来越先进，冬天吃夏天的西瓜已经不是什么稀罕事。但是，一些水果如果储存时间过长，营养成分也会丢失很多，所以建议父母注意以下几点：

购买水果应首选当季水果；

每次买的数量不要太多，随吃随买，防止水果霉烂或储存时间过长，降低水果的营养成分；

尽量选择那些表面有光泽、没有霉点的新鲜水果。

（2）选择与宝宝体质相宜的水果

父母应挑选与宝宝的体质相宜的水果：

体质偏热、容易便秘的宝宝，最好吃寒凉性水果，如梨、西瓜、香蕉、猕猴桃等，清火去热。

如果缺乏维生素 A、维生素 C，那就要多吃杏、甜瓜及柑橘。

如果宝宝正在感冒、咳嗽，可以选用梨加冰糖炖水喝，生津润肺。

如果宝宝正在腹泻，应该喂食苹果泥，苹果含有较多的鞣酸、果胶等收敛物质，能够吸收肠毒素，达到止泻效果。

（3）哪些水果食用时要注意

菠萝：有的宝宝天生对菠萝过敏，吃了菠萝 10 分钟后会出现肚子痛、呕吐等症状，要及

时送医院治疗。

荔枝：含有一种物质，可引起人体血糖过低导致休克，宝宝食用荔枝后如出现头晕目眩、面色苍白、四肢无力、大汗淋漓等症状，应马上送医院治疗。

柿子：与红薯、螃蟹同吃，会在胃内形成不能溶解的硬块，导致便秘、胃部胀痛、呕吐和消化不良。

香蕉：不能在短时间内让宝宝吃得太多，尤其是脾胃虚弱的宝宝，否则会引起恶心、呕吐和腹泻。

西瓜：西瓜性寒，清凉解渴，但脾胃虚弱的宝宝食用太多容易引起腹泻。

（4）每天吃多少水果较为合适

宝宝吃水果可不是越多越好，每天吃的品种也不能太多，每次吃的量也要有所节制。大多数水果的含糖量都很高，吃多了会造成食欲不振，影响消化和其他必需营养素的摄取。另外，宝宝的胃肠功能发育不够完善，给宝宝吃的水果太多太杂，反而造成宝宝便秘或腹泻。

宝宝刚开始吃水果时，要循序渐进，注意观察大便。

每天吃的水果，品种不能超过三种。

注意每天水果摄入的总量，一般控制在每天 50 ～ 100 克。

（5）吃水果的最佳时间

一些妈妈认为，饭后吃水果可以促进消化，这对于正在生长发育中的宝宝来说并不适宜。因为一些水果中有不少单糖物质，虽说极易被小肠吸收，但若堵在胃中，就容易形成胃胀气，还可能引起便秘。所以饱餐之后不要马上给宝宝吃水果。

另外，餐前也不是吃水果的最佳时间。宝宝的胃容量较小，如果在餐前食用，就会占据胃的空间，影响正餐的摄入。

最佳的做法，是把吃水果的时间安排在两餐之间，比如午睡醒来，吃一个苹果或橘子。

（6）清洗水果的正确方法

将水果洗净，在清水中浸泡 30 分钟，也可用淡盐水浸泡 20 分钟，再用流动水冲洗干净。可以削皮或剥皮的水果，应用清水洗净外皮后再去皮。

切忌用酒精消毒。酒精虽能杀死水果表层的细菌，但会引起水果色、香、味的改变，而且一旦酒精和水果中的酸性物质发生作用，会降低水果的营养价值。

注意刀具的清洁，用不干净的切菜刀削水果是大忌。菜刀常接触肉、鱼和蔬菜，可能会把寄生虫或寄生虫卵带到水果上，使人感染寄生虫病。菜刀上的锈斑和水果所含的鞣酸接触，容易起化学反应，影响水果的质量，破坏营养素。

（7）水果不能代替蔬菜

蔬菜的口感和口味都远不及水果。水果中含有大量的果糖、维生素和纤维素，甜味浓郁，果肉细腻，汁水丰富，很多妈妈都会在宝宝不爱吃蔬菜时，让他多吃水果，以此弥补不吃蔬菜造成的损失。其实，这种做法很不科学。

摄入过量的果糖，会使宝宝产生饱腹感，导致食欲下降，同时可能造成宝宝体内的铜元素缺乏，影响骨骼发育。另外，蔬菜中钙、铁和粗纤维的含量比水果高得多，更能促进肠肌蠕动，保证营养的摄入。

（8）果汁与水果的差别

果汁和水果的营养有着不少差别，果汁不能完全代替水果，因为完整水果远比果汁的营养价值高，并且现榨的新鲜果汁比市场上购买的成品果汁的营养价值要高。

果汁中基本不含或很少含有水果纤维素；

在捣碎和压榨过程中，水果中的一些易氧化维生素容易遭到破坏；

果汁生产过程中的添加物会影响到果汁的

营养质量，如甜味剂、防腐剂、使果汁清亮的凝固剂和防止果汁变色的添加剂等；

果汁的灭菌过程，会使水果的营养成分受损。

（9）妈妈不可不知的水果小知识

水果	所含营养素	功能	禁忌
猕猴桃	维生素C、维生素B、维生素D、钙、磷、钾、镁、铁、锌	解热止渴、利尿通便、帮助消化、促进生长激素分泌、帮助伤口愈合	脾胃虚寒的宝宝多食易腹泻
木瓜	维生素B、维生素C、木瓜蛋白分解酵素、钙、钾、铁	脾胃通便、清暑解渴、解毒消肿、润肺止咳	多食容易胀气、腹泻，降低对钙、铁、叶酸的吸收
草莓	维生素 B_1、维生素 B_2、维生素C、胡萝卜素、钙、磷、铁、钾、柠檬酸、有机酸、果胶、草莓胺	润肺止咳、健脾消食、补血固肾、清热凉血	肠胃虚寒、便泻的宝宝不宜多吃
苹果	胡萝卜素、硫胺素、核黄素、烟碱酸、维生素A、维生素B、维生素C、果胶、有机酸、钙、磷、铁、锌、硫和硒	生津止渴、润肺健脾、排毒止泻、调理肠胃、促进肾机能，还可促进大脑发育、增强记忆力	适合各种体质的宝宝
葡萄	葡萄糖、果糖、有机酸、维生素A、维生素B、维生素C、维生素D、磷、钙、铁、钠、钾、锌	养血固肾、补血安神、滋肾益肝、帮助消化、排毒利尿、抗氧化	含糖量高，胖宝宝要少吃
香蕉	维生素A、维生素B、维生素C、维生素E、果胶、钙、磷、铁、镁，含钾量为果中之冠	清脾滑肠、止泻止痢、清热解毒、治便秘痔疮、加强免疫力	脾胃虚寒、胃疼腹泻的宝宝不能吃
梨	维生素B、维生素C、钙、镁、磷、钠、铁、钾、锌	生津止渴、润燥化痰、润肠通便、清热排毒	脾胃虚寒的宝宝要慎吃

（10）妈妈自制水果饮品

冰糖红果荸荠茶

原料：荸荠100克，红果干（山楂）8克，冰糖50克

制作方法：红果干洗净，荸荠洗净，连皮拍碎；锅中水煮开，加入荸荠、红果干；用中小火煮到汤汁收浓，捞出荸荠和红果干，加入冰糖，溶化即可食用。

营养功效：荸荠清热、生津、润喉，红果干开胃、解渴、健胃，可以提高宝宝的免疫力。

梨香橘皮蜜糖饮

原料：生梨400克，鲜橘皮30克，蜂蜜50克

制作方法：生梨洗净，连皮切块，鲜橘皮洗净、切片待用；锅中水烧开，加入生梨块、橘皮片；中小火煮至汤汁收浓，捞出原料，稍冷后加入蜂蜜即可。

营养功效：梨生津解渴、润肺去燥；鲜橘皮通气消食、化痰止咳；蜂蜜润肠。这是一道滋阴、润肺的营养饮品。

冰糖洋葱金橘水

原料：金橘200克，洋葱50克、冰糖50克

制作方法：洋葱洗净、切片，金橘洗净，用刀板拍碎待用；锅中水烧开，放入金橘烧滚，改用中火烧15分钟；加入洋葱煮沸，捞出原料，加冰糖即可。

营养功效：洋葱清热化痰、解毒杀虫；金橘生津利咽、理气化痰；冰糖滋润肠胃。这是一道时令营养汤。

冰糖荸荠红枣水

原料：去核红枣40克，荸荠100克，枸杞子6克，冰糖50克

制作方法：荸荠洗净、切块，枸杞子和红枣略洗；放入开水锅，中火煮约20分钟，捞去荸荠和枸杞子后，加入冰糖取汁，红枣随汤就食。

营养功效：红枣补血、抗过敏，枸杞子明目、

益肝肾，荸荠含有不耐热的抗菌成分，对金黄色葡萄球菌、大肠杆菌等有抑制作用，这是一道补血养肝、抗菌防病的营养保健汤。

99. 宝宝饮食的十个非常提醒

饭前喝汤好：饭前喝少量的汤，好比运动前做热身，能使消化器官活动起来，使消化腺分泌足量的消化液，也能让孩子很好地进食，饭后也会感到舒服。

吃好早餐：早餐吃不好，孩子上学时就会反应迟钝、精力不足，还易发生低血糖。

午餐前不要喝果汁：午餐前 40 分钟喝果汁会影响孩子午餐的进食量，果汁中过量的糖分也会让孩子食欲降低，影响其他营养的摄入。

馒头的营养更好：面包的色香味均佳，但由于是用烘炉烤出来的，面粉中的赖氨酸在高温中会发生分解，而用蒸气蒸馒头则无此弊，从营养价值来看，馒头中的蛋白质含量更高些。

鲜鱼和豆腐合吃能提高钙的吸收：鱼肉含有丰富的维生素 D，豆腐含有较多的钙，若将豆腐和鱼一起食用，可使人体对钙的吸收提高 20 倍。

喝豆浆的注意事项：最好不要在豆浆中冲入鸡蛋，因为鸡蛋中的黏液性蛋白容易和豆浆中的胰蛋白酶结合，会产生不被身体吸收的物质，减少豆浆的营养价值。

碳酸饮料不宜多喝：汽水会降低宝宝胃液的消化和杀菌能力，影响正常食欲。可乐里含有的咖啡因还对中枢神经有较强的兴奋作用，是小儿多动症的病因之一。

吃鸡蛋的禁忌：鸡蛋吃得过多，不仅不能被人体充分利用，这些消化不掉的蛋白质还会加速细菌腐败，生成对身体有害的物质。

饮食注意酸碱平衡：食物中的鱼、肉、禽、蛋、米、面为酸性，蔬菜、水果、豆制品为碱性。只要饮食多样化，并且多吃五谷杂粮，就能保持身体的酸碱平衡。

不要吃汤泡饭：如果汤和饭混在一起吃，食物在口腔不经过嚼烂就同汤一起进入胃里，不利于消化和吸收，时间长了还容易生胃病。

100. 宝宝牙齿早护理

（1）宝宝的口腔清洁常识

0 ~ 1 岁宝宝

给宝宝喂奶后，用一块干净柔软的纱布轻擦宝宝牙龈。

睡前不要给宝宝吃东西或喝饮料，以免产生的酸性物质损害牙齿。

父母不要和宝宝同用一个水杯，并经常清洗奶瓶、奶嘴等。

1 ~ 3 岁宝宝

家长为宝宝清洁牙齿时，应坐在他身后，让宝宝的背靠在大人身上（大腿或小腹上），头轻微后仰，使家长能直视牙齿的每一个区域。

将宝宝的头部偏转 45 度角，以防口水误入咽喉，再细心为宝宝清洁牙齿。

2 岁后可以用牙刷为宝宝清洁牙齿。

3 岁后宝宝

宝宝刚开始学刷牙，不要求他刷得干净，先让他熟悉刷牙的动作，再逐渐要求刷干净。

家长教宝宝握住牙刷后，把牙刷斜放在牙齿与牙龈之间的位置，2 ~ 3 颗牙齿为一组，以适中的力度刷牙。

正确的刷牙方法是，顺着牙缝上下转动地刷，即上牙从上往下刷，下牙从下向上刷，咬合面来回刷。

刷牙力度要适中，不宜太用力，以免弄伤宝宝的牙龈。

父母可以陪孩子一起刷牙，建立早晚刷牙的习惯。

3岁后应定期给宝宝检查牙齿，3～5岁时每隔2～3个月检查一次，3～12岁时每隔半年检查一次，12岁以上每年检查一次。

（2）如何挑选和清洁牙刷

为宝宝选择儿童专用牙刷；

牙刷的全长以12～13厘米为宜，牙刷头长度为16～18厘米，宽度不超过0.8厘米，高度不超过0.9厘米；

牙刷柄要直，粗细要适中，便于孩子握持，牙刷头和柄之间的颈部应稍细；

牙刷毛要软硬适中、富有弹性，毛面应平齐或呈波浪状，毛头应经磨圆处理；

刷牙后将牙刷用清水洗净，甩干后头朝上放置；

3个月左右更换一次新牙刷；

每个星期用开水烫一次牙刷。

（3）如何挑选和使用牙膏

选择产生泡沫不太多的牙膏；

选择孩子喜爱的香型但不含糖的牙膏；

宝宝3岁后可以使用含氟牙膏，有助于防止龋齿；

选择摩擦剂较好的牙膏，膏体细腻光滑的，通常是高档硅作摩擦剂的牙膏；

不长期固定使用一种牙膏；

不使用过期、失效的牙膏；

每次牙膏的用量约为一粒黄豆大小。

（4）出牙期表现

宝宝的第一颗乳牙在出生后4～10个月萌出，到30个月左右出齐20颗乳牙。乳牙萌出的顺序一般为先下中切牙，再上中切牙，然后按照由中间到两边的顺序依次萌出。由于每个宝宝的个体情况不同，出牙的情况也会不同，但只要宝宝身体健康，早几个月或晚几个月出牙都是正常的。

流口水：宝宝口腔的唾液分泌增多，但由于吞咽能力还不完善，所以会形成流口水现象。

啃咬硬物：宝宝牙龈痒痒的，经常喜欢找一些较硬的物品啃咬。

哭闹：出牙时的不适感，常使宝宝吃不好、睡不香、脾气火爆、爱哭闹。

发低烧：有一部分宝宝在出牙时会出现低烧现象。

（5）出牙期的护理

坚持母乳喂养：母乳是对宝宝最有益的食物，且不会引发龋齿。

保持牙龈清洁：每次给宝宝吃完辅食后，要加喂几口白开水，冲洗口中的食物残渣，然后用干净的湿纱布帮宝宝擦拭牙龈。

磨牙食品：准备一些专为出牙宝宝设计的磨牙饼干，制作一些手指粗细的胡萝卜条或西芹条，让宝宝啃咬，以缓解不适。这些磨牙食物还能为宝宝提供营养，锻炼咀嚼能力，强壮脸部肌肉。

按摩及冰镇牙龈：妈妈可以戴上指套或用湿纱布帮宝宝按摩牙龈，也可以将牙胶冰镇后给宝宝磨牙，能帮宝宝缓解出牙不适，还能促进乳牙萌出。

加强营养：出牙期要给宝宝补充营养，尤其是补充维生素A、维生素C、维生素D以及钙、镁、磷、氟等矿物质。平时多给宝宝吃鱼、肉、鸡蛋、虾皮、骨头汤、豆制品、水果和蔬菜，有利于乳牙的萌出和生长。

多晒太阳：晒太阳可以增强免疫力，促进钙的吸收，帮助牙齿坚固。

清洁乳牙：从宝宝开始萌出第一颗乳牙后，妈妈可以每天用干净的纱布为宝宝清洁小乳牙，必要时可以使用牙线来清洁牙缝。

喝奶有助宝宝睡眠，很多父母索性让宝宝含着奶嘴睡觉，其实这样做会危害牙床和乳牙。一些父母认为，乳牙迟早会被恒牙替换掉，保护恒牙才是最重要的。孰不知，乳牙龋坏了会严重影响宝宝的日常生活——吃不下、睡不好、情绪差。乳牙发炎肿痛，还会殃及未萌出的恒牙牙胚，导致牙胚发育不良。

101. 及早发现牙齿发育异常

牙齿发育异常是儿童牙病中重要的一部分，病因目前还不太明确，有的是遗传或家族性的，有的是环境影响。如果父母没有在第一时间认识到宝宝牙齿发育异常，延误早期必要的预防或治疗，有的会引起严重感染，如疼痛、发热等。

(1) 牙齿数目异常

牙齿数目过少

个别牙缺失：先天个别牙齿缺失，一般不会伴有全身症状。

多数牙缺失：先天缺失6颗及6颗以上牙齿，通常伴有身体系统性异常，或是某综合征的一种症状。

先天性无牙症：先天性多颗牙缺失的一种严重表现，全口无牙。

应对要诀：乳牙时期与恒牙时期的牙数异常有一定关系，约75%的乳牙缺牙的宝宝会有恒牙缺牙的现象。先天缺牙数目较少，对咀嚼功能、牙齿排列的形态和美观的影响不大，可以不作处理。缺牙数目较多，可做活动义齿修复体（假牙），以恢复咀嚼功能，促进颌面骨骼和肌肉的发育。但修复体必须随宝宝牙颌的生长发育而不断更换，一般每年更换一次，以免义齿妨碍宝宝颌骨的发育。

牙齿数目过多

牙齿数目过多，称为多生牙，在牙列中多生一个或几个牙。上颌中切牙（门牙）之间的多生牙比较多见。多生牙的形态各种各样，大多数较小，主要有圆锥形、圆柱形、三角棱形，其次为数尖融合形、结节形，有的与正常牙的外形相似。

多生牙有的长到牙齿外边，也有的嵌于颌骨内，没有长出来。

多生牙对牙列发育的影响，主要表现在对恒牙发育和萌出的影响。

应对要诀：萌出的多生牙应及时拔除，以利于邻近恒牙的顺利萌出和减少恒牙的错位。对埋藏在颌骨内的多生牙，如果不产生任何病理变化，可以不处理。为减少多生牙对恒牙或恒牙列的影响，应尽早发现、及时处理。

(2) 牙齿形态异常

畸形牙尖与畸形窝：畸形牙尖突出于咬合面，妨碍咬合，有的尖内有牙髓角突入，折断后容易引起牙髓感染。畸形窝容易滞留食物和堆积菌斑而患龋病，患龋后发展较快，容易引起牙髓和尖周病变。

应对要诀：发现宝宝有畸形窝，应尽早上医院进行窝沟封闭，预防龋病发生。

畸形中央尖：大多数中央尖是左右同名牙对称发生的，最多出现在下颌第二前磨牙。

应对要诀：为防止中央尖折断和并发症发生，可采用分次磨除法或充填法。

过大牙、过小牙及锥形牙：过大牙有个别牙过大和普通性牙过大的区别。个别牙过大对身体健康无任何影响，可不作处理。

过小牙是指小于正常牙的牙齿，过小牙的形态常呈圆锥性，又称锥形牙。

应对要诀：牙过小影响美观，可做树脂冠修复，由于对身体健康无任何影响，也可不作处理。

双牙畸形：是指牙齿在发育时期，由于机械压力因素的影响，使两个正在发育的牙胚融合为一体。

应对要诀：乳牙时期患双牙畸形，一般只有任其发展。双牙畸形在替换时常常吸收不完全，此时在待替换侧可以适当片切牙冠，减少其近远中径，以使恒牙及时萌出。

弯曲牙：是牙冠和牙根形成一定弯曲角度的牙齿，弯曲牙多见于上恒中切牙，弯曲的部位取决于乳牙受伤的时间。弯曲牙需通过X线片才能确诊。

应对要诀：弯曲牙的治疗取决于弯曲程度。

（3）牙齿结构异常

釉质发育不全牙：釉质在发育过程中，受到某些全身性或局部性因素影响而出现的釉质结构异常。其病因和发病机制目前尚未完全清楚，主要表现为牙齿变色和牙釉质缺损，变色的釉质为白垩色或黄褐色。

应对要诀：釉质缺乏仅为釉质矿化不良或只有很浅的小凹窝，可不作处理；釉质缺损严重的，可做光固化复合树脂或树脂冠修复；釉质发育不全的牙齿是儿童在某一时间发育受到障碍的记录，并不表明现在的健康状况，所以就诊时的患儿再补充钙和维生素已无治疗意义。

四环素着色牙：是在牙齿发育期间服用了四环素类药物而引起的牙齿内源性着色现象。引起四环素牙的药物有四环素、土霉素等。临床上四环素着色牙常常是乳黄色或淡黄色，有时是黄褐色、棕褐色、灰色、黑色。

应对要诀：乳牙和恒牙最容易受影响的时期是从胎儿4个月到出生后7岁，因此孕妇和儿童必须禁用四环素类药物。避免发生四环素着色牙最根本的方法在于预防。

先天性梅毒牙：是在胚胎发育后期和宝宝生后第1年内，牙胚受梅毒螺旋体侵害而造成的牙釉质和牙本质发育不全。主要发生在上中切牙和第一恒磨牙，有半月形切牙、桶状牙。

应对要诀：最根本的治疗和预防方法是妊娠期孕妇抗梅毒治疗，妊娠4个月内用抗生素治疗，基本上可以预防婴儿先天性梅毒牙的发生。

（4）牙齿萌出异常

牙齿萌出过迟：如果宝宝超过1周岁仍未见第一颗乳牙萌出，超过3周岁乳牙尚未全部萌出，属于乳牙迟萌。个别乳牙萌出过迟比较少见，全口或多数乳牙萌出过迟或萌出困难大多与全身因素有关，如佝偻病、甲状腺功能低下以及营养缺乏等。个别恒牙萌出过迟，大多与乳牙病变、过早脱落或滞留有关。多生牙、牙瘤或囊肿，也可造成恒牙萌出困难，这种情况只有通过X线片检查才能发现和确诊。

应对要诀：由于乳切牙过早脱落，坚韧的牙龈组织阻碍恒切牙萌出过迟的，可在局部麻醉下，施行开窗助萌术；如果牙瘤、多生牙和囊肿等阻碍牙齿萌出，必须手术摘除。

恒尖牙异位萌出：最常见的是上颌尖牙的唇侧异位萌出（即“虎牙”）。

应对要诀：对于已经异位的恒尖牙，可结合整个牙列情况进行正畸复位矫正治疗。

乳牙滞留：是指继承的恒牙已经萌出，乳牙却未能按时脱落，是目前临床上最常见的。

应对要诀：当恒牙异位萌出，乳牙尚未脱落，应及时拔出滞留的乳牙。

102. 关注宝宝听力健康

据我国卫生部最近对2—6岁儿童听力健康的筛查发现，有近1.72%的孩子存在听力问题。引起儿童听力障碍的原因很多。儿童听力损伤最重要的是早发现、早干预、早治疗。如果错过最佳时机，即使配上助听器或人工耳蜗，也难以完全恢复其听力。

（1）听力损伤的“首犯”：药物中毒

在儿童听力障碍中，因药物中毒而引发的高居榜首。不少幼儿因感冒接受过庆大霉素治疗，没多久便出现了听力障碍。导致耳聋的药物以抗生素居多，如抗生素中的庆大霉素、链霉素、卡那霉素、新霉素、妥布霉素等，是损伤听力的“罪魁祸首”。若父母自身，尤其是妈妈有过药源性听力损伤史，其子女切记勿使用庆大霉素、卡那霉素、链霉素等药物。

目前庆大霉素和链霉素已经极少使用，但是药物性耳聋的问题依然存在，因为大环内酯类抗生素如红霉素、罗红霉素、白霉素等也具有一定的耳毒性，多黏菌素、洁霉素等药物同样具有耳毒性，这些药物现在仍然被使用。对大多数孩子而言，这些药物不一定会造成多大的伤害，但是那些抗生素易感型体质的孩子，服用药物后却很容易导致双耳失聪。

药物导致的听力障碍，最可怕之处在于很难被早期发现，发现后也很难治愈。对儿童来说，通常是在注射某些抗生素 3 ～ 4 个月后发现听力下降的。药物导致听力减退是一个缓慢累积的过程，通常到发现时已是重度耳聋，一般难以治愈了。某些易感型（即家族性抗生素耳中毒）的患者，药物影响更可怕，一般用药后很短时间内，听力就会迅速衰退，并至完全失聪。

慎用抗生素类药物。相对而言，青霉素和磺胺类比较安全。家长不要随便要求医生给孩子用抗生素类药物，非用不可时，也应在医生指导下使用。

注意给药的途径。表面给药、口服，要比静脉注射、肌肉注射更安全，能口服时尽量不要肌注或静滴。给孩子治病，父母不能贪图省事和快速。孩子用药前，父母一定要问清楚药物的成分，并向医生说明孩子的身体情况，做到明白用药。即使是外用的抗生素眼药水，也要注意药物的成分，最好找专业医生咨询。局部用药（如滴耳药）也可发生中毒，使听力下降，甚至造成重度耳聋。

（2）听力损伤的第二“要犯”：中耳炎

感冒伤风是常见病、多发病，一般我们都不把它当一回事。可是伤风感冒时，鼻腔黏膜也会发炎，活跃的细菌会从鼻咽部的耳咽管开口直接进入中耳，引起中耳黏膜发炎。所以，一旦孩子感冒了，父母得提防并发中耳炎。

还有一种分泌性中耳炎，其发生与机体免疫力下降以及上呼吸道感染有关，特点是中耳腔内积有液体，如果不能及时医治，就可能造成耳聋或听力障碍。另外，鼻咽部疾病，包括鼻窦炎、扁桃体炎等也会并发中耳炎。为了保护中耳的健康，必须及时治疗这些小毛小病。

中耳炎临床症状不典型，极易被家长忽视。如果宝宝出现不明原因哭闹、睡眠不安、抓耳朵、体温升高至 38℃ ～ 40℃，或宝宝听力变得迟钝、注意力不集中、喜欢把电视机音量开得很大时，都应该引起父母的警觉，去医院进一步检查。

一旦孩子患了中耳炎，要立即去医院进行治疗，按时用药。孩子睡觉时，尽可能将患病的耳朵侧偏或向下，以便于脓液排出。

（3）听力损伤的第三“要犯”：玩具噪音

有些玩具噪音过大，也会损伤孩子的听力。有关机构在对玩具噪声的测试中发现：

载人电动玩具车的噪声达 74 ～ 97 分贝；

玩具机动车、连射机关炮等，10 厘米内的噪声达到 80 分贝以上；

大型“音乐枪”的噪声可达 110 分贝以上。

人的耳蜗里存在着 1.5 万～ 2 万个弱小但却精密的“感应接收器”，一旦它们受到损伤，就不能把声音传送给大脑，这种损伤大多是不可逆的。婴儿在出生后 1 个月就已具备较完善的听觉，他们的鼓膜、中耳和内耳的听觉细胞十分娇嫩，对噪音更为敏感。

如果玩具的噪音超过70分贝，就会对儿童的听觉系统造成损害。如果噪音持续在80分贝，孩子会产生头痛、头昏、耳鸣、情绪紧张、记忆力减退等症状。所以，给孩子挑选玩具，要注意听力安全；放电视机、收录机的音量也要适中，以减少噪音带来的危害。

噪音引起的听力下降，不必过于惊慌，要及时到正规医院接受适当治疗，例如改善微循环、增加神经营养和配合氧疗等，听力恢复还是比较容易的。

（4）导致听力下降的其他因素

给孩子洗澡洗头时，污水灌进耳道，发生外耳及中耳的炎症；

喂奶和喂水时，奶液和水误入耳咽管，造成急性中耳炎；

头部外伤，造成内耳受损，引起听力障碍；

随意给孩子挖耳，造成鼓膜外伤穿孔，引起耳聋；

孩子将细小物品（豆类、小珠子）塞入耳内，造成外耳道黏膜损伤、感染。

（5）及早发现宝宝的耳疾

孩子的听力出了问题，或耳朵有毛病，父母要做有心人，平时注意细心观察。如果发现有下面情况，就要尽早带宝宝就医检查。

哭闹不止，经常摸耳朵；

发烧；

碰触耳朵和脑袋，哭得更厉害；

耳朵流脓；

看上去对声音反应迟钝；

最近有过感冒、扁桃腺发炎和中耳炎等感染。

父母可能发现和观察到的婴幼儿听力下降的症状和体征（供参考）：

1个月时，听到很大的声响，不吃惊；

3～4个月时，不能转头寻找声源；

只有当宝宝看到你时才注意你；

语言能力发展迟缓，理解力差，周岁了还不会说“爸爸”和“妈妈”；

喊他名字并不总能引起反应；

能听到一些声音，但有很多声音听不到。

简易听力测试方法

对2岁前的孩子，听力迟钝的确不太容易发现，因而常常耽搁了治疗，影响了孩子的语言发展。出生至学步期发生的听力丧失，会造成严重的后果，直接影响孩子的理解力和发音能力。所以，父母平时要细心观察宝宝，当你发现宝宝有点漫不经心，听人说话好像不太在意，而且近期患过感冒或中耳炎等疾病，你就应该给他做听力检查了。

6个月～2岁宝宝：让宝宝背朝你，坐你的腿上，你双手握拳向两边平伸，一只手拿着会发声的物品或玩具（不要让孩子知道是什么），另一只手是空的。摇动双手，发出声响，听力正常的宝宝会把脸转向发声的那只手；换手，重复试验。如有反应，可逐渐减小音量，继续测试。如果发现宝宝转头缓慢，反应迟钝，应该尽早到医院进一步检查。

2岁以后宝宝：用普通强度的声音，在孩子背后喊他的名字，看他是否有反应。如果孩子能听到你在喊他，但不能分辨声音的方向，说明他的听力已经受损，需要去医院进一步检查。

宝宝常见病防治

有了宝宝，你是不是激动得手足无措？在高兴的同时还得作好心理准备，因为养育孩子是很不容易的，而且宝宝很容易生病。初步了解一些常见病的主要症状和处理方法，可以帮助你和宝宝更顺利地度过难关。

宝宝常见病防治

103. 识别中耳炎的早期症状

宝宝抓着耳朵又哭又闹，是感冒引起的焦躁不安，还是得了中耳炎呢？宝宝年龄小，还不能表达清楚，但身为父母的你，如果学会识别中耳炎的早期症状，并掌握科学的预防和护理方法，就可以从容处理宝宝小耳朵的状况了。

中耳炎是小儿耳鼻喉科最常见的疾病之一，发病频率仅次于感冒。据统计，3 岁以内的儿童中有 80% 以上患过中耳炎。中耳炎不仅会引起宝宝耳朵的疼痛感，更严重的是，频繁复发的中耳炎会直接影响听力，甚至阻碍宝宝的语言发展能力。

（1）识别中耳炎的小窍门

如果你的宝宝出现了下面任何一种症状，就可能患中耳炎了，应尽早带他就医。

疼痛：这是典型的中耳炎症状。宝宝在吸吮和吞咽时，会压迫感染部位，产生疼痛感。宝宝可能会有烦躁、食欲欠佳、哭闹或不愿入睡等表现。

发烧：中耳炎往往伴随着突然出现的发热，体温可升至摄氏 39℃～40℃，同时还可能伴有恶心、呕吐、腹泻等症状。

化脓：如果宝宝的耳朵中流出了黄色、白色或含有血迹的液体，可能是患中耳炎了。

听力下降：宝宝对你说的话没有反应，或把电视机音量开得很大，这可能是由于中耳炎给宝宝造成暂时性的听力障碍。

早期中耳炎不易被发现，家长应当提高警惕，当宝宝不明原因哭闹或发烧时，都应想到中耳炎的可能。中耳炎导致的听力受损，通过治疗一般都能恢复，但也有极少宝宝可能会因此导致永久性耳聋。永久性耳聋是不可逆转的，对宝宝今后的成长会造成极大影响。因此，父母发现宝宝的听力有任何问题时，应尽早就医、及时治疗。

（2）预防中耳炎的对策

防治感冒：宝宝的耳部结构尚未发育完善，患感冒时，病菌容易通过咽鼓管进入中耳，引起中耳炎。因此，积极预防感冒，或尽可能缩短感冒病程，是预防中耳炎的最佳措施。当宝宝患了感冒或其他呼吸道传染病时，要积极治疗，还要注意口腔卫生。宝宝的饮食要清淡而有营养，多吃新鲜蔬莱和水果，尽量不要吃辛辣刺激的食物。可以给宝宝多吃一点清热食物，如金银花露、绿豆汤等。经常带宝宝到户外活动，锻炼身体，增强体质。

保持鼻腔畅通：对于稍大一些的宝宝，应教会他用手帕或纸巾擤鼻子；对于年龄尚小的宝宝，家长可以用医用棉签帮宝宝清除鼻腔黏液，还可以在宝宝鼻腔中滴入一些润舒剂来保持畅通。空气干燥会引起鼻腔干燥甚至发炎，造成咽鼓管肿大、阻塞。家长可以使用加湿器为房间加湿，也可以用温热的毛巾为宝宝敷鼻子，减轻鼻腔的肿胀和阻塞。如果宝宝鼻塞比较严重，睡觉时可将头部垫高，防止鼻腔内的黏液流到咽鼓管内引起中耳炎。

正确喂奶：尽量不要平躺着给宝宝喂奶，喂好奶后应把宝宝的身体竖起来，把头躺在你的肩膀上，轻轻拍打后背，让宝宝排出胃里的气体，防止奶水误流入咽管里引起中耳炎。

远离二手烟：香烟的气味会刺激宝宝娇嫩的鼻腔和咽喉，使鼻咽部的抵抗力下降，一旦病菌通过鼻咽部进入中耳，就更容易感染。因此，家长应避免在宝宝面前吸烟。

（3）中耳炎的居家护理方法

慎用抗生素

中耳炎一般是由细菌感染引起的，父母应在医生指导下为宝宝选择适合的抗生素，一般多采用青霉素及青霉素族。

耳浴

耳浴即向耳道内滴药，是治疗中耳炎的重要方法。如果医生为宝宝开出滴耳药，家长应学会正确的操作方法。

给宝宝滴药前，要检查药液温度是否与体温相近，如果药液过冷的话，应该稍稍加温，以免药液滴入耳朵后，出现眩晕、恶心、呕吐等不良反应。此外，滴药的滴管不要接触宝宝的外耳道壁，以免造成污染。

滴药时，要将宝宝的胳膊和腿扶好，较小的宝宝应抱在怀中，左手扶住头部，右手及臂部抱住宝宝的躯干和双手，两腿夹住宝宝的双腿；大一些的宝宝侧卧在床上，或坐在椅子上，头向一侧偏斜。

如果宝宝的耳朵有出脓现象，可先用3%的双氧水反复多次清洁耳道，然后把医用棉签（药店里有售）轻轻放入宝宝耳中，吸干耳内的液体。

宝宝的外耳道有一定的倾斜度，在滴药时应将耳道拉直，使药液顺利流入耳道，1周岁以内的宝宝应拉直耳垂向下，年长一些的宝宝应拉耳郭向后上，滴药后用手指轻轻按压耳屏，促使药液流入鼓膜区，滴药后应让宝宝侧卧15分钟，待药液充分渗入后再让宝宝活动。

如果治疗中仍不见好转，并且耳后有红肿和疼痛，有可能合并乳突炎了，要及时带宝宝到医院复诊，必要时拍片诊断，如确诊为慢性乳突炎，则需手术治疗。

鼻腔内滴药

保持鼻腔畅通，是决定中耳炎愈后效果的关键，所以宝宝患中耳炎后一定要用滴鼻药，但应引起家长注意的是，要在医生指导下应用，因为滴鼻药一般都含有麻黄素，如果浓度调配不合适，宝宝容易出现药物性过敏。

（4）宝宝的耳朵进异物

宝宝的耳朵塞进异物是常见现象，父母应该及时处理。如果是食物如豌豆、花生豆、玉米等，很容易刺破宝宝的耳膜，引起永久性损伤，家长要马上带宝宝去医院处理；如果昆虫飞进或爬进宝宝的耳朵里，就用手电筒往耳朵里面照，昆虫会朝着灯光这一方向爬出来，或往宝宝的耳朵里滴几点食用油或婴儿油，昆虫很容易黏在油上，随着油滑出来，家长简单处理后，可带宝宝到医院作进一步处理。

（5）清理宝宝的耳垢

耳垢，医学上称“耵聍”，一般呈弱酸性，能够抑制细菌在潮湿黑暗的耳孔里滋生和繁殖，并且能挡住灰尘进入耳朵，对耳朵有保护作用。父母不要随意给宝宝挖耳垢，否则可能弄伤耳道。

如果想为宝宝清理耳垢，可以用湿毛巾先简单地擦擦外耳，有时耳垢会自己脱落出来。

如果耳垢很多，在耳朵里堵塞变硬，会使宝宝感觉不舒服，甚至影响听力，应请专科医生为宝宝清理耳垢。

104. 及早发现宝宝弱视

弱视是指单眼或双眼视觉减弱，即使戴上合适度数的眼镜还是看不清楚，而且眼球没有器质病变的眼科问题。一般来说，视力发育过程有两个必要条件：物体在视网膜上要成像清晰；两眼接受的影像要一样清楚。如果有一只眼接受的影像不清楚，视力发育就会受到抑制，掌管这只眼的大脑视神经细胞没有受到足够刺激，时间久了就会导致弱视。

人的视觉发育敏感期在0～5岁，3岁以前又是视觉发育的关键期，如果出现眼部异常，如斜视、中高度远视、先天性眼病等，令视觉最敏感的黄斑部位无法接受足够的视觉刺激，弱视便发生了。

弱视孩子的一般表现是：喜欢凑近看东西；习惯眯起眼睛看电视；看书或物体时，头位偏斜。严重者可表现为“熟视无睹”，比如在日常生活中不能远距离辨别物体的正确形状，看不清近距离的图画、字体，在游戏时容易发生失误；有的甚至不能注视生活用品和玩具，这些孩子往往有眼球震颤的情况。

孩子弱视如果得不到及时治疗，不但会导致终身的视力障碍，还会引起斜视、看东西没有立体感觉等，长大以后无法从事精细工作。

（1）3个方法发现宝宝弱视

视力表检查法

孩子最好每隔3个月检查一次视力，检查时一定要分别遮眼检查，不可让孩子双眼同时看，防止单眼弱视被漏检。如果发现视力低于0.9或双眼视力不一样（相差两行以上），就应及时请眼科医生检查；如果确诊为弱视，就得进行相应的治疗。

找异常行为

家长也可以用一些简易的方法寻找孩子患弱视的苗头，具体方法为：

将比较醒目的物品放在孩子眼前，观察他能否及时发现；

观察孩子双眼、单眼注视时的情况，注意他看电视时是否喜欢凑得很近；

观察孩子看东西时有没有异常的头位，比如是否喜欢抬头、低头看；

观察孩子看物体时能否稳定地注视，如果孩子的眼球来回转动或震颤，则有弱视的可能；

孩子走路常常跌倒，老拿不到东西，也可能是弱视的影响。

遮盖试验法

对于不愿配合视力检查的孩子，可通过遮盖试验来大致了解视力情况。有意遮盖一只眼睛，让孩子单眼注视物体，若孩子表现很安静，而遮盖另一眼时，却撕抓遮盖物，那就提示未遮盖的一只眼视力很差，应尽早到医院检查。

（2）什么年龄是最佳治疗时期

学龄前孩子正处于视觉发育期，视功能还不稳定，很容易发生弱视，也容易恢复正常。13岁以后，孩子的视功能已经发育完善，如果再进行治疗，视力就不容易提高，精细的立体视觉更无法建立了。因此，弱视治疗的最佳时期是在1～5岁。而且弱视的治疗不是一朝一夕的事，学龄前孩子有更多的时间配合治疗。一般地说，弱视治疗的起始年龄越小，治疗的效果也就越好。孩子8岁后再治疗弱视，效果比较差，超过12岁基本无法治愈。

目前医学上对弱视的治疗方法很多，相当一部分患儿可以通过早期治疗恢复视力。主要是针对病因，采取综合治疗措施，包括屈光矫正（即戴眼镜或隐形眼镜）、斜视矫治（手术）、恢复双眼单视功能、健眼遮盖法、视觉训练、后像疗法、视刺激疗法、红色滤光片疗法、压抑疗法等。

首先是为孩子配眼镜，督促他每天坚持戴镜，决不能时戴时摘；每年应进行一次检查，如果眼镜不合适要及时更换。其次，要在医生指导下进行各种弱视训练，如弱视治疗仪训练；还有，平时要让孩子多做穿珠子、描画等精细工作。

孩子弱视的改善是个缓慢的过程，遮盖训练时孩子会暂时发生视力模糊，需要孩子耐心坚持、家长耐心督促。平时要提醒孩子注意用眼卫生，看书、看电视、看电脑的时间不能过长。每半小时集中用眼后，要休息10分钟，增加户外活动，减少眼球肌肉处于紧张收缩状态的时间。

（3）弱视宝宝的家庭调理

除对症治疗外，妈妈在弱视宝宝的饮食上也得多花些心思，不仅要新鲜多样、合理搭配，还要多给孩子吃些具有明目功能的食物，如蛋黄（富含卵磷脂、乙酰胆碱）、奶制品（富含维生素A）等，对改善视力大有裨益。具体来说，父母进行饮食调理还应注意以下几点：

让孩子养成良好的饮食习惯，不要挑食；

给孩子多吃粗粮，增加必要的维生素供给；

增加蛋白质摄入，但不要让孩子吃蒸煮过头的蛋白质类食物；

限制孩子过多的糖分摄入，过多的糖分会影响视网膜和视神经的发育；

在医生指导下，给孩子口服一些维生素片，促进眼睛发育。

下面的两个食疗方，对缓解眼部疲劳、调节眼部肌肉的功能很有帮助。

蜂蜜牛奶饮

原料：黑豆500克，核桃仁500克，牛奶1杯，蜂蜜1匙

做法：黑豆煮熟后冷却，磨粉；核桃仁炒至微焦，去皮，冷却后捣成泥；取黑豆、核桃仁各1匙，冲入1杯煮沸的牛奶中，加入蜂蜜1匙，即可饮用。

枸杞桑葚饮

原料：枸杞10克，桑葚10克，山药20克，红枣10个

做法：将枸杞、桑葚、山药、红枣四种材料水煎，间隔3～4小时饮用一次。

除饮食外，充足的睡眠可以维持人体交感和副交感神经的功能平衡，对缓解弱视也有帮助；适当的体育锻炼可以促进眼组织的血液供应和代谢，家长可以带孩子做一些体育活动，既增强体质又保护眼睛，如放风筝、踢毽子、打乒乓球等。

家长还可根据弱视孩子的年龄、视力等情况，选用一些“目力”训练方法。例如用红丝线穿缝针，缝针大小可根据视力情况决定，也可练习描图、绘画、书法等，每天坚持训练，每次以10～15分钟为宜。

（4）关于弱视的配镜问题

弱视与近视是一回事吗

近视眼是由于眼调节肌肉紧张或遗传等引起的看远不清楚、看近清楚的眼病，戴镜后矫正视力多可恢复正常。而弱视是一种视功能发育迟缓、紊乱，戴镜后视力也无法矫正到正常水平，弱视对孩子视功能的危害比近视大得多。

戴上眼镜还能摘下来吗

大部分患弱视的孩子，长大后都可以摘掉眼镜。因为患弱视的孩子多合并远视眼，随着年龄的增长和眼球的发育，远视度数会逐渐降低，眼镜片的度数也会随之减少，视力就会逐渐恢复正常。但治愈的孩子如果不注意用眼卫

生，又会引起近视，就需要配戴近视眼镜。

孩子戴镜时要注意什么

孩子正处于视觉发育期，两眼的屈光度随年龄的增长也会发生变化，所以不能一副眼镜一直戴下去不换。一般3岁的孩子每半年应散瞳重新验光一次，4岁以上的孩子每一年应散瞳验光一次，每次根据屈光度的变化和矫正的情况，决定是否换眼镜。

家长该如何配合医生的治疗

弱视的治疗不是一朝一夕的，除了医生检查外，更需要家长的积极配合，家长要做到以下几点：

眼镜配好后，一定要督促孩子坚持戴用，并按医嘱定期进行验光检查。有的孩子因为遮盖治疗后引起周围小朋友的取笑，从而不愿坚持治疗，或在家长面前戴上眼罩、背着家长又摘掉眼罩，这常常是导致疗效不明显的原因。家长要耐心给孩子解释，说服他坚持治疗。

家长应定期带孩子到医院复诊，同时携带有关检查、治疗的病历记录，供医生判定疗效和调整治疗方案。一般每月复诊1次；视力恢复正常后的半年仍要每月复查，防止弱视复发；以后逐步改为3个月、半年复诊1次，直到视力保持3年正常，弱视才算完全治愈。

105. 重视宝宝脊柱健康

脊椎在人体内占据着中枢部位，控制和协调头部及四肢的活动。由二十九节脊椎骨组成的脊椎，不仅具有较好的柔韧性，并且支撑着躯干的全部重量，而由脊椎发出的三十一对神经根支配内脏功能和四肢活动。幼儿的脊椎具有柔韧性，其潜在病情往往不易觉察，到15岁才开始显现症状。可见，儿童脊椎健康需要引起家长和社会的关注。

（1）孩子脊椎侧弯的表现

比如，当孩子以立正姿势站立时，两肩却有高低，不在同一个水平面上；或从孩子的正后方观察，发现孩子的脊椎不能成一直线。孩子两侧的腰部肌肉不对称，还有两手臂的肘关节与身体侧面的距离不相等，也说明脊推发生侧弯。

脊椎分成颈椎、胸椎、腰椎。脊椎侧弯会压迫和刺激身体各部位的位脊神经，影响身体健康。由于人们对脊椎病的认识不足，容易把某些症状归入其他方面，从而忽略了脊椎可能产生的问题。有些孩子有斜视，或经常头晕、烦躁、坐立不安等，家长可能会觉得小孩子调皮、坐不定、不听话，这些症状可能都是由于脊椎发生侧弯压迫而刺激颈椎的脊神经引起的。

有些孩子腰椎发生了弯曲。孩子会觉得腰疼，走路有摇晃，立姿、坐姿往往也不端正，有时完全没有不正常的症状，但在X线片中可以观察到患病情况。

与胸椎脊神经有关的表现可以是肠胃功能障碍、内分泌失调、肩胛以及胸部的畸形等症状。一些孩子厌食，消化不良，口腔有异味，严重的话还有胃炎、胃溃疡等，这可能是因为胸椎的第五对脊神经（支配胃）、第六对脊神经（支配十二脂肠）以及第七对脊神经（支配脾、横隔膜）受到压迫刺激。胸椎第八对至第十二对脊神经位于中下腹部，与肾、大肠、小肠、膀胱都有密切关系，当它们受到压迫刺激时，就会引起四肢无力、便秘等症状，有时会造成腹泻、腰酸等。有些孩子胸闷、呼吸不畅、扁平胸、鸡胸或狭胸、肩胛骨高低不平等，这可能是胸椎的第一至第四对脊神经受到压迫。

总之，脊椎病可表现为驼背、发育不良（身高偏低等）、不爱活动或多动、免疫力差、注意力不集中、癫痫、哮喘甚至心脏病等症状。

（2）孩子得脊椎病的原因

由于孩子的脊椎尚未发育成熟，结构不稳

定，容易发生位移。虽然多数患儿没有症状或症状不明显，但很容易引起脊椎不同部分的“侧弯”。学龄前儿童患脊椎病，原因主要有以下几点：

分娩过程中对婴儿幼小的脊椎造成了损伤；

成长过程中不适当的运动包括过多的跳跃，造成了脊椎损伤；

长期的睡姿、坐姿、站姿不正确，如长时间看电视等，造成脊椎侧弯和骨盆错位；

先天不足，如早产、脊椎两侧所附着的肌肉和韧带力量较差，造成脊推稳定性不好；

户外运动不当引起跌倒、碰撞、摔伤等，也容易形成脊椎错位。

（3）儿童脊椎病怎样治疗

西医的治疗方法

保守治疗：不太严重的“少儿脊椎和髋关节疾病”，可以采用牵引等物理疗法，放松局部软组织，控制和减缓畸形的发展，此方法对于软组织造成的脊椎关节病可以起到缓解症状的作用。

外科手术治疗：对于比较严重的“少儿脊椎和髋关节疾病”，则可采取外科手术将不正常的脊椎关节部位固定，使其恢复正常，但手术有一定难度，也可能会有后遗症，必须小心谨慎。

中医的治疗方法

中医常用外敷等方法治疗脊椎病。传统的正骨手法，是将错位的关节复位，再配合患儿情况调制内服或外敷的中药，也有不错的效果。

（4）如何预防儿童脊椎病

婴儿不要坐得过早：有的妈妈在宝宝3～4个月龄时，就裹着被子让宝宝坐起来，一坐就好几个小时，有时宝宝坐着就睡着了。长时间保持同一姿势，婴儿容易感到疲劳，也容易造成脊椎弯曲。

幼儿坐姿要正确：桌椅的高低要合适，孩子看书写字时的姿势要端正，不要歪着趴在桌面上，同时应适当变换体位，注意休息，以免造成脊椎侧变。

要睡硬板床：不要让孩子长时间睡在过软的床或沙发上看书、看电视。

加强体育锻炼：通过游泳等体育活动来加强孩子肌肉及韧带的强度。

106. 及早发现宝宝过敏症状

许多年轻妈妈忽略了孩子早期出现的一些过敏症状，直到过敏性疾病发展得很厉害，才带孩子去医院就诊。这不仅会贻误治病的最佳时机，而且会对孩子的健康造成很大危害。及早发现宝宝的过敏症状，要靠妈妈的细心观察。

（1）过敏宝宝家庭自测法

如果发现宝宝具有下列情形中的一种或多种，你就要警惕宝宝是否得了过敏症，尽快带宝宝去医院确诊：

有过敏疾病的家族史；

小时候有异位性皮肤炎，长大后罹患其他过敏疾病的机会大增；

每次感冒皆伴随喘息；

慢性咳嗽，尤其半夜、清晨时症状特别明显；

清晨起床后常会连续打喷嚏，觉得喉咙有痰；

时常觉得鼻子痒、鼻塞、眼睛痒，特别在整理衣物时；

运动后或吃了冰冷食物会剧烈咳嗽；

固定的皮肤痒疹，冬天或夏天流汗时特别痒。

（2）宝宝常见的过敏症状

过敏症状可以表现在各个器官，如异位性皮炎（湿疹）、荨麻疹、过敏性鼻炎、过敏性哮喘、过敏性眼结膜炎和食物过敏等，凡此种种统称“过敏性疾病”。其中儿童过敏性疾病最常见的是过敏性鼻炎、过敏性哮喘和湿疹。

不同年龄段的宝宝容易出现的过敏症状也不同。新生儿早期以食物过敏和湿疹为主，2 ~ 3 岁的宝宝气喘病的症状渐渐增多，5 ~ 6 岁的宝宝过敏性鼻炎的症状会越来越明显。

宝宝常见的过敏症状

身体部位	主要症状
皮肤	湿疹、奶癣、皮肤红疹、皮肤瘙痒（皮肤敏感是宝宝早期常见的过敏症状）
肠道	便秘、呕吐、腹泻、肚痛
鼻	打喷嚏、流鼻涕、鼻痒、鼻堵
肺	喘息、胸闷、呼吸困难、咳嗽
眼	眼痒、结膜充血、眼睑疼痛、流泪

（3）尽早诊断过敏原

宝宝过敏了，一定要尽早带他诊断过敏原。明确过敏原后，父母就可以采取有效措施，配合医生制定恰当的治疗方案。诱发过敏反应的抗原称为过敏原，它们多达几百种，通过多种方式使机体致敏。

吸入式过敏原：花粉、螨虫、柳絮、粉尘、动物皮屑、油烟、汽车尾气、煤气、香烟等。

食入式过敏原：某些食物如海鲜、蛋、奶及坚果类，药物如阿司匹林等。

接触式过敏原：动物毛发、化妆品、乳胶制品、油彩、洗涤剂、金属饰品、冷／热空气、紫外线、细菌、病毒、寄生虫等。

注射式过敏原：青霉素、链霉素、异种血清等。

其他过敏原：受到精神紧张、微生物感染、电离辐射等生物、理化因素影响而使结构或组成发生改变的自身组织抗原，以及由于外伤或感染而释放的自身隐蔽抗原，也可成为过敏原。

确诊过敏原

可以通过出现症状的频率及严重程度、家族过敏史、生活习性、家居环境、进食记录、接触宠物、花草和烟雾等判断过敏原，医生还会考虑与季节、昼夜更替之间的关系。

也可以带孩子去医院，医生会通过做皮肤点刺试验或检测特异性免疫球蛋白 E 来确定孩子的过敏原。

治疗过敏的最佳组合

针对过敏性疾病，目前世界卫生组织提出的较为专业、全面的方法有以下 4 种，医生建议结合使用：找出并避免接触过敏原；抗过敏和抗炎药物治疗；特异性变应原免疫治疗，即脱敏治疗（目前唯一针对病因的治疗方法）；患者教育。

（4）脱敏治疗

脱敏治疗，是医生利用使患儿产生过敏反应的过敏原制成不同浓度的提取液，反复给患儿进行皮下注射，剂量由小到大，浓度由低到高，最终达到降低对过敏原敏感反应的目的。

脱敏治疗分为初始治疗阶段和维持治疗阶段。初始治疗是每周注射 1 次，从起始量开始逐渐递增到维持量，需要 4 ~ 6 个月；维持治疗为每隔 6 ~ 8 周注射 1 次。总的治疗时间约 3 年，每次注射必须在医院的脱敏治疗室进行，注射后需观察 30 分钟。

脱敏治疗通常 3 ~ 4 个月起效，6 个月能见到明显效果，过敏症状减轻或消失，哮喘和鼻炎的发作频率减少。此时可以减少甚至停止激素等对症药物的使用，能有效避免因长期服药带来的不良反应，尤其是可能对儿童生长发育造成的影响。

脱敏治疗能预防过敏性鼻炎转化为哮喘，改善过敏体质，阻断新过敏症的产生。脱敏治疗结束后，仍能维持长期疗效，使患儿的免疫系统趋于正常，达到根治的目的。在疾病的早期开始脱敏治疗，可能改变其长期病程，儿童脱敏治疗的疗效更优于成年人。

宝宝如果出现局部注射处红肿瘙痒甚至出现哮喘、鼻炎等症状，妈妈不用太急，经过医生的对症治疗能很快控制病情。全身过敏的副作用更是极其罕见，必要时可在治疗前半小时按医嘱服用抗过敏药作为预防用药。根据病情的严重度以及脱敏治疗的进程，医生将酌情调整哮喘或鼻炎的药物治疗。

（5）悉心护理过敏宝宝

如果宝宝有过敏性鼻炎、过敏性哮喘或对尘螨过敏，并且符合下列4个条件之一，可以考虑让其接受脱敏治疗：

宝宝被诊断出过敏原，却无法彻底避免；

抗组胺药和局部黏膜喷吸糖皮质激素不足以控制宝宝的症状；

宝宝和你不愿意接受全身或局部药物治疗；

宝宝长期进行药物治疗，已出现严重的药物不良反应。

控制环境与改善体质

建议接受脱敏治疗的儿童在5岁以上。护理过敏宝宝，具体可从控制环境与改善体质两方面进行。

控制环境：设法找出引起孩子过敏的过敏原，尽量避免接触；室内保持适当的温度和湿度，空气要流通，如有需要，可以使用除湿机和空气净化器；尽量少吃冰冷食物；不要让孩子做剧烈运动；不要在家里吸烟，以免孩子受二手烟的危害。

改善体质：准妈妈在怀孕期应避免过敏症的发生；婴幼儿饮食以清淡为佳，尽量减少调味料和色素的摄入；让孩子多饮温开水，促进体内毒素及过敏物质的排泄；适度运动。

107. 不可轻视的过敏性鼻炎

总是喷嚏连连，鼻涕多多，爱揉鼻子、揉眼睛，睡觉老是翻来滚去……注意，宝宝可能不是反复“感冒”，而是患了过敏性鼻炎。过敏性鼻炎主要分为常年性变应性鼻炎和季节性变应性鼻炎两大类。过敏性鼻炎是哮喘的高危因素，使哮喘发病的风险增加3倍。过敏性鼻炎会引发鼻窦炎、咽炎、扁桃体肥大、腺样体肥大、呼吸睡眠综合征，严重时还会导致记忆力减退，引起智力发育障碍，影响生长发育。

过敏性鼻炎又称变应性鼻炎，是一种很常见的鼻病，其发病率占整个人群的30%～40%。儿童过敏性鼻炎的发病率随年龄逐步增长，学龄期和青春期是发病高峰。婴幼儿患过敏性鼻炎后，容易合并眼结膜炎、支气管哮喘，部分孩子还会同时出现过敏性皮炎，所谓“过敏三联症（过敏性鼻炎、过敏性哮喘和过敏性皮炎）”。

（1）过敏性鼻炎的症状

儿童过敏性鼻炎主要表现为：鼻痒、阵发性喷嚏、大量水样鼻涕和鼻塞；如果鼻涕倒流，夜间或清晨会突然阵发性咳嗽，有时类似感冒。过敏性鼻炎一般是在气候改变、早上起床或空气中有粉尘时发作，一般只持续10～20分钟，一天之中可能间歇出现几次；而感冒时其症状常常持续出现，常伴有发烧，咽痛。但这些典型症状仅仅出现在学龄期和青春期患者，学龄前宝宝的症状往往很不典型，而且年龄越小，症状越不典型。

小宝宝患了过敏性鼻炎，除流清水鼻涕、喷嚏连连以外，还常用手挖鼻孔、揉鼻子、揉眼睛、睡眠不安等。这是由于患过敏性鼻炎常伴有眼、耳、咽、副鼻窦及下气道等的邻近器官损害。进行鼻腔检查时，经常可以发现宝宝的鼻黏膜出现肿胀、充血或苍白。

1岁左右的宝宝多表现为反复流清水样鼻涕、咳嗽，易被误诊为支气管炎，常被不恰当地反复应用抗感染药物治疗。

教你分辨感冒和鼻炎：

感冒会打喷嚏，但次数并不多；过敏性鼻炎则连续打喷嚏，有的人甚至会一次连续打十几个喷嚏。

感冒开始时大多是清水鼻涕，量并不会很多，后期经常转为黄脓鼻涕；过敏性鼻炎则在打喷嚏的同时，大量的鼻涕会倾泻而下。

感冒经常会并发一些全身症状，如全身无力、肌肉酸痛等；过敏性鼻炎发作时一般不会出现全身症状。

（2）过敏性鼻炎的诱因

只有过敏性体质的人才会得过敏性鼻炎。与其他遗传病不同，父母遗传的只是过敏性体质，所以父母或长辈可能没有过敏性鼻炎，而宝宝却有；有的长辈有过敏性鼻炎，宝宝却表现为湿疹、哮喘等。过敏体质、家族遗传史和接触过敏原是宝宝得过敏性鼻炎的三大诱因。

接触到过敏原，是宝宝发作过敏性鼻炎的最直接原因。过敏原主要有吸入式、食入式和接触式三大类。吸入式过敏原有：灰尘、螨虫、动物、皮毛、花粉、真菌、昆虫，空气污染（烟雾、工业废气、汽车排放尾气等）；接触式过敏原包括真菌、化妆品、油漆、酒精等；食入式过敏原有牛奶、蛋类、豆类、花生、海鲜、菌类等。另外，某些细菌及其毒素、物理因素（如冷热温差变化大）、内分泌失调等也会引起发病。在我国，尘螨是宝宝过敏性鼻炎的主要过敏原。

（3）过敏性鼻炎与哮喘的特殊关系

儿童过敏性哮喘，是过敏性鼻炎最常见的合并症。一项最新调查数据显示：在哮喘儿童中，约有90%的孩子同时伴有过敏性鼻炎。多数患儿先是出现鼻炎，而后发生哮喘；少部分患儿先是有哮喘，然后出现鼻炎；或是二者同时发生。儿童患的支气管炎、哮喘甚至睡眠障碍等，都与早期不重视防治过敏性鼻炎有关。

对既有哮喘又患有过敏性鼻炎的孩子，不能只治疗哮喘而忽略过敏性鼻炎，否则哮喘很快就会复发。在诊断过敏性鼻炎或哮喘时，应同时对上下呼吸道进行检查评估，如诊断过敏性鼻炎时，应注意是否合并气道高反应和支气管哮喘；在诊断支气管哮喘时，应注意是否有过敏性鼻炎病史。

（4）过敏性鼻炎的诊断和分类

临床医生根据患儿鼻部的典型症状、体征以及过敏原试验结果，即可作出过敏性鼻炎的诊断。然后根据患儿症状、体征、持续时间和程度进行分类，再综合二者将过敏性鼻炎分为轻度间歇性、中重度间歇性、轻度持续性、中重度持续性4种类型，此分类是为患儿选择阶梯性治疗方案的依据。

儿童过敏性鼻炎的治疗原则与成人基本相同，是“阶梯性”治疗原则。一般建议以药物治疗为主，通过阶梯性治疗，逐渐减少药物的剂量，从稳定病情到最终脱离药物。对于顽固的过敏性鼻炎，尤其是伴有哮喘的孩子，要远离过敏原，或进行脱敏治疗。

（5）过敏性鼻炎的预防之道

首先应了解宝宝对什么过敏，然后远离过敏原；

已发生其他过敏性疾病（如过敏性皮炎、哮喘）的宝宝要积极治疗，以防诱发过敏性鼻炎；

积极防治急性呼吸道感染，以免诱发过敏性鼻炎；

消除室内尘螨和蟑螂，床上用品经常洗晒，不要用绒毛玩具、地毯和羽绒被等，不养宠物；

花粉季节少带宝宝出门，外出最好戴口罩；

室内保持适宜的温度和湿度，保证空气流

通，避免灰尘及有害气体的长期刺激；

避免给宝宝食用有可能引起过敏的食物，如海鱼、海虾、鸡蛋等，饮食清淡，少喝碳酸饮料等。

108. 哮喘宝宝的家庭护理

（1）过敏性哮喘的诊断

有的宝宝长期咳嗽，断断续续，时好时坏。当医生诊断为哮喘时，家长很疑惑，宝宝只是“咳”，没有“喘”，不喘也可能是哮喘吗？

很多父母以为，哮喘一定是呼吸急促且可听到喘鸣声，实际上并非完全正确。有一半左右的儿童哮喘病患者，一开始只表现为慢性咳嗽，尤其是半夜咳得厉害，运动后也容易咳。用普通的感冒药治不好。很多久咳的宝宝吃了好几个星期的感冒药，症状一点都没改善，但只要给予治疗气喘的药物，效果就很明显。这种不典型的过敏性哮喘的诊断，一般不需要什么特殊的检查设备，根据以下几点简单的病史便可评估：

明显的家族过敏史，如父母、兄弟姐妹常有过敏性鼻炎、皮肤炎或哮喘病；

有典型的过敏病史；

从小有异位性皮肤炎（湿疹），湿疹一开始常发生于脸上，随着宝宝慢慢长大，湿疹也会散布到四肢外侧，儿童期后则好发于关节内侧；

过敏性鼻炎，宝宝一早醒来会喷嚏连连、鼻塞及流鼻涕；

反复性发作的细支气管炎，宝宝有3次以上的喘鸣发作。

80%的哮喘病例都在5岁前发病，到学龄期时气道可能已经发生了不可逆的终生损害。3岁以内的婴幼儿可以通过合理治疗控制病情，但如果病情迁延至青春发育期仍不能控制，则须终身治疗。因此，哮喘的早发现、早诊断、早治疗非常重要。

（2）儿童哮喘病能否治愈

儿童哮喘病到底会不会治愈？这是哮喘宝宝的父母最关心的问题了。儿童哮喘病患者，气喘症状会随年龄而递减，至少有1/3的患儿会痊愈，另有1/3患儿的症状会有大幅改善。假如宝宝患了哮喘，一定要到医院诊治，争取最好的治疗效果。

有过敏性哮喘同时合并有鼻炎的孩子在所有患儿中要占到80%～87%，也就是目前国际上公认的理论：同一气道同一疾病。因此需要上下气道同时治疗，否则事倍功半。

（3）药物的副作用

哮喘的治疗，往往需要长期用药。不少父母担心药物有副作用，自作主张地给宝宝减药、停药。那么，治疗哮喘的药物到底有没有副作用呢？

哮喘的严重度可由急性喘鸣发作的次数、半夜咳醒的频率及肺功能的状况，分为4个等级，即轻微间歇型、轻微持续型、中度严重型及重度严重型。轻微的哮喘，只要发作时给予气管扩张剂便可以改善病情；中、重度或严重型哮喘，需要积极诊疗，此时要考虑给予抗发炎的药物，而不是一味使用气管扩张剂，否则只会加重病情。

类固醇是强而有效的抗发炎药物，也是治疗哮喘的常用药物，口服类固醇使用不当，会发生很多副作用，如骨质疏松、免疫力低下等。不过，家长也不用过于担心，只要依照医嘱来使用，便能在控制哮喘的同时将副作用减至最低限度，而且随着宝宝哮喘的日渐好转，药物的使用量也会逐渐减少。

“冬病夏治”是中医的疗法，如敷贴、中药调理等。敷贴就是把中药的膏剂、散剂敷贴在穴位上；中药调理就是请中医辨证施治，开汤剂或成药进行治疗。冬病夏治对哮喘的治疗具有一定的作用。

（4）预防哮喘发作

对于哮喘宝宝，尽可能减少哮喘的急性发作很重要，那么，平时在家庭护理上要注意什么呢？

室内环境控制：对灰尘和猫狗皮垢过敏的哮喘宝宝，有效减少室内的过敏原，哮喘发作的频率也会相应减少。

多做户外运动：户外环境清新，可以减少呼吸道的损伤与刺激，减低呼吸道的敏感度，进而避免哮喘的发作。

避免感冒发生：不管上呼吸道或下呼吸道感染，都容易引起哮喘发作，所以宝宝出汗后要及时擦干、换衣，以免受寒感冒，进而减少哮喘发作。

（5）哮喘宝宝如何运动

家长一方面希望通过运动提高宝宝的免疫力，一方面又担心运动会引发宝宝哮喘。患哮喘的宝宝应该怎么运动呢？

50% ~ 70% 的哮喘宝宝运动时会引起呼吸道收缩，导致气管不通畅，甚至引起喘鸣或气促。但是正常的运动，无论对于宝宝的身体发育还是正常的心理发展，都是不可或缺的。有个数据或许会让哮喘宝宝的父母欣慰不少：据统计，至少有 20% 的奥运会金牌拥有者是哮喘患者，但并未因此影响其表现。

需要注意的是，哮喘宝宝在运动前进行热身运动，或适当使用支气管扩张剂，可减少或减缓哮喘发作的严重度。

（6）预防接种

如果哮喘宝宝由于病情需要使用吸入剂型类固醇药物，是不会影响免疫功能的，可以接种任何一种疫苗，包括活性的麻疹疫苗、腮腺炎疫苗、小儿麻痹口服疫苗或水痘疫苗等。但若宝宝最近有口服或注射类固醇制剂超过一星期以上，或连续短期内多次使用类固醇制剂，则应与医生讨论，把接种日期延后，以免发生意外。

109. 认识宝宝慢性咳嗽

咳嗽是人类最常见的疾病之一，宝宝也不例外。引起宝宝咳嗽的原因很多，饮食不当、感冒、肺炎、咽炎都会表现为咳嗽的症状，其中咳嗽症状超过 4 周的就属于慢性咳嗽。慢性咳嗽中既有疾病导致的，也不乏无明确病因的慢性非特异性咳嗽。

不同年龄的宝宝，慢性咳嗽的原因往往不同：

年龄	病　因
婴儿期（1 岁以内）	呼吸道感染和感染后咳嗽，先天性气管、肺发育异常，胃食管返流，肺结核，其他先天性心胸异常等。
幼儿期（1 ~ 3 岁）	呼吸道感染和感染后咳嗽，上气道咳嗽综合征，咳嗽变异性哮喘，气道异物，胃食管返流，肺结核等。

（1）常见慢性咳嗽

呼吸道感染与感染后咳嗽

好发年龄：5 岁前的宝宝容易得此病。

病因：急性呼吸道感染病原微生物，如病毒（特别是鼻病毒、冠状病毒、呼吸道合胞病毒、流感病毒、副流感病毒、腺病毒、巨细胞包涵体病毒等）、细菌（肺炎链球菌、流感嗜血杆菌、卡他莫拉菌、葡萄球菌、百日咳杆菌等）、肺炎支原体、衣原体等引起的呼吸道感染。

宝宝表现：近期曾有明确的呼吸道感染；咳嗽表现为刺激性干咳，有的伴有少量白色黏痰；X 线片检查无异常；肺通气功能正常。

特别提醒：如果咳嗽时间超过 8 周，就要考虑其他病因了。

异物吸入

好发年龄：儿童（尤其是 1 ～ 3 岁宝宝）。

病因：异物吸入气道。

宝宝表现：70% 气道异物吸入的宝宝表现为咳嗽，通常是阵发性剧烈呛咳，也可仅表现为慢性咳嗽伴阻塞性肺气肿或肺不张。异物一旦进入小支气管以下，可以无咳嗽，即所谓进入“沉默区”。宝宝还会表现为呼吸音减低、喘息，严重的甚至窒息等。

特别提醒：如果宝宝没有任何感冒等呼吸道感染或过敏咳嗽等症状，突然发生剧烈呛咳，或不明原因地持续咳嗽，妈妈应考虑宝宝异物吸入的可能，及时带宝宝上医院检查。

（2）慢性咳嗽的治疗

药物治疗

祛痰药物：慢性咳嗽如果伴有痰，应以祛痰为原则，不能单纯止咳，以免加重或导致气道阻塞。

抗组胺药物：用于上气道咳嗽综合征。

抗菌药物：明确是细菌或肺炎支原体、衣原体病原感染的慢性咳嗽，应使用抗生素。如果需要调整抗生素，应按药敏试验结果选用。

平喘抗炎药物：主要用于咳嗽变异性哮喘、嗜酸粒细胞性支气管炎、过敏性鼻炎等。

镇咳药物：慢性咳嗽在没有明确病因之前不宜使用镇咳药物，婴儿不宜用镇咳药。

非药物治疗

避免接触过敏原、受凉，避免被动吸烟；

鼻窦炎可进行鼻腔灌洗、选用减充血药；

体位变化、改变食物性状、少量多餐等方法，对胃食管返流性咳嗽有效；

气道有异物的患儿，要及时取出异物；

药物诱发性咳嗽的最好治疗方法是停药；

心因性咳嗽可给予心理暗示疗法；

适当进行体育锻炼，增强体质，预防呼吸道感染。

（3）特异性咳嗽

咳嗽是诊断疾病的症状之一，例如：

咳嗽伴随呼气性呼吸困难、有呼气延长或哮鸣音的，往往说明宝宝胸内气道病变，如气管支气管炎、哮喘、先天性气道发育异常（如气管支气管软化）等；

咳嗽伴随呼吸急促、缺氧或紫绀，说明肺部有炎症；

咳嗽伴随生长发育障碍，手指、脚趾呈杵状，往往说明有严重慢性肺部疾病及先天性心脏病等；

咳嗽伴随有脓痰，说明肺部有炎症、支气管扩张等；

咳嗽伴随咯血，提示严重肺部感染、肺部血管性疾病、肺含铁血黄素沉着症或支气管扩张等。

110. 宝宝咳嗽对症治疗

西医认为咳嗽不是病，而是许多疾病都可能出现的一种症状。咳嗽是为了排出呼吸道分泌物或异物而作出的一种机体防御反射动作，也就是说，咳嗽是一种保护性生理现象。宝宝咳嗽，一定要诊明原因，然后再对症处理。

（1）普通感冒引起的咳嗽

咳嗽特点：多为一声声刺激性咳嗽，好似咽喉瘙痒，无痰，不分白天黑夜，没有气喘或急促的呼吸。

宝宝表现：嗜睡，流鼻涕，有时有发热，体温不超过 38℃，精神差，食欲不振，出汗退热后症状消失，咳嗽仍会持续 3 ～ 5 天。

引发原因：着凉，如晚上睡觉蹬被、穿衣过少、洗澡受凉等。

处理方法：一般不需要特殊治疗，给宝宝多喂一些温开水、姜汁水或葱头水。尽量少用感冒药，切忌使用成人退热药，不宜喂止咳糖浆、止咳片等，更不要滥用抗生素。

（2）流感引发的咳嗽

咳嗽特点：喉部发出的、略显嘶哑的咳嗽，有逐渐加重趋势，痰由少至多。

宝宝表现：伴随明显的“卡他”症状（眼泪、鼻涕等呼吸道分泌物增多），常伴有38℃以上高热，一般不易退烧，常常持续一周；高热时咳嗽伴呼吸急促，精神较差。

引发原因：病毒感染引起，多发于冬春流感流行季节，常有群发现象，周围很可能有一些得流感的成人或小朋友。

处理方法：疑似流感，应明确诊断，在医生指导下治疗。

（3）冷空气刺激性咳嗽

咳嗽特点：刚开始时是刺激性干咳。

宝宝表现：痰液清淡，不发热，没有呼吸急促和其他伴随症状。

引发原因：冷空气是单纯的物理因素，刺激呼吸道黏膜而引起刺激性咳嗽，好发于户外活动较少的宝宝。宝宝一外出吸入冷空气，娇嫩的呼吸道黏膜就会出现充血、水肿、渗出等症状，诱发咳嗽反射。最初并没有感染，但持续时间长了，会继发病毒、细菌感染。

处理方法：经常带宝宝到户外活动，接受气温变化的锻炼。

（4）咽喉炎引起的咳嗽

咳嗽特点：咳嗽时发出“空、空”的声音。

宝宝表现：声音嘶哑，会有脓性痰，咳出的少，多数被咽下。较大的宝宝会说咽喉疼痛，不会表述的宝宝常表现为烦躁、拒哺。

引发原因：咳嗽多为炎症分泌物刺激，常因受寒引起。

处理方法：及时就医，明确诊断后对症治疗。

（5）过敏性咳嗽

咳嗽特点：持续或反复发作性的剧烈咳嗽，大多为阵发性，活动或哭闹时咳嗽加重，夜间咳嗽比白天严重。

宝宝表现：痰液稀薄，呼吸急促。

引发原因：由抗原性或非抗原性刺激引起，春季花粉漫扬时发病较多。

处理方法：对家族有哮喘及其他过敏性病史的宝宝，应及早就医，积极治疗，以免发展成哮喘。

（6）气管炎性咳嗽

咳嗽特点：早期为轻度干咳，以后转为湿性咳嗽，有痰声或咳出黄色脓痰。

宝宝表现：早期有感冒症状，如发热、打喷嚏、流涕、咽部不适。

引发原因：多见于年龄偏大的宝宝，主要由呼吸道感染引起。

处理方法：感冒症状明显时可用感冒药，有发热时用退热药、祛痰剂，不宜使用止咳药。痰多或呈黄色脓性，表明有继发细菌感染，应根据医生意见选用抗生素治疗。如果未能有效控制，可能会发展为肺炎。

（7）细支气管炎性咳嗽

咳嗽特点：刺激性干咳，并且可以咳出较多痰液。

宝宝表现：咳嗽伴发热、呼吸急促和喘憋。

引发原因：病毒侵犯细支气管黏膜引起的炎症，发病年龄以6个月内宝宝最多见。

处理方法：如果宝宝出现呼吸困难或是无法进食、喝水，应及时去医院。如果宝宝的症状较为轻微（只是气喘而未出现呼吸困难等症状），父母可以在宝宝房间里放一个加湿器，帮助宝宝祛除肺部黏液，并且多给宝宝喝水。

（8）其他疾病引起的咳嗽

病因	咳嗽特点	伴随症状
百日咳	咳嗽日轻夜重，连咳十几声便喘不过气来，咳嗽后还带有吸气的鸡鸣声	喷嚏、低热、咳出大量黏稠痰
返流性食道炎	进食后出现气喘及持续沙哑的咳嗽	吞咽食物时有灼热感，或出现呕吐或喷射吐症状
异物吸入	玩耍或进食时突然呛咳不止	吸气困难、口唇发绀（黑中带红）
肺炎	刺激性干咳、有痰	发热、气急、鼻翼翕动
肺结核	反复干性咳嗽	消瘦、盗汗、午后低热
义膜性喉炎	强烈的干咳	日轻夜重、伴低热

（9）家庭巧护理，缓解宝宝咳嗽

夜间抬高宝宝头部

咳嗽的宝宝喂奶后不可马上躺下睡觉，以防咳嗽引起吐奶和误吸。如果出现误吸呛咳时，应立即使之头低脚高，轻拍背部，鼓励宝宝将吸入物咳出。如果宝宝入睡时咳个不停，可将头部抬高，咳嗽症状会有所缓解。

头部抬高对大部分由感染引起的咳嗽是有帮助的，因为宝宝平躺，鼻腔内的分泌物很容易流到喉咙下面，引起喉咙瘙痒，致使咳嗽在夜间加剧；而抬高头部可以减少鼻腔分泌物向后引流。经常调换睡觉的位置，最好是左右侧轮换着睡，有利于呼吸道分泌物的排出。

水蒸汽止咳法

咳嗽不止的宝宝在室温约为20℃、湿度为60%～65%的环境下可以有所缓解。如果宝宝咳嗽严重，可让宝宝吸入蒸汽；或妈妈抱着孩子在充满蒸汽的浴室里坐5分钟，潮湿的空气能帮宝宝清除肺部黏液，缓解咳嗽。

热水袋敷背止咳法

在热水袋中灌满40℃左右的热水，外面用薄毛巾包好，敷于宝宝背部靠近肺的位置，可以加速驱寒，止住咳嗽。这种方法对伤风感冒早期出现的咳嗽症状尤为有效。注意要让宝宝多穿几件内衣再敷，以免烫伤宝宝。

热饮止咳法

多喝温热饮料，可使宝宝的黏痰变得稀薄，缓解呼吸道黏膜的紧张状态，促使痰液咳出。最好让宝宝多喝温开水、牛奶、米汤等；也可给宝宝喝鲜果汁，应选刺激性较小的苹果汁、梨汁等，不宜喝橙汁、西柚汁等柑橘类果汁。

111. 宝宝咳嗽食疗方

冬季转冷，寒冷空气的刺激，使患咳嗽的宝宝明显增多。宝宝咳嗽，除了对症治疗外，采用辨证食疗的方法可以起到辅助治疗的效果。

（1）热咳食疗方

宝宝的主要症状：咳嗽多痰，痰呈黄色，舌红苔黄，咽红，宝宝多热咳。

冰糖川贝梨

原料：梨1个，冰糖10克，川贝粉2克

做法：梨去皮、去核，将冰糖、川贝粉放入梨盅；梨盅放在碗中隔水蒸30分钟，待稍冷却后即可食用。

功效：润肺、止咳、化痰。

白萝卜冰糖饮

原料：白萝卜1个，冰糖12克

做法：白萝卜切片，放水和冰糖，烧开后，再用小火烧5分钟即可。

功效：清热、化痰。

枇杷叶粥

原料：枇杷叶 12 克，粳米 50 克

做法：枇杷叶用纱布包裹，加水烧煮，去渣留汁，加粳米煮成粥。

功效：镇咳、化痰。

（2）寒咳食疗方

宝宝的主要症状：咳嗽，痰稀薄，舌苔白。

生姜大蒜红糖汤

原料：生姜 5 片，红糖 12 克，大蒜 3 片

做法：生姜、红糖、大蒜加水煮 10 分钟，饮汤。

功效：温肺止咳。

姜糖豆腐羹

原料：豆腐 200 克，红糖 50 克，生姜 3 片

做法：豆腐、红糖、生姜加少许水，煮熟即可。

功效：补脾温肺。

（3）脾虚咳嗽食疗方

宝宝的主要症状：咳嗽反复发作，面色萎黄，食欲不振，大便溏薄。

山药杏仁粥

原料：山药 120 克，杏仁 12 克，粳米 50 克

做法：山药去皮、切块，杏仁去皮，加粳米、水，煮粥食用。

功效：健脾止咳。

薏仁茯苓苏子粥

原料：薏仁 30 克，茯苓 30 克，苏子 9 克，粳米 50 克

做法：将薏仁、茯苓、苏子、粳米加水煮粥。

功效：健脾渗湿、止咳化痰。

红枣白果粥

原料：红枣 10 个，白果 3 个，粳米 50 克

做法：红枣、白果、粳米加水煮粥。

功效：健脾益气、止咳喘。

（4）肺阴虚咳食疗方

宝宝的主要症状：久咳少痰，口干舌燥，舌红，盗汗。

百合粥

原料：新鲜百合 15 克，糯米 50 克，冰糖 10 克

做法：将新鲜百合和糯米加水煮粥，调入冰糖食用。

功效：补肺止咳。

银耳羹

原料：干银耳 30 克，鸡蛋 1 个，冰糖 200 克

做法：将银耳煮烂，放入冰糖溶化；鸡蛋取蛋清，加入少许水搅拌后，放入银耳中加热食用。

功效：滋阴润肺止咳。

（5）日常饮食的宜忌

宝宝咳嗽期间，还应根据其咳嗽症状，注意日常饮食的宜忌。

热性咳嗽：宜食柿子、西瓜、枇杷、冬瓜、苦瓜、丝瓜、莲藕；忌食羊肉、狗肉、桂圆肉、荔枝、辣椒。

寒性咳嗽：宜食红枣、核桃、羊肉、鸡；忌食绿豆、西瓜、苦瓜、海带、地瓜、螃蟹。

脾虚咳嗽：宜食山药、豆制品、扁豆、莲子、鸡蛋、牛奶；忌食冷饮、油炸食品。

肺阴虚咳嗽：宜食白木耳、梨、蜂蜜、百合、猪肺；忌食生姜、大蒜、辣椒、油炸食品。

112. 早期识别宝宝尿路感染

尿路感染是由细菌侵入尿路而引起的，感

染可累及肾脏、膀胱、尿道，由于较难确定炎症的具体部位，所以医学上一般统称为尿路感染。尿路感染可发生于宝宝的任何年龄阶段，2岁以下的婴幼儿发病率较高，女孩发病是男孩的3～4倍。

（1）宝宝为何容易发生尿路感染

生理特点：使用尿布的婴儿，尿道口常常会受到粪便的污染，婴儿的局部防御能力差，粪便中的大肠杆菌、变形杆菌等容易引起感染。女婴的尿道比男婴短得多，更易发生感染。有的新生儿及婴儿机体抗菌能力差，当发生皮肤脓瘤病、肺炎、败血症等疾病时，细菌可通过血液从肾脏下行，引发尿路感染。

尿液返流：成年人膀胱内尿液充盈时，尿液不会返流入输尿管，而婴幼儿身体发育尚未完善，可出现不同程度的尿液返流。

先天性尿路畸形：据统计，尿路感染的宝宝患者中，25%～50%伴有先天性尿路畸形或尿路梗阻，包括肾盂输尿管连接处狭窄、肾盂积水及肿瘤引起的梗阻等。

（2）如何早期识别尿路感染

宝宝尿路感染的症状与成人大不相同，所以对宝宝尿路感染的早期识别不能套用成人患尿路感染时常出现“尿频、尿急、尿痛”的思路。

新生儿期的急性尿路感染：突出表现为发热、吃奶很差、面色苍白、呕吐、腹泻，部分患儿可出现抽风、嗜睡。

婴幼儿期的急性尿路感染：也是以发热、反复腹泻等全身症状为主，尿频、尿痛等症状不明显，只是在排尿时可发生哭闹。

儿童期的下尿路感染：早期表现为尿频、尿急、尿痛，较易被发现。

儿童期的上尿路部位感染：早期的主要表现是寒战、发热、全身不适，较大的孩子可能会诉说腰痛。

婴幼儿不会说话，低龄儿童也不能正确诉说病情。如果孩子出现了莫名其妙的发热、面色苍白、不肯吃奶、呕吐、腹泻等症状，家长切不可以为宝宝得了“感冒”，随意使用宝宝退热药，必须仔细观察病情。细心的家长可能发现宝宝有尿频；如发现宝宝排尿时哭闹，这是一个非常重要的信号，家长应引起警惕，及时去医院就诊。

（3）尿路感染的诊断手段

尿路感染的诊断手段主要是尿液常规检查和细菌培养。收集尿液标本时，应先清洗外阴，作中段尿细菌培养和菌落计数，女孩的菌落计数大于10万，且为同一细菌，可确诊为尿路感染；男孩的菌落计数大于1万，且为同一细菌，可考虑为尿路感染。对细菌应作药物敏感试验，以选择合适的抗菌药物。

不少患儿在出现发热等症状时，易于被当成上呼吸道感染而用过抗菌药，所以尿液中不一定能培养出致病菌，需多次作尿液常规和细菌培养，以明确诊断。

急性尿路感染如能及早发现、及时治疗，可迅速治愈。约有半数病例由于没有得到早期诊断，往往迁延不愈，演变为慢性尿路感染，患儿呈现间歇性发热、消瘦、进行性贫血，严重危害健康。个别患儿可发展为肾功能衰竭，危及生命。

（4）怎样防治尿路感染

尿路感染的预防关键在于悉心护理婴幼儿的外阴。

白天尽量使用旧棉布做成的尿布，不要贪图方便而使用一次性尿布；

每次大便后，要用温水清洗宝宝臀部，不可用尿布一擦了事；

女孩在清洗外阴时，应从前往后洗，以免把肛周的致病菌带到尿道口；

尿布要经常清洗，婴儿用的毛巾和脚盆应

与成人分开；

幼儿尽量不穿开档裤，并勤换内裤。

尿路感染的治疗关键在于积极控制感染，去除诱因，防止复发。如存在尿路结构异常，必须及时纠治。急性感染阶段应多饮水、勤排尿，以减少细菌在膀胱内停留的时间。使用抗菌药的具体剂量及疗程，医生会根据宝宝年龄、体重及病情斟酌而定。

113. 小心宝宝“出痧子”

麻疹在我国已作为计划免疫，不少人认为宝宝都打了预防针，就会终身远离这个病。有的年轻妈妈从未生过这个病，不知道麻疹可能会“染”上宝宝。

（1）及时免疫，预防麻疹

我国计划免疫婴儿出生后 8 个月时注射麻疹疫苗，如果宝宝在这个月龄前接触了麻疹患者，就容易被感染。而且这个年龄层宝宝的妈妈大多没有生过麻疹，也是打预防针免疫，妈妈体内的抗体水平下降，宝宝缺乏从妈妈那里得到的抗体或得到的抗体很少，出生后很快转阴。

麻疹是呼吸道传染病，通过空气传播，传染性很强，没有接种过疫苗的宝宝只要接触了麻疹患者，90% 以上都会被感染。麻疹在发病前 1 ～ 2 天和出疹后 5 天内都有传染性。冬春季是麻疹流行的高峰期，尚未接种疫苗的宝宝要避免到人口密集的环境中去，房间要保持空气流通。

预防麻疹的主要措施是接种麻疹疫苗，接种疫苗一个月后体内抗体达到高峰，半年后降到一定水平，可以维持 4 ～ 6 年。接触麻疹患者后 2 天内应急接种疫苗，可减轻病情。

体弱多病或有慢性病的宝宝，接种麻疹后 5 天内注射丙种球蛋白，可以制止发病；5 ～ 9 天内注射丙种球蛋白，可以减轻症状。

（2）宝宝“出痧子”会有哪些表现

麻疹的初期症状

前驱期：宝宝发烧，体温并不高，在 38℃左右，鼻涕多，眼泪汪汪，很像普通感冒。

出疹期：发热 3 ～ 4 天后，开始出皮疹。先从耳后、前额开始，逐渐波及面部、头颈，然后一直往下，整个出疹过程 3 ～ 5 天，直至手心、脚心都有皮疹。这段时间体温最高在 39℃ ～ 40℃。宝宝精神萎靡，胃口差，哭吵、烦躁。

恢复期：皮疹出齐，没有并发症的宝宝体温开始下降。

皮疹的发展过程

红色斑丘疹，开始较红，渐渐变暗，成暗红色，暗红色退后，有色素沉着，出现糠麸样脱屑，一二周后色素渐退。“出痧子”的宝宝在发热的第 2 ～ 3 天，出疹子前，口腔中会出现麻疹黏膜斑。

（3）麻疹治疗，“发透”最重要

虽然麻疹看上去很凶险，但只要护理得法，没有并发症，它是可以自行痊愈的。麻疹有一个自然的病程，要让其“发透”，如果人为地中断，反而对孩子不利。慎用退热药，如果用药将宝宝体温一下子降下来，疹子发不出来，宝宝会出现麻疹危象（循环障碍，甚至休克）。因此，宜用物理降温，或小剂量服用退热药，体温降到 38℃左右即可。

家庭护理也很重要。要多给宝宝补充水分，食物要清淡；不要忌食，否则易引起多种维生素缺乏；宝宝的房间要保持通风，但不要让风直接对着宝宝吹；宝宝的卧室要保持一定的湿度，麻疹的宝宝往往都会有咳嗽、喉咙痛，干燥的环境会加重咳嗽。

114. 当心宝宝传染上水痘

初春时节，万物复苏，病毒也开始肆虐，带状疱疹病毒就是常见的病毒之一，宝宝接触到这种病毒，就会发水痘。

（1）高感染性的水痘

水痘的传染性很强，凡是接触过水痘病毒的宝宝，90% 会被传染。如果宝宝身上突然出现了皮疹，最初为红色的斑丘疹，皮疹发出后很快（数小时）就转为水疱，你就要考虑到宝宝是发水痘了。

水痘疹子的水疱壁很薄，起初像水滴，一碰就破，“水滴”颜色开始是清的，随后会变混浊。如果水疱继发感染，就会流脓，水疱会破溃后成为痂疹。由于皮疹成批出现，因此在宝宝身上可以同时看到斑丘疹、疱疹和痂疹。皮疹大多分布在躯干，头上、脸部和四肢也会有。

发烧是水痘的又一个特点，有的宝宝高烧，有的宝宝只有几分热度，也有的宝宝不发烧。

水痘是良性、具有自限性的传染病，一般得病后没有后遗症，如果皮肤没有并发严重的细菌感染，也不会产生疤痕。生过水痘后可永久免疫。

水痘的发病时间在 10 天到 2 周，病情轻的宝宝 1 周即可痊愈。由于水痘有 10 天到 3 周的潜伏期，从潜伏末期到发病、疱疹、结痂都是传染期，它又是通过空气和直接接触传染的，因此很容易传播，患病宝宝必须隔离到疱疹全部结痂、消退为止。抵抗力差或有慢性病的宝宝，得病后往往会症状较重，有些患儿会有并发症，如脑炎、心肌炎、暴发性紫癜等，年龄较小的宝宝可能会并发肺炎。

（2）水痘治疗

可给宝宝服用针对疱疹病毒的抗病毒药阿昔洛韦，也可在水疱处涂阿昔洛韦软膏。

38.5℃以下的宝宝可服用柴黄颗粒、柴胡口服液、板蓝根冲剂等有清热解毒效果的中成药；发烧 38.5℃以上的宝宝要用退热药。

如果宝宝痒得厉害，可服用抗过敏药。

如果宝宝皮肤有继发感染，应及时就诊，在医生的指导下使用抗生素。

如果宝宝出现头痛、呕吐、嗜睡（脑炎症状）、胸闷、心跳加快（心肌炎症状）、咳嗽（肺炎症状），家长应及时带宝宝上医院就诊，以免贻误病情。

（3）家庭护理

如果没有其他继发感染，生水痘的宝宝应在家里卧床休息，多喝水。

勤换内衣，保持宝宝皮肤的干爽清洁；剪短指甲，以免宝宝因瘙痒抓挠而感染。

宝宝卧室要保持安静、清洁、通风，可用 3% 的来苏水擦洗和消毒玩具、地面、家具等。

被褥经常在阳光下曝晒 6 ~ 8 小时，衣服洗净后可用开水浸泡消毒。

宝宝的衣服、被褥不要过厚，以免引起疹子瘙痒。

宝宝的饮食宜清淡易消化，最好喂流质或半流质，如牛奶、豆浆、菜粥、汤面、水果等。

（4）接种疫苗

预防水痘最好的方法就是接种水痘疫苗，1 岁以上的宝宝均可接种。极少部分接种过水痘疫苗的宝宝可能还会得水痘，但是一般症状很轻。

水痘病毒会长期潜伏在人体内，由于它与带状疱疹是一个病毒，一旦过于劳累、抵抗力下降，就会引发带状疱疹，老年人特别容易发病。如果老人带宝宝，一不注意卫生就会传染给宝宝，宝宝就会得水痘。因此带宝宝的老人，若发现患了带状疱疹，应立即与宝宝隔离。

115. 留心宝宝感染上腮腺炎

民间所说的“大嘴巴”，医学上称为腮腺炎。腮腺炎是腮腺炎病毒侵犯了口腔中的腮腺引起的一种急性呼吸道传染病。这种病传染性很强，病毒可通过唾液飞沫和直接接触传染。宝宝患病一次后，通常可获终身免疫。

（1）腮腺炎的特点

宝宝被腮腺炎病毒感染后，大约经过 2 ～ 3 周的潜伏期才出现不适症状，这段时间一般不传染。整个病程通常 10 天左右才能痊愈，患病宝宝必须隔离到全部腺体消退，才不会传染。

大多数患病宝宝，以耳下肿大和疼痛为最早出现的症状，腮腺肿胀多为双侧，先是一边肿大，1 ～ 2 天后另一边也肿起来。由于张嘴时有疼痛感，所以宝宝不愿吃饭，更不喜欢张口说话。宝宝的口水越流越多，并伴有发烧、咳嗽，流鼻涕等症状。腮腺肿大在 2 ～ 3 天时达到高峰，一般持续 4 ～ 5 天逐渐消退，全身不适症状也随之减轻。

患流行性腮腺炎后，引起并发症的并不多，稍常见的有脑膜炎、脑炎。这些并发症往往在腮腺肿后一二周内发生，一般症状较轻，宝宝会表现出头痛、呕吐、抽筋等，应及时送医院就诊。腮腺炎病毒引起的脑膜炎、脑炎大多预后良好。由于腮腺炎病毒嗜好腺体，个别患病宝宝会并发胰腺炎，宝宝会诉说肚子痛。个别病例还会引起心肌炎、肾炎。也有极少孩子会有单侧耳聋，听力下降，这是病毒影响了神经，往往不可逆，难以治好。

（2）饮食宜忌

宝宝得了腮腺炎，肿胀处会感觉疼痛，要给宝宝吃柔软的食物，最好是流质或半流质食物，如稀粥、软面条、果泥、果汁等。

可以给宝宝吃一些有清热解毒作用的绿豆汤、赤豆汤、藕粉、白菜汤、萝卜汤等。

不宜给宝宝吃酸味食物，以免刺激唾液分泌，使疼痛加剧。

不宜给宝宝吃鱼、虾、蟹或辛辣食物，更不要吃难以咀嚼的食物。

（3）家庭护理

对患病宝宝要加以隔离，直至腮腺肿胀完全消退。

用冷毛巾挤干水轻轻贴在肿胀的部位，或把冰袋放置在患处，减轻疼痛和肿胀。

宝宝发热时，及时采用物理方法降温，必要时服用退热药。

在医生指导下服用抗病毒药物，也可请中医开些清热解毒、散结清肿的中药，如板蓝根、夏枯草等。

让宝宝卧床休息，室内经常通风换气，保持适宜的温度和湿度。

定时给宝宝喝温开水，注意保持口腔卫生。

如果宝宝出现高热、头痛、嗜睡等表现，可能是并发睾丸炎或脑炎等，应及时带宝宝上医院就诊。

（4）预防方法

接种疫苗是最好的预防方法，麻疹、腮腺炎和风疹的联合疫苗（MMR）是比较成熟的疫苗，效果很好，其中腮腺抗体保护性可达 10 年，预防效果达到 97% 左右。

（5）是否影响宝宝将来的生育能力

有的家长认为，患了腮腺炎会影响宝宝将来的生育能力，这是没有科学根据的。十三四岁的青少年得了腮腺炎，可能会并发睾丸炎，一般也只影响单侧，不会影响生育；极少数青春期女孩患腮腺炎后，会有下腹部疼痛，并发卵巢炎，如果及时治疗，不会影响将来生育。小宝宝通常不会并发生殖系统炎症。

116. 警惕猩红热侵扰宝宝

猩红热是由乙型溶血性链球菌引起的急性传染病，传染力很强，冬春两季较为多见，好发于2～8岁宝宝。如果治疗不及时、不彻底，容易引起并发症。

（1）猩红热的特点

发病急骤，来势汹汹：宝宝大多突然发高热、头痛、恶心、呕吐、全身酸痛、厌食、精神萎靡。

疹细如沙，猩红似锦：常在发热的第二天出现皮疹，皮疹由颈部、胸部、腋窝开始，几小时后就蔓延到躯干和上肢，最后到下肢。皮疹颜色鲜红，疹细如沙，又称“丹痧”。

口周无疹，呈苍白环：嘴唇周围没有疹子，有一圈苍白色的环圈。

舌红多刺，状似杨梅：舌质红、舌刺大，很像成熟的杨梅。

咽喉肿痛，溃烂化脓：咽部发红，扁桃体肿大，有时还溃烂化脓，民间又叫“烂喉痧”。

飞沫传播，传染性强：猩红热患者和带菌者是传染源，主要通过空气飞沫和直接接触传播。病菌会在患者咳嗽、打喷嚏、说话时喷出，患者的衣物、食具上也有病菌，传染性较强。

病死率低，并发症多：乙型溶血性链球菌对青霉素等抗生素很敏感，容易被控制，所以该病死亡率低，但可引起中毒性心肌炎、骨髓炎、化脓性关节炎等并发症，还可继发急性肾炎或风湿热等。

（2）如何防治猩红热及其并发症

及早隔离：隔离一般在1周以上，直到宝宝咽部细菌培养2次呈阴性为止。患者的分泌物或污物应随时消毒处理。猩红热主要通过空气飞沫传播，因此室内要通风换气，保持清洁卫生。疾病流行期间，不到患者家里去玩，不带孩子去公共场所。

预防用药：在托幼机构如有猩红热流行，可让未感染的宝宝用盐水漱口或用1：1000黄连素液喷咽部，共喷7～10天，或用青霉素水剂、黄连水剂滴鼻。如果接触了患者，可以连服3天磺胺药；宝宝还可以注射成人全血、血清或丙种球蛋白；也可用50～100克蒲公英煎水，连服10天。

彻底治疗：猩红热的治疗，首选青霉素，疗程在7～10天。对青霉素过敏的宝宝可选用红霉素治疗。家长应注意观察宝宝病情，如出现高热不退、心慌气短等心肌炎、骨关节炎并发症，应及时到医院诊治；猩红热宝宝病后2～3周应注意观察有无尿少、浮肿、食欲不好、面色苍白等，如有异常，应及时就医。

（3）家庭护理

急性期时，宝宝必须卧床休息，一般为2～3周，以减少并发症的发生；如已有并发症（肾炎等），卧床时间要延长。

给宝宝提供营养丰富、富含维生素且容易消化的流质或半流质饮食；不能进食或重症的宝宝，可通过静脉补充热量和液体。鼓励宝宝多饮水，利于散热和排毒。并发肾炎的宝宝，应给予低盐饮食。

保持口腔清洁，可用温生理盐水漱口，每天4～6次。

高热宝宝可给予物理降温，头部冷敷、温水擦浴或遵医嘱服用小剂量的解热镇痛剂。但忌用冷水或酒精擦浴。

保持皮肤清洁，衣被要勤换勤洗；可用温水清洗皮肤，但出疹期间禁用肥皂擦洗。

剪短宝宝的指甲，避免抓破皮肤引起感染，若宝宝感觉痒得难受，可使用止痒软膏。

117. 怎样带宝宝看病

（1）咨询与预约

一般看病都要挂号、看病、付费、化验（检查）、看病、打针、付钱、拿药。这些是必要的步骤，有时会反复数次，有的医院分设窗口。初次就诊要把医院的看病流程尽量记清楚，另外作好打“持久战”的心理准备。

一般医院都有咨询电话，有些医院甚至还可以咨询医生门诊的详细时间。各大医院也都有自己的网站，可以搜索你所需要的科室、医生等相关信息，还可以网上预约门诊。

网上预约的注意事项：

根据网站上的相关说明，了解预约流程和能够获得的服务内容。

具体的预约就诊时间、预留时间等，若有疑问可与网站确认。

申请注册、付费时，先查清网站背景，以及预约登记网站上所写的医院及专家，避免受骗上当。

网上预约的名额较少，预约成功后，网站一般会发短信通知你具体的就诊时间。

（2）作好诊前准备

带孩子看病，作好诊前准备很重要：耐心观察宝宝何时发病、持续时间、症状如何，把体温、呕吐次数等记录下来；备好就诊用包，装好医保卡、奶瓶、尿布、呕吐袋、熟悉的小玩具等，拉稀的话还应带好便样以备及时化验；及时为宝宝补水，戴好口罩。

送宝宝去医院时，要带齐宝宝的病史资料；在等待看病的时间里，不建议与小朋友一起玩耍，可用游戏来驱散宝宝的恐惧；反复没治好的病，可考虑看专家或特需门诊，要把就诊病历、用药情况详细告诉专家；陈述病情时，要仔细描述病状，如咳嗽多久、有没有痰、何时症状较明显等；勤提问、勤复诊。

如果你要请老人带宝宝去医院看病，可以把宝宝的症状简洁又有条理地记在纸上，请老人带上交给医生，既节省时间，也能有助于诊治。

宝宝生病，此时爸爸妈妈应该具备良好的心态，耐心鼓励宝宝抵抗疾病，悉心调整饮食起居，并且观察病情是否须上医院。如今网络发达了，许多信息都可以即时查到，还有不少在线咨询平台，使爸妈解决起宝宝的小毛小病来更得心应手。另外，家里常备一本医学普及书，并且同一两位医生交朋友也是不错的方法。

（3）西医提示

体温

儿童专科医院里一般依据的是肛温，比较适合婴幼儿，因为肛温能较为准确地反映体温情况。口腔量得体温 36.3℃ ~ 37.2℃ 为正常体温，但易受哭吵、进食及吸入气温的影响，口腔测得体温一般比肛门量得体温低 0.3℃ ~ 0.5℃。

以口腔温度为标准，可将发热程度分为：低热——体温为 37.3℃ ~ 38℃；中度发热——体温为 38.1℃ ~ 39℃；高热——体温为 39.1℃ ~ 41℃；超高热——体温为 41℃以上。

中性粒细胞分类超过 60% 且 C- 反应蛋白超过 8 毫克 / 分升，提示有细菌感染。

腹泻

宝宝不同的大便性状，提示其不同的临床病理变化。如果腹泻次数多，要谨防脱水，密切观察是否有眼眶凹陷、嘴唇干、前囟凹陷、尿少等；如宝宝腹胀，也要引起重视。冬天宝宝腹泻后，还很容易继发肠套叠，可观察是否有面色苍白、不吃东西的情况下呕吐、反复哭吵、果酱样大便等情况。

过敏

初次使用某抗生素后若出现皮疹、荨麻疹，

甚至过敏性休克的，则表明宝宝对该药物过敏，应立即请教医生，并记录药物过敏情况。对某些容易产生过敏情况的药物要慎用，如青霉素，必须经过皮试后才可使用；耳毒性、肾毒性药物都需在医生指导下慎用。

过敏体质的宝宝要特别当心，只要是外来物质都可能被机体当成异类抗原而产生过敏反应，如空气中的粉尘、花粉、油漆味、药物、化妆品甚至某些食物等。

（4）中医提示

中药对防治小儿病毒感染性疾病疗效独特，并能增强免疫力，有助于病后调理。如反复呼吸道感染的缓解期和发作期，流行性腮腺炎、水痘、手足口病等传染病，还有其他病症如厌食、营养性贫血、多发性抽动症等。

中医以“望诊”为主，一般看舌苔、喉咙，对3周岁以上的宝宝会切脉，针对不同体质、不同症状等对症下药。

中药煎煮前一般要先浸泡，煎煮时水不要放太多。治疗感冒的药不宜煮得过久，5～10分钟煮沸即可；补益、调理类的药一般要煮半小时，分次服用。

治疗寒症的汤药需趁热喝，有清热效果的汤药需凉下来喝。每次喝药量与喝药次数，要根据宝宝年龄和病情轻重而定。服药尽量选在饭前或两餐饭的中间，这样药物容易吸收，而且不容易呕吐；个别寒苦伤胃的药物要饭后服用。

118. 为宝宝安全用药

宝宝生病会服用各种药物，服药存在一定的危险，如果用药不对，会对宝宝造成很多痛苦。所以，你最好掌握一些基本的用药知识。孩子常常会因为药苦而拒绝吃药，有的孩子在吃药过程中会泼洒掉一些药，这会影响药效，所以，家长在给孩子选药时，应选择糖浆、干糖浆剂型、果味型片剂、冲剂等口感好的药物。适合孩子服用的药上大多标有“小儿”的字样，也有的会在商标上画有小儿的模样。

（1）准确计算孩子的用药剂量

研究表明，70%的家长在给孩子喂药时，并不知道准确的剂量是多少。给宝宝服药前，家长要仔细阅读说明书，按照说明书上所说的去做，以保证宝宝服用的剂量符合其年龄和体重。如果你有疑惑，应该向药店的营业员或者医生咨询。

西药

按体重计算：每次（日）剂量＝孩子的体重×每次（日）每千克体重所需的剂量。一般来说，临时用药剂量常按每次剂量计算，如退热药。但需要连续用药的，应按每日剂量计算，再分2～3次服用，如抗生素。

按成人剂量计算：孩子的用量＝成人剂量×孩子的体重（千克）/50。此方法仅适用于未提供小儿剂量的药物。不过，给宝宝吃减少剂量的成人药是危险的，如果药的说明书上没有标明儿童用药的剂量，这种药就不要给宝宝吃。

按年龄计算：这种方法较安全，不需要十分精确用药剂量的药物可以按照这个方法计算，如营养类药物（见下表）。

年龄	服药剂量
2～4岁	成人剂量的1/6～1/4
4～7岁	成人剂量的1/4～1/3
7～11岁	成人剂量的1/3～1/2

中药

一般情况下，小儿中成药大多是以1～5岁的孩子作参比制作的，所以1～5岁的孩子服丸剂一般是每次一丸，袋装的药量一般是每次1/3～1/2袋。家长也应注意根据孩子的具体情况，如体重较重的孩子可以适当多服一点，体重较轻的适当少服一点。如果孩子需要服用大人的中成药，剂量也要相应减少，一般 3 ～ 7 岁的孩子服用成人剂量的 1/3 ～ 1/2。

儿科医生的提醒

说明书中的数字要特别注意，以免粗心地将剂量加倍或减半。

确定宝宝的体重。对于 2 岁以下的婴幼儿，很多药的剂量是根据体重而不是年龄计算的。

如果药瓶的标签说“每次服药前应先摇匀”，你要照办，这样可确保宝宝喝下去的药水不会太浓或太淡。

千万不要因为宝宝病重就给他多喝药，药并不是越多越有效，必须严格遵照说明书上的剂量服药。药的剂量是根据其安全性来计算的，而不是根据病情轻重来估计的。

（2）常见药物的最佳服用时间

抗生素一般在饭前服。

对胃有刺激的药在饭后服。

治疗便秘的药在餐前服。

助消化药应在饭前或饭中服。

驱虫药应在空腹时或半空腹时服。

治疗哮喘的药应在喘前 2 小时服。

（3）药物的副作用及解决方法

家长从药店或医院买药后，一定要仔细阅读药品的说明书，并在儿科医生的指导下用药。药物最常见的副作用就是胃肠道反应，如恶心、呕吐、胃肠道出血等，停药后症状会好转。

有些药物可对肝细胞造成直接或间接损伤，可能引起孩子食欲不振、黄疸等消化系统的症状。很多药物可引起血液系统的不良反应，如再生障碍性贫血，孩子的皮肤黏膜反复出血，继而出现头晕、脸色苍白、疲乏、高烧等症状。有些药物可引起过敏反应，如全身瘙痒、皮疹等，一般停药后症状会缓解。但有一些药物会引起严重的过敏反应，如口服青霉素、口服阿莫西林等。

家长应结合家族有无过敏史，小心为孩子选择药物，同时避免使用对肝脏、肾脏、血液系统有损伤的药物。孩子服用多种药物时，要注意分辨药物之间的不良反应，必要时请医生帮助解决。

止泻药：空腹服用效果较好，有利于充分吸收，但不能与乳酶生等活性菌药物同时服用，以免产生拮抗作用。

止咳药：多数为黏膜吸收，口服后不应立即饮水，半小时后再饮水。

解热药：服药后应多喝水，防止因发热而脱水，并使身体大量出汗，排泄毒素，达到降温目的。

止吐药：除非有医生的处方，不要随便给宝宝吃止吐药。呕吐是宝宝患病的常见症状，随意给宝宝吃止吐药会妨碍医生的判断。呕吐也是肠胃系统摆脱有害物质的一种“自卫”方法，如果宝宝呕吐得很厉害，出现脱水症状，应立即送医院。

感冒药：一般只是用来减轻感冒症状，给宝宝使用之前应征得医生的同意。

钙剂：种类很多，需有医生指导，服用时不能冲水过多。

鱼肝油：应计算孩子的体重、年龄后服用，不要多吃，量多会造成鱼肝油中毒。

（4）准备一个宝宝专用药箱

数字式温度计，婴儿退烧药，消毒药水（碘酒、双氧水等），止痒药膏，消毒酒精（用于温度计、镊子和剪刀的消毒），婴儿专用凡士林（润滑温度计），对付小伤口的抗菌药膏，小镊子和小剪刀各一把，创可贴，胶布和绷带，消毒棉和棉签，婴儿喂药滴器，口腔喷射器，刻度杯和医用调羹，检查喉咙用的压舌棒，热水袋和冰袋各一个，检查耳朵、鼻子、喉咙和眼睛用的电筒，婴儿通便专用开塞露。

如果你的宝宝是过敏体质，还可准备抗过敏药。

（5）药的安全储藏

把药储藏在原来的包装盒里，药瓶、药盒上要有完整的说明和成分。如果你遗失了药的标签和说明书，就应该把药也扔掉。不要去猜瓶里的药是什么，不值得去冒这个险。

很多抗生素和其他一些药需要冷藏保存。通常把药保存在阴凉干燥的地方。

所有的药都要放在宝宝拿不到的地方，以防发生意外

内服药和外用药要分开放置，做好标志，不要拿错。

任何药一旦过期就要立即扔掉，过期药不但没有疗效而且有害，但不能从马桶里一冲了之，以免污染水源。

对3岁以下的儿童来说，可咀嚼的药片具有窒息危险。

（6）给宝宝喂药

准备好给宝宝吃的药，再仔细查看一遍说明书，核对用药量。喂药者需认真清洗双手，并洗好喂药需用的辅助工具，放置在药物旁边。准备一些白开水和宝宝爱吃的饼干或糖果。

妈妈采取坐姿，让宝宝半躺在妈妈的手臂上。妈妈用手指轻按宝宝的下巴，让宝宝张开小嘴，取少量药液，慢慢送进宝宝口内，轻抬宝宝的下颌，帮助他吞咽。将所有药液喂完后，再用小勺加喂几口白开水，尽量帮助宝宝将口腔内的余药咽下。给宝宝吃一块小饼干，减少药粉在口腔里留下的苦味。

不要在宝宝哭闹时喂药，以免药液呛入气管。喂药时父母不要硬来，不仅容易使宝宝呛着，还会让宝宝越来越害怕，并抗拒吃药。

喂药的时间可放在喂奶前或两次喂奶之间。不要将药液混在奶汁或果汁中喂，以免影响药效。如将酸味果汁和青霉素同服，药效会大打折扣。不要把药倒入一瓶牛奶或一杯果汁里，如果宝宝没能把它们全部喝下去，药的剂量就不够了。

（7）怎样应对宝宝吐药

喂药时，尽量不要碰嘴巴里面的敏感部位。因为味蕾集中在舌头的前方和中央，如果把药放在这些部位，引起宝宝的反感是肯定的；嘴巴上部和舌根是最容易引起呕吐的“敏感地带”，碰不得；“投”药的理想地带，是牙龈与脸颊之间的部位。

宝宝吐药后应该补吃。如果吃的是抗菌素，而且10分钟以内呕吐，只能再吃一遍。大部分药在服用30～45分钟吸收，如果宝宝过了这个时间才呕吐，就不用补吃。如果宝宝病得很重，喂药必吐；或虽然病不怎么严重，但宝宝特别容易呕吐，你得和医生联系，改换成注射用的针剂，或塞屁股的药栓。

如果宝宝存心吐药，就让宝宝的头靠在你的胳膊肘里，你用胳膊和手掌圈住宝宝的脸，用中指和食指拉开宝宝的嘴角，让脸颊形成一个口袋；你用另一只手喂药，直到宝宝把所有的药都咽下才松开手。这样能让宝宝的嘴保持张开，头保持固定，大人手指的动作又使宝宝没法把药吐出来。随后把宝宝竖抱起来，温柔地安抚他。

119. 正确使用抗生素

（1）病毒感染不能使用抗生素

抗生素是有史以来最强有力和最重要的药物，合理使用可以挽救生命，错误使用则会对孩子造成伤害。大部分感染是病毒和细菌这两种主要的微生物引起的。病毒是所有感冒、大部分咳嗽和咽喉肿痛的原因。

常见的病毒感染不能使用抗生素治疗。随

着病程的自然发展，孩子可以从病毒性感染中恢复。抗生素可以用于细菌性感染，但反复或错误地使用抗生素，会导致细菌对抗生素产生抗药性。只有在儿科医生认为有效时，才能给宝宝使用抗生素。

如果孩子的感染是由对抗生素耐受的细菌引起的，他可能需要住院治疗，经静脉注射使用更有效的抗生素。

（2）何时需要使用抗生素

这是一个复杂的问题，应该由儿科医生来回答。有些病毒感染会导致细菌感染，但是使用抗生素治疗病毒感染，并不能预防细菌感染。如果孩子的疾病恶化或持续时间过长，应该寻求医生的帮助，确保孩子及时得到合理的治疗。如果使用了医生开出的抗生素，一定要全程使用，不要随意停药。

耳朵感染：大多数需要使用抗生素，有些不需要。

鼻窦感染：长期的、严重的感染病例需要使用抗生素，但是孩子的鼻涕发黄发绿并不意味着细菌感染。病毒感染期间，黏液变厚变色是正常的现象。

支气管炎：很少需要抗生素。

咽喉肿痛：大多数由病毒引起，只有链球菌性咽喉肿痛需要抗生素治疗，而且必须经过化验，确诊后才能使用抗生素。

感冒：感冒由病毒引起，可能持续两周或更长时间；抗生素治疗感冒是无效的；在感冒自然的病程持续过程中，应该听从医生的指导。

（3）抗生素不可滥用

正如青霉素的发现者——亚历山大·弗莱明所说，青霉素是人类医学史上的一个奇迹，它开创了使用化学药品消灭细菌、治疗疾病的新纪元。抗生素挽救了无数人的生命，但在为人类造福的同时，也带来了很大的麻烦：很多孩子因为滥用抗生素导致耳聋，很多人的身体器官因此受损，更为严重的是，它们会破坏人体内的正常菌群，使病菌耐药性增强，会令人类的疾病陷入无药可治的可怕境地。

中国已成为世界上滥用抗生素最为严重的国家之一。长期以来，人们将抗生素作为保险药、安慰剂以及治疗病毒性感冒的常用药，长期使用昂贵或新抗菌药物来对付普通疾病，付出了昂贵的健康代价，殃及了无辜的儿童。世界卫生组织告诫道，假若人们继续滥用抗菌药物，新出现的对一切药物产生抵抗力的“超级细菌”，可能把人类带回旧时代，即一些小小的感染也能使人丧命。

（4）合理使用抗生素的三大要点

正确使用抗生素，可使患者得到及时、合理、有效的治疗，同时可减少药物不良反应的发生。以下三大要点需要牢记。

不自行购买：抗生素是处方药，不要随便购买，有病一定要去医院就诊，在医生的指导下吃药。

不主动要求：抗生素是用来对付细菌的，要在确定细菌感染时才有疗效，这就需要专业的评估。如果是感冒就医，有90%的感冒都不是细菌感染，而且抗生素并不能加速复原，不要主动向医生要求开抗生素。

不随便停药：针对不同的细菌及不同的目的，抗生素治疗有一定的疗程。一旦需要使用抗生素来治疗，就要乖乖地按时服药，用足所需剂量，服完整个疗程，维持药物在身体里的足够浓度，以免制造出抗药性细菌。

120. 正确处理宝宝意外状况

（1）做户外运动时，忽然刮起大风，宝宝的眼中进了沙子，你该如何帮他？

A. 让他使劲揉眼睛，以挤出异物。

B. 用纸巾帮他擦拭眼睛。

C.帮他翻开眼皮，找出异物，用纸巾沾些纯水轻轻擦去异物，或找眼科医生处理。

正确处理：C

眼睛进沙子时，最忌讳使劲揉眼睛，或用干的纸巾、毛巾擦拭眼睛，不仅难以去除异物，反而会加重异物对眼组织的伤害。应让孩子睁开眼睛，先检查眼白（球结膜）、下眼睑，然后从侧面检查眼黑（角膜）。如果异物在眼皮或眼白部位，可以用纸巾沾少许干净的水轻轻擦去；如果异物在上眼睑或眼黑处，或异物嵌入很深，则必须请眼科医生处理。

（2）吃饭时，孩子不小心被鱼骨卡住了咽喉，你该如何抢救？

A.让他吞咽大块馒头或饭团，推压鱼骨下咽。

B.给他少量多次吞服食用醋，软化溶解鱼骨。

C.立即停止进食，让他张大嘴巴，再借助光线或手电筒，看清鱼骨，用镊子夹出。

正确处理：C

大多数人都会遇到被鱼骨卡住喉咙的麻烦事，此时应立即停止进食，尽快取出鱼骨。吞咽馒头或饭团对小的鱼骨可能有效，但对于大一些的鱼骨可能会因挤压而刺得更深。少量多次食用醋，不能使醋在咽喉部长时间接触鱼骨，不可能溶解鱼骨。让孩子立即停止进食，张大嘴巴，使喉咙尽可能显露，利用光线或手电筒看清鱼骨，再用干净的镊子夹出；如果没有发现鱼骨，就需要到五官科就诊。鱼骨取出后，孩子的喉咙短时间内还会有异物感，这是局部黏膜被擦伤的缘故，几天后一般会好转。

（3）孩子玩耍时，突然有一只小飞虫钻进他的耳道里，你该怎么办？

A.用手指从耳道里掏出飞虫。

B.让孩子到黑暗的地方，用手电筒照着耳道，引出飞虫。

C.往孩子的耳道内滴入几滴食用油，使飞虫的翅膀沾湿而无法张开，再用耳勺将飞虫掏出。

正确处理：B、C

千万不要让孩子用手指或其他东西掏耳朵，否则小虫子会越钻越深，如果钻破耳膜，很可能引起听力下降。昆虫有趋光性，用手电筒照耳道可以引出飞虫。在孩子的耳道内滴入几滴食用油，可以使飞虫的翅膀沾湿而无法张开，飞虫若在耳道的浅处，可以用耳勺将飞虫掏出。要小心，耳勺也有可能伤到耳膜。如果上述办法仍不能将飞虫弄出，应立即带孩子去医院。

（4）如果孩子不小心把豆子等物品塞到耳朵里，你该怎么办？

A.用掏耳勺掏出来。

B.滴几滴油把异物粘住，再掏出来。

C.让孩子歪头，患侧耳朵朝下，单腿跳几下。

正确处理：C

豆类、珠子、纸卷等物塞入耳中，用耳勺掏可能会损伤耳膜，或使异物塞得更深。往耳道内滴油，会让异物膨胀变大，更难取出。用95%的酒精滴入外耳道，使异物缩小，然后让孩子歪着头，患侧耳朵向下，单腿跳几下，有时异物可以出来。如果异物是铁质的，可将磁铁放在耳道口，将异物吸出来。拿异物时要谨慎操作，不可乱戳乱捅，以免造成耳膜损伤。假如无法将异物取出来，应立即去医院处理，在整个去医院的过程中，都应该保持孩子的患侧耳朵向下。

（5）孩子突然鼻出血该怎么办？

A.让孩子仰起头，止住鼻出血。

B.用手在孩子的鼻腔外面压迫止血。

C.用棉球填塞鼻腔压迫止血。

正确处理：B、C

孩子鼻出血，大多是由不良习惯引起的，最常见的是挖鼻孔，也有因碰撞受伤所致。让孩子仰头，非但不会止血，反而会导致血液吸入口腔和呼吸道。用手指按压出血侧鼻翼4～8分钟，或用浸了冰水的棉球填塞鼻腔，可以压迫止血。如果这些方法不能止血，应立即带孩子去医院处理。如果孩子反复鼻出血，并伴有发热等症状，应警惕他是否伴有其他疾病，因为发热本身也容易诱发鼻出血，此时应该带孩子去医院查找全身原因。

（6）孩子无意中将钮扣等异物塞到鼻孔里，你该怎么办？

A.用手把异物抠出来。

B.用镊子直接取出。

C.压住孩子的另一侧鼻孔，让他用力擤鼻涕。

正确处理：C

鼻腔异物擤不出或已经进入鼻腔深处，特别是圆形异物，切不可用镊子去夹或用手抠，以免越来越深。应立即去医院处理。尖锐异物，或异物过大，也应送孩子去医院处理。异物刚进入鼻腔，大多停留在鼻腔口，你可以先压住孩子另一侧的鼻孔，让他用力擤鼻涕，这种方法对大一些的孩子比较适合，对还不太懂事的孩子则不宜采用，否则有可能将异物吸入。

121. 紧急应对宝宝重症腹泻

夏秋季是腹泻病的多发季节。宝宝拉肚子，很少吃东西，还不停地拉，面黄肌瘦，妈妈看了心急火燎。引起腹泻的原因多种多样，妈妈应仔细观察，一旦发现宝宝病情严重，应及时带宝宝上医院诊治。

（1）中毒性菌痢

中毒性菌痢是菌痢的危重表现。宝宝起病急骤，突发高热超过40℃（少数患儿体温也可不升），病情严重，迅速恶化，并出现惊厥、昏迷和休克；肠道症状多不明显，甚至无腹痛与腹泻；也有在发热、脓血便2～3天后再发展为中毒性。2～7岁宝宝得本病的较多，且病死率高。

中毒型菌痢有三种表现

休克型：发病初期，宝宝精神萎靡，面色苍白，四肢冷，脉搏细，呼吸加快，血压正常或偏低，伴有心、肺、血液、肾脏等多系统功能障碍。

脑型：由于脑缺氧和水肿，宝宝反复出现惊厥、昏迷甚至呼吸衰竭。开始时表现为嗜睡、呕吐、头痛、血压偏高、心率相对缓慢。随着病情进展，宝宝会出现呼吸节律不齐、呼吸暂停、叹息样呼吸等。宝宝瞳孔忽大忽小，对光的反应迟钝或消失。意识由烦躁、谵妄进入昏迷。

混合型：同时具有以上两种表现的，病情最为严重。

紧急应对：宝宝一旦出现上述症状，不论有无腹泻或脓血便，都应想到“中毒性菌痢”的可能，应立即送宝宝就医，密切配合医生的全力抢救。

（2）霍乱弧菌

宝宝突然发生腹泻和呕吐，随即出现脱水和四肢痉挛。整个病程有三个时期：

吐泻期：宝宝体温一般不高，最先出现一泻如注的腹泻，宝宝不感到肚子痛，大便像米汤一样，没有臭味。接着宝宝会出现无恶心的呕吐，吐的也是像米汤一样，量很大。由于不断吐泻，大量水分丧失，宝宝会感觉非常渴，小便也减少、小腿抽筋，严重脱水造成手和手指的表面皮肤紧皱，好像洗衣服手在水里泡了很久的手指一样。如果不及时抢救，会进入休克期。

休克期：剧烈的吐泻几小时后，宝宝神志反应差，四肢冰冷，脉搏细弱，血压下降，出现休克状态，生命危在旦夕。

好转期：急性症状渐渐消退，原来水样的大便逐步转变为黄色稀便，同时次数也逐渐减少，宝宝不再呕吐，慢慢恢复健康。

紧急应对：宝宝一旦出现腹泻如注、急剧呕吐的现象，妈妈应立即带宝宝上医院，同时最好带上宝宝的大便，以便及时化验。

（3）非霍乱弧菌

感染了非霍乱弧菌后，宝宝并不马上发病，其潜伏期从几小时至3天，平均24小时后发病。宝宝腹泻的大多是水样便，严重的腹泻次数和量都很大，有的宝宝伴有呕吐，出现明显脱水的现象，很像霍乱。但大便并不像米泔水，而且大多数宝宝会感觉肚子痛，这点可与没有腹痛的霍乱腹泻相区别。有的宝宝可有发热，有的弧菌腹泻还会排出黏液便或黏液血便。极少数会引起腹膜炎或菌血症，还有会引起中耳炎、伤口感染等局部感染的并发症。

紧急应对：尽管非霍乱弧菌腹泻为自限性疾病（即有自愈性），症状较轻的宝宝一般不用抗菌药物治疗，适当补充水分也能自然痊愈。但对症状较重的宝宝，特别是婴儿或有合并症、慢性病、营养不良的宝宝，还应及时送医院补液，纠正脱水，请医生应用适当的抗菌药物。

（4）弯曲菌

腹痛、腹泻是弯曲菌感染最常见的症状。宝宝整个腹部或右下腹出现痉挛性绞痛，严重的很像急腹症。开始时宝宝排出水样稀便，继而大便呈黏液或脓血黏液便，有的大便中明显带血。5岁以下的宝宝发病率较高，尤以1岁以下的宝宝居多。

值得注意的是，婴儿弯曲菌肠炎大多表现不典型，会出现：全身症状轻微，精神和外表好像没病；多数宝宝没有发热和腹痛；仅仅是间断性的轻度腹泻，有时会有血便，这种现象持续较久，少数宝宝因腹泻会影响生长发育。

紧急应对：弯曲菌腹泻为自限性疾病，不予治疗也能自愈。如有发热、腹痛、腹泻严重的宝宝，只需给予对症治疗，并卧床休息，必要时适当补液。但婴儿及病情重的宝宝应在医生指导下服用红霉素等抗生素。

（5）宝宝腹泻的家庭护理

病从口入，是细菌感染引起腹泻的共同原因，爸爸妈妈要让宝宝养成良好的卫生习惯。以上这些腹泻都有一定的传染性，妈妈要注意做好隔离工作，防止该病在家人中传播。如家中有人患病，应及时与宝宝严格隔离，以免宝宝被传染。

如果宝宝吐泻严重时暂不能进食，好转时就应逐步增加饮食。母乳喂养的宝宝可正常喂食，如宝宝食欲差，可增加喂哺次数。人工喂养的宝宝，可先减少奶粉量，加喂容易消化的米汤，然后根据宝宝胃口和腹泻情况逐渐增加奶粉量。添加辅食的宝宝，可以从喂食米汤、菜汤等流质食物逐渐向薄粥、软面等半流质食物过渡。

宝宝腹泻，应及时补充水分及电解质，以免脱水。

“ORS浓缩粉剂”：在医院或药店有配制好的“ORS浓缩粉剂”出售，是按国际卫生组织的统一要求配制的口服补液浓缩冲剂，含有氯化钠、氯化钾、碳酸氢钠及葡萄糖。将每包浓缩粉剂加500～1000毫升的开水稀释后，即可给孩子饮用。少量多次服，2岁以下每1～2分钟喂1勺，大一些的孩子可以自己喝。如果孩子吐了，10分钟后再慢慢喂食。

家庭配制口服补液：如果买不到“ORS浓

缩粉剂”，可以家庭配制含有电解质成分的淡糖盐水给孩子饮用。取氯化钠 0.35 克、碳酸氢钠 0.25 克、葡萄糖 2 克，服用前用 100 毫升温开水溶解。2 岁以下每次腹泻后口服 50 ～ 100 毫升，每日不少于 500 毫升；2 ～ 10 岁每次腹泻后口服 100 ～ 200 毫升，每日应达 1000 毫升。

自制米汤电解质口服液：取炒米粉 25 克、盐 1.75 克、水 500 毫升，煮沸 5 分钟，放凉，少量多次饮用。每次喂服 20 ～ 40 毫升，4 小时服完。以后可再配制，随时口服。

122. 宝宝鼻出血的应急措施

很多家长经验不足，看见孩子鼻出血，不知道该如何处理。如果孩子鼻出血的量不大，可以先采取一些止血方法。

（1）鼻出血的紧急处理

让孩子采取坐位，因为平卧时血容易流入胃里，使胃黏膜受刺激，引起孩子呕吐。

家长可以用食指、拇指、中指压迫孩子鼻翼上方（鼻骨之下）；再让孩子的头稍向前倾，并张口呼吸，3 ～ 10 分钟就可以止血。

压迫鼻子时，可以用布或毛巾裹住冰袋或包裹了冰的物体，冷敷孩子的鼻子和脸颊。

鼻出血停止后，让孩子保持至少 30 分钟的安静活动或轻微活动，以防再次出血。

如果鼻出血无法控制，应拨打 120 急救中心电话，或带孩子去医院检查。

如果出血不止，应遵医嘱服用止血药物；如果出血量大，血压下降，有休克表现，还要输血；除止血外，还应进一步查明原因，以求根治。

（2）鼻出血的预防措施

保持空气湿润：如果室内使用空调，应在室内放置一盆水，提高空气的湿润度。

使用鼻腔喷雾：当孩子反复出现鼻出血，医生常会鼓励家长用含盐的鼻喷雾剂对孩子的鼻腔进行喷雾，或用凡士林膏涂抹在孩子鼻部开口处，防止娇弱的鼻部组织暴露于干燥的空气中。

养成卫生习惯：家长应勤给孩子剪指甲，督促孩子改掉挖鼻孔的不良癖好，以防发生细菌感染。

注意安全：3 岁起正是孩子活泼好动的时期，这个时期的孩子运动机能的协调能力尚未发展完善，所以在进行各种运动或活动时，家长要尽可能选择软硬适度的平整场地，并注意在一边看护。

不吃易上火的食物：让孩子正常休息，多吃新鲜水果和蔬菜，不吃易上火的辛辣、煎炸食品。容易鼻出血的孩子应常喝鲜藕汁、荸荠汤等，帮助降火。

纠正偏食、厌食：经常鼻出血的孩子大多有厌食、偏食等不良习惯，维生素 A、维生素 C 等摄入不足，可使毛细血管的脆性和通透性增加，易致鼻出血。研究表明，锌缺乏也是鼻出血的重要原因之一。

积极治疗原发病：有些病理性疾病会使孩子经常流鼻血，家长应注意孩子每次的出血量和频率，有任何可疑现象都应立即带孩子去医院检查，明确病因，积极治疗原发病。

（3）幼儿为何容易鼻出血

鼻黏膜较薄：孩子的鼻黏膜比成人薄，而且在鼻中隔的前下方有丰富的毛细血管，脆性较高，容易损伤出血。

气候干燥：鼻出血一年四季均可发生，更多见于干燥季节。干燥的空气使毛细血管变得脆弱，而鼻黏膜中的毛细血管较为丰富，而且直接与干燥空气接触，容易引起鼻出血。

不良习惯：有些孩子有挖鼻习惯，不仅会损伤小血管导致出血，而且不干净的手指和指甲缝里留存的细菌，也很可能在血管破裂后引起感染。鼻子是五官中凸出于体表的一个器官，因此一旦发生外伤如击打、跌伤时，鼻子往往首当其冲。在剧烈的碰撞下，黏膜下的血管就会破裂而导致出血。

鼻腔异物：有些顽皮的孩子常常将细小的物体塞入鼻腔，取不出来时也不敢声张，有的异物在鼻腔内遇水会膨胀，引起鼻腔黏膜感染、糜烂而出血；有时鼻黏膜在异物的不良刺激下，会引起外伤性出血。

病理原因：鼻出血也可能是全身性疾病的局部表现，如肠伤寒、血友病、白血病、肾炎、出血热、高血压等都可能引起鼻出血。

123. 家庭急救基本知识

（1）平时应做的功课

在家里的每个固定电话边上，都贴一张医疗应急卡片，上面除了写上急救电话以外，还应将附近医疗机构的地址和电话都列在上面。

在你拨通120电话和急救人员联系的时候，应该告诉他们具体家庭地址、家里附近的显著标志物，发生了什么事情、已对孩子实施何种急救措施；同时还要注意听完电话里医护人员的进一步指导，不要在慌乱中马上挂电话。一定要确认急救人员已经获得足够的信息，不然会延误急救工作。为了不至于在慌乱中忘记上述要点，最好在医疗应急卡片上列出这些项目。

孩子发生不同的状况应有不同的应对措施，有时需要先打急救电话，有时需要先对孩子进行急救。在无法判断应该先做什么时，应采取先打急救电话的方法。

（2）需要首先拨打急救电话的情况

发热，同时伴有外观、呼吸或者血液循环中任何一项异常；

在同一时间有多名孩子受伤或患病；

孩子表现异常或意识不清；

呼吸困难、不能说话；

皮肤或嘴唇颜色发蓝、发紫或发灰；

节律性肢体抽动或惊厥；

没有反应或反应迟钝；

头部受伤后出现意识不清、头痛、呕吐、情绪异常激动、不能走路；

任何部位严重的疼痛；

大范围皮肤切割伤或烫伤，血难以止住；

呕吐物中有血；

孩子出现头痛、发热以及头颈僵硬症状；

孩子出现明显脱水症状：眼眶凹陷、哭时无泪或没有尿，嗜睡；

突然出现大范围紫色或红色皮疹；

大便中有大量血；

气候原因冻伤或中暑；

其他任何你认为孩子需要紧急救援的情况。

（3）需要去医院就诊的情况

以下状况不需要拨打120急救电话，但仍需要送孩子去医院。

孩子发热，看上去较虚弱；

2个月以内的婴儿体温高于38℃；

孩子看上去非常不舒服，有病的样子；

严重的呕吐或腹泻；

可能需要缝针的皮肤切割伤；

被动物咬伤后皮肤破损；

动物蜇刺导致局部皮肤红肿或全身症状。

（4）观察急救现场

孩子发生状况后，应先对孩子所处现场进行环视，以便确定：现场是否安全？有多少人受伤？发生了什么情况？这个过程应该不超过30秒钟。

首先，要确保现场每个人的安全，包括你自己。尽管立即照顾受伤的孩子是非常重要的，但是你必须首先保证周围的环境是安全的，当心一些危险情况，如深水、火、高空坠落的物品、电线以及危险的动物。

如果周围不是很安全，那就需要转移孩子。对于怀疑有脊柱损伤的孩子，需要用拖肩法实施移动，具体做法是：双手分别放在孩子的肩膀上，并用双前臂夹住孩子的头以防头部分转动，慢慢拖动孩子到最近的安全地方。对于没有脊柱损伤的孩子，转移的方法有两种：适用于小婴儿的是怀抱法，适用于儿童的是脚踝拖拉法。

对于从高处坠落受伤的孩子，你必须考虑到有脊柱损伤的可能，最好不要移动他，但是如果出于安全原因你必须要转移他，注意千万不要移动孩子的头和颈，不然可能会加重孩子的脊柱损伤。

其次，你需要判断现场发生了什么情况。什么原因导致孩子受伤或突然发病？孩子是否从高处坠落？孩子是否误吸了小玩具部件？有伤口的孩子身边是否有流浪狗出现？两个孩子是否跑步撞到了一起？

（5）观察评估三要素

观察完现场后，紧接着要对孩子状况进行快速观察评估。这里所说的三要素是指外观、呼吸以及血液循环情况（主要看皮肤颜色），以此判断是否需要拨打急救电话。观察评估三要素通常是在你实施紧急救助之前，走近受伤或生病孩子的过程中进行的。这个过程通常不超过30秒。

为了熟练掌握观察评估技能，你可以通过观察健康孩子来训练。例如，你观察一个健康孩子时，先看他的外观看上去很活跃，非常清醒，再看他的呼吸是自然、正常的，最后看他的皮肤颜色。这样你就可以清楚地掌握观察评估三要素，碰到受伤或患病孩子时，就可以通过与健康孩子的对比作出判断。

观察评估三要素的目的，是帮助你判断需要立即打120急救电话，还是自己先行紧急救助。

要素一：外观

受伤或患病孩子的外观是最重要的。如果孩子的外观出现异常，通常都是需要紧急救助的，并且需要拨打120急救电话。外观检查可以帮助判断脑功能情况是否正常，主要观察受伤或患病孩子的清醒度、运动及眼睛的注视情况。孩子是否可以像平常一样活动肢体？孩子在其他人接近时是否有反应？孩子是否能与你有眼神交流，还是目光无神？

要素二：呼吸

孩子出现比平时更费力地呼吸时，通常都需要紧急救助，并且立即拨打急救电话。作出异常呼吸的判断，主要依据以下情况：孩子每次呼吸时是否有鼾声、喘息声或异常高调的呼吸声音？孩子说话是否特别费力，每次只能说几个词？孩子是否因呼吸困难而出现烦躁不安的表现？孩子是否一定要强迫身体保持一个固定的位置才能呼吸？孩子是否出现了窒息情况？

呼吸异常的孩子通常都喜欢坐着，因为躺下会让他们很不舒服。如果孩子坐着，头微抬起，身体向前倾（深吸气姿势），同时呼吸异常深，那他很可能就有呼吸困难。鼻翼翕动（鼻尖两侧处鼻翼随呼吸起伏），也表示孩子呼吸困难。

要素三：血液循环

通常孩子皮肤颜色异常，表明他的血液循环有了问题，需要立即拨打急救电话。皮肤颜色异常包括苍白或发蓝、发紫（皮肤青紫）。婴儿受冻时，皮肤苍白、有花纹或手脚青紫是正常的现象，但是这些症状应在给予保暖措施之后消失。没有受冻的孩子出现上述皮肤异常表现则是异常的征象。孩子的皮肤出现异常的粉红色，可能是过热或者有皮疹。

（6）记录

所有事情结束后，你应该记录孩子疾病或受伤的状况，给予紧急救助的情况，联系急救中心的时间和细节，可以帮助幼儿园、保险公司以及其他人了解事件的详细经过。

有关职能部门可以根据报告内容考虑如何避免同类事件的发生。有时单一的意外事件很难发现问题所在，如果有几次同样的意外发生，常会揭示一些安全隐患的存在。

124. 婴幼儿呼吸困难的急救

（1）大脑缺氧时间与脑损伤

引起婴幼儿呼吸问题最常见的原因是呼吸道感染、窒息和溺水，哮喘和过敏反应也可引起气道水肿而导致呼吸困难。对受阻气道进行处理和施行呼吸急救的措施是非常重要的，一旦有异物阻塞孩子气道，如不马上对受阻气道进行处理和呼吸急救，等 120 急救中心专业人员赶来时，孩子可能已经丧失性命。

大脑缺氧时间	脑损伤程度
0 ～ 4 分钟	在此时间内开始心肺复苏，可能不出现脑损伤
4 ～ 6 分钟	在此时间内开始心肺复苏，有可能出现脑损伤
6 ～ 10 分钟	在此时间内开始心肺复苏，肯定出现脑损伤
10 分钟	在此时间后开始心肺复苏，出现严重脑损伤或脑死亡

（2）呼吸困难的常见体征

流涎：当孩子咽喉肿胀，或孩子身体向前倾斜费力呼吸、难以咽下唾液时，就会流口水，这与通常的出牙流口水完全不同。

点头呼吸：孩子呼吸费力时，会出现颈部肌肉的强力收缩，导致孩子出现头部前后晃动和胸部上提的点头样动作。

鼻翼翕动：每次呼吸时，尽力打开鼻尖部两侧的鼻翼，以吸入更多的空气。

深吸气姿势：孩子头轻微抬高，身体稍向前倾，好似闻花香的姿势，试图吸入更多的空气。

三脚架姿势：孩子身体向前倾斜，通常双手撑在膝盖上，使呼吸肌发挥最大的作用。

呼吸性喘鸣：孩子呼吸时发出像吹哨子一样的声音，这是肺部小气道阻塞或水肿产生的。

（3）气道阻塞但意识清楚的急救

对部分气道阻塞（也称“轻度气道阻塞”）的孩子，如果能够自主呼吸，还能哭闹、说话或咳嗽，则不需采取救助措施，因为良好的咳嗽反射比其他任何清理气道的方法都有效。如果孩子不能呼吸、咳嗽或正常发音，但尚有意识反应时，应由一人通知 120 急救中心，另一人马上实施急救。

1 ～ 8 岁的孩子有异物阻塞气道导致窒息而意识尚清晰时，可以施行腹部推压法，使异物从气道排出。进行腹部推压时，救助者站在孩子后面，一手握拳，放在孩子肚脐上方、胸骨下方，使孩子紧紧贴近救助者，用握紧的拳头快速向上、向内连续地推压孩子的腹部，直至异物排出，或 120 急救人员赶到。

（4）意识不清、没有自主呼吸的急救

检查意识反应：第一步确定是否需要呼吸急救。可以轻轻拍打孩子的身体，并对他说“你好吗”，孩子有意识反应时不需要呼吸急救。

通知 120 急救中心：如果孩子没有意识反应，应呼喊求助，请其他人帮忙打 120 急救电话。如果没有其他人在场，先做 2 分钟急救，再通知 120 急救中心。

开放气道：采用压额抬下颌法开放气道，具体方法是：救助者一手放在孩子前额，使孩子的头轻轻向后倾斜，另一手的手指放在孩子的下巴下，轻轻向上抬起下巴，小心不要压住下巴的软组织。

如果怀疑孩子有脊柱损伤，应采用推下颌法开放气道，而不能用抬高下巴头后仰的方法。具体方法是：固定孩子头部，把手放在孩子下巴最靠后的拐角处，将下巴向前推，这时不能移动头部。

看、听和感受呼吸：正常呼吸时，胸部和

腹部是起伏运动的。耳朵靠近孩子的口鼻，听和感受孩子是否有呼吸，此时要保持气道开放状态，同时看孩子胸部、腹部是否随呼吸有起伏运动，这样的判断需在 10 秒钟内完成。

观察口腔内异物：观察孩子的口腔内是否有易于取出的异物，不要用手指在口腔里盲目乱扫，这样有时反而会把异物推入气道内。

呼吸急救：如果没看到孩子口腔内有异物，开放气道后也未见孩子有呼吸，应马上给予 2 次人工呼吸，每次人工呼吸吹气的时间是 1 秒钟，能看到胸部起伏的人工呼吸才算有效。对孩子进行人工呼吸的方法与成人不同：一手捏住孩子的鼻子，然后对孩子的口吹气，每次吹气要使空气进入孩子的胸部。每次人工呼吸总共 2 秒钟，其中 1 秒钟时间吹气使空气进入胸部，另 1 秒钟时间使气体从胸部排出。给予第一次人工呼吸后，如果没有见到胸部起伏，要重新定位孩子的头和下巴使气道开放，再补给一次呼吸。如果两次人工呼吸都没有成功，则按气道阻塞的方法处理。

胸部按压 30 次与人工呼吸 2 次交替进行：胸部按压时，胸部下陷的深度为胸廓厚度的 1/3 ~ 1/2。在孩子出现自主呼吸前或急救中心专业人员赶到前，要连续进行人工呼吸和胸部按压。

125. 婴幼儿惊厥的急救

引起惊厥发作的原因有很多，包括遗传性疾病、高热、颅脑损伤、危重疾病或中毒。引起惊厥的原因大多数情况下是不确定的，不过医生也可以通过药物控制惊厥发作，或减少惊厥发作的频率。对于初次发生惊厥的孩子，应立即急救。

（1）惊厥的先兆

惊厥是由于脑电活动紊乱所致的。这种紊乱可导致身体的多种异常反应，可以是轻微的反应，仅仅表现为片刻的凝视，也可以是严重的反应，如抽搐、意识丧失。

惊厥分为抽搐性惊厥和非抽搐性惊厥。抽搐性惊厥的特点是肌肉不自主地收缩和躯体抽动，非抽搐性惊厥表现为意识混乱、丧失知觉。

惊厥发作中最容易识别的一种形式是癫痫大发作。惊厥即将发作时，有些年长儿会出现短暂的感知觉异常，称为先兆。先兆可以是噪声、视觉的改变，某种怪味、麻木，或其他异常感觉。但有些孩子在惊厥发作前没有任何先兆，或因年龄尚小还不能识别先兆，所以他们并不能意识到惊厥即将发生。癫痫小发作的特点是短暂的意识丧失，孩子会突然凝视片刻，然后很快恢复意识。

惊厥的症状和体征包括以下一项或多项：

意识丧失，没有反应；

短暂的呼吸停止；

整个身体强直痉挛、抽动；

颈、背部疼痛；

双眼球上翻；

唾液增多、流口水或口吐白沫；

大小便失禁。

（2）抽搐性惊厥的紧急救助

步骤如下：

让孩子侧卧位，这样有利于口中分泌物流出，并可以防止舌后坠阻塞气道。采取左侧卧位，可以减少呕吐物阻塞气道的可能。

松开紧身的衣服。如果孩子面色青紫或没有呼吸，应立即进行呼吸急救。

决不要把任何东西塞进孩子的口中。

移开周围的玩具或家具。如果有两人以上参与急救，另一个人应照看好其他孩子。

把你的手伸到孩子的头下，尽可能保护头部免受伤害，也可以用毛巾、毯子或衣服来保护孩子头部。

注意惊厥开始和停止的时间，观察身体受累的部位。看表确定时间，对于记录惊厥发作的时间非常重要。因为孩子突发惊厥受到惊吓时，你感觉到的惊厥持续时间通常要比实际发作的时间持久。你要向医护人员详细描述惊厥期间以及惊厥前后的细节，这些信息是非常重要的。

如果孩子既往无惊厥发作史，或孩子惊厥时你不知道该做什么，你应该立即联系120急救中心寻求帮助。惊厥发作后，应让孩子侧身躺下休息(康复体位)。惊厥恢复较为缓慢，孩子可能暂时入睡，或显得精神倦怠，昏昏欲睡。偶尔，惊厥后会出现过度兴奋的表现。

如果惊厥的孩子出现发热，应在医务人员许可并经孩子父母或监护人同意的情况下给予退热药物(对乙酰氨基酚或布洛芬)。给药时，应确定孩子能很好地吞咽。为既往有惊厥史的孩子制定一个照顾计划，按照这个计划实施紧急救助。

抽搐性惊厥之高热惊厥

高热惊厥是由于体温迅速升高引起的抽搐性惊厥。惊厥的孩子体温可能不是很高，但急骤变化、快速上升的体温可以引起少数孩子出现惊厥。高热惊厥不是终身发作的疾病，这种类型的惊厥通常对孩子的神经系统、生长发育以及脑功能没有影响。

高热惊厥最多见于6个月至6岁的孩子。一个孩子如果有过一次高热惊厥，则较其他孩子更容易再次发作。高热惊厥往往持续数分钟，不需要特殊处理。如果惊厥持续15分钟以上，提示很可能不是单纯的高热惊厥，应联系120急救中心救治。孩子首次出现高热惊厥，应尽可能请专科医生诊治。如果孩子发生过高热惊厥，家长应咨询专科医生，了解再次发作时应如何处理。

（3）非抽搐性惊厥的紧急救助

步骤如下：

记录惊厥的持续时间，如果肢体移动，注意观察受累部位。

如果惊厥发作时出现肢体活动，应注意看护孩子，防止受伤。

如有需要，让孩子躺下休息。

同样为既往有惊厥史的孩子制定一个照顾计划。按照这个计划实施紧急救助。

126. 婴幼儿烫伤的应急处理

（1）烫伤就诊前的应急处理

当宝宝不慎被烫伤时，父母一定要保持冷静，第一时间进行必要的紧急处理，将烫伤造成的伤害减到最低程度。具体步骤如下：

保持镇静，让宝宝迅速脱离热源，并安抚宝宝。

如果被烫伤部位有衣物覆盖，需先用剪刀小心地剪开衣物，如果衣物粘连在伤口上，粘连部分不要强硬剪开。

马上带宝宝去水龙头下用冷水冲洗烫伤部位，持续冲15分钟以上，让伤处迅速、彻底地散热，使皮肤血管收缩，减少渗出与水肿，缓解疼痛，减少水疱形成，防止创面形成疤痕。

创面不要涂抹任何药水或药膏，也不要涂抹所谓的民间偏方，如酱油等，以免造成感染，影响医生对伤势的判断。

如果伤面上出现小水疱，父母不要随便把水疱挑破，以免造成感染。如果水疱已经破裂，应用消毒纱布或干净的毛巾遮盖保护。

去医院途中，可以给宝宝喝一些淡糖盐水(在白开水中加少许糖和盐)，补充体液，防止脱水。

（2）居家防患更重要

给宝宝洗澡，应先放冷水，再放热水，并

用水温计测试水温。往澡盆放水时，不要让宝宝在身边。

吃饭前，热汤和热食先不要上桌，更不要放在宝宝面前。桌上不要铺桌布，以免宝宝拽下桌布、打翻热汤而烫伤。

不要让宝宝随意进入厨房，热水瓶、盛热汤的碗要放在宝宝够不着的地方。

父母在家中端热汤或热水时，要大声地告诉宝宝不要靠近，以免宝宝在不知情的情况下跑来撞翻汤水。

喂宝宝吃东西前，父母应先检查食物的温度是否合适。

用电熨斗熨衣物时，应避免宝宝靠近，熨完后及时收拾好电熨斗。

冬天，家里的取暖器应装防护装置，以免宝宝被暖气烫伤。

对于稍大点的宝宝，父母可以采用适度的“伤害教育”。如在不会烫伤的前提下，让宝宝摸一下稍热的碗，他会知道烫，然后再告诉他，凡是看到盛了热汤热菜的碗都不能碰。

127. 婴幼儿受伤的急救

（1）清洁和消毒

当孩子受伤时，你需要检查皮肤被割伤或组织受损的部位。组织损伤是由于强大的外力作用于身体的某一部分，扭伤或掐伤皮肤或其他组织。出血、瘀斑、肿胀或疼痛都提示有组织损伤。如果皮肤有开放性损伤，就可能接触到血液。

在接触病菌污染的物体表面或患儿的体液时，如果你自己的手有裂口或开放性伤口，会增加感染机会，这时你需要用干净的纱布（如创可贴）保护这些伤口，另外还需戴防水手套。

预防措施的标准程序：

使用防水手套和其他工具（如纸质毛巾、餐巾纸、擦布、拖把）擦去流出的液体。尽量使用一次性工具，以免二次清洁和消毒。另外，要避免流动的体液将病菌播散到其他地方。

把所有用来清除流出液体的工具（纸质毛巾、餐巾纸、擦布、拖把）放入有塑料袋衬的容器里，便于接下来丢弃、清洁或消毒。

使用清洁剂清洗所有接触过体液的物体表面，包括地板和地毯。

用水冲洗用清洁剂清洗过的物体表面。

根据厂家提供的使用说明正确地使用消毒液。也可以自配便宜且有效的消毒药水，用1/4杯的家用漂白剂和4升的水混合而成。这种溶液必须与被消毒的物体表面接触至少2分钟。

清洗、消毒过程中使用的所有污染物品，都要装入塑料袋，并用结实的绳子扎好。

（2）开放性伤口（身体组织的擦伤、割伤、裂伤、撕脱伤、截断伤）的急救

根据标准预防措施进行。当你要压迫孩子的伤口止血时，可用手套、纸巾或其他干净的东西，把你的皮肤和孩子出血的伤口隔离开来。

用手指和手掌直接压迫出血点，通常1～2分钟后出血会逐渐停止，如果出血难以控制，压迫伤口至少要持续5分钟。如果出血容易控制，用肥皂和干净流动的水清洗伤口，然后用绑带包扎。如果压迫时血液从敷料中渗出，不要拿掉与伤口直接接触的敷料，正确的做法是再加一块敷料；如果出血还是无法止住，则用力压住出血部位所在肢体的止血点进行压迫止血。四个肢体的止血压迫位置分别在双上臂的内侧以及双腿的腹股沟处，在这些地方实施压迫会减慢伤口出血。

如果伤口没有严重污染或碎裂，撕脱的部分应尽量保持完整，并放在身体的原来部位，然后像处理其他开放性伤口一样处理撕脱伤的伤口。被截断的部位应该用干燥的消毒纱布包好，放在干净的塑料袋中，然后放在冰决上。不要把被截断的部位直接浸入冰块中或水中。

如果血无法止住，或持续直接压迫5分钟后再次出血，须通知120急救中心。

根据标准预防措施，擦掉流出的血，对受污物体的表面进行消毒。

如果伤口污染明显，并且孩子在过去5年内没有接种过破伤风疫苗，就必须去看医生，加强免疫。

如果伤口出血不能自行止住，或需要进行5分钟的持续直接压迫来控制出血，这样的伤口可能需要医生缝合治疗。1.3厘米以上割裂伤的伤口，需要由医生进行缝合、包扎或采用其他特殊方法，使皮肤边缘合拢，以利于伤口愈合。为了预防感染，获得最好的愈合效果，应尽快进行缝合，最好在损伤后6小时内进行。

在开放性伤口闭合前，要正确、快速地清洁伤口，以减少感染风险，促进愈合，减少疤痕形成。如果孩子嘴唇、舌头或牙齿受伤，可以让其吮吸棒冰，为受伤部位提供冷敷和压力。

（3）水疱的急救

用绷带保护水疱。绷带可以使水疱不破开，直到水疱下的扭伤组织愈合。

直径大于2.5厘米的水疱，建议请医生来评估和处理。

如果水疱破开，用水清洗，与开放性伤口的处理方法相同。

（4）穿刺伤（包括碎片刺伤）的急救

用镊子取出容易被夹住的小的刺入物，如木质的碎片或钉书钉。如果是不容易取出的小物体，则需求助医生。如果插入的物体过大（如小刀、枝条）或插入的物体过深，不要取出或移动这些物体，应立即通知120急救中心。如有需要，可用绷带固定住物体，防止其旋转、活动或造成进一步的伤害。

将伤口浸泡在干净的水中。

对已经取出异物的伤口，再次用干净的水浸泡，而后用绷带松松地包扎或不包扎。

如果刺入的物体非常脏，而且小孩最后接种破伤风疫苗加强免疫的时间在5年之前，则孩子需要去医院，加强破伤风的免疫治疗。

破伤风是一种疾病。引起破伤风的细菌存活在泥土、灰尘以及人类和动物的粪便中。这些细菌通过不洁的伤口进入机体会导致破伤风，引起背部、腿、手臂和下颌痉挛（牙床紧闭）。这种疾病通常是致命的，但通过常规的和周期的破伤风疫苗接种，可以使大多数人对破伤风获得免疫力。孩子应该在4～6岁接受常规的破伤风疫苗接种，以后每10年接种一次。额外补充疫苗的剂量，仅适用于伤口特别脏、而且离最后一次接种已达5年以上的情况。

（5）肿胀的急救

为了控制肿胀，可使用毛巾包住冰袋或其他冷冻物品进行冷敷。不要用冷的物体直接接触皮肤，因为过度冰冷会导致组织进一步损伤。

如果疼痛或肿胀持续存在，或孩子有挤压伤，则应通知120急救中心或送医院就诊。

用弹性纱布卷或弹性绷带裹住受伤的部位，可以对瘀斑或肿胀部位施加压力，也可以帮助固定冷敷袋。如果使用这些绷带，应让孩子的手指或脚趾尖暴露在外，这样通过观察孩子的手指和脚趾，可以判断受伤部位是否被缠得太紧。如果皮肤颜色变得苍白而且冰凉，说明受伤部位的纱布缠绕太紧了，需要调整。

在排除孩子有骨折或脊柱损伤后，可以抬高孩子受损伤的身体部位。对于有骨折或脊柱损伤的孩子，移动受伤肢体会引起进一步的伤害。

128. 婴幼儿热损伤的急救

身体在持续地产生热量，运动和患有疾病的时候会产生更多的热量。体温超过正常

(37℃)就是发热，在正常环境下，疾病导致的发热一般不会超过43℃，体温超过43℃会给身体带来持续的损害。

发热的时候，身体主要通过汗液的挥发散热。如果空气很潮湿，汗液不能很快地挥发，就不能有效地散热。有些孩子出汗比别的小孩少，不容易散热。有些孩子穿着不透汗的布料，也会限制散热。

身体热量过多，最先出现的症状是恶心、头痛和失去方向感。如果体温没有下降，可能会发生脑损伤或死亡。热损伤最严重的一种形式是热休克。

(1)热损伤的三种形式

热休克：发生热休克时，身体的体温调节功能被抑制，导致不能出汗，使体温升到危险的高度。热休克可以突然发生，发生热休克的婴儿或儿童体温会达到43℃或更高。一旦汗腺排汗的能力耗竭了，皮肤会变得又干又热，通常皮肤会发红，呼吸也会加快，有时会意识丧失。热休克在老年人和运动员中较为常见，也可能发生在活跃的孩子或穿了过多衣服无法散热的婴儿身上。

热衰竭：长时间处于高温环境中会发生热衰竭，常常发生在孩子活跃地玩耍和出汗的时候。发生热衰竭的孩子会口渴和大量出汗，会感到虚弱、恶心、非常累。脱水是热衰竭最主要的原因，通常是因为没有喝足量的水来补充出汗丢失的液体。

热痉挛：热痉挛是肌肉的痉挛疼痛，经常发生于腿部。热痉挛也是由于补充的水分不足以弥补丢失的汗液导致脱水造成的。热痉挛可能和热衰竭同时发生。孩子可能会抱怨肌肉痉挛，通常是腿部和腹部的肌肉。

(2)热损伤的情况判断

孩子出现以下一种或多种情况，应为热损伤：

较长时间大量出汗，或当环境炎热时没有出汗；

孩子看上去很虚弱，较大的儿童会说恶心或头疼；

小便次数少于4小时一次，尿液颜色很深；

皮肤发红，特别是面部；

失去方向感，迷糊；

呼吸加快；

体温升高。

(3)热休克的紧急救助

往孩子身上泼冷水降温。如果孩子能够承受，将冰袋或把冰用湿衣服包起来放在腋窝和腹股沟处，可以冷却这些部位大血管里流动的血液。

立即呼叫120急救中心。

(4)热衰竭和热痉挛的紧急救助

将孩子移到凉爽的地方。如果办不到，往皮肤上泼冷水或用湿冷的衣服给孩子降温，发现孩子体温又升高了，则继续采用上述降温方法。

鼓励孩子大量喝水。运动饮料和水的效果是一样的，通常情况下喝水更方便。

热休克与热衰竭的比较表

	皮肤	体温	出汗	危险性
热休克	干燥、发红、发热	非常高	没有出汗	威胁生命
热衰竭	潮湿、苍白、冰凉	正常，或低于正常	大量出汗	病情严重，但不威胁生命

129. 婴幼儿冷损伤的急救

低体温是一种非常危险的状态，常是由于暴露在严寒中，核心体温（身体深部的温度）低于35℃。在这样低的体温下，机体的新陈代谢会变慢，还可能发生组织损伤。低体温是由于孩子长时间暴露于寒冷环境中造成的。落入冷水或冬天在室外时间过长而衣着不够保暖，这些都是常见的原因。如果身体不能产生足够的热量来弥补丢失的热量，体温就会下降。发生低体温时，室外温度不一定低于0℃。

冻伤是由于寒冷造成的组织损伤。耳朵、脸、手和脚特别容易冻伤，因为这些部位组织较薄，常暴露在外，而且离身体中心较远。冻疮是最常见的小范围局部组织冻伤。

（1）冷损伤的情况判断

孩子出现以下一种或多种情况，应为冷损伤：

体温低于正常；

行动缓慢甚至意识不清；

冻伤的皮肤是冷而苍白的；

损伤的皮肤可能出现水疱，触摸时感到麻木。

给身体保温时，损伤的组织可能会因血流量增加而变红；如果损伤很严重，可能仍保持苍白。

轻度至中度的组织损伤会有疼痛、麻刺的感觉，好像烫伤一样。

（2）低体温的紧急救助

把孩子带到温暖的地方，并拨打120急救中心电话。

使孩子紧靠着他人温暖的身体，脱去湿冷的衣服，包括鞋子和袜子，换上温暖的干衣服，盖上毯子。

（3）冻伤和冻疮的紧急救助

把孩子带到温暖的地方，并拨打120急救中心电话。

使孩子紧靠着他人温暖的身体，脱去湿冷的衣服，包括鞋子和袜子，换上温暖的干衣服，盖上毯子。

如果有水疱，不能弄破。如果已经破了，可用医用纱布包起来。

让损伤部位缓慢恢复到正常体温。

如果脚趾或手指冻伤了，将医用纱布放在脚趾或手指中间，避免它们相互摩擦。

图书在版编目（CIP）数据
为了孩子育儿宝典 /《为了孩子》编辑部 编 .—上
海：上海文化出版社，2013.1（2016.11 重印）
ISBN 978-7-80740-918-2
Ⅰ. ①为… Ⅱ. ①为… Ⅲ. ①婴幼儿—哺育—基本知
识 Ⅳ. ①TS976.31
中国版本图书馆 CIP 数据核字（2012）第 162974 号

责任编辑
周莲莲
装帧设计
汤　靖

书名
为了孩子育儿宝典
出版、发行
上海文化出版社
地址：上海市绍兴路 74 号
电子信箱：cslcm@publicl.sta.net.cn
网址：www.slcm.com
邮政编码
200020
印刷
上海天地海设计印刷有限公司
开本
787 × 1092　1/16
印张
17
文字
280 千字
版次
2013 年 11月第一版 2016 年 11月第六次印刷
国际书号
ISBN 978-7-80740-918-2/R · 130
定价
35.00 元

敬告读者　本书如有质量问题请与印刷厂质量科联系
T：021-64366274